Java & Android
Mobile Application Development
Methods & Practices

Java与Android移动应用开发

技术、方法与实践

曹化宇◎著

清華大學出版社
北京

内容简介

本书是一线程序员多年开发经验的结晶之作，深入浅出地讲解 Android 移动应用开发所需要的几乎全部基础内容，帮助读者快速进入 Android 应用开发，在项目中灵活应用各种开发技术和方法。

本书共 29 章，第 1 章讨论全书的知识架构及在学习和工作中如何使用本书。第 2 ～ 12 章主要讨论 Java 编程语言基础知识，涉及 Java 编程语言、数据处理、常用 JDK 应用与设计模式等内容。第 13 ～ 29 章主要讨论 Android 移动应用开发知识，首先讨论 Android SDK 中各种基本组件的应用；然后对 Android 应用中的一些常用功能开始进行讨论；最后创建一个完整的示例项目，讨论如何应用不同版本的图标、布局、语言等资源，并讨论应用发布所需要做的工作和注意事项。

本书内容安排合理，架构清晰，注重理论与实践相结合，适合作为零基础学习 Android 移动应用开发的初学者的教程，也适合作为有一定编程基础的程序员的参考用书。

图书在版编目（CIP）数据

Java 与 Android 移动应用开发：技术、方法与实践 / 曹化宇著．—北京：清华大学出版社，2018（2024.12 重印）

ISBN 978-7-302-50590-7

Ⅰ．① J… Ⅱ．①曹… Ⅲ．① JAVA 语言－程序设计 ②移动终端－应用程序－程序设计 Ⅳ．① TP312.8 ② TN929.53

中国版本图书馆 CIP 数据核字（2018）第 153382 号

责任编辑： 秦　健
封面设计： 李召霞
责任校对： 胡伟民
责任印制： 丛怀宇

出版发行： 清华大学出版社
　　网　　址：https://www.tup.com.cn, https://www.wqxuetang.com
　　地　　址：北京清华大学学研大厦 A 座　　　邮　　编：100084
　　社 总 机：010-83470000　　　邮　　购：010-62786544
　　投稿与读者服务：010-62776969，c-service@tup.tsinghua.edu.cn
　　质 量 反 馈：010-62772015，zhiliang@tup.tsinghua.edu.cn
印 装 者： 三河市龙大印装有限公司
经　　销： 全国新华书店
开　　本： 185mm × 260mm　　**印　　张：** 27　　**字　　数：** 678 千字
版　　次： 2018 年 9 月第 1 版　　**印　　次：** 2024 年 12 月第 6 次印刷
印　　数： 4001~4300
定　　价： 79.00 元

产品编号：077504-01

Preface 前言

无论是否有过编程的经历，相信你已经在关注 Android 应用开发。手机、平板电脑、车载设备等市场中，Android 设备的占有率是无法撼动的，所以选择 Android 平台就是选择了一个巨大的移动应用市场。目标没这么大？没关系，给自己的 Android 设备开发一些应用也是非常有趣的。

软件开发是充满乐趣和挑战的工作，其中，至少需要掌握一种编程语言和相应的开发资源。在 Android 平台中，Java 语言和 Android SDK 就是最基本的开发工具。

本书为所有需要进行 Android 应用开发的读者而准备，无论是编程新手，还是从其他平台转换到 Android 平台，本书都能帮你顺利进入 Android 的精彩世界。

本书特点

从技术点到应用开发

本书从基本的 Java 代码开始，逐渐介绍常用的 JDK 和 Android SDK 开发资源，并讨论了软件开发的一些基本方法，通过编程语言、功能介绍、开发流程和完整的项目，综合演示了 Android 应用开发的方方面面。

突出实用性

书中介绍了大量的 Java 和 Android 开发资源，如各种 Android 组件、SQLite 数据库、传感器等方面的应用和开发，从基本的使用方法到功能特点的演示，详尽地展现了开发技术在项目中的综合应用。

精心组织，随时参考

从 Java 语言、JDK 到 Android SDK 资源，从代码到结构，从技术应用到项目开发，从不同的角度精心组织内容，不但可以帮助读者循序渐进学习，而且在实际开发工作中也能够快速参考相关内容。

读者对象

本书面向 Android 平台开发者，帮助读者真正零基础起步。无论是初学者，还是正在开发Android应用的朋友，本书都能提供从Java语言、JDK到Android SDK等方面的参考和帮助。重要的是，读者可以从本书开始，迈向无限可能的移动应用开发世界。

如何阅读本书

本书包含了Java编程语言、常用的JDK和大量的Android SDK资源、SQLite数据库、高德地图和百度地图开发，以及项目的综合演示和发布等，第1章分别介绍了后面各章的内容。

Java部分（第2～12章）主要讨论Java编程语言和常用JDK资源的使用，包括数据类型及转换、数据运算、面向对象编程、数组与集合、日期与时间、设计模式等。对于Java初学者，可以从第2章开始，逐渐学习Java编程语言和JDK的应用，并掌握使用设计模式优化代码结构的基本方法；对于已经掌握Java的读者，可以再次熟悉这些知识，并在实际开发工作中随时参考相关内容。

Android部分（第13～29章）详细介绍了Android应用开发的方方面面，包括基本组件、布局、网络应用、SQLite数据库、传感器、高德地图和百度地图SDK的应用、项目综合演示和发布准备等内容。掌握了这些内容，就可以开发并发布实用的Android应用了；对于这部分内容。读者可以系统地学习，也可以在工作中随时参考。

进一步学习建议

通过本书的学习，读者应该能够掌握Java编程语言和Android应用的开发，如果感兴趣，还可以在本书的基础上深入学习更多、更有趣的开发技术和方法。

比如移动游戏的开发，虽然Android SDK中包含了一些图像和音频处理资源，但它们更加接近系统底层的实现。对于游戏开发，还有太多的工作要做，所以建议使用一些成熟的游戏开发框架，如Unity等。

勘误和支持

由于作者水平有限，书中难免会出现一些错误或不太合理的地方，而读者的批评和指正，正是我们共同进步的强大动力。可以将书中的错误或建议与作者直接交流，作者的邮箱是chydev@163.com。

致谢

感谢清华大学出版社编辑老师耐心的交流与指导，使得本书能够顺利地与读者见面。

感谢我的家人，他们为我创造了一个温暖的家、一个安心的工作环境。特别是我的孩子们，他们总是说："爸爸在工作，我不打扰他。"这些正是我快乐生活和努力工作的力量源泉。

谨以本书献给我的家人，以及热爱软件开发的朋友！

曹化宇

Contents 目　　录

第1章　导　读

Android设备的普及程度是有目共睹的，不过，能够开发自己的Android应用是不是更有吸引力呢？相信不少朋友都跃跃欲试，而本书旨在帮助读者完成这项充满乐趣和挑战的工作。

从内容的安排上，本书并不会假设读者有任何的编程基础，从基本的Java编程语言开始，逐步学习Android应用的开发。很多开发工具都提供了跨平台的支持（如Eclipse、Android Studio等），可以在Windows、Linux或Mac OS平台上进行Android开发工作。本书内容将基于Windows平台，主要使用两个开发工具。讨论Java编程语言时，使用NetBeans集成开发环境；讨论Android应用开发时，使用Android Studio集成开发环境。讨论相关内容时，会详细说明开发工具的安装和使用。

为了方便阅读和使用，先了解一下本书的内容，以及阅读和使用中的注意事项。

Java部分（第2～12章）主要讨论Java编程语言和常用的JDK资源，通过该部分的学习，读者可以编写具有实用功能的Java代码，处理一些比较复杂的数据结构，并为Android应用的开发工作做好准备。

第2章讨论Java开发的基础知识。主要内容包括如何安装与配置NetBeans和JDK环境，如何编写和组织Java代码，如何查看程序的运行结果，如何将Java应用发布为JAR文件，以及如何处理基本的数据类型，如整数、小数、字符、布尔数据和枚举类型等。

第3章讨论软件开发中一个非常重要的概念，即面向对象编程（Object-Oriented Programming，OOP）。通过类和对象的使用，可以更有效地封装数据与数据操作方法，使代码更易编写和维护。此外，还将讨论JDK中与数学计算相关的两个类。一个是java.lang.Math类，其中封装了大量的数学计算方法；另一个是java.util.Random类，它提供了丰富的随机数生成方法。

第4章讨论Java编程语言中接口（interface）的应用。与USB等接口相似，软件开发中也可以通过标准化的接口创建不同功能的组件，并可以灵活地组合和应用。此外，还讨论分别通过实现两个接口完成对象完全复制（深复制）的操作。

第5章讲述代码流程的控制，包括条件语句、循环语句、选择语句，以及在代码出现异常时的处理方法。通过这些内容的学习，可以更加有效地控制程序的执行。

第6章讨论文本信息处理的相关内容，包括使用String类处理文本内容，使用StringBuffer和StringBuilder类更加高效地操作文本内容，使用正则表达式判断不同格式的文本内容。此外，还介绍如何对文本编码，以及GUID的获取。

第7章讨论Java中的泛型应用，展示如何通过一次编写算法处理不同类型的数据，有效提高开发效率。

第 8 章讨论如何使用数组处理相同类型的数据序列，以及通过 List<E> 接口、Map<K,V> 接口及相关组件处理数据集合。

第 9 章讨论日期和时间数据的处理。首先介绍传统 JDK 资源与 java.time 包开发资源的应用，然后将常用的日期和时间处理代码封装为 CDateTime 类，以方便在项目中重复使用。

第 10 章讨论如何操作文件和目录，并展示如何通过流（Stream）来读写文件，以及如何读写文本文件。

第 11 章讨论如何使用线程（Thread）提高应用的整体执行效率，并了解如何使用定时器（Timer）来处理代码的执行。

第 12 章讨论设计模式的应用基础，旨在展示软件结构的灵活构建方式，为创建易于开发和维护的软件结构打下基础。

如果读者已经掌握了 Java 编程语言及 JDK 资源的应用，可以暂时进入 Android 部分，以上内容可以在开发工作中随时参考。

Android 部分（第 13 ~ 29 章）讨论 Android 应用开发相关内容，包括基本组件的使用、SQLite 数据库、定位与地图显示、传感器、应用发布等，并通过一个项目实例综合演示一系列开发技术的应用。

第 13 章讨论如何安装和使用 Android Studio 开发环境，了解 Android 应用的基本组成，以及如何使用模拟器和 Android 设备进行测试。

第 14 章讨论 Android 应用中最常用的组件，即 Activity（活动）的使用，包括 Activity 的启动、关闭及运行周期，不同 Activity 之间的跳转与数据传递等内容。

第 15 章讨论常用的可视化组件和位图的基本处理，通过这些内容的学习，可以了解构成用户界面的基本元素，为创建各种功能的用户界面做好准备。

在了解基本组件的基础之上，第 16 章讨论如何更有效地组织界面元素，并通过布局来创建用户界面。此外，还讨论如何使用 SearchView 和 ListView 组件来完成搜索功能，以及创建自定义组件的基本方法。

第 17 章讨论如何使用通知（Notification）来提醒用户，以及如何使用服务（Service）在后台执行应用逻辑。

第 18 章讨论如何使用广播在应用与系统之间或应用之间进行信息的传递。

第 19 章讨论 Android 设备中网络相关的应用，包括如何在 Windows 中使用 IIS 配置 Web 测试环境，如何在 Android 应用中获取网络资源，以及如何处理 JSON 和 XML 数据。此外，还对常用的网络资源操作代码进行封装。

第 20 章讨论两种基本的用户数据保存方法。一种是使用 Context 中的一系列方法，另一种是使用 SharedPreferences。

第 21 章讨论如何使用 SQLite 数据库高效地进行数据管理工作，其中，包括 SQL 语句和 SQLiteDatabase 类的使用。分别介绍数据表的创建，以及记录的添加、更新、删除和查询等操作。

第 22 章讨论如何使用 Android SDK 来完成设备的定位工作。

第 23 章讨论如何使用高德地图 SDK 完成定位工作并获取位置相关信息，以及如何将指定位置显示到高德地图中。

第 24 章讨论如何使用百度地图 SDK 进行定位工作并获取位置相关信息，以及如何将指定位置显示到百度地图中。

第 25 章讨论 Android 设备中一些常见传感器的使用，如加速计、陀螺仪、亮度传感器等。

第 26 章讨论如何使用内容（Content）进行应用间的数据交换，包括如何操作外部应用的数据，以及如何为其他应用提供数据操作接口等。此外，还介绍如何使用相机和图库资源，如何播放音频和视频文件，以及如何读取通讯录等。

第 27 章讨论如何处理应用图标和不同分辨率的图像，如何创建竖屏与横屏资源，以及如何支持多种语言等内容。

第 28 章创建一个完整的示例项目，其功能是完成账目的添加、删除、查询和统计操作。此外，应用还支持中文、英文两种语言。

第 29 章讨论 Android 应用发布前所需要做的准备工作，以及如何创建不同的分发版本。

本书涵盖 Java 和 Android 应用开发两大部分内容，可以满足不同程度开发人员的需求，读者还可以在根据学习和工作需要随时参考相关内容。

接下来首先进入 Java 的学习。

第 2 章　Java 开发基础

Java 语言是 Android 应用开发的基础。本章先学习 Java 语言的基础知识，主要内容包括：

- ❑ 安装 JDK 和 NetBeans
- ❑ 第一个 Java 程序
- ❑ 保留字与标识符
- ❑ 基本数据类型
- ❑ 整数
- ❑ 浮点数
- ❑ 类型转换
- ❑ char 类型
- ❑ boolean 类型
- ❑ 枚举类型
- ❑ 代码的组织

2.1　安装 JDK 和 NetBeans

NetBeans 是官方提供的 Java 开发工具，可以从 http://www.oracle.com/ 网站下载最新版本。如图 2-1 所示，只需要下载包含 JDK（Java Development Kit）的 NetBeans 就可以了。

图 2-1　下载 NetBeans 和 JDK

下载的文件名类似 jdk-8u131-nb-8_2-windows-x64.exe，这是运行于 64 位 Windows 系统的 NetBeans 安装文件。安装时，需要注意几个目录，一般情况下使用默认设置即可，但需要知道目录的具体路径。

第一个路径是 JDK 的安装位置，如图 2-2 所示。

如果在这里修改了 JDK 的安装位置，那么在单击“下一步”按钮时，JDK 的路径要保持一致，如图 2-3 所示。

安装 JDK 和 NetBeans 时，实际上还有一个比较重要的资源，也就是 jre 目录。默认情况下，它与 JDK 目录在同一位置，如图 2-4 所示。

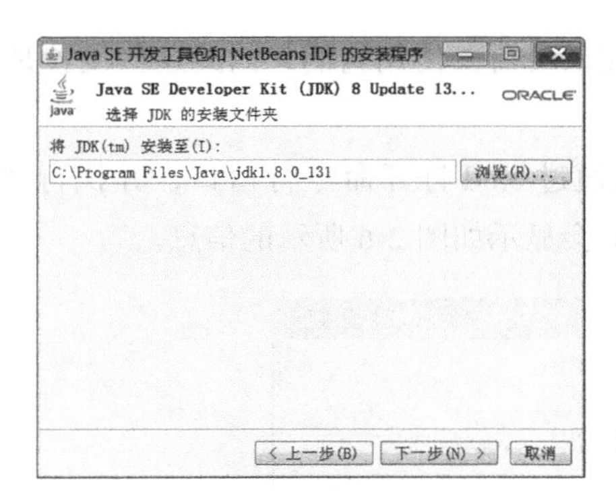

图 2-2　JDK 安装目录

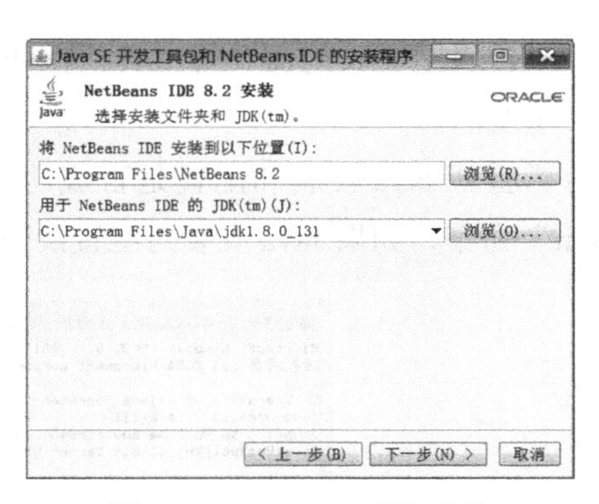

图 2-3　NetBeans 安装目录

接下来，为了在工作中能够正确地使用 Java 资源，还需要配置几个系统变量。Windows 7 系统中，在“计算机”的右键菜单中选择“属性”选项，并通过“高级系统设置”→“高级”→“环境变量”打开系统变量的编辑窗口，如图 2-5 所示。

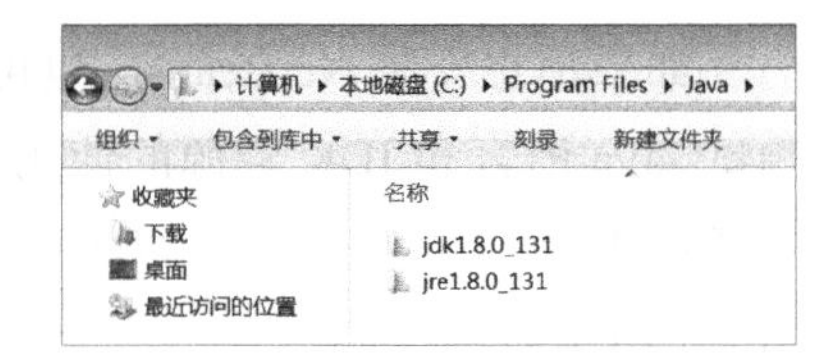

图 2-4　JRE 目录

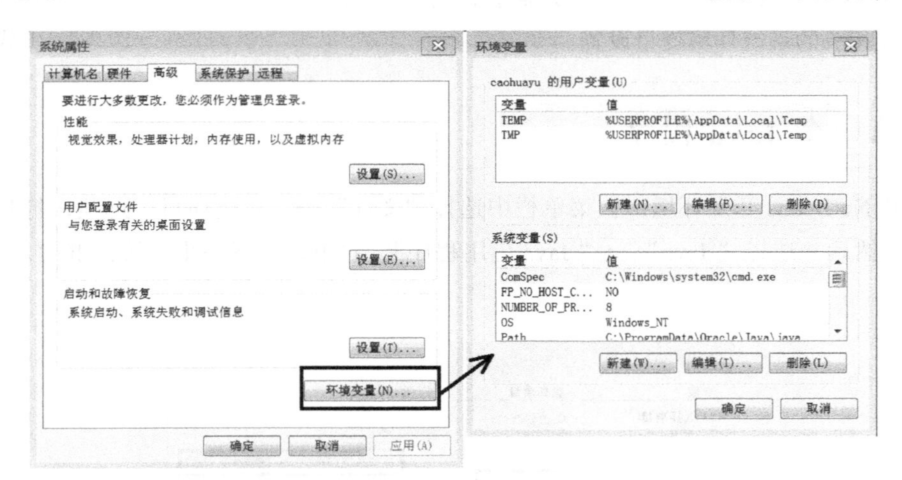

图 2-5　设置 Windows 环境变量

在“系统变量”部分新建 JAVA_HOME 和 CLASSPATH 变量，并修改 Path 变量，具体设置如下。

- 新建 JAVA_HOME 变量，即 JDK 的安装目录，这里就设置为 C:\Program Files\Java\jdk1.8.0_131。请注意，如果安装的 JDK 版本不一样，应该按照实际安装路径进行配置。
- 新建 CLASSPATH 变量，用于设置 Java 开发核心资源的路径，设置为“;%JAVA_HOME%\lib\tools.jar;%JAVA_HOME%\lib\dt.jar;%JAVA_HOME%\bin;”。这里，多个路径使用分号（;）分隔，而 %JAVA_HOME% 则表示刚刚创建的 JAVA_HOME 环境变量。
- 编辑 Path 系统变量，在其已有的内容后面追加 Java 相关的路径，附加的内容为“.;%JAVA_HOME%\bin;%JAVA_HOME%\jre\bin;”。请注意，在指定的两个 bin 目录中包含了大量的命令行工具，在开发和测试时需要使用它们，因此这些设置是非常重要的。

为了验证 Java 安装和配置是否成功，可以通过 cmd 打开命令行窗口，并执行“java -version”命令，如果 Java 安装与配置没问题，就会显示如图 2-6 所示的信息。

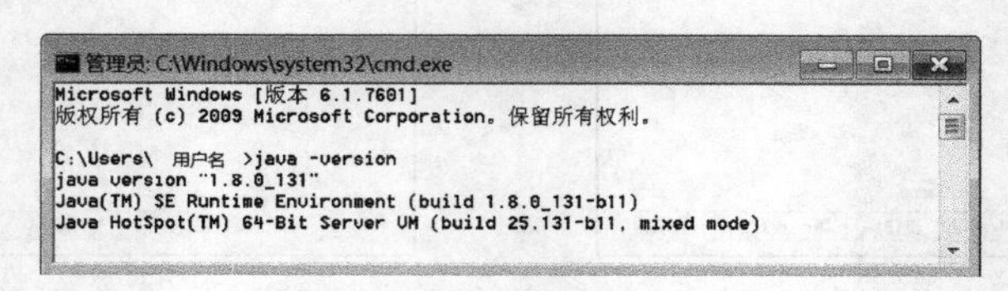

图 2-6　Java 版本信息

如果不想安装 NetBeans，也可以在 Android Studio 开发环境中测试 Java 语言和 JDK 资源的使用，具体安装方法和注意事项可以参考第 13 章。此外，还可以单独下载和安装最新版本的 JDK，如图 2-7 所示。

安装方法与 NetBeans 类似，只是需要注意，安装完成后应该更新 Java 相关的系统环境变量设置。

图 2-7　下载 JDK

2.2　第一个 Java 程序

打开 NetBeans 开发环境，在菜单栏中选择“文件”→“新建项目”选项，打开项目创建窗口。然后，选择“Java”→“Java 应用程序”，并单击“下一步”按钮继续，如图 2-8 所示。

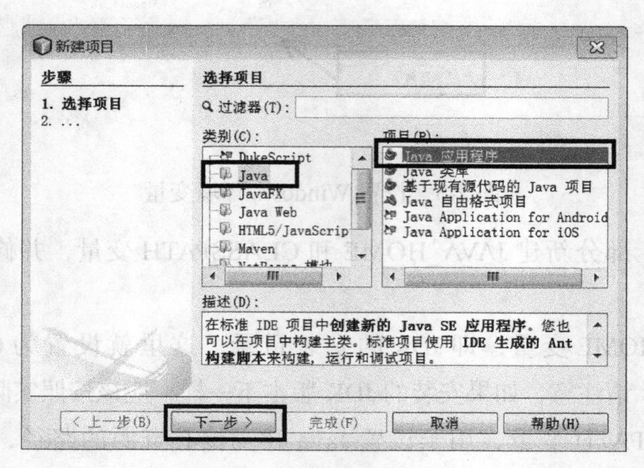

图 2-8　创建 Java 项目

接下来需要填写一些项目信息，如图 2-9 所示。

本例中，项目名称填写为 FirstDemo，项目位置、项目文件夹和其他选项都使用默认设置即可。单击“完成”按钮完成项目的创建工作。然后，可以看到 NetBeans 的主界面，如图 2-10 所示。

图 2-9　新建项目信息

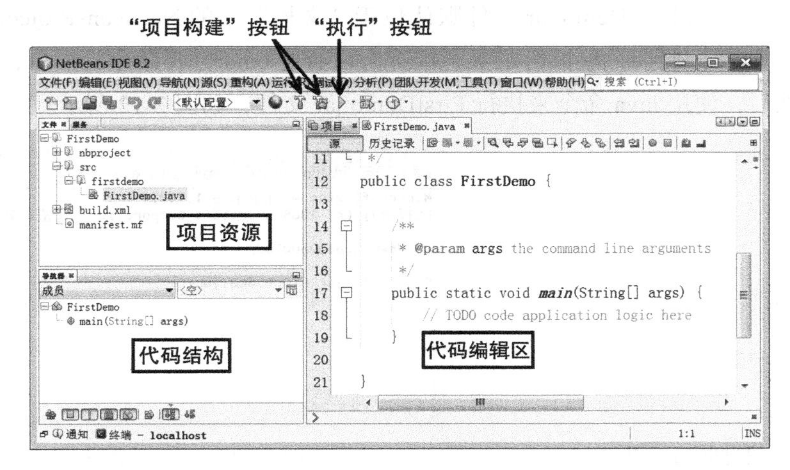

图 2-10　NetBeans 的主界面

现在，从简单的信息输出开始，在代码编辑区中，修改代码内容（FirstDemo.java 文件），如下所示。

```
/*
 * To change this license header, choose License Headers in Project Properties.
 * To change this template file, choose Tools | Templates
 * and open the template in the editor.
 */
package firstdemo;

/**
 *
 * @author caohuayu
 */
public class FirstDemo {

    /**
     * @param args the command line arguments
```

```
    */
    public static void main(String[] args) {
        // TODO code application logic here
        System.out.println(" 第一行 Java 代码 ");
    }

}
```

实际上，只需要输入其中加粗的这一行代码，其功能就是显示一行信息。单击工具栏中的“执行”按钮，可以看到如图 2-11 所示的输出结果。

代码的功能虽然很简单，但它也算是一个完整的 Java 应用。接下来，单击工具栏中的“项目构建”按钮，就可以生成 Java 应用的两种主要发布文件类型，分别是 FirstDemo.class 和 FirstDemo.jar 文件，前者是编译后的 Java 字节文件，后者是打包后的发布文件，可以将其复制到已安装 JDK 的环境中使用。

本例中，生成的 FirstDemo.jar 文件默认位于“文档”中的 NetBeansProjects\FirstDemo\dist 目录中，把它复制到 C: 盘根目录下。接下来，通过 cmd 打开命令行窗口，并切换到 C: 盘根目录。然后，使用 java 命令来执行 FirstDemo.jar 文件，如图 2-12 所示。

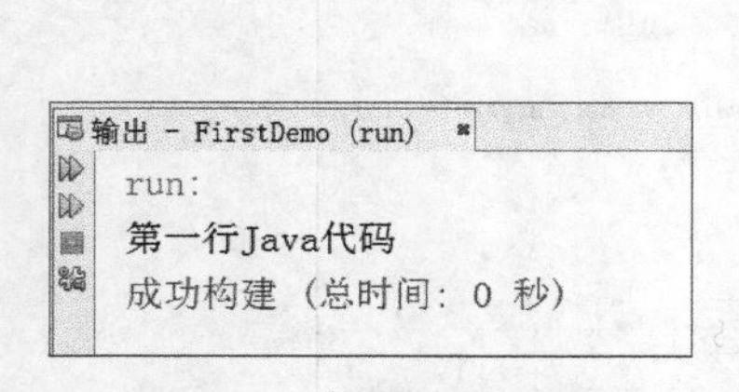

图 2-11　信息输出结果

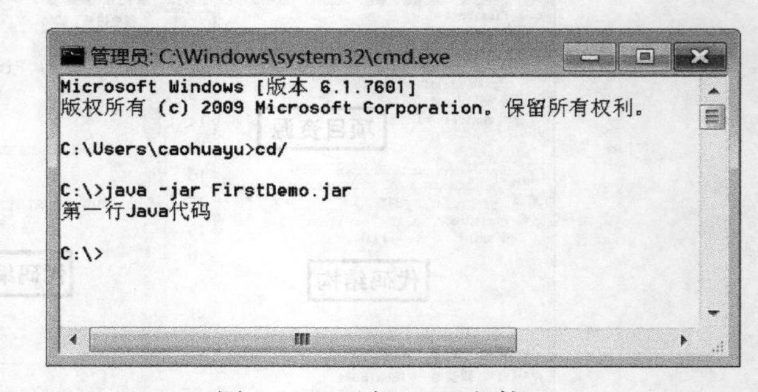

图 2-12　运行 JAR 文件

其中，cd/ 命令用于返回根目录。然后，在 java 命令中使用 -jar 参数，指定要执行的是 .jar 文件，-jar 参数后指定的就是刚刚复制过来的 FirstDemo.jar 文件。

请注意，如果找不到 java 命令，可以根据上一节内容设置 JDK 相关的环境变量。

2.2.1 语句与语句块

在 NetBeans 环境中，可以看到 FirstDemo.java 文件中的代码有各种颜色和符号，而真正执行的代码却很少，如下面的代码所示。

```
package firstdemo;

public class FirstDemo {
    public static void main(String[] args) {
        System.out.println(" 第一行 Java 代码 ");
    }
}
```

实际上，显示一条信息的功能，只需要这些代码就可以了，而其他内容都是注释（稍后讨论）。接下来，了解这些代码的功能。

首先是 package 语句，它指定当前文件的代码定义在哪个包（package）中，这里的包名就是 firstdemo。请注意，package 语句的最后以分号（;）结束，这也是一个简单的 Java 语句。

此外，包是 Java 代码的基本组织形式。除了使用 package 语句定义包之外，还可以使用 import 语句引用其他包中的资源，在后面的学习中可以看到相关应用。

接下来，使用 public 和 class 关键字定义一个 FirstDemo 类。在这里，使用"{"和"}"定义类的主体部分，称之为代码块。

类中可能会包含很多成员。而本例的 FirstDemo 类中只包含一个 main() 方法，它是应用执行的入口，也就是说，Java 程序的执行是从这里开始的。可以看到，main() 方法的主体部分同样定义在"{"和"}"符号之间。

System.out.println() 方法的功能就是输出一些内容，在 NetBeans 环境和执行 .jar 文件时，已经看到输出结果。

2.2.2　注释内容

Java 代码中，灰色的内容定义为注释，也就是一些说明性的内容，它们不是真正的执行代码。

Java 中，可以使用三种注释。第一种称为行注释，以 // 开头，一直到行结束的内容都会被当作注释。行注释可以在单独的行中，也可以在其他代码的后面，如：

```
// 显示信息
System.out.println("第一行 Java 代码");                // 显示信息
```

第二种注释称为块注释，其内容包含在 /* 和 */ 之间，如：

```
/*
 * FirstDemo.java
 *Author: caohuayu
 * Version: 20170606
*/
```

此外，在块注释中可以使用一些以 @ 符号标识的指令，在 FirstDemo.java 文件中可以看到一些，如：

```
/**
 * @param args the command line arguments
*/ 代码中使用 @param 指令说明 args 参数
```

对于这些使用特殊指令的注释，可以通过 javadoc 命令创建 HTML 文档。下面将 FirstDemo.java 文件复制到 C: 盘根目录下。然后，使用 cmd 打开命令行窗口，并使用 javadoc 命令自动创建文档，如图 2-13 所示。

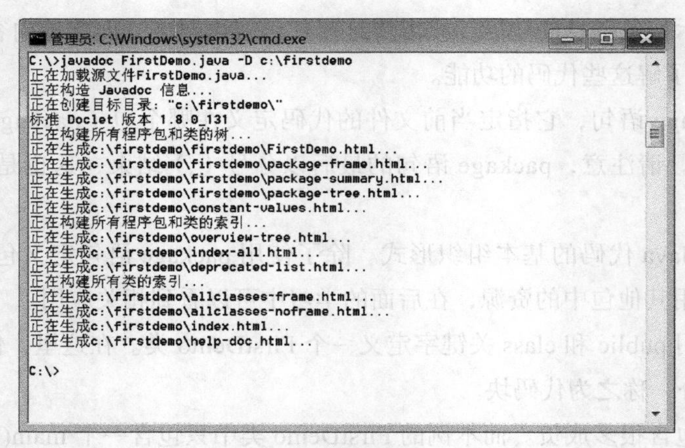

图 2-13　使用 javadoc 命令生成文档

本例中使用的命令行如下：

```
javadoc FirstDemo.java -D c:\firstdemo
```

其功能是创建 FirstDemo.java 代码文件的 HTML 文档，文档会存放在 C:\firstdemo 目录中。操作完成后，打开 C:\firstdemo 目录，可以看到 index.html 文件，图 2-14 中就是通过 Firefox 浏览器查看的结果。

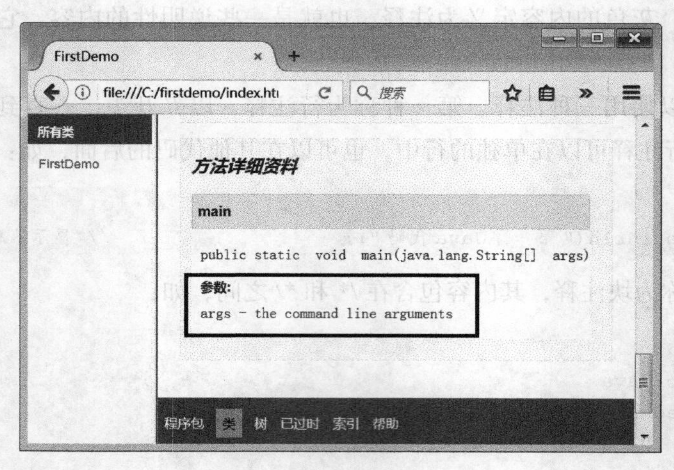

图 2-14　javadoc 命令生成的 HTML 文档

NetBeans 环境中，在菜单栏中选择“运行”→“生成 Javadoc”选项来创建 HTML 文档，然后会通过浏览器打开。此外，通过 NetBeans 环境生成的文档默认放在项目文件夹的 /dist/javadoc/ 目录中。

2.3　保留字与标识符

每种语言都会有一些基本的元素，如英文中的 26 个字母等。不过，在 Java 8 里共有 53 个保留字，如下所示。

abstract	assert	boolean	break	byte
case	catch	char	class	const
continue	default	do	double	else
enum	extends	false	final	finally
float	for	goto	if	implements
import	instanceof	int	interface	long
native	new	null	package	private
protected	public	return	short	static
strictfp	super	switch	synchronized	this
throw	throws	transient	true	try
void	volatile	while		

那么，保留字有什么作用？简单地说，它们是 Java 语言的组成部分，在代码中会有特殊的用法和含义。所以，需要定义自己的符号时，就不应该使用这些保留字。在后续的内容中会逐渐接触和了解这些保留字的用途。

使用标识符表示数据，并不陌生，例如，使用 x、y、z 来解方程，使用 π 表示圆周率等。在代码中，同样会大量地使用标识符来表示数据。

Java 代码中定义标识符时，可以使用字母、下画线、$ 符号和数字等，但第一个字符不能使用数字。

常用的标识符包括变量和常量，其中，变量是指程序运行中数据可能会变化的标识符，如下面的代码所示。

```
int x = 10;
x = 99;
```

代码中定义了一个 int 类型的变量 x，并赋值为 10，然后，又重新赋值为 99。这里，变量 x 的数据就可以根据需要随时变化。

实际上，Java 中并没有常量的概念。在方法中，如果一个标识符表示的数据不需要或不能改变，可以在其类型前使用 final 关键字，如下面的代码所示。

```
final double pi = 3.1415926;
pi = 3.14;                                    // 会出错
```

本例中，使用 final 关键字定义了 double 类型的 pi，它的值是不能修改的，因为指定为终极的（final）。出于习惯，将 final 关键字定义的标识符称为常量。

代码中，如果修改常量 pi 的值，就会出现错误，如图 2-15 所示。

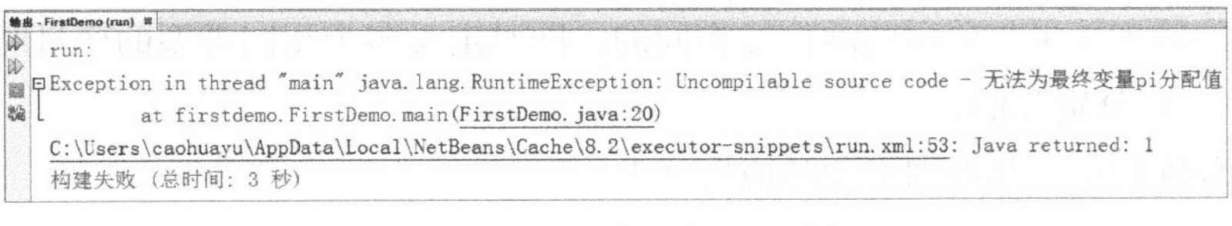

```
输出 - FirstDemo (run)
run:
Exception in thread "main" java.lang.RuntimeException: Uncompilable source code - 无法为最终变量pi分配值
	at firstdemo.FirstDemo.main(FirstDemo.java:20)
C:\Users\caohuayu\AppData\Local\NetBeans\Cache\8.2\executor-snippets\run.xml:53: Java returned: 1
构建失败 (总时间: 3 秒)
```

图 2-15　不能修改常量的数据

这部分代码中使用了 int 和 double 类型的数据，它们分别表示什么类型的数据呢？下面介绍 Java 中的基本数据类型。

2.4 基本数据类型

Java 中的基本数据类型包括以下几种。

- 整数类型，用于处理没有小数部分的数据，包括 byte、short、int 和 long 类型。
- 浮点数类型，用于处理可以包含小数部分的数据，包括 float 和 double 类型。
- 字符类型，即 char 类型，用于处理 Unicode 字符。
- 布尔类型，即 boolean 类型，只能处理 true 或 false 值。

这些类型的取值范围、默认值等信息如表 2-1 所示。

表 2-1 Java 中的基本数据类型

类 型	取 值 范 围	默 认 值	占用尺寸 / 位
byte	–128 ~ 127	0	8
short	–32 768 ~ 32 767	0	16
int	–2 147 483 648 ~ 2 147 483 647	0	32
long	–9 223 372 036 854 775 808 ~ 9 223 372 036 854 775 807	0	64
float	1.4E–45 ~ 3.4 028 235E38	0.0	32
double	4.9E–324 ~ 1.7 976 931 348 623 157E308	0.0	64
char	Unicode 字符，编码 \u0000 ~ \uFFFF	\u0000	16
boolean	true 或 false 值	false	1

处理这些类型的数据时，可以使用相应的关键字定义变量或最终变量（常量），如下面的代码所示。

```
int x = 10;
int y = 0;
System.out.println(x);                          // 10
System.out.println(y);                          // 0
```

本例中，定义变量 x 时，同时赋值为 10，而 y 的值为 0。此外，还可以同时定义多个相同类型的变量，如下面的代码所示。

```
int x = 10, y = 0;
System.out.println(x);                          // 10
System.out.println(y);                          // 0
```

此代码的输出结果与前面的示例是相同的，同时定义多个相同类型的变量时，使用逗号(,)分隔，并可以分别赋值。

下面将分别讨论这些数据类型的应用特点。

2.5 整数

简单地说，整数就是没有小数部分的数值。不过，在程序开发过程中，整数的使用方式还是有点复杂的，先从整数的直接量说起。

生活中使用的数字都是十进制数，在 Java 代码中，默认情况下也使用十进制数，如 0，1，2，…不过，在 Java 代码中还可以使用其他进制，如：

- 整数以 0 开头时定义为八进制数，如 020 表示十进制数 16。
- 整数以 0x 开头时定义为十六进制数，如 0xF 表示十进制数 15。
- 整数以 0b 开头时定义为二进制数，如 0b0101 表示十进制数 5。

下面的代码可以验证这些数的值。

```
public static void main(String[] args) {
    System.out.println(020);                    // 16
    System.out.println(0xF);                    // 15
    System.out.println(0b0101);                 // 5
}
```

此外，还需要注意，如果没有指定类型，整数默认为 int 类型。

2.5.1 算术运算

加、减、乘、除、取余数，这些概念并不陌生。软件开发中，它们同样是基本的数据运算方式。Java 代码中分别使用如下运算符。

- +，加法运算符，如 x + y。
- –，减法运算符，如 x – y。
- *，乘法运算符，如 x * y。
- /，除法运算符，如 x / y。
- %，取余数运算符，也称为取模运算符，如 x % y。

整数运算时，应注意以下一些问题。

- 整数运算的结果依然是整数，如果运算数的类型不一样，则统一转换为取值范围较大的类型，然后进行计算。
- 整数的除数运算结果中只保留整数部分。
- 整数的除法和取余数运算时，如果右运算数为 0，即 x/y 或 x%y 中的 y 为 0 时，会产生错误。

下面的代码演示了整数的算术运算。

```
public static void main(String[] args) {
    int x = 98, y = 10;
    System.out.println(x + y);                  // 108
    System.out.println(x - y);                  // 88
    System.out.println(x * y);                  // 980
    System.out.println(x / y);                  // 9
```

```
    System.out.println(x % y);                    // 8
}
```

2.5.2 增量与减量运算

简单地说，增量运算负责执行变量加 1 的操作。增量运算又分为前增量和后增量，都使用 ++ 运算符。下面分别讨论二者。

首先介绍前增量，先看一下代码的执行结果。

```
public static void main(String[] args) {
    int x = 1;
    System.out.println(++x);                    // 2
System.out.println(x);                          // 2
}
```

第一个输出语句显示的是前增量运算表达式的值，第二个输出语句显示的则是前增量运算后 x 变量的值。

前增量时，会先执行变量加 1 的操作，然后返回增量表达式的值，所以，++x 表达式显示的值是 2。

后增量时，增量表达式会先返回 x 的值，然后进行加 1 的操作，如下面的代码所示。

```
public static void main(String[] args) {
    int x = 1;
    System.out.println(x++);                    // 1
    System.out.println(x);                      // 2
}
```

执行代码后，可以看到，x++ 表达式首先返回 x 的值，然后执行加 1 的操作，最终 x 的值同样为 2。

对于前增量和后增量操作，如果只需要使用变量运算后的值，则它们的结果是一样的，但在使用运算表达式的值时，就需要注意它们的区别了。

此外，减量和增量运算类似，只是减量执行减 1 的操作。应用时，也需要注意前减量运算和后减量运算的区别。

2.5.3 位运算

位运算主要包括逻辑位运算和位移运算。其中，逻辑位运算会对操作数的二进制位进行逻辑运算，包括：

- 位“与”运算，使用 & 运算符，当两个二进制位数据都为 1 时返回 1，否则返回 0。
- 位“或”运算，使用 | 运算符，当两个二进制位数据有一个为 1 时返回 1，否则返回 0。
- 位“取反”运算，使用 ~ 运算符，当二进制位数据为 1 时返回 0，为 0 值时返回 1。
- 位“异或”运算，使用 ^ 运算符，当两个二进制位数据相同时返回 0，不同时返回 1。

下面的代码演示了逻辑位运算的应用。

```
public static void main(String[] args) {
    byte x = 0b00000010;
    byte y = 0b00001010;
    System.out.println(x & y);            // 2, 0b00000010
    System.out.println(x | y);            // 10, 0b00001010
    System.out.println(~x);               // -3, 0b11111101
    System.out.println(x ^ y);            // 8, 0b00001000
}
```

本例中定义了两个 byte 类型的变量，并赋给它们 8 位二进制数。与（&）、或（|）、异或（^）运算的结果都能容易计算出来，就是把二进制数转换为十进制数的方法，如 x|y 的结果，其计算方法就是：

```
2³+2¹ = 8 + 2 = 10
```

那么，对于 x 取反（~）操作的结果 0b11111101 怎么会显示 –3 呢？ byte 类型的数据是有符号的，即最高位是符号位，1 表示负数，0 表示 0 或正数。此外，当数据为负数时，其二进制实际上是其绝对值的补码形式。

整数 3 的 8 位二进制形式是 00000011，其补码的计算是按位取反后加 1，即 11111100+1，也就是 11111101，表示 –3。

实际开发工作中，逻辑位运算经常进行一些标识数据的比较工作，如下面的代码所示。

```
public static void main(String[] args) {
int flag1 = 0b00000001;
int flag2 = 0b00000010;
    int flag3 = 0b00000100;
    //
    int flagA = flag1 | flag2;
    //
    System.out.println(flagA & flag1);     // 1
    System.out.println(flagA & flag3);     // 0
}
```

代码中，首先定义三个基本的标识数据，即 flag1、flag2 和 flag3。它们的特点是在不同的二进制位的数据是 1，其他位都是 0。然后定义了 flagA 变量，设置其为 flag1 和 flag2 的组合（使用或运算）。

接下来，分别将 flagA 与 flag1、flag3 对比（使用与运算）。当 flagA 包括指定的标识数据时，就会返回这个标识数据，否则返回 0。这样就可以通过位运算非常高效地进行数据的对比工作。

另一种二进制位的运算是位移运算，在 Java 中包括三个位移运算符，即 << 运算符、>> 运算符和 >>> 运算符。下面分别讨论三者。

<< 运算符称为位左移运算，执行此运算时，二进制位会向左移动，低位补 0，如下面的代码所示。

```
System.out.println(0b0010 << 2);          // 8, 0b1000
```

二进制数0010表示2，左移两位就是1000，即数字8。实际上，当整数x进行左移n位运算时，就是在执行 $x * 2^n$ 的运算。

请注意，如果位左移操作超过类型所支持的位数，超出部分就会丢失，也就是发生了数据溢出，如下面的代码所示。

```
System.out.println((byte)(0b11000001<< 1));      // -126
```

代码中的–126是怎么得到的呢？首先，计算11000000左移1位的操作，其结果是110000010，如果是int类型，它就是386。但是，如果将数据强制转换为byte类型，而byte只能保存8位整数，那么最高位的一个1会丢失，结果变为10000010。对于byte类型的数据，其最高位为符号位，所以这是一个负数，但它是数值绝对值的补码，需要反推计算。首先，减1得到10000001。然后，取反得到01111110。接下来，通过如下算式计算其十进制数据。

$$2^6+2^5+2^4+2^3+2^2+2^1 = 64+32+16+8+4+2 = 126$$

这样，byte类型的二进制10000010表示的就是–126。

>>运算符称为有符号位右移运算符，执行此操作时，二进制位会向右移动，此时，符号位不动，右移空出的高位要补上与符号位相同的数据。下面的代码用于右移一个正整数。

```
System.out.println((byte)0b01000000 >> 2);       // 16
```

当01000000右移两位时，其结果为00010000，即正整数16。实际上，执行x>>n运算时，就是在计算 $x/2^n$。下面的代码对负整数执行>>运算。

```
System.out.println((byte)0b11000000 >> 2);       // -16
```

11000000表示一个负数，通过反推计算（减1取反）可以得出，它表示–64。进行右移两位运算时，其结果就是11110000，再进行减1取反得到00010000，也就是16。这样也就验证了代码中的计算结果。

>>>运算符称为无符号右移运算，执行此运算时，不考虑符号位，数据整体右移，并在高位补0，如下面的代码所示。

```
System.out.println(0b11000000 >>> 2);            // 48
```

当11000000右移两位时，其结果为00110000，也就是48。

本节已经使用了+、–、*、/、%、&、|、^、<<、>>、>>>等运算符，这些运算符可以与赋值运算符=组合使用，如x += 2的含义就是x = x + 2，其他运算符的组合也有类似的功能。

2.6 浮点数

代码中，浮点数是指可以处理小数部分的数据类型。在Java中，有两个浮点数类型可以使用，分别是 double 和 float 类型。

double 类型表示双精度浮点数（64 位）。代码中，含有小数部分的数据时，默认类型就是 double。如果需要明确指定数据是 double 类型，可以使用 d 或 D 后缀，如 1D 就表示 double 类型的数值 1。

float 类型表示单精度浮点数（32 位）。直接量使用 f 或 F 后缀，如 1.0F、99f。

与整数一样，浮点数同样可以进行算术运算、增量和减量，但不能进行位运算。

当浮点数和整数混合运算时，可以遵循一个基本原则：先将取值范围小的类型转换为取值范围大的类型，然后运算，运算结果就是取值范围较大的类型。

下面的代码演示了 double 与 int 类型数据的运算。

```
public static void main(String[] args) {
    double x = 98.8;
    int y = 10;
    System.out.println(x + y);
    System.out.println(x - y);
    System.out.println(x * y);
    System.out.println(x / y);
    System.out.println(x % y);
}
```

代码的执行结果如图 2-16 所示。

从图 2-16 中可以看到，当 double 和 int 类型的数据进行运算时，其最终结果都是 double 类型。

此外，浮点数的除法运算和取余运算中，如 x/y 和 x%y 运算中，如果 y 为 0，代码是不会产生错误的，而是分别产生 Infinity 值和 NaN 值。其中，Infinity 表示一个无穷数，而 NaN 则表示不是一个数字（Not a Number）。图 2-17 中显示了这一运算结果。

图 2-16　不同类型数据的混合运算

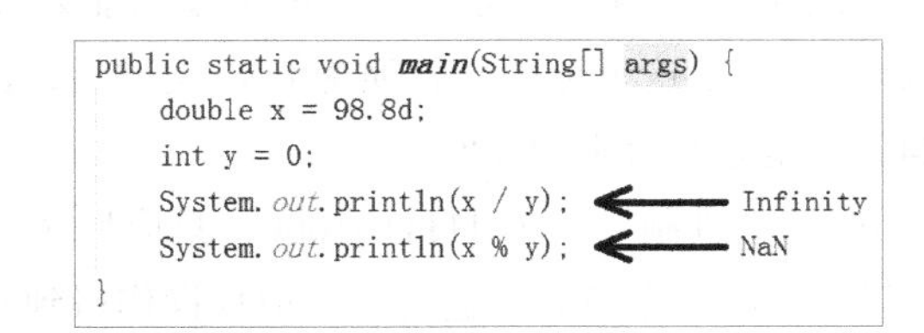

图 2-17　浮点数的除零运算

2.7　类型转换

实际开发工作中，不同类型数据之间的转换工作非常常见，这也是非常重要的操作。本节就讨论几种数据类型转换的情况。

第一种类型转换称为隐式转换。当把一个取值范围小的类型转换为取值范围大的类型时，可以进行隐式转换，就像将一小杯水装进一个大杯子一样，这种转换是没有任何问题的，如下面的代码所示。

```
int x = 100;
long y = x;
```

代码中，首先定义x变量为int类型（32位整数），定义y变量为long类型（64位整数）。然后，将x的值赋予y，由于long的取值范围要比int类型大，因此这种赋值是没有问题的。

此外，当不同类型的数据进行运算时，会将取值范围小的类型转换为取值范围大的类型，这也是进行隐式转换，前面的内容已经讨论过这类情况。

第二种类型转换的情况是将取值范围大的类型转换为取值范围小的类型，如下面的代码所示。

```
long x = 100;
int y = x;
```

运行代码可以看到，它们是不能正确执行的。如果确实需要这种转换操作，就必须使用强制转换。此时，在需要转换的数据前使用一对圆括号指定目标类型，如下面的代码所示。

```
long x = 100;
int y = (int)x;
```

再次执行代码就没有问题了。不过，进行类型的强制转换时需要注意，如果数据超出了目标类型的取值范围，会进行截断操作，数据内容也会改变，实际开发中，应避免这种情况的发生，如下面的代码所示。

```
public static void main(String[] args) {
int x = 1000;
    byte y = (byte)x;
    System.out.println(y);
}
```

代码会显示-24，这是因为byte类型只能处理8位整数，取值范围为-128 ~ 127，而1000显然超出了这个范围，转换为byte类型后，数据只保留低位上的8位，于是它就变成了-24，这是怎么得来的呢？

1000的二进制形式为1111101000，只取后8位就是11101000，在byte类型中，第一位是1，说明这是一个负数，进行减1取反操作得到00011000，即24，这样结果就是-24了。

前面讨论的是整数类型之间的转换，如果是整数和浮点数之间的转换，同样会有隐式转换和强制转换两种情况。

从整数转换为浮点数类型时，可以进行隐式转换。但反过来，将浮点数转换为整数时，就会丢失小数部分，如下面的代码所示。

```
public static void main(String[] args) {
    double x = 1000.99;
    int y = (int)x;
    byte z = (byte)x;
    System.out.println(y);                    // 1000
    System.out.println(z);                    // -24
}
```

代码中，变量 x 定义为 double 类型，其数据包含小数部分。然后，将 x 的数据转换为 int 类型（y），可以看到，y 的输出是 1000，即不包含小数部分。接下来，将 double 类型转换为取值范围更小的 byte 类型（z）时，数据会先截断小数部分，再截断整数部分，最终存放在 byte 类型的变量中。

2.8　char 类型

char 类型用于处理 Unicode 字符，无论是中文、英文或者火星文，都能够正确处理。下面的代码演示了 char 类型的基本应用。

```
public static void main(String[] args) {
    char ch = 'A';
    System.out.println(ch);              // A
    System.out.println((int)ch);         // 65
}
```

示例中，首先定义了一个 char 类型的变量 ch，并赋值为大写字母 A。请注意，字符使用一对单引号定义。接下来，将字符转换为 int 类型，它会显示什么呢？这种转换会得到字母的 Unicode 编码，如代码的运行结果，大写字母 A 的编码就是 65，这也是该字符的 ASCII 码。

如果需要获取指定 Unicode 编码的字符，也可以通过强制转换数值获取，下面的代码将显示一个太极符号。

```
public static void main(String[] args) {
System.out.println((char)9775);
}
```

代码执行结果如图 2-18 所示。

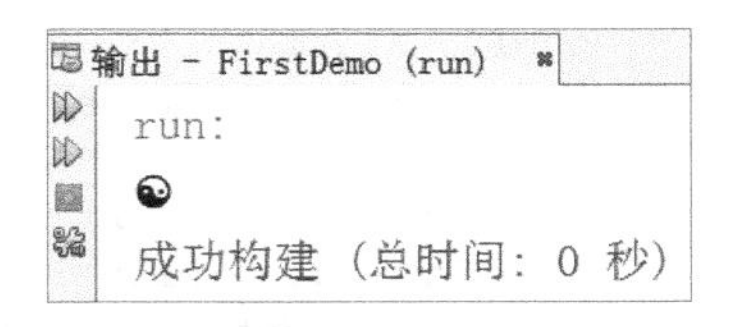

图 2-18　显示 Unicode 太极字符

实际上，Java 代码文件完全支持 Unicode 字符，也就是说，可以使用中文来作为变量名称，如下面的代码所示。

```
public static void main(String[] args) {
int 变量1 = 10;
System.out.println(变量1);              // 10
}
```

不过，开发中一般并不会这么做，毕竟敲字母会更直接一些。

处理字符时，对于一些特殊的字符（如单引号），需要使用 \ 符号对字符进行转义，Java 中的常用转义字符包括以下几个。

- \n，换行。
- \r，回车。
- \f，换页。
- \b，退格。
- \t，制表符。

- \\，反斜线。
- \"，双引号。
- \'，单引号。
- \uxxxx，指定 Unicode 编码的字符，其中 xxxx 为十六进制的字符编码。

下面的代码会显示单引号和雨伞。

```
public static void main(String[] args) {
    System.out.println('\'');
    System.out.println('\u2602');
}
```

显示结果如图 2-19 所示。

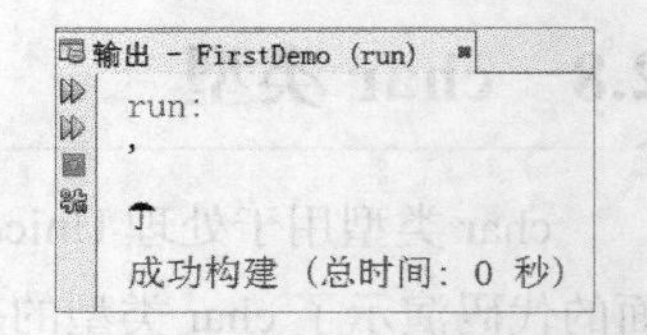

图 2-19　显示单引号和雨伞符号

2.9　boolean 类型

boolean 类型称为布尔型或逻辑型，这种类型只能处理 true 和 false 值，相关的运算包括以下几种。

- 逻辑与运算，使用 && 运算符，当两个运算数都为 true 时，运算结果为 true，否则运算结果为 false。
- 逻辑或运算，使用 || 运算符，当两个运算数都为 false 时，运算结果为 false，否则运算结果为 true。
- 逻辑取反运算，使用 ! 运算符，true 值取反为 false，false 值取反为 true。

下面的代码显示了布尔运算（逻辑运算）的几种情况。可以修改 x 和 y 的值来观察运行结果。

```
public static void main(String[] args) {
    boolean x = true, y = false;
    System.out.println(x && x);                 // true
    System.out.println(x && y);                 // false
    System.out.println(x || y);                 // true
    System.out.println(y || y);                 // false
    System.out.println(!x);                     // false
    System.out.println(!y);                     // true
}
```

2.10　枚举类型

前面已经了解了几种基本的数据类型，相信读者也能进行一些简单的数据计算工作了。不过，在实际工作中，需要处理的数据和信息的类型可不止这几种，那么处理性别、星期几这类信息时，应该使用什么数据类型呢？

首先，这类数据都有些什么特点呢？性别只能是男和女，当然，用户也可能选择保密，这样就会有三个固定的数据。星期包括从星期日到星期六这 7 个数据值（这里假设每周的第一天为星期日）。代码中，如果只是简单地使用数字来表示，很可能会出现问题，例如输入错误、意外赋值等。

那么，如何解决这类问题呢？可以使用本节讨论的枚举类型来处理。

枚举是一种自定义的数据类型，其中定义了可用的数据（枚举值）。下面的代码定义了一个名为 ESex 的枚举类型，用于操作性别数据。

```
// 性别枚举类型
enum ESex {unknow, male, female};
// 主方法
public static void main(String[] args) {
ESex sex = ESex.male;
System.out.println(sex);                              // male
}
```

请注意，需要在方法的外部定义其他类型。定义枚举时，使用 enum 关键字，enum 关键字后面指定枚举类型的名称。然后，枚举成员定义在一对花括号中，每个值使用逗号分隔。

定义枚举类型的变量（如代码中的 sex 变量）时，与定义基本数据类型应该是相同的，只是在赋值时使用了“< 枚举类型 >.< 成员 >”的形式指定枚举变量的值。

有些时候，枚举数据可能需要转换为数值，例如需要保存到 SQLite 数据库中的时候，此时，可以使用类似下面的代码。

```
// 性别枚举类型
enum ESex {unknow,male,female};
// 主方法
public static void main(String[] args) {
    ESex sex = ESex.male;
    System.out.println(sex.ordinal());                // 1
    System.out.println(ESex.values()[2]);             // female
}
```

说明代码的功能之前，先介绍枚举类型的一个特点。枚举类型中，每个成员都会有一个整数索引值，第一个成员的索引值为 0，第二个成员的索引值为 1，以此类推。

当在枚举类型和整数类型之间进行转换时，实际上就是在成员索引值和成员名称之间进行转换。

再来看代码功能。第一个输出语句使用枚举类型变量 sex 的 ordinal() 方法获取其枚举成员的索引值。在第二个输出语句中，首先使用 ESex.values() 方法获取所有枚举成员组成的数组，然后获取索引值为 2 的成员，也就是第 3 个成员的成员，即 female。

实际上，在学习面向对象编程和数组以后，这些代码都是非常容易理解的。而现在，只需要了解枚举成员和整数之间的转换方法就可以了。

2.11　代码的组织

接下来的内容需要编写更多、更复杂的代码，而且还会有越来越多的代码文件，那么，如何组织项目中的代码就是一个不得不考虑的问题了。

实际上，Java 项目的代码组织有一定的标准（或者约定）。首先，每一个发布项目都应该有一个唯一的包（package）名，那么，如何满足包的唯一性呢？

习惯的方法就是“反向域名 + 应用名”的格式，如我的域名是 caohuayu.com，那么 FirstDemo 项目的包名就可以定义为“ com.caohuayu.firstdemo”。当然，如果更加细分项目类别，还可以在反向域名中加入更多层次，如 com.caohuayu.android.myapp 定义名为 myapp 的 Android 应用。

对于本章创建的 FirstDemo 项目，其包名中并没有使用域名，而是使用了简单的包名，可以在 FirstDemo.java 文件的顶部看到，如下面的代码所示。

```
package firstdemo;
```

正式的项目中，使用唯一的包可以有效地组织、维护和管理代码。接下来，通过 NetBeans 菜单“文件”→“关闭项目”关闭 FirstDemo 项目。然后，通过“文件”→“新建项目”选项创建一个新的项目，这一次在项目名称中加入反向域名，如图 2-20 所示。

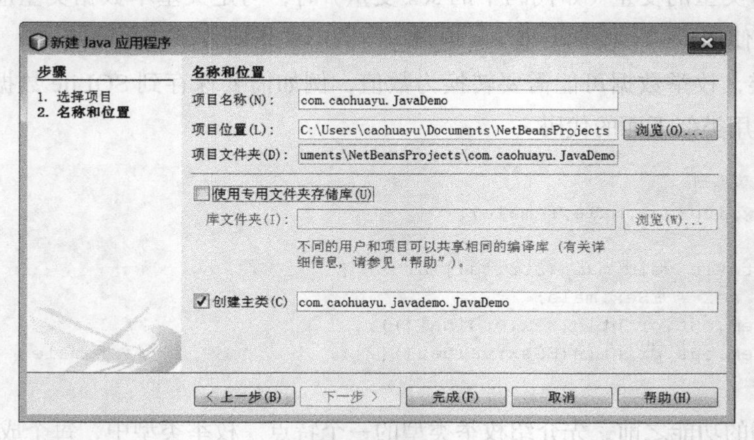

图 2-20　使用反向域名的项目名称

请注意，这里可能需要修改主类的名称。填写项目信息后，单击“完成”按钮完成项目创建工作。然后，在 JavaDemo.java 文件的顶部就可以看到包的名称，如下面的代码所示。

```
package com.caohuayu.javademo;
```

从第 2 章开始将在 JavaDemo 项目中进行测试工作。

第 3 章　面向对象编程

面向对象编程（Object-Oriented Programming，OOP），简单地说，就是将一系列数据及其操作进行封装，让数据操作更直观、代码维护更高效。另外，通过继承重复使用的代码，还可以进一步简化软件的开发工作。

传统的过程式开发（如 C 语言）中，定义一个汽车移动到指定坐标的代码可能如下所示。

```
auto_move_to(auto, x, y);
```

在面向对象编程中，代码可能如下所示。

```
auto.moveTo(x, y);
```

不同的开发方式并没有绝对的好与不好，主要还是看软件类型、技术要求和各种因素的综合考虑。

本章将讨论面向对象编程在 Java 中的具体应用，主要内容包括：

- 类与对象
- 方法
- 继承
- 数据类型处理
- java.lang.Math 类
- java.util.Random 类

3.1　类与对象

第 2 章介绍了基本数据类型的使用，这些类型可以处理整数、浮点数、字符和布尔类型的数据。而类（class）则是一种更加复杂的数据类型，它主要包括两种成员，即字段（field）和方法（method）。其中，字段用来存储数据，方法则定义数据的一系列操作。

在 Java 中，定义类需要使用 class 关键字。下面通过项目资源管理器中的“源包”右键菜单“新建”→“Java 类”项添加一个新的类，如图 3-1 所示。

本例中，将新建的类命名为 CAuto。然后，修改 CAuto.java 文件的内容，如下所示。

```
package com.caohuayu.javademo;

public class CAuto {
    //
    public String model = " ";
    public int doors = 4;
```

```
    // moveTo() 方法
    public void moveTo(int x, int y) {
        String s = String.format("%s 移动到 (%d,%d)",model,x,y);
        System.out.println(s);
    }
    //
}
```

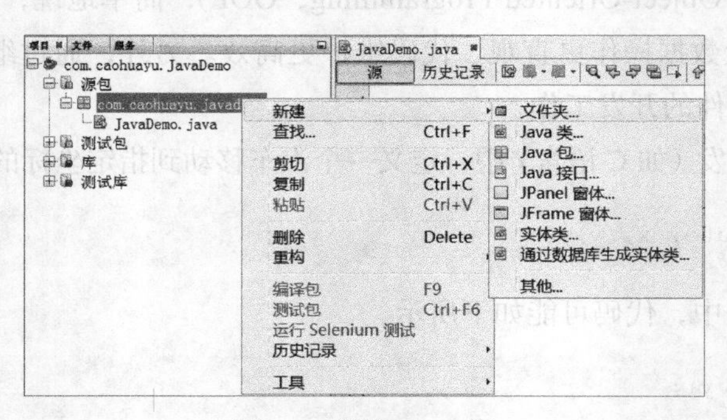

图 3-1　添加 Java 类

代码中，CAuto类定义了两个字段和一个方法，分别是：

❑ model字段，表示车的型号，定义为String类型，默认为空字符串。

❑ doors字段，表示车门数量，定义为int类型，默认为4。

❑ moveTo()方法，用于显示车的移动信息。

String是什么？它也是一个类，这里暂时当作简单的字符串类型使用就可以了。字符串又是什么？可以把它视为文本内容，还要使用一对双引号定义。

代码中使用了String.format()方法，它的功能是将各种类型的数据组合为字符串形式，先照样子敲代码就可以了，第6章会详细讨论字符串的应用。

回到CAuto类，应该如何使用它呢？首先，CAuto是一个类型，可以定义此类型的"变量"，也就是CAuto类的实例（instance）。下面的代码定义了CAuto类型的变量auto。

```
CAuto auto;
```

这里，auto称为CAuto类的一个实例，或者CAuto类型的对象，可以简称为auto对象。不过，auto对象暂时还不能使用，因为它还没有实例化，其值默认为null。

实例化一个对象时，需要使用new关键字，如下面的代码所示。

```
CAuto auto = new CAuto();
```

接下来，就可以使用auto对象了，如下面的代码所示。

```
public static void main(String[] args) {
CAuto auto = new CAuto();
auto.model = "X9";
auto.moveTo(10, 99);
}
```

代码中，通过圆点运算符（.）调用对象的字段和方法，首先将 model 字段的值设置为 X9，然后调用 moveTo() 方法。执行代码，可以看到如图 3-2 所示的结果。

此外，注意，main() 是程序的入口方法，它定义在应用的主类中。

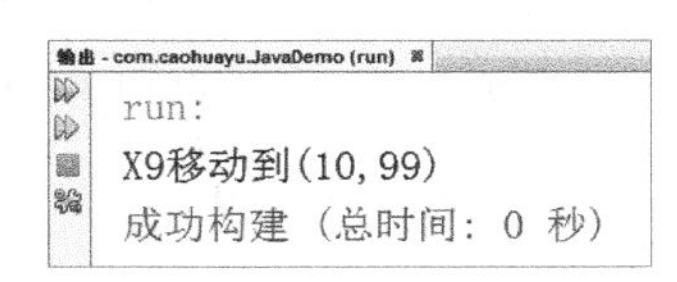

图 3-2　使用 CAuto 类的实例

3.1.1　构造函数与对象释放

再看一下 auto 对象的实例化代码。

```
CAuto auto = new CAuto();
```

代码中的 CAuto() 是方法吗？好像是，不过，这可不是一般的方法，而是在调用 CAuto 类的构造函数，但并没有定义这个构造函数。

实际上，如果没有在类中没有定义构造函数，则会包含一个空的构造函数。当然，也可以自己创建构造函数。下面的代码在 CAuto 类中添加一个构造函数。

```
package com.caohuayu.javademo;

public class CAuto {
    //
    public String model = "";
    public int doors = 4;
    // 构造函数
public CAuto() {
        System.out.println("正在创建汽车对象 ...");
    }
    // moveTo() 方法
    public void moveTo(int x, int y) {
        String s = String.format("%s 移动到 (%d,%d)",model,x,y);
        System.out.println(s);
    }
    //
}
```

构造函数虽然看上去和方法差不多，但它的名称与类名相同，而且不需要定义返回值类型，如 moveTo() 方法中关于 void 关键字的部分。关于返回值的更多内容，3.2 节会详细讨论。

实际开发中，一个类还可以有多个构造函数，只要它们的参数设置能够有效区分就可以。下面的代码在 CAuto 类中创建三个构造函数。

```
// 构造函数
public CAuto() {
    System.out.println("正在创建汽车对象 ...");
}
//
public CAuto(String m){
    model = m;
```

```
}
//
public CAuto(String m , int d) {
    model = m;
    doors = d;
}
```

细心的读者可能会发现一些小问题，例如，这三个构造函数之间并没有什么联系，而且在两个构造函数中出现了重复的代码。这也许不是什么大问题，但还有机会改进代码。下面的代码就是 CAuto.java 文件修改后的全部代码。

```
package com.caohuayu.javademo;

public class CAuto {
    //
    public String model = "";
    public int doors = 4;
// 构造函数
public CAuto(String m , int d) {
        model = m;
        doors = d;
        //
        System.out.println(" 正在创建 " + m +" 汽车 ");
    }
    //
    public CAuto(String m){
        this(m, 4);
    }
    //
    public CAuto() {
        this("");
    }
    // moveTo() 方法
    public void moveTo(int x, int y) {
        String s =
                String.format("%s 移动到 (%d,%d)",model,x,y);
        System.out.println(s);
    }
    //
}
```

第一个构造函数中使用了两个参数，分别指定 model 和 doors 字段的值。重点在接下来的两个构造函数中，首先看下面的版本。

```
public CAuto(String m){
this(m, 4);
}
```

当看到 this 关键字时，应该想到当前实例（对象），而这里就是在调用 CAuto(String m, int doors) 构造函数，其中将车门数设置为 4。最后构造函数就比较好理解了，它调用 CAuto(String m) 版本的构造函数。

实际上，这三个构造函数组成一个构造函数链，通过这种方法可以减少重复代码，提高代码维护效率。

下面的代码分别使用这三个构造函数创建对象。

```
public static void main(String[] args) {
    CAuto auto1 = new CAuto();
    CAuto auto2 = new CAuto("X9");
    CAuto auto3 = new CAuto("XX", 2);
    System.out.println(auto3.doors);
}
```

代码执行结果如图 3-3 所示。

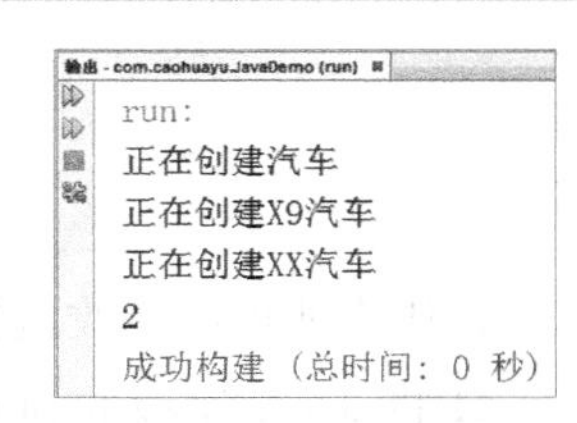

图 3-3　调用不同的构造函数

通过构造函数，可以进行对象的初始化操作，那么，当对象不再使用时应该怎么做呢？实际上，Java 运行环境可以自动回收不再使用的对象，大多情况下并不需要开发者编写代码进行处理。不过，当对象中使用了一些外部资源时，就应该保证这些资源能够正确地关闭，例如，打开文件并进行读写操作后，就应该及时关闭文件。

3.1.2　getter() 和 setter() 方法

这里并不是要创建名为 getter() 和 setter() 的方法，而是通过这两种方法控制字段数据的读取和设置操作。

还以 CAuto 类为例，看一下 doors 字段的使用，如下面的代码所示。

```
CAuto auto = new CAuto("X9");
auto.doors = -2;
System.out.println(auto.doors);
```

本例中的车门数量设置为 –2，难道是在平行宇宙中？还是回到现实世界中，要控制车门数量的设置操作。

对于这样的问题，可以使用 getter() 和 setter() 方法来解决。首先，将字段设置为私有的（private），这样就不能在类的外部访问它。然后，使用 setXXX() 方法设置字段数据，使用 getXXX() 方法返回字段数据。

下面的代码展示在 CAuto 类中修改 doors 字段的方式。

```
package com.caohuayu.javademo;

public class CAuto {
    //
    public String model = "";
    private int doors = 4;
    //设置车门数量
    public void setDoors(int d) {
        if(d >=2 && d <= 5)
            doors = d;
        else
            doors = 4;
```

```
    }
    // 获取车门数量
    public int getDoors() {
        return doors;
    }
    // 构造函数
    public CAuto(String m , int d) {
        model = m;
        setDoors(d);
        //
        System.out.println(" 正在创建 " + m +" 汽车 ");
    }
    //  其他代码
}
```

代码中所做的修改包括以下几个。

- 将 doors 字段的 public 修饰符更改为 private，稍后会讨论这两个修饰符的区别。
- 添加 setDoors() 方法来设置车门数量，其中，当指定的数据在 2 到 5 之间时，就修改 doors 字段的值，否则使用默认的 4 门。
- 添加 getDoors() 方法来获取车门数量，其中使用 return 语句返回 doors 字段的值即可。
- 构造函数中，对于车门数量的设置，改用 setDoors() 方法来实现。

下面的代码测试与车门数量相关的操作。

```
public static void main(String[] args) {
    CAuto auto = new CAuto("X9", 6);
    System.out.println(auto.getDoors());
    auto.setDoors(2);
    System.out.println(auto.getDoors());
}
```

代码执行结果如图 3-4 所示。

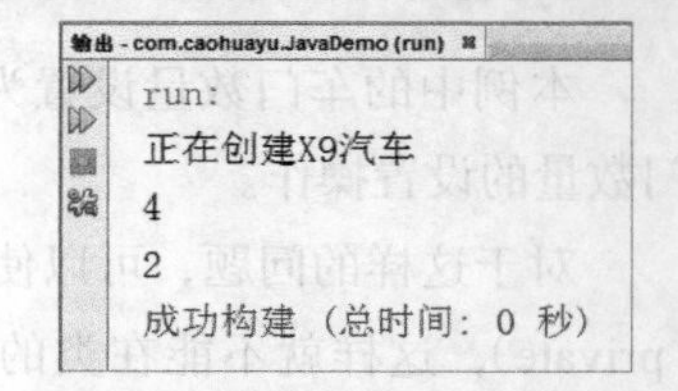

图 3-4 使用 setter 和 getter 方法

示例中，首先使用构造函数设置车门数量为 6，可以看到，实际上 doors 设置为 4。当使用 setDoors() 方法设置车门数量为 2 时，doors 字段的值才会正确设置。

实际应用中，可以通过 setter() 方法控制数据的正确性，设置的数据有问题时，可以使用一个默认值，如前面的示例中那样。当然，如果数据无效，也可以抛出一个异常（Exception），让对象的使用者来处理，第 5 章会讨论异常处理的相关内容。

此外，如果一些数据不需要在类的外部设置，只允许读取，可以只定义 getter() 方法。

3.1.3 静态成员与静态初始化

前面，在 CAuto 类中创建的字段和方法，都必须使用 CAuto 类的实例（对象）来访问，它们称为类的实例成员。开发中，使用 static 关键字，还可以将成员定义为静态成员，静态成员可以使用类的名称直接访问。

下面的代码（CAutoFactory.java 文件）创建了一个汽车工厂类。

```
package com.caohuayu.javademo;

public class CAutoFactory {
    private static int counter = 0;
    //
    public static int getCounter(){
        return counter;
    }
    //
    public static CAuto createSuv() {
        counter++;
        return new CAuto("SUV", 5);
    }
}
```

在 CAutoFactory 类中，定义了三个静态成员，分别如下所示。

- counter 字段，生产计数器，表示工厂生产了多少汽车，它定义为私有的，只能在类的内部自动处理。
- getCounter() 方法，以只读方式返回生产计数器的值。
- createSuv() 方法，用于创建 SUV 车型。

下面的代码测试 CAutoFactory 类的使用。

```
public static void main(String[] args) {
    CAuto suv1 = CAutoFactory.createSuv();
    CAuto suv2 = CAutoFactory.createSuv();
    System.out.println(" 汽车生产数量为 " + CAutoFactory.getCounter());
}
```

代码执行结果如图 3-5 所示。

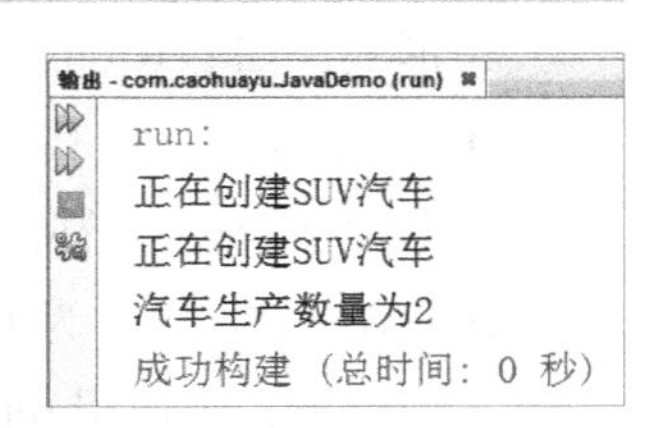

图 3-5　使用静态成员

示例中，使用 CAutoFactory 类直接调用 createSuv() 方法，每一次执行后，counter 的值都会加 1。所以，当创建两辆 SUV 汽车对象后，CAutoFactory.getCounter() 方法返回的数据就是 2。

如果需要对静态成员进行初始化，还可以在类中使用 static 语句定义一个结构来完成，结构中的代码会在第一次调用静态成员时执行一次。下面的代码在 CAutoFactory 类中添加一个静态初始化结构。

```
package com.caohuayu.javademo;

public class CAutoFactory {
    // 静态初始化结构
    static {
        System.out.println(" 汽车工厂开工了 ");
    }
    //  其他代码
}
```

再次执行代码，可以看到如图 3-6 所示的结果。

本例中，虽然代码中多次调用了 CAutoFactory 类中的静态成员，但静态初始化代码只会执行一次。

此外，使用汽车工厂生产汽车的方法是否使代码更加直观呢？实际上，这里使用了一种比较常用的代码结构，它的名称正是“工厂方法”。

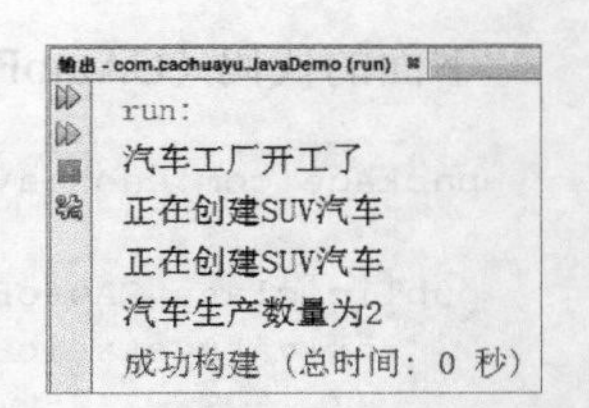

图 3-6 调用静态初始化结构

3.2 方法

前面的内容中已经使用了不少方法，如 setter 方法、getter 方法、静态方法、工厂方法。现在，讨论方法。

Java 中，定义一个方法的格式如下。

```
<修饰符><返回值类型><方法名>(<参数列表>) {
<方法体>
}
```

其中：

- ❑ <修饰符>，确定方法的访问形式（如静态方法）与访问级别（如私有的、公共的等），稍后会有关于修饰符的更多讨论。
- ❑ <返回值类型>，指定方法返回数据的类型，如果方法不需要返回数据，则指定为 void。
- ❑ <方法名>，指定方法的名称，一般会使用首字母小写，然后每个单词首字母大写的形式，如 getCounter()、moveTo() 等。
- ❑ <参数列表>，代入方法的数据，如果没有可以空着。参数可以有一个或多个，多个参数使用逗号分隔，每一个参数都应用包含数据类型和参数变量。
- ❑ <方法体>，作为方法的主体部分，是方法完成工作的地方。如果在方法体中需要返回数据，则使用 return 语句来完成。实际上，即使方法不需要返回值，也可以使用空的 return 语句随时终止方法的执行。

下面的代码在 CAuto 类中添加一个静态方法，用于计算百公里的油耗。

```
public class CAuto {
    // 其他代码
    // 百公里油耗
    public static double lphkm(double km, double litre) {
        return litre / (km / 100.0);
    }
}
```

代码中，定义 lphkm() 方法为公共的静态方法，这样就可以使用 CAuto 类的名称访问。两个参数分别指定行驶的里程和耗油量，类型也都定义为 double。返回值类型定义为 double，方法中使用 return 语句返回百公里油耗。

下面的代码测试 lphkm() 方法的使用。

```
public static void main(String[] args) {
    double l = CAuto.lphkm(1000d, 98d);
    String s = String.format("百公里油耗为 %.2f 升",l);
    System.out.println(s);
}
```

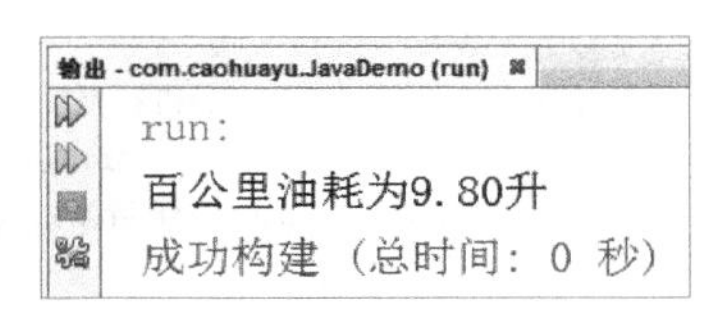

图 3-7　调用方法

代码执行结果如图 3-7 所示。

3.2.1　可变长参数

如果在方法中需要使用零个或多个相同类型的参数，可以通过可变长（variable-length）参数简化参数的定义。

定义可变长参数时，需要在参数类型后加上 ... 运算符。下面的代码在 CAuto 类中添加 join() 实例方法，用于向车中添加乘员。

```
package com.caohuayu.javademo;

public class CAuto {
    // 其他代码
    // 添加乘员
    public void join(String... names) {
        for(String s : names) {
            System.out.println(s + "上车");
        }
    }
    //
}
```

join() 方法的参数看上去只有一个，但是，在 String 后面使用了 ... 运算符，这样，调用 join() 方法时就可以使用零个或多个 String 类型的参数。

下面的代码演示了 join() 方法的使用。

```
public static void main(String[] args) {
    CAuto suv = CAutoFactory.createSuv();
    suv.join("Tom","Jerry","John");
}
```

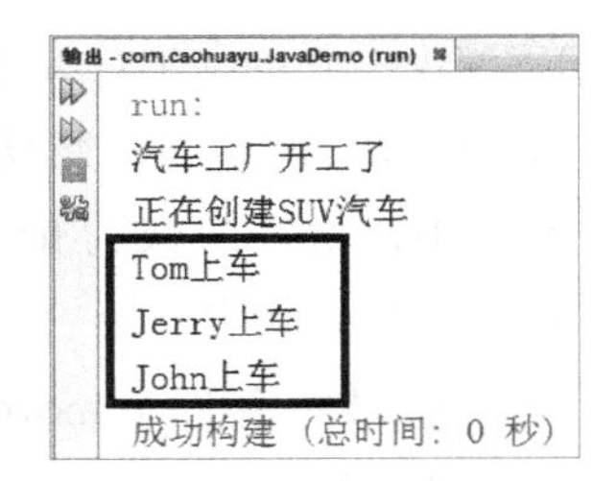

图 3-8　使用可变长参数

代码执行结果如图 3-8 所示。

可修改 suv.join() 方法中的参数数量（零个或多个），并观察执行结果。

3.2.2　重载

方法的重载是指，多个方法具有相同的名称，但不同的参数定义能够明显地区分方法的版本。调用方法时，可以根据代入的参数自动调用最匹配的版本。实际上，CAuto 类的构造函数已经使用了重载。

下面的代码在 CAuto 类中再添加三个 moveTo() 方法。

```
// moveTo() 方法
public void moveTo(int x, int y) {
    String s = String.format("%s 移动到 (%d,%d)",model,x,y);
    System.out.println(s);
}
//
public void moveTo(float x, float y) {
    String s = String.format("%s 移动到 (%.2f,%.2f)",model,x,y);
    System.out.println(s);
}
//
public void moveTo(String target) {
    System.out.println(" 移动到 " + target);
}
//
public void moveTo(double longitude, double latitude) {
    String s = String.format(" 移动到经度 %.4f, 纬度 %.4f",
                longitude,latitude);
    System.out.println(s);
}
```

代码中的 moveTo() 方法中，第一个版本是前面创建的，包括两个 int 类型的参数；第二个版本包括两个 float 类型参数；第三个版本使用一个 String 类型的参数，用于指定目的地名称；第四个版本使用经纬度指定坐标，两个参数定义为 double 类型。

下面的代码分别调用这四个版本的 moveTo() 方法。

```
public static void main(String[] args) {
    CAuto aerocar = new CAuto("ZX");
    aerocar.moveTo(99, 11);
    aerocar.moveTo(99f, 11f);
    aerocar.moveTo(" 那啥地方 ");
    aerocar.moveTo(99.0, 11.0);
}
```

第一个 moveTo() 方法中，因为默认的整数是 int 类型，所以会调用参数类型为 int 的版本。第二个 moveTo() 方法中，指定参数为 float 类型，所以调用的是参数为 float 类型的版本。第三个 moveTo() 方法中，使用 String 类型的参数。第四个 moveTO 方法中，因为默认的浮点数是 double 类型，所以会调用参数为 double 的版本。

代码执行结果如图 3-9 所示。

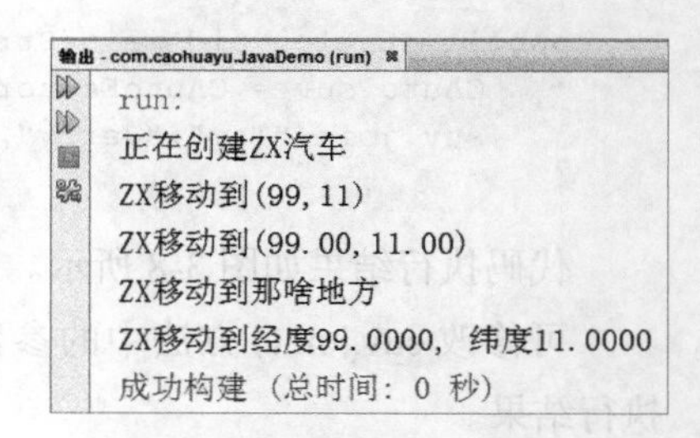

图 3-9 方法的重载

3.3 继承

前面创建的 CAuto 类和 CAutoFactory 类已经定义了不少代码，而且由这两个类生产的 SUV 车型还不错。接下来，还要给 SUV 装上武器，用于开发军用车型。面向对象编程中，这些工作并不需要完全重新开始，而是在现有类的基础上进行改造和扩展。下面的代码（CAssaultVehicle.java 文件）创建 CAssaultVehicle 类。

```
package com.caohuayu.javademo;

public class CAssaultVehicle extends CAuto {

}
```

这里使用了 extends 关键字，其含义是扩展，但在面向对象编程概念中，更多情况下会说 CAssaultVehicle 类继承于 CAuto 类，即 CAssaultVehicle 类是 CAuto 类的子类，而 CAuto 类称为 CAssaultVehicle 类的超类（或基类、父类）。

CAssaultVehicle 类中，只是让它继承了 CAuto 类，并没有定义任何内容。CAssaultVehiche 类有什么功能呢？不如测试一下，如下面的代码所示。

```
public static void main(String[] args) {
    CAssaultVehicle av = new CAssaultVehicle();
    av.model = "突击者";
    av.setDoors(5);
    av.moveTo(10, 99);
}
```

代码执行结果如图 3-10 所示。

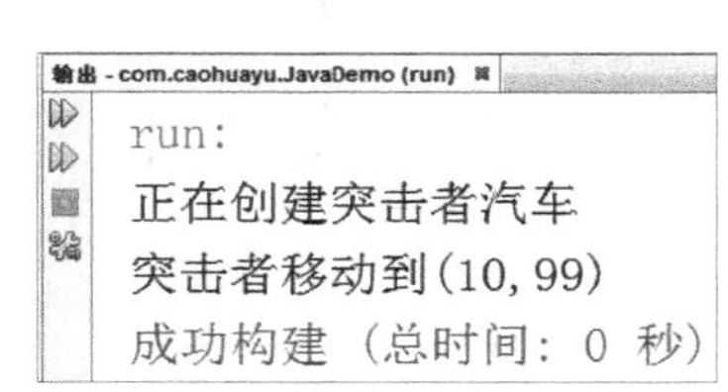

图 3-10　类的继承

示例中，虽然 CAssaultVehicle 类中没有定义任何成员，但它已经从 CAuto 类中继承了不少东西，主要包括无参数的构造函数和非私有的成员（非 private 定义的成员），如 model 字段、setDoors() 方法、getDoors() 方法、moveTo() 方法等。可以发现，继承的作用还是挺大的。

进一步讨论继承之前，需要注意一个问题，如果一个类不希望被继承，可以在定义时使用 final 关键字。下面是一个简单的示例。

```
public final class C1 {
//
}
```

这样，C1 类就不能被继承了，例如，下面的代码就会提示错误。

```
public class C2 extends C1 {
    //
}
```

另外一个需要注意的问题是，在 Java 中，不像在 C++ 中那样，子类可以同时继承多个超类。也就是说，一个类同时只能有一个直接超类。

了解了这些，接下来将讨论关于继承的更多内容。

3.3.1 java.lang.Object 类

定义在 java.lang 包的 Object 类有什么特殊之处？它可是 Java 中其他类的终极超类，也是唯一一个没有超类的类型。如果一个类没有明确指定超类，则默认继承于 Object 类。

对于前面创建的 CAuto 类、CAssaultVehicle 类，以及 Object 类，它们的继承关系如图 3-11 所示。

那么，是不是在所有类中都可以使用 Object 类的非私有成员呢？答案是肯定的，例如，下面的代码使用了一些 CAuto 类中没有定义的成员。

```
public static void main(String[] args) {
CAuto auto = new CAuto();
    CAssaultVehicle av = new CAssaultVehicle();
    System.out.println(auto.toString());
    System.out.println(av.getClass().getSuperclass().toString());
}
```

第一个输出语句使用 toString() 方法显示了 auto 对象的信息。第二个输出语句显示了 av 对象所属类型的超类信息。代码执行结果如图 3-12 所示。

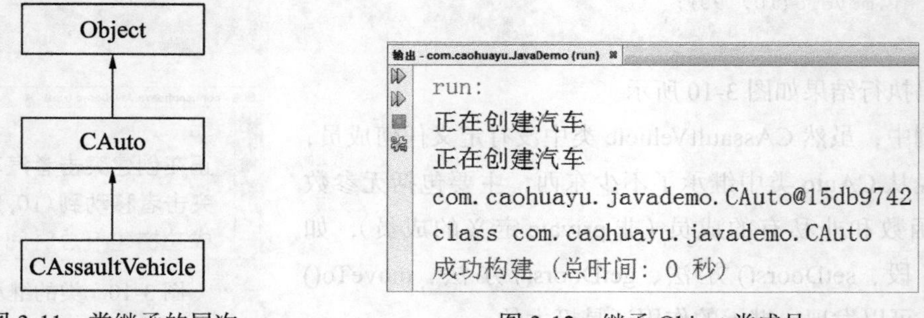

图 3-11　类继承的层次　　　图 3-12　继承 Object 类成员

可以看到，在 Java 代码中动态处理对象和类的信息也是比较方便的，稍后还会讨论相关内容。下面先回到 CAssaultVehicle 类，前面提到要在车上安装武器。

3.3.2 扩展与重写

如果 CAssaultVehicle 类只是简单地继承 CAuto 类，继承的意义就不大了。实际上，在子类中可以扩展超类功能，或者对超类的功能进行重写。

首先考虑 CAssaultVehicle 类的构造函数。如果在子类中没有定义构造函数，默认会继承超类中的无参数构造函数；如果在子类中定义了一个构造函数，就不能直接使用超类的构造函数创建对象了。

那么，在 CAuto 类中创建的构造函数就无用武之地了吗？当然不是，只不过需要在 CAssaultVehicle 类中加个“外壳”而已。例如，下面的代码在 CAssaultVehicle 类中添加了一个无参数的构造函数。

```
package com.caohuayu.javademo;

public class CAssaultVehicle extends CAuto {
    // 构造函数
    public CAssaultVehicle() {
        super("突击者", 4);
    }
    //
}
```

代码中，使用 super 关键字调用超类的构造函数，分别指定型号和车门数量，这里调用的就是 CAuto 类中的 CAuto(String m, int d) 构造函数。

下面的代码测试 CAssaultVehicle 对象的创建。

```
public static void main(String[] args) {
    CAssaultVehicle av = new CAssaultVehicle();
    av.moveTo("9 号地区");
}
```

代码执行结果如图 3-13 所示。

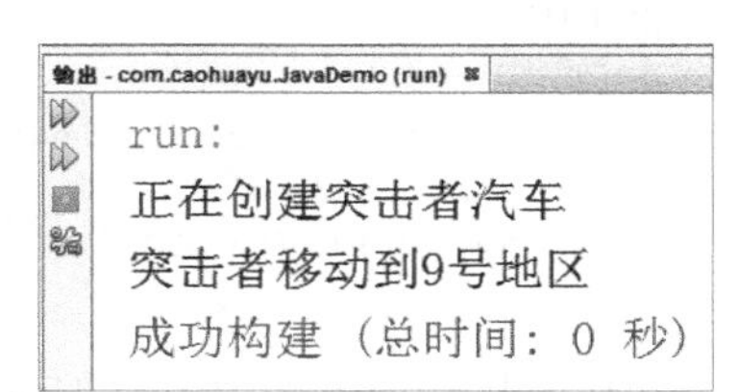

图 3-13　调用超类构造函数

通过以上示例可以看到，创建构造函数的过程中，通过 this、super 关键字，可以合理地重用当前类或超类中的构造函数，使用灵活的方式来构建对象。

如果需要扩展 CAssaultVehicle 类的功能，直接写出来即可。下面的代码在 CAssaultVehicle 类中添加一个字段和一个方法。

```
package com.caohuayu.javademo;

public class CAssaultVehicle extends CAuto {
    // 构造函数
    public CAssaultVehicle() {
        super("突击者", 4);
    }
    // 武器字段
    public String weapon = "";
    // 攻击方法
    public void attack(String target) {
        String s = String.format("使用 %s 攻击 %s",weapon,target);
        System.out.println(s);
    }
}
```

代码中，创建了 weapon 字段和 attack() 方法。下面测试这两个新成员的使用。

```
public static void main(String[] args) {
    CAssaultVehicle av = new CAssaultVehicle();
    av.weapon = "12.7mm 机枪";
    av.attack("靶标");
}
```

代码执行结果如图 3-14 所示。

此外，子类中如果需要重新实现超类中的成员，也可以直接定义。然后，还可以使用 super 关键字访问超类中的成员。下面的代码在 CAssaultVehicle 类中重写 moveTo(String target) 方法。

```
package com.caohuayu.javademo;

public class CAssaultVehicle extends CAuto {
    // 其他代码
    //
    public void moveTo(String target) {
        super.moveTo(target);
        System.out.println(model + " 快速行驶到 " + target);
    }
}
```

这里使用 super 关键字调用了超类（CAuto 类）中的同名方法。下面的代码演示了新方法的使用。

```
public static void main(String[] args) {
    CAssaultVehicle av = new CAssaultVehicle();
    av.moveTo("X 地区 ");
}
```

代码执行结果如图 3-15 所示。

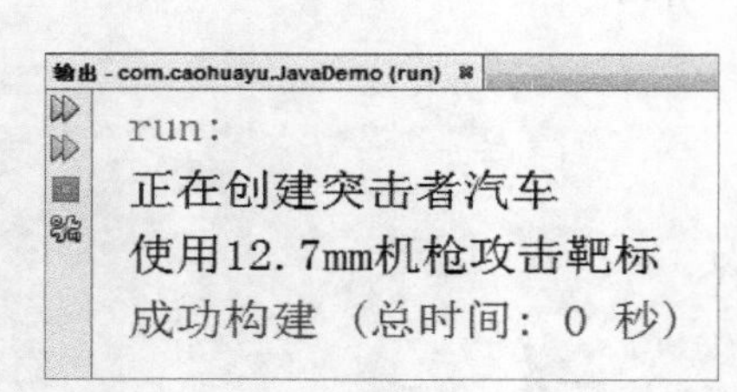

图 3-14　扩展类成员

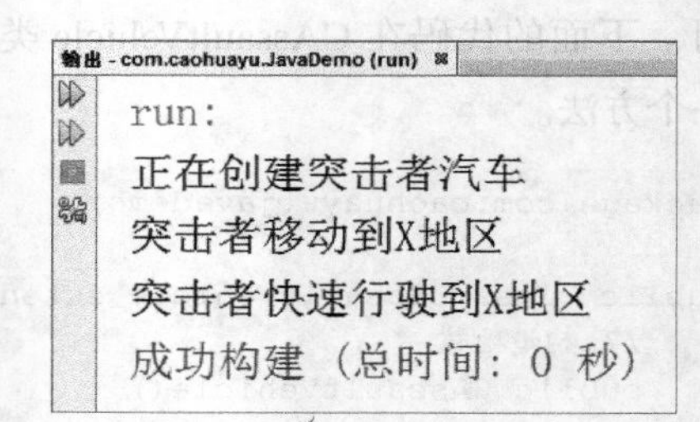

图 3-15　重写超类方法

3.3.3　访问级别

前面的示例中已经多次使用了访问级别的控制，这里简单总结一下 Java 中的常用访问级别。

- private，定义私有成员，即成员只能在其定义的类中访问。
- protected，受保护的成员，它可以在定义的类或子类中访问。
- public，公共成员，它可以供类的外部代码调用。

此外，当成员不使用访问控制关键字时，称为默认（default）访问级别。默认访问级别的成员与 public 有些相似，可以在类的外部调用，但是默认访问级别的成员只能在其定义的包中使用。

一般情况下，出于数据的安全性，类成员的访问级别应遵循最小原则，即优先使用

private 级别。然后，根据需要定义为 protected 或 public 级别。对于默认访问级别，它看上去并不直观，容易让人感到困惑，所以需要熟悉其含义，并在开发中合理使用。

3.3.4　instanceof 运算符

instanceof 运算符用于判断一个对象是否为某个类的实例。在继承关系中，需要注意它的灵活使用。

下面的代码创建一个 CAuto 对象和一个 CAssaultVehicle 对象。

```
public static void main(String[] args) {
    CAuto auto = new CAuto("X9");
    CAssaultVehicle av = new CAssaultVehicle();
    //
    System.out.println(auto instanceof CAuto);              // true
    System.out.println(av instanceof CAuto);                // true
    System.out.println(av instanceof Object);               // true
    System.out.println(auto instanceof CAssaultVehicle);    // false
}
```

分别来看四个输出语句。

第一个输出语句中，auto 对象定义为 CAuto 类的实例，所以显示为 true，这个比较容易理解。

第二个输出语句中，av 对象定义为 CAssaultVehicle 类的实例，但 CAssaultVehiclee 类定义为 CAuto 类的子类，所以 av 对象完全可以按 CAuto 对象的方式进行操作。

第三个输出语句中，实际上，所有对象在此都会显示为 true，因为 Object 类是终极超类。

第四个输出语句中，auto 对象不能使用 CAssaultVehicle 类中的新增成员，不能按 CAssaultVehicle 对象的方式进行工作，所以显示为 false。

通过以上示例可以看到 instanceof 运算符的一些应用特点。

- ❑ 所有对象与 Object 类的运算结果都是 true。
- ❑ 对象与其类型或其超类的运算结果为 true。

3.3.5　抽象类与抽象方法

定义方法时使用 abstract 关键字，方法就定义为抽象方法。抽象方法并不需要包含方法体，它必须由类的子类来实现。同时，当一个类中包含抽象方法时，这个类应该定义为抽象类。

例如，下面的代码（CPlaneBase.java 文件）创建一个名为 CPlaneBase 的抽象类。

```
package com.caohuayu.javademo;

public abstract class CPlaneBase {
    public String model;
    // 构造函数
    public CPlaneBase(String m) {
```

```
        model = m;
    }
    //
    public abstract int getMaxSpeed();
    public abstract String getWeapon();
}
```

这里，在CPlaneBase类中定义一个字段、一个构造函数和两个抽象方法，其中，抽象方法中并没有使用“{”和“}”符号定义方法体，而是直接以分号结束。

请注意，抽象类是不能创建实例的，例如，下面的代码就不能正确执行。

```
CPlaneBase plane = new CPlaneBase();                    // 错误
```

接下来，创建一个CPlaneBase类的子类，如下面的代码（CFighter.java文件）所示。

```
package com.caohuayu.javademo;

public class CFighter extends CPlaneBase {
    // 构造函数
    public CFighter() {
        super("战斗机");
    }
    //
    public String getWeapon() {
        return "导弹和机炮";
    }
    //
    public int getMaxSpeed() {
        return 3000;
    }
}
```

下面的代码测试CFighter类的使用。

```
public static void main(String[] args) {
    CFighter f = new CFighter();
    System.out.println(f.model);
    System.out.println(f.getWeapon());
  System.out.println(f.getMaxSpeed());
}
```

代码执行结果如图3-16所示。

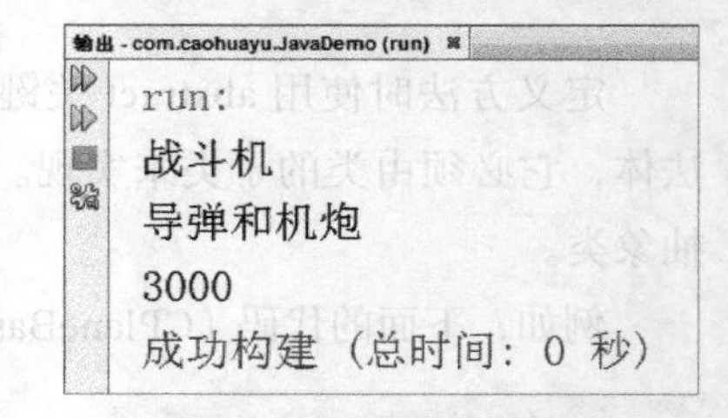

图3-16 继承抽象类

实际应用中，抽象类更像是标准制定者，它可以定义一系列抽象方法，然后让其子类去具体实现，从而创建具有相同成员但实现各有不同的类型。

下面的代码（CConveyor.java文件）再创建一个CConveyor类，同样，它定义为CPlaneBase类的子类。

```
package com.caohuayu.javademo;

public class CConveyor extends CPlaneBase {
    // 构造函数
```

```
    public CConveyor() {
        super("运输机");
    }
    //
    public String getWeapon() {
        return "运输机不用安装武器";
    }
    //
    public int getMaxSpeed() {
        return 1000;
    }
}
```

下面的代码来测试这几个类的使用。

```
public static void main(String[] args) {
    CPlaneBase plane = new CFighter();
    System.out.println(plane.model);
    System.out.println(plane.getWeapon());
    System.out.println(plane.getMaxSpeed());
    //
    System.out.println("*** 飞机变形 ***");
    //
    plane = new CConveyor();
    System.out.println(plane.model);
    System.out.println(plane.getWeapon());
    System.out.println(plane.getMaxSpeed());
}
```

代码中，plane对象定义为CPlaneBase类型，但它不能实例化为CPlaneBase类的实例。首先，将plane实例化为CFighter类的对象，显示信息后，又将plane对象实例化为CConveyor类的对象并显示信息。代码执行结果如图3-17所示。

实际上，对于标准的制定者，接口（interface）会更加纯粹，第4章将讨论相关内容。

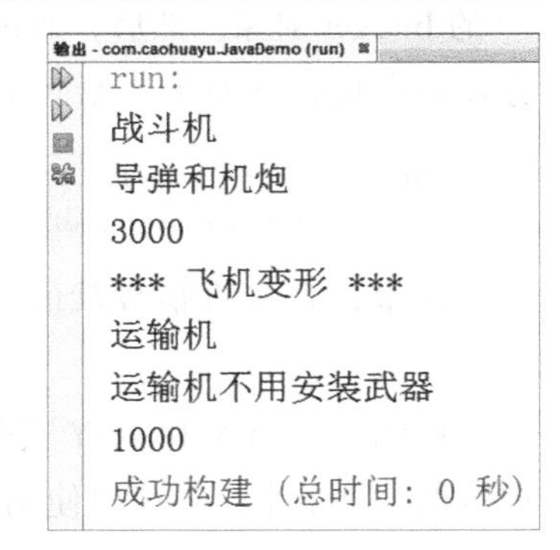

图3-17 抽象类的综合测试

3.4 数据类型处理

第2章讨论了基本数据类型的应用，如整数、浮点数、字符和布尔类型，以及它们的定义、运算、转换等操作。本章讨论面向对象编程的内容。那么，在应用开发中，如何合理地处理这些数据类型呢？

本节就讨论相关内容，首先来看基本数据类型及其包装类的使用。

3.4.1 基本数据类型与包装类

第2章讨论过的基本数据类型在java.lang包中都提供了一个面向对象的包装类，其对应关系如表3-1所示。

表3-1 基本数据类型与包装类

基本数据类型	包 装 类
byte	java.lang.Byte
short	java.lang.Short
int	java.lang.Integer
long	java.lang.Long
float	java.lang.Float
double	java.lang.Double
char	java.lang.Character
boolean	java.lang.Boolean

开发中，应该如何使用基本数据类型和包装类呢？当基本类型的数据需要面向对象操作时，就可以将其转换为对象来使用，如下面的代码所示。

```
public static void main(String[] args) {
    Integer objX = new Integer(10);
    System.out.println(objX.toString());        // 10
}
```

代码中，以int类型为例，使用Integer类的构造函数代入一个整数，从而创建一个值为10的Integer对象。然后，通过toString()方法显示其内容。实际上，还可以使用更加简单的方式创建Integer对象，如下面的代码所示。

```
Integer objY = 99;
System.out.println(objY.toString());        // 99
```

这里，直接将整数赋值给Integer类型的objY对象，此时，编译器会自动完成转换工作。

示例中，objX和objY就是Integer类型的对象，可以使用Integer类中定义的成员来处理数据。接下来，还可以使用Integer类中的一系列方法将数据转换为所需要的类型，如下面的代码所示。

```
public static void main(String[] args) {
    Integer objX = new Integer(10);
    System.out.println(objX.intValue());
    System.out.println(objX.floatValue());
}
```

代码中，分别使用intValue()和floatValue()方法将objX对象中的数据转换为整数和浮点数，执行结果如图3-18所示。

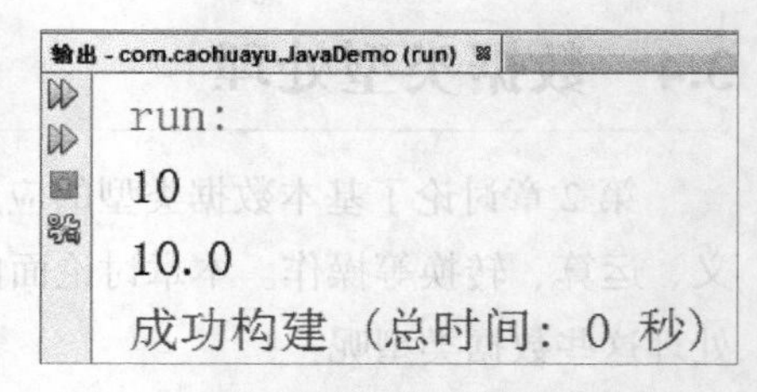

图3-18 使用基本数据类型与包装类

3.4.2 数据的传递

基本数据类型称为值类型，而所有的类称为引用类型。它们在使用中有什么区别呢？接下来着重讨论值类型与引用类型在数据传递过程中的一些特点。

下面的代码在 JavaDemo 类中创建三个数据改装方法，它们定义在 main() 方法的外面。

```
package com.caohuayu.javademo;

public class JavaDemo {
    public static void main(String[] args) {
        // 测试代码
    }

    // int 数据改装
    static void intModification(int x) {
        x = 99;
    }

    // String 对象改装
    static void stringModification(String s) {
        s = "新字符串";
    }

    // CAuto 对象改装
    static void autoModification(CAuto auto) {
        auto.model = "改装车";
        auto.setDoors(2);
    }
}
```

代码中创建的三方法分别如下所示。

- intModification() 方法，其中将参数（int 类型）的值修改为 99。
- stringModification() 方法，其中会修改 String 类型参数的内容。
- autoModification() 方法，其中会对 CAuto 对象进行修改。

首先，测试 int 类型的改装，如下面的代码所示。

```
public static void main(String[] args) {
    int x = 10;
    intModification(x);
    System.out.println(x);                    //  10
}
```

代码执行结果如图 3-19 所示。

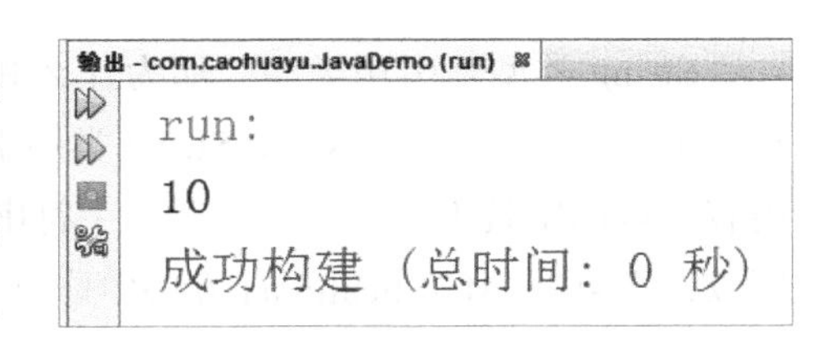

图 3-19 值类型参数的传递

现实可能和你想象的不一样，代码执行结果是，intModification() 方法并没有改变 x 变量的值，这是为什么呢？原因很简单，因为 int 是值类型，而值类型的参数在传递时会产生一个副本。也就是说，在 intModification() 方法中处理的并不是

main() 方法中定义的 x 变量，而是 x 变量的副本，而修改副本的值并不会影响原变量中的数据。

下面的代码改装汽车。

```
public static void main(String[] args) {
CAuto auto = new CAuto("X9", 4);
    System.out.println(auto.model);
    System.out.println(auto.getDoors());
    System.out.println("*** 对汽车进行改装 ***");
    autoModification(auto);
    System.out.println(auto.model);
    System.out.println(auto.getDoors());
}
```

代码执行结果如图 3-20 所示。

代码中，在 autoModification() 方法中成功地对 auto 对象进行了改造，将型号（model）修改为“改装车”，车门数量变成 2。为什么这个操作会成功呢？因为 CAuto 是一个类类型，也就是一个引用类型，引用类型在传递时，会直接传递其对象位于内存中的位置，所以在 autoModification() 方法中实际操作的就是 main() 方法中的 auto 对象。

最后看引用类型中的异类，即 String 类型的改装测试，如下面的代码所示。

```
public static void main(String[] args) {
    String s = "abc";
    stringModification(s);
    System.out.println(s);
}
```

代码执行结果如图 3-21 所示。

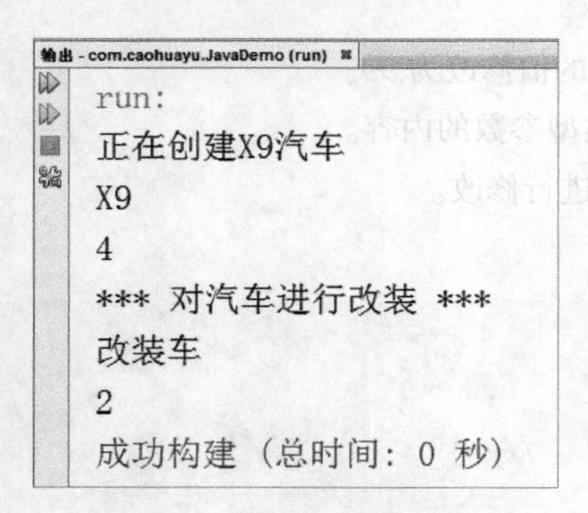

图 3-20　引用类型参数的传递

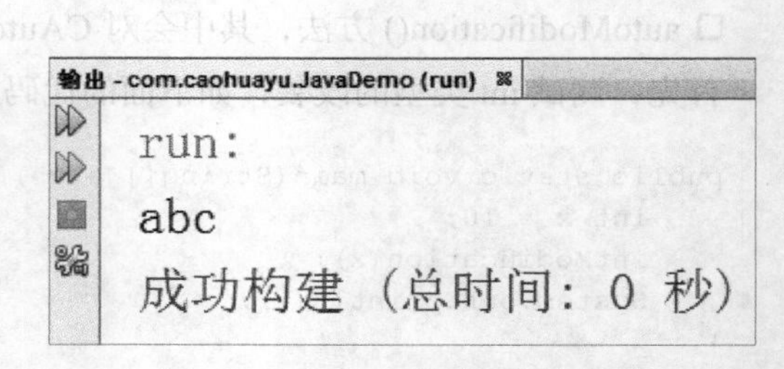

图 3-21　String 类型参数的传递

String 类型是引用类型。那为什么和 CAuto 对象的表现不一样呢？实际上，不止是在 Java 中，在 C# 中也是这样，String 类用于处理不可变字符串类型。也就是说，String 对象的内容一旦确定就不能改变了，对于字符串内容的任何操作，都会生成一个新的字符串对象。所以，在 stringModification() 方法中修改字符串对象的内容时，实际上已经生成了一个新的字符串对象，而不是 s 所指向的字符串对象。

前面的示例中，使用 + 运算符来连接字符串，这一操作实际上会生成多个字符串对象。

对于需要大量拼接字符串的操作来说，其效率是非常低的。解决方案是使用 StringBuffer 或 StringBuilder 类来操作字符串，第 6 章会讨论相关主题。

3.4.3　类型的动态处理

应用开发过程中，为了简化代码，经常会使用 Object 类或其他通用类型来传递对象，但对象会保留原始类型的相关信息。此时，如何获取对象的真正类型、如何判断对象可以进行什么操作就是一项非常重要的工作。

动态处理对象时，Object 类中的一系列成员，以及 Class 等类型的使用将扮演非常重要的角色。

在讨论继承的过程中，已经使用了 Object 类中的一些方法。下面再来看一看 Object 类中的其他常用成员。

- equals() 方法，与参数指定的对象进行比较，当两个对象是同一引用时返回 true，否则返回 false。
- toString() 方法，返回对象的文本描述。
- getClass() 方法，返回一个 Class 类型的对象，即对象类型的描述对象。

接下来测试 Class 类的使用，如下面的代码所示。

```
package com.caohuayu.javademo;

import java.lang.reflect.Method;

public class JavaDemo {
    public static void main(String[] args) {
Object av = new CAssaultVehicle();
        Class c = av.getClass();
        //
        System.out.println(c.getPackage());
        System.out.println(c.getName());
        System.out.println(c.getSuperclass().getName());
        // 显示方法列表
        Method[] ms = c.getMethods();
        for(Method m : ms) {
            System.out.println(m.getName());
        }
    }
}
```

代码中，首先定义了 CAssaultVechicle 类的 av 对象。然后，使用 av 对象的 getClass() 方法获取对象的类型信息，它会返回一个 Class 类型的对象。

接下来，使用 Class 类中的 getPackage() 方法返回类型所在包的名称；使用 getName() 方法返回类的名称，这是包含包名的完整类名；使用 getSuperclass() 返回类型的超类信息，同样是 Class 对象，同样使用 getName() 显示超类的名称。

最后，使用 Class 对象的 getMethods() 方法返回 CAssaultVechicle 类的所有方法，包括

自定义方法和继承的方法。请注意，Method类定义在java.lang.reflect包中，在代码文件的开始处，package语句的下面，需要使用import语句引用这个类，如下面的代码所示。

```
import java.lang.reflect.Method;
```

如果需要引用java.lang.reflect包中的所有资源，可以使用*通配符，如下面的代码所示。

```
import java.lang.reflect.*;
```

此外，关于代码中的for语句结构，会在第5章详细讨论。

3.5 java.lang.Math类

JDK中包含了大量的开发资源，其中，java.lang.Math类定义了很多与数学计算相关的资源。

首先，在Math类中定义了一些数学常量，如圆周率。下面的代码将会计算圆的周长和面积。

```
package com.caohuayu.javademo;

import java.lang.Math;

public class JavaDemo {
    public static void main(String[] args) {
        double r = 5.6;
        System.out.println("周长：" + (r * 2 * Math.PI));
        System.out.println("面积：" + (r * r * Math.PI));
    }
}
```

代码显示结果如图3-22所示。

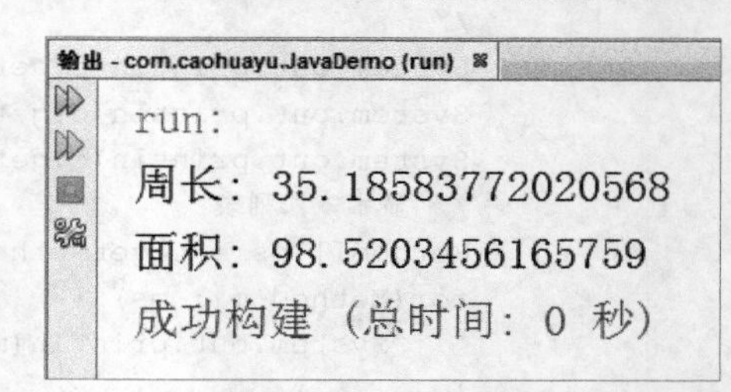

图3-22 使用Math类中的常量

查看文档，可以看到，Math类中PI和E常量的定义如下。

```
public static final double PI =3.141592653589793;
public static final double E =2.718281828459045;
```

这里使用了public、static和final关键字，这样就在类中定义了一个静态的最终字段，也就是定义在类中的常量。

接下来，再来看Math类中的一些常用方法。

- abs()方法，获取参数的绝对值，包括各种基本数据类型的重载版本，如Math.abs(–9)返回9。
- hypot(x ,y)方法将返回x^2+y^2的算术平方根（double），如Math.hypot(3, 4)返回5.0。
- sqrt()方法用于计算参数（double）的算术平方根（double），如Math.sqrt(16)返回4.0。

- pow(x, y) 方法用于计算 x^y 的值，参数类型与结果类型都为 double，如 Math.pwd(2,3) 返回 8.0。
- min() 方法返回两个参数中较小的那一个。
- max() 方法返回两个参数中较大的那一个。
- floor() 方法返回小于或等于参数的最大整数。
- ceil() 方法返回大于等于参数的最小整数。

此外，在 Math 类中还包含了一系列的三角函数计算方法，相信需要的读者很快就能上手。完整的 Math 类定义可以参考官方文档，网址是 http://docs.oracle.com/javase/8/docs/api/index.html。

3.6　java.util.Random 类

很明显，Random 类用于产生随机数。不过，在讨论 Random 类之前，先了解一下 Math.random() 方法。

Math.random() 方法会返回一个大于等于 0.0 但小于 1.0 的随机数（double）。如果要求其他类型的随机数，就需要进一步计算，例如，需要 0 ~ 9 之间的一个随机整数，可以使用如下代码。

```
public static void main(String[] args) {
    int rnd = (int)(Math.random() * 10);
    System.out.println(rnd);
}
```

使用 Random 类会让代码更加清晰，下面的代码同样获取 0 ~ 9 之间的一个随机数。

```
public static void main(String[] args) {
    Random rand = new Random();
    int rnd = rand.nextInt(10);
    System.out.println(rnd);
}
```

代码中，必须创建 Random 类的实例才能来创建随机数，其中使用了 nextInt() 方法的一个重载版本，其参数为一个整数。该方法会返回一个 int 类型的随机数，其值大于等于 0，且小于参数。

如果需要创建指定范围的随机数，可以使用如下代码。

```
public static void main(String[] args) {
    Random rand = new Random();
    int min = 5, max = 10;
    int rnd = rand.nextInt(max - min + 1) + min;
    System.out.println(rnd);
}
```

代码会生成一个大于等于 5 而且小于等于 10 的随机数。

此外，Random类还定义了一系列如下的nextXXX()方法，用于返回各种类型的随机数。

- ❑ nextBoolean()方法，返回随机的boolean类型数据。
- ❑ nextInt()方法，返回随机的int类型数据。
- ❑ nextLong()方法，返回随机的long类型数据。
- ❑ nextFloat()方法，返回随机的float类型数据。
- ❑ nextDouble()方法，返回随机的double类型数据。

实际应用中，如果代码中需要大量的随机数，可以定义一个全局的Random对象，然后调用相应的方法生成所需的随机数。

第4章　接　　口

前一章讨论过抽象类与抽象方法，并提到过，抽象类的角色更像是一个标准的制定者。不过，抽象类中还可以有实现代码，这样，抽象类既可以是标准制定者，又可以是实践者，难免会出现一些“自私”的代码。

Java中，需要定义一个纯粹的组件标准时，可以使用接口（interface）类型。本章讨论的内容主要包括：

- 创建接口类型
- 实现接口
- 接口的继承
- 对象复制

4.1　创建接口类型

Java中，定义接口类型要使用interface关键字，基本格式如下。

```
interface <接口名称>
{
    // 字段或方法声明
}
```

虽然在接口中可以定义字段和方法，但使用更多的是方法，原因是，在接口中定义的字段必须指定一个初始值，而这与完全抽象的概念相违背。

下面的代码（IUnit.java文件）定义IUnit接口类型。

```
package com.caohuayu.javademo;

public interface IUnit {
    String getModel();
    int getMaxSpeed();
    void moveTo(int x, int y);
}
```

代码中定义了三个方法，它们没有使用任何的修改符，只包括返回值类型、方法名和参数，看上去比抽象方法更加简洁。实际上，在接口中的方法会被视为公共的（pubilc）和抽象的（abstract），必须由类具体实现。

4.2　实现接口

当一个类实现接口时，需要使用implements关键字指定接口名称。下面的代码使用

CUnit 类来实现 IUnit 接口。

```
package com.caohuayu.javademo;

public class CUnit implements IUnit
{
    public String getModel(){
        return "model";
    }

    public int getMaxSpeed() {
        return 0;
    }

    public void moveTo(int x, int y) {
        String s = String.format("移动到 (%d, %d)",x,y);
        System.out.println(s);
    }
}
```

实现接口的类中，需要实现接口中定义的方法（或字段）。但有一点需要注意，CUnit 类实现 IUnit 接口的同时，也会继承 Object 类。如果同时指定继承的类和实现的接口，应将 extends 关键字定义在 implements 关键字的前面，如下所示。

```
public class C2 extends C1 implements IUnit {
    //
}
```

代码中的 C2 类实现了 IUnit 接口，同时继承自 C1 类。

4.3 接口的继承

接口同样可以被继承，而且支持多重继承。下面的代码分别定义 I1 和 I2 两个接口。

（I1.java 文件）

```
package com.caohuayu.javademo;

public interface I1 {
    void m1();
}
```

（I2.java 文件）

```
package com.caohuayu.javademo;

public interface I2 {
    void m1();
    void m2();
}
```

在 I1 接口中定义 m1() 方法，而在 I2 接口中定义 m1() 和 m2() 两个方法。请注意，m1() 方法同时定义在 I1 和 I2 接口中。

此时，如果I2接口是I1接口的扩展，可以将I2接口定义为继承I1接口。下面就是修改后的代码（I2.javaI文件）。

```
package com.caohuayu.javademo;

public interface I2 extends I1 {
    void m2();
}
```

接下来，使用C1类实现I1接口，如下面的代码（C1.java文件）所示。

```
package com.caohuayu.javademo;

public class C1 implements I1{
    public void m1() {
        System.out.println("I1.m1() method is working");
    }
}
```

下面使用C2类实现I2接口。现在的问题是，如何处理m1()方法的实现。分三种情况来讨论。

- 如果I1.m1()和I2.m1()方法的实现完全一样，则可以让C2类继承自C1类，这样就不需要重写m1()方法，只需要在C2类中实现m2()方法就可以了。通常，这是最理想的情况。
- 如果I1.m1()和I2.m1()方法只是名称一致，实现完全不同，可以让C2类直接实现I2接口，这样，C2类的定义与C1类无关。
- 如果C2类需要同时使用I1.m1()和I2.m1()方法，则可以让C2类继承自C1类，然后通过不同的方法名分别实现I1.m1()和I2.m1()方法。因为在Java中无法处理不同接口中的同名方法，所以这只能是权宜之计。

下面的代码（C2.java文件）使用第三种情况来实现C2类。

```
package com.caohuayu.javademo;

public class C2 extends C1 implements I1{
    public void m1() {
        System.out.println("I2.m1() method is working");
    }
    public void m2() {
        System.out.println("I2.m2() method is working");
    }
    // I1.m1() 方法
    public void m1_I1() {
        super.m1();
    }
}
```

下面的代码演示C2类的使用。

```
public static void main(String[] args) {
    C2 c = new C2();
```

```
        c.m1();
        c.m2();
        c.m1_I1();
    }
```

代码执行结果如图4-1所示。

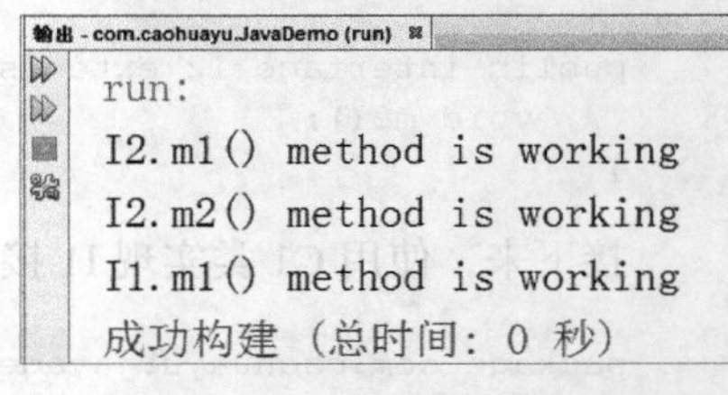

图4-1 接口的继承

此外，与类的继承不同，一个类可以同时实现多个接口，如下面的代码所示。

```
public class C1 implements I1, Cloneable {
    //
    public void m1() {}
    //
    public Object clone() {}
}
```

当一个类实现多个接口时，就需要实现这些接口中的所有成员，如果出现同名成员，可以参考前面的内容，并按照实际需要进行处理。

4.4 对象复制

前一章已经讨论过值类型和引用类型，当使用赋值运算符（=）或通过方法的参数传递时，它们的默认处理方式是不同的。其中，值类型会创建数据的副本（深复制），引用类型会传递对象的引用地址（浅复制），String类型则由于其自身的特殊性而与其他引用类型的表现有所不同。

如果代码中需要完全复制一个对象，即实现对象的深复制，可以使用两种方法来实现，分别是让对象的类型实现Cloneable接口或Serializable接口。首先看Cloneable接口的使用。

4.4.1 实现Cloneable接口

实现Cloneable接口的类只需要实现clone()方法，其返回值为Object类型。例如，下面的代码（CTank.java文件）创建CTank类。

```
package com.caohuayu.javademo;

public class CTank implements Cloneable {
    public String model;
    public String weapon;
    //
    public void moveTo(int x, int y){
        String s = String.format("%s型坦克移动到(%d, %d)",model,x,y);
        System.out.println(s);
    }
    //
    public Object clone() {
```

```
        CTank t = new CTank();
        t.model = this.model;
        t.weapon = this.weapon;
        return t;
    }
}
```

在 clone() 方法中，首先创建一个新的 CTank 实例，然后将当前实例的各个字段的数据赋值给新的实例，最后返回新的实例对象。

下面的代码测试赋值运算符（=）和 clone() 方法复制对象的不同。

```
public static void main(String[] args) {
    CTank t1 = new CTank();
    t1.model = "85";
    CTank t2 = t1;
    t2.model = "99";
    CTank t3 = (CTank)t1.clone();
    t3.model = "99A";
    //
    System.out.println(t1.model);
    System.out.println(t2.model);
    System.out.println(t3.model);
}
```

代码执行结果如图 4-2 所示。

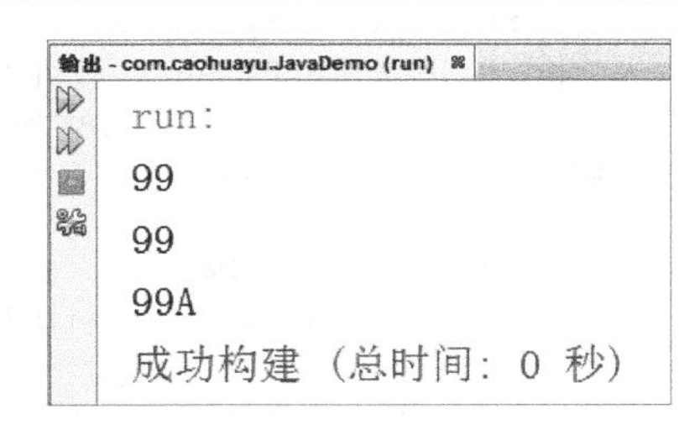

图 4-2　实现 Cloneable 接口以复制对象

示例中，t1 对象通过 new CTank() 代码创建，并设置 model 字段为 85。然后，使用赋值运算符将其引用赋值给 t2 对象，此时，t2 和 t1 引用了同一对象体（可以视为内存中某个区域）。接着，重新设置 t2 对象的 model 字段，而 t1 对象的数据同样也会改变，前两个输出结果验证了这一点。

对于 t3 对象，使用 t1.clone() 方法进行复制，这样，t3 和 t1 实际上是完全不同的两个对象。修改 t3 对象的 model 字段时，并不会改变 t1 对象的数据，代码的输出结果验证了这一点。

4.4.2　实现 Serializable 接口

Serializable 接口定义在 java.io 包中，使用时需要导入。下面的代码（CTank.java 文件）修改 CTank 类的定义。

```
package com.caohuayu.javademo;

import java.io.Serializable;

public class CTank implements Cloneable,Serializable {
    public String model;
    public String weapon;
```

```
    //
    public void moveTo(int x, int y){
        String s = String.format("%s 型坦克移动到 (%d, %d)",model,x,y);
        System.out.println(s);
    }
    //
    public Object clone() {
        CTank t = new CTank();
        t.model = this.model;
        t.weapon = this.weapon;
        return t;
    }
}
```

实现 Serializable 接口时并不需要实现什么成员，它只是告诉编译器，此类型的对象是可序列化（也称为可串行化）的。

实际应用中，序列化操作包括两个方向，即对象的输出与输入。接下来会使用 java.io 包中的一系列输入（input）和输出（output）类型来完成序列化和反序列化操作。

下面的代码使用序列化来复制 CTank 对象。

```
package com.caohuayu.javademo;

import java.io.ByteArrayOutputStream;
import java.io.ByteArrayInputStream;
import java.io.ObjectInputStream;
import java.io.ObjectOutputStream;

public class JavaDemo {
    public static void main(String[] args) {
        CTank t1 = new CTank();
        t1.model = "99A";
        t1.weapon = "125mm 坦克炮";
        CTank t2 = null;
        try{
            // 序列化
            ByteArrayOutputStream byteOutput =
                new ByteArrayOutputStream();
            ObjectOutputStream objOutput=
                new ObjectOutputStream(byteOutput);
            objOutput.writeObject(t1);
            objOutput.close();
            // 反序列化
            ByteArrayInputStream byteInput =
                    new ByteArrayInputStream(byteOutput.toByteArray());
            ObjectInputStream objInput =
                new ObjectInputStream(byteInput);
            t2 = (CTank)(objInput.readObject());
            objInput.close();
        } catch(Exception ex ){
            ex.printStackTrace();
        }
```

```
        //
        System.out.println("*** t1 object ***");
        System.out.println(t1.model);
        System.out.println(t1.weapon);
        System.out.println("*** t2 object ***");
        if(t2 != null) {
            t2.weapon = "125mm 坦克炮和 12.7mm 机枪 ";
            System.out.println(t2.model);
            System.out.println(t2.weapon);
        }
    }
}
```

代码输出结果如图 4-3 所示。

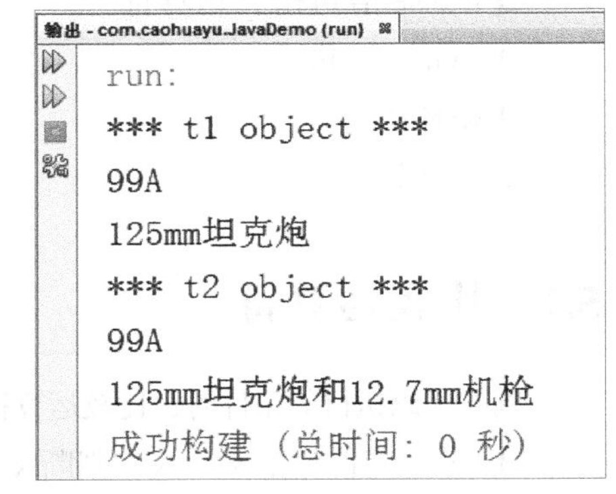

图 4-3 使用序列化复制对象

序列化操作（输出）中，主要使用了 ByteArrayOutputStream 类和 ObjectOutputStream 类。其中，使用 ObjectOutputStream 对象的 writeObject() 方法将 t1 对象写入 ByteArrayOut putStream 对象，然后使用 close() 方法关闭 ObjectOutputStream 对象。

反序列化操作（输入）中，使用 ByteArrayInputStream 类和 ObjectInputStream 类。其中，使用 ObjectInputStream 对象中的 readObject() 方法从 ByteArrayOutputStream 对象中读取字节数组数据，强制转换为 CTank 对象并赋值给 t2 对象。

代码的最后，先输出 t1 对象的 model 和 weapon 字段，然后。修改 t2 对象的 weapon 字段。通过观察输出信息可以看到，t2 对象完成了对 t1 对象的完全复制，修改 t2 对象的 weapon 字段时并不会影响 t1 对象。

关于序列化，需要说明的一点是，如果类型的字段不需要或不允许序列化时，可以使用 transient 关键字定义。例如，引用外部资源的对象，只能在恢复对象以后重新打开，无法通过序列化来保持资源的连接状态。

第 5 章　流程控制

软件开发中，代码执行的控制是非常重要的，经常需要根据不同的条件执行不同的代码。本章将讨论代码执行控制的相关内容，主要包括：

- 比较运算符
- if-else 语句和 ?: 运算符
- switch 语句
- 循环语句
- 异常处理

5.1　比较运算符

判断代码执行的条件时，比较运算符是非常重要的工具。Java 中，可以使用如下比较运算符。

- == 运算符，如 x == y，判断 x 和 y 是否相等。
- != 运算符，如 x != y，判断 x 和 y 是否不相等。
- > 运算符，如 x > y，判断 x 是否大于 y。
- >= 运算符，如 x >= y，判断 x 是否大于或等于 y。
- < 运算符，如 x < y，判断 x 是否小于 y。
- <= 运算符，如 x <= y，判断 x 是否小于或等于 y。

比较运算的结果都会返回 boolean 类型的数据，结果成立时返回 true，结果不成立时返回 false。

此外，Java 中并不支持 boolean 类型与其他类型之间的转换。不过，如果真的需要将数值转换为 boolean 类型，可以使用类似下面的代码。

```
public static void main(String[] args) {
    int x = 0;
    boolean b = (x != 0);
    System.out.println(b);
}
```

代码中，如果 x 为 0 则返回 false 值；否则，返回 true 值。可以修改 x 的值来观察运行结果。

5.2　if-else 语句和 ?: 运算符

if-else 语句可以根据不同的条件执行相应的代码，基本的应用格式如下。

```
if (<条件1>) {
    <语句块1>
}else if (<条件2>) {
    <语句块2>
} else {
    <语句块n>
}
```

此语句结构中，如果 <条件 1> 成立执行 <语句块 1>；如果 <条件 2> 成立执行 <语句块 2>；如果所有条件不成立，则执行 <语句块 n>。执行流程如图 5-1 所示。

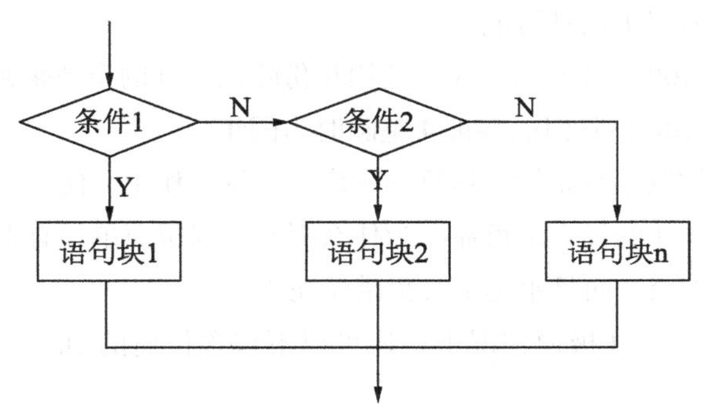

图 5-1　if 语句的执行流程

使用 if 语句时，至少需要指定一个条件，也就是 if() 中的条件。else if 及相应的语句块可以有多个，也可以没有。而 else 语句可以有零个或一个，使用时应放在所有 else if 语句结构的后面。

下面的代码会根据分数显示成绩的等级。

```
public static void main(String[] args) {
    int points = 90;
    if(points < 60) {
        System.out.println("不及格");
    }else if (points < 80) {
        System.out.println("良");
    }else if (points < 90) {
        System.out.println("好");
    }else{
        System.out.println("优");
    }
}
```

代码中，当 points 小于 60 时显示“不及格”；当 points 大于等于 60 且小于 80 时显示“良”；当 points 大于等于 80 且小于 90 时显示“好”；最后，当 points 大于等于 90 时显示“优”。测试中，可以修改 points 变量的值并观察运行结果，充分考虑代码执行的逻辑。

开发工作中，判断条件的设定有时会比较复杂。如果有多个条件，还可使用逻辑运算符来组合，例如，下面的代码会判断一个年份是否为闰年。

```
public static void main(String[] args) {
    int year = 2016;
```

```
    if(year % 400 == 0 || (year % 100 !=0 && year % 4 ==0))
        System.out.println(year + " 是闰年 ");
    else
        System.out.println(year + " 不是闰年 ");
}
```

代码中，当if和else语句块中只一条语句时，可以省略{和}符号。下面再单独看一下闰年的判断条件。

```
year % 400 == 0 || (year % 100 !=0 && year % 4 ==0)
```

这里，满足闰年有以下两种可能。

- 当年份能够被400整除时为闰年，使用年份除以400的余数来判断。
- 当年份不能被100整除但能够被4整除时为闰年。

请注意，这里使用圆括号来设置运算的顺序。开发工作中，使用圆括号指定运算的优先级，可能要比运算符默认的优先级可靠，为什么呢？原因很简单，有多少开发人员能保证可以完全记住运算符优先级，而且永远不会犯错误呢？

使用if语句结构时，在极简情况下，还可以不包含任何的else if和else语句，如下面的代码所示。

```
public static void main(String[] args) {
    int year = 2016;
    boolean isLeapYear = false;
    if(year % 400 == 0 || (year % 100 !=0 && year % 4 ==0))
        isLeapYear = true;
}
```

接下来，如何显示信息呢？可以借助?:运算符，如下面的代码所示。

```
public static void main(String[] args) {
    int year = 2018;
    boolean isLeapYear = false;
    if(year % 400 == 0 || (year % 100 !=0 && year % 4 ==0))
        isLeapYear = true;
    //
    System.out.println(year+ (isLeapYear ? " 是闰年 " : " 不是闰年 "));
}
```

Java中，?:运算符的应用格式如下。

```
<表达式 1> ? <表达式 2> : <表达式 3>
```

其中，<表达式1>的结果应该是boolean类型的，其结果为true时返回<表达式2>的值，为false时返回<表达式3>的值。

5.3 switch 语句

switch语句结构适用于只有一个条件但结果可能有多个值的情况。Java中，switch语句结构的基本应用格式如下。

```
switch(<表达式>)
{
case <值1>:
<语句块1>
    break;
case <值2>
<语句块2>
    break;
default:
<语句块n>
    break;
}
```

switch 语句结构中，<表达式>可能会产生多个值，为<值 1>时执行<语句块 1>，为<值 2>时执行<语句块 2>，没有匹配的值时执行<语句块 n>。其中，可以有多个 case 语句，但 default 语句只能有一个或者零个，一般用于处理意外的数据。

请注意，每个 case 和 default 语句块的最后都会有一个“ break;”语句，其功能是终止当前代码块的执行，并跳出 switch 语句结构。

下面的代码会通过方向的枚举值显示相应的信息。

```
enum EDirection {unknow,up,down,left,right}

public static void main(String[] args) {
    EDirection d = EDirection.left;
    switch(d){
        case up:
            System.out.println("向上");
            break;
        case down:
            System.out.println("向下");
            break;
        case left:
            System.out.println("向左");
            break;
        case right:
            System.out.println("向右");
            break;
        default:
            System.out.println("未知方向");
            break;
    }
}
```

可以修改变量 d 的值来观察运行结果。

使用 switch 语句结构时，还可以利用 case 自动向下贯穿的功能，也就是在特定的 case 语句段中不使用 break 语句。例如，下面的代码将计算指定年份和月份中的天数。

```
public static void main(String[] args) {
    int year = 2016;
    int month = 2;
```

```
        int daysOfMonth = 0;
        switch(month){
            case 1:
            case 3:
            case 5:
            case 7:
            case 8:
            case 10:
            case 12:
                daysOfMonth = 31;
                break;
            case 4:
            case 6:
            case 9:
            case 11:
                daysOfMonth = 30;
                break;
           case 2:
                daysOfMonth =
                    (year%400==0 || (year%100!=0 && year%4==0)) ? 29 : 28;
                break;
        }
        String s = String.format("%d 年 %d 月有 %d 天 ",year,month,daysOfMonth);
        System.out.println(s);
    }
```

代码执行结果如图 5-2 所示。

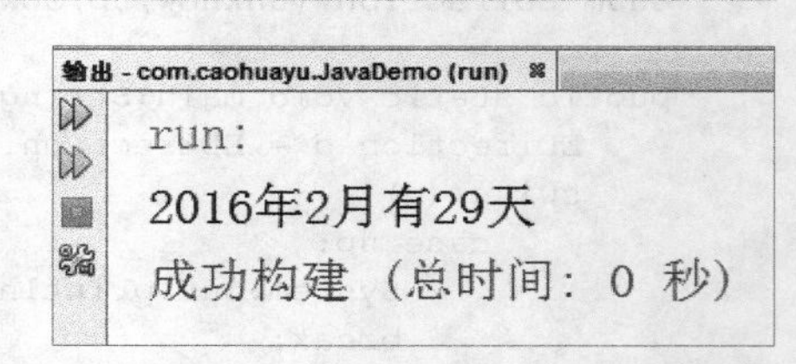

图 5-2 使用 case 语句的贯穿功能

示例中，当 month 的值为 1、3、5、7、8、10 时，并没有执行任何代码，而是向下贯穿到值为 12 的 case 代码块。在这里，将 daysOfMonth 变量设置为 31 后，使用 break 语句退出 switch 结构。

接下来，当 month 的值为 4、6、9、11 时，也执行相似的逻辑。只有在 month 为 2 时，才会根据闰年情况设置 daysOfMonth 变量的值。

5.4 循环语句

循环语句是在满足条件的情况下能够重复执行指定代码块的语句结构。Java 中，主要包括 for、while 和 do-while 三种循环语句。下面分别讨论三者。

5.4.1 for 语句

for 语句的传统使用格式如下。

```
for(< 初始化循环控制变量 > ; < 执行条件 >; < 循环控制变量每次循环后的变化 >) {
< 代码块 >
}
```

先看两个例子，下面的代码将计算 1 ~ 100 之间整数的累加和。

```
public static void main(String[] args) {
    int sum = 0;
    for(int i=1; i<=100 ;i++)
    {
        sum += i;
    }
System.out.println(sum);                          // 5050
}
```

下面的代码会计算 2 ~ 100 中偶数的累加和。

```
public static void main(String[] args) {
    int sum = 0;
    for(int i=2; i<=100 ;i += 2)
    {
        sum += i;
    }
    System.out.println(sum);                      // 2550
}
```

请注意，在每次执行循环后，循环控制变量 i 的值会加 2，这样就可以直接使用偶数了。

for 语句的另外一种使用方式称为迭代循环，可以逐一访问数组或集合成员，如下面的代码所示。

```
public static void main(String[] args) {
    int[] arr = {1,2,3,4,5,6};
    for(int n : arr) {
        System.out.println(n);
    }
}
```

代码执行结果如图 5-3 所示。

本例中使用了 : 符号，其含义可以理解为 in（在 ... 中）。在 : 符号的左边定义了访问数组或集合成员的变量，右边为数组或集合对象。代码的功能就是迭代访问数组中的所有成员。

第 8 章会详细讨论数组和集合的应用。

图 5-3　使用 for 语句结构进行迭代访问

5.4.2　while 语句

while 语句结构的应用相对简单一些，其格式如下。

```
while(< 条件 >)
{
    < 语句块 >
}
```

结构中，当 < 条件 > 满足（true 值）时，执行 < 语句块 >；否则，停止执行。

使用 while 语句结构时应注意，在 < 语句块 > 中应该有改变循环条件的代码，否则，循环就不会停止，形成无限循环，也称为死循环。

下面的代码使用 while 语句结构计算 1 ~ 100 之间整数的累加和。

```
public static void main(String[] args) {
    int i = 1;
    int sum =  0;
    while(i <= 100) {
        sum += i;
        i++;
    }
    System.out.println(sum);                         // 5050
}
```

5.4.3 do-while 语句

do-while 语句与 while 语句比较相似，只是将循环条件的判断放在每次循环之后，如下面的格式所示。

```
do
{
    <语句块>
}while(<条件>);
```

下面的代码使用 do-while 语句计算 1 ~ 100 之间整数的累加和。

```
public static void main(String[] args) {
    int i = 1;
    int sum =  0;
    do{
        sum += i;
        i++;
    }while(i <= 100);
    System.out.println(sum);                         // 5050
}
```

5.4.4 break 语句与标签

在介绍 switch 语句结构时，已经介绍了 break 语句的使用，而在循环语句中，同样可以使用 break 语句。

循环语句结构中，break 语句用于终止当前循环。下面的代码查找大于 1000 的第一个质数。

```
// 判断一个整数是否为质数
static boolean isPrime(int n) {
if(n<2)return false;
    int max = (int)Math.sqrt(n);
    for(int i = 2; i<=max ; i++) {
        if(n % i == 0) return false;
    }
    return true;
}

public static void main(String[] args) {
    int result = 0;
```

```
        int counter = 1000;
        while(true) {
            if(isPrime(counter)) {
                result = counter;
                break;
            }
            counter++;
        }
        //
        System.out.println("大于1000的最小质数是" + result);
    }
```

代码执行结果如图 5-4 所示。

开发中，如果使用多层嵌套循环，在满足条件时可能需要从内层循环直接跳出所有的循环结构。要实现这一功能，可以将 break 语句与标签配合使用。

首先，使用标签命名一个代码块，如多层循环结构。然后，在满足条件时使用“break <标签名>;”语句终止此代码块，这样就可以直接跳出多层循环结构。下面的代码演示了这一操作。

```
    public static void main(String[] args) {
        int result = 0;
        TAG_FOR3 : for(int i=0;i<100;i++) {
            for(int j=0;j<100;j++) {
                for(int k=0;k<100;k++) {
                    result = i + j + k;
                    if(result>200 && isPrime(result))
                        break TAG_FOR3;
                }
            }
        }
        //
        System.out.println("三值和大于200，而且是质数的结果是" + result);
    }
```

代码执行结果如图 5-5 所示。

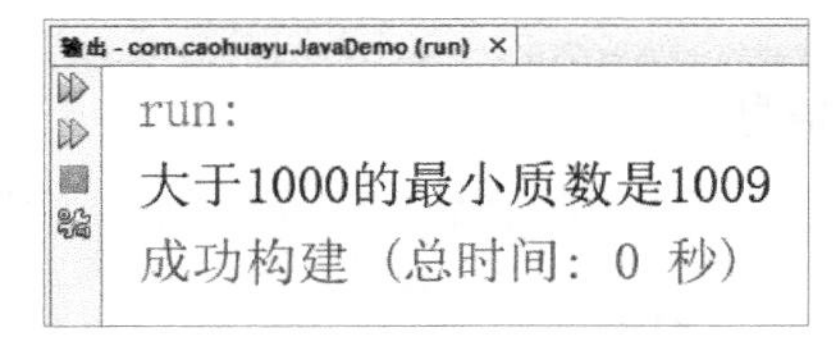

图 5-4　判断质数

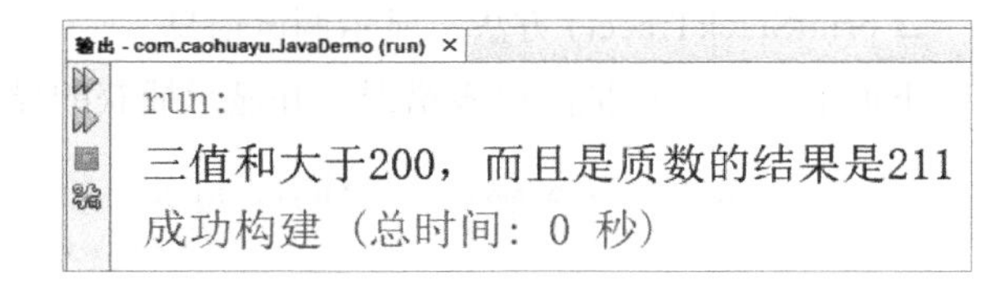

图 5-5　break 语句与标签

代码中定义的 TAG_FOR3 就是一个标签，它用于标识三层 for 循环结构。在最里层，即 k 循环中，当 i、j、k 的和大于 200 而且是质数时，就使用“break TAG_FOR3;”语句直接跳出三层循环结构。

5.4.5　continue 语句

循环语句中，continue 语句的功能是中断本次循环，如果条件满足，则执行下一次循环。下面的代码使用 continue 语句计算 2 ~ 100 中质数的累加和。

```
public static void main(String[] args) {
    int sum = 0;
    for(int i=2; i<=100 ; i++) {
        if(isPrime(i) == false) continue;
        sum += i;
    }
    System.out.println(sum);
}
```

在for循环语句中，如果i不是质数，则使用continue语句中止当前循环，如果是质数，则累加到sum变量中。代码执行结果如图5-6所示。

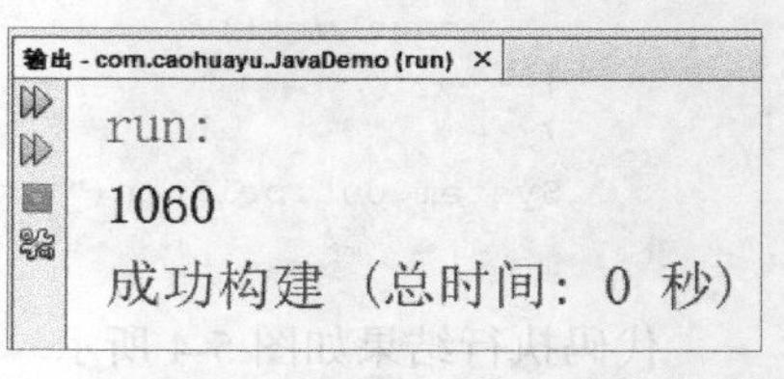

图5-6 使用continue语句

5.5 异常处理

开发过程中，代码的执行情况往往无法完全控制，例如，磁盘文件的读写权限、网络的连接状态、远程资源的状态（如远程数据库）等。如果不能有效处理代码执行时的问题，程序就会崩溃，给用户带来非常不好的体验。

作为开发人员，能够处理程序运行中出现的问题是一项非常重要的工作。Java中也提供了这样的机制。下面就讨论异常处理的相关内容。

5.5.1 异常类

首先，在Java程序中出现异常时，相关信息会保存到Exception类或其子类的对象中，可以使用异常对象的成员来获取异常信息，如：

- getMessage()方法，返回异常的详细信息。
- getLocalizedMessage()方法，返回本地化的异常信息。
- printStackTrace()方法，显示调试信息。

下面的代码会模拟除以零错误，并显示捕获的异常信息。

```
public static void main(String[] args) {
try{
        int x=10, y=0;
        int result = x/y;
    }catch(Exception ex) {
  System.out.println("*** getMessage() ***");
        System.out.println(ex.getMessage());
        System.out.println("*** getLocalizedMessage() ***");
        System.out.println(ex.getLocalizedMessage());
        System.out.println("*** printStackTrace() ***");
        ex.printStackTrace();
}
}
```

代码执行结果如图 5-7 所示。

```
输出 - com.caohuayu.JavaDemo (run)
run:
*** getMessage() ***
java.lang.ArithmeticException: / by zero
/ by zero
*** getLocalizedMessage() ***
/ by zero
*** printStackTrace() ***
        at com.caohuayu.javademo.JavaDemo.main(JavaDemo.java:34)
```

图 5-7　除以零产生的异常

5.5.2　try-catch-finally 语句

前面的示例中已经使用了 try 语句结构，其完整的应用格式如下。

```
try{
    // 可能出现异常的代码
}catch(Exception ex){
    // 处理捕获的异常
}finally{
    // 最终处理工作
}
```

这个语句结构的组成部分包括以下几个。

- try 语句块中包含应用的主要代码，但这些代码可能会出现异常。
- catch 语句块可以有多个，每一个都可以处理具体的异常类。此外，一个 catch 语句块也可以处理多个异常，此时可以使用 | 符号分隔圆括号中的异常对象。
- finally 语句块为可选，如果使用 finally 语句块，则无论 try 语句块中的代码是否出现异常，都会执行 finally 语句块中的代码，所以可以在这里做一些清理工作或者数据的最终处理。

下面的代码同样模拟一个除以零的异常，这一次添加了 finally 语句块。

```
public static void main(String[] args) {
    try{
        int x=10, y=0;
        int result = x/y;
    }catch(Exception ex) {
        System.out.println(ex.getMessage());
    }finally{
        System.out.println(" 任务完成，不知对错 :)");
    }
}
```

代码执行结果如图 5-8 所示。

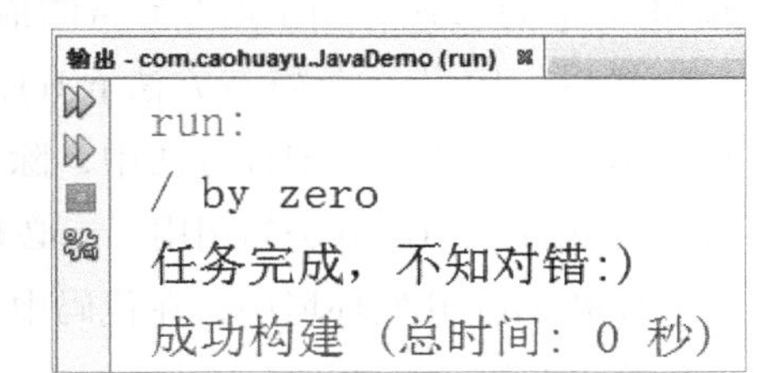

图 5-8　使用 try-catch-finally 语句结构

5.5.3 throw 语句

throw 语句用于抛出异常，例如，当程序中继续执行代码的条件不满足时，就可以抛出异常，并由 catch 语句块捕获。下面的代码在 try 语句块中使用 throw 语句抛出一个异常。

```
public static void main(String[] args) {
    try{
        throw new Exception(" 该异常是抛着玩的 ");
    }catch(Exception ex) {
        System.out.println(ex.getMessage());
    }finally{
        System.out.println(" 任务完成，不知对错 :)");
    }
}
```

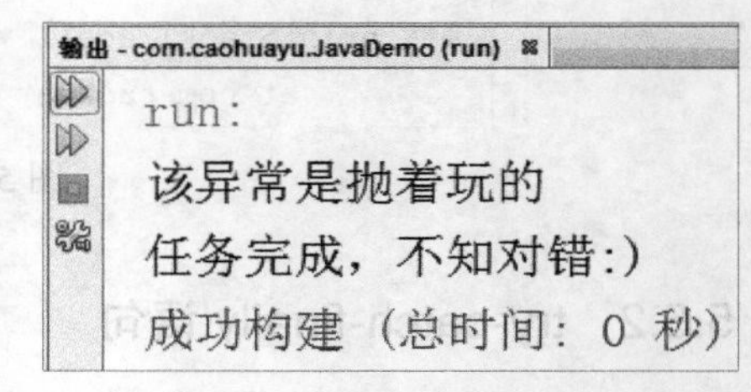

图 5-9 使用 throw 语句

代码执行结果如图 5-9 所示。

5.5.4 throws 关键字

throws 关键字一般用于方法的定义，说明方法可能会抛出的异常类型，调用方法时，应该针对相应的异常类型进行处理。下面的代码演示了 throws 关键字的使用方法。

```
static class TestException extends Exception {
    public String getMessage() {
        return " 异常小测试 ";
    }
}

static void m1() throws TestException {
    throw new TestException();
}

public static void main(String[] args) {
    m1();
}
```

代码很简单，其中包括 JavaDemo 类（JavaDemo.java 文件）中的三个静态成员。

首先，定义一个静态的嵌入类 TestException，它继承自 Exception 类，其中，重写了 getMessage() 方法，用于返回异常的描述信息。

然后，定义一个静态方法 m1()，这里使用 throws 关键字说明 m1() 方法可能会产生 TestException 异常。m1() 方法中，除了抛出 TestException 异常之外，其他什么操作也不会执行。然而，m1() 方法的调用者未必知道方法实现的真相。

NetBeans 开发环境中，在代码中直接调用 m1() 方法时，会看到因为使用了 throws 关键字而给出的提示，如图 5-10 所示。

```
            未报告的异常错误TestException; 必须对其进行捕获或声明以便抛出
            ----
public s    (按 Alt-Enter 组合键可显示提示)
    m1();
}
```

图 5-10　未处理异常的提示

代码中，调用使用了 throws 关键字的方法时，就应该使用 try-catch 语句结构来处理可能的异常，如下面的代码所示。

```
public static void main(String[] args) {
    try {
        m1();
    }catch(TestException ex) {
        System.out.println(ex.getMessage());
    }
}
```

执行代码，可以看到程序很“优雅”地捕获了异常，如图 5-11 所示。

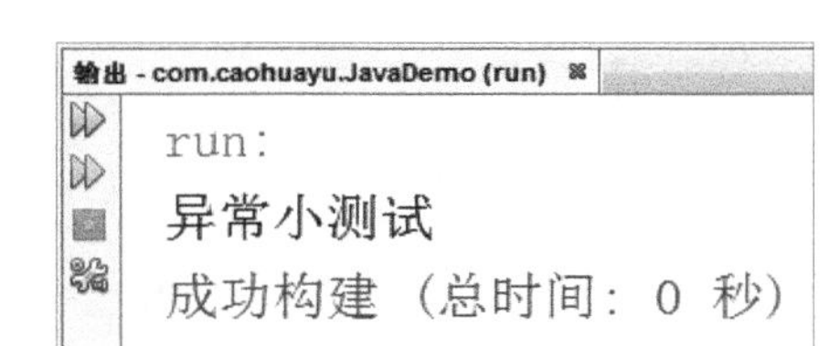

图 5-11　异常测试

5.5.5　try() 语句结构

try() 语句结构是 Java 7 中的新成员，它可以自动释放对象。不过，对象的类型必须实现 AutoCloseable 接口。

下面的代码（CAutoCloseable.java 文件）创建一个用于实现 AutoCloseable 接口的 CAutoCloseable 类。

```
package com.caohuayu.javademo;

public class CAutoCloseable implements AutoCloseable{
    //
    public void evil() throws Exception {
        throw new Exception("只会出错");
    }
    //
    public void close() {
        System.out.println("自动释放资源");
    }
}
```

代码中，AutoCloseable 接口的实现非常简单，只需要实现 close() 方法即可。接下来，使用 try() 语句结构来调用 CAutoCloseable 对象，如下面的代码所示。

```
public static void main(String[] args) {
    try(CAutoCloseable ac = new CAutoCloseable()) {
        System.out.println("使用对象");
    }
}
```

示例中并没有调用CAutoCloseable对象中的close()方法，但是try()结构会自动调用它，代码执行结果如图5-12所示。

如果对象的使用出现异常呢？调用evil()方法试验一下，如下面的代码所示。

```
public static void main(String[] args) {
try(CAutoCloseable ac = new CAutoCloseable()) {
ac.evil();
    }
}
```

执行代码，可以看到，即使代码出错并且抛出异常，CAutoCloseable对象仍然能够自动调用close()方法，如图5-13所示。

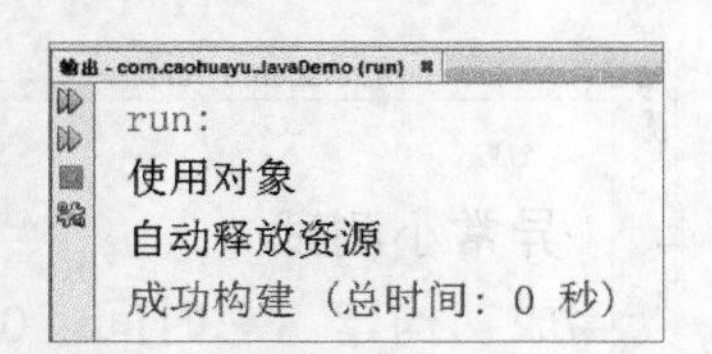

图5-12　使用try()语句结构之一

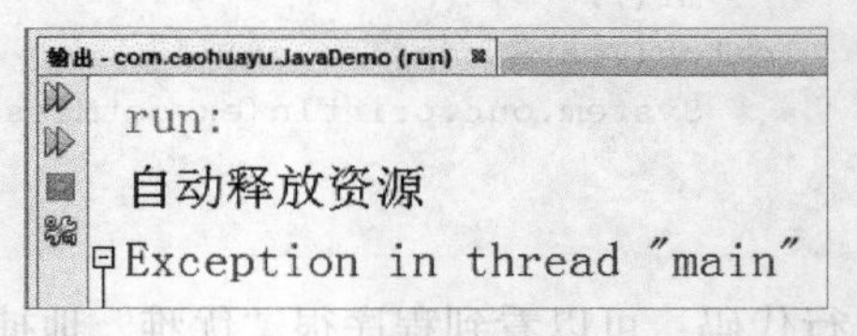

图5-13　使用try()语句结构之二

第 6 章　字符串

使用一对双引号定义的字符串内容，相信读者已经不陌生了。本章将进一步讨论字符串操作，主要内容包括：

- String 类
- StringBuffer 类
- StringBuilder 类
- 正则表达式
- 获取 MD5 和 SHA-1 编码
- 获取 GUID

6.1　String 类

代码中，每个字符串都是 String 类的实例，可以通过 String 类的成员进行一系列的操作。下面介绍一些关于字符串的常见操作。

6.1.1　字符串的运算与比较

字符串的运算，最常见的就是通过 + 运算符来连接多个字符，如下面的代码所示。

```
String s1 = "abc";
System.out.println(s1 + "def");                          // abcdef
```

比较两个字符串内容是否相同时，可以使用 String 对象的 equals() 方法，如下面的代码所示。

```
String s1 = "abc";
String s2 = "abc";
System.out.println(s1.equals(s2));                       // true
```

比较两个字符串时，会区分字母的大小写。如果需要忽略大小写，可以将字符串统一转换为大写或小写后再进行比较。

6.1.2　常用方法

字符串中的字符序列，可以使用从 0 开始的索引来访问，第一个字符的索引为 0，第二个字符的索引为 1，以此类推。获取字符串中指定位置的字符时，可以使用 charAt() 方法，如下面的代码所示。

```
String s = "abcdefg";
System.out.println(s.charAt(0));                              // a
System.out.println(s.charAt(1));                              // b
```

indexOf() 方法在字符串中查找指定的内容，如果找到则返回第一次出现的索引值，如果没有找到则返回 -1，如下面的代码所示。

```
String s1 = "abcdefg";
System.out.println(s1.indexOf("cd"));             // 2
System.out.println(s1.indexOf("xyz"));            // -1
```

相关的方法是 lastIndexOf() 方法，它返回指定内容最后一次出现的索引值，如下面的代码所示。

```
String s1 = "abcdefgabcd";
System.out.println(s1.lastIndexOf("cd"));                     // 9
System.out.println(s1.lastIndexOf("xyz"));                    // -1
```

需要截取字符串内容时，可以使用 substring() 方法，如下面的代码所示。

```
String s1 = "abcdefg";
System.out.println(s1.substring(3));                          // defg
System.out.println(s1.substring(2, 5));                       // cde
```

示例中，请注意 substring() 方法的参数使用，第一个参数指定开始截取的索引位置，当不指定第二个参数时，会从指定位置截取全部内容。第二个参数指定截取内容结束位置的后一个索引值，换一个方式说，当使用 substring(i, n) 方法截断字符串内容时，会截取从索引 i 开始的 n–i 个字符。

分隔字符串时使用 split() 方法，如下面的代码所示。

```
public static void main(String[] args) {
    String s = "abc,def,ghi";
    String[] arr = s.split(",");
    for(String e : arr) {
        System.out.println(e);
    }
}
```

代码执行结果如图 6-1 所示。

split() 方法中，参数指定分隔内容，可以是字符串，也可以使用正则表达式内容，方法会返回分隔后的字符串数组。第 8 章会详细讨论数组和集合的应用，本章稍后会有关于正则表达式的讨论。

此外，split() 方法还可以使用第 2 个参数，其功能是指定分隔的成员数量，如下面的代码所示。

```
public static void main(String[] args) {
String s = "abc,def,ghi";
    String[] arr = s.split(",", 2);
    for(String e : arr) {
 System.out.println(e);
    }
}
```

代码执行结果如图 6-2 所示。

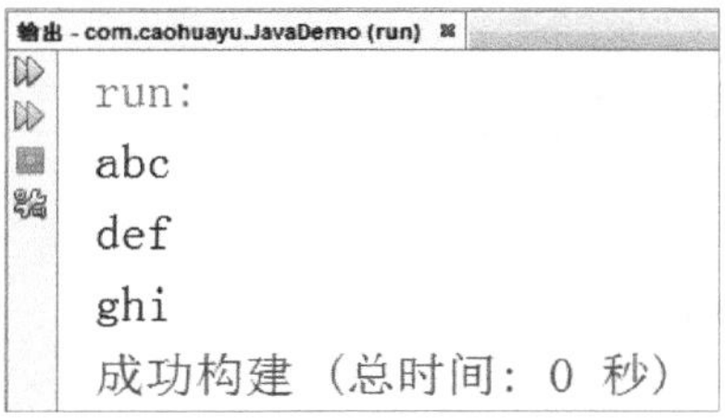

输出 - com.caohuayu.JavaDemo (run)
run:
abc
def
ghi
成功构建（总时间：0 秒）

图 6-1 分隔字符串

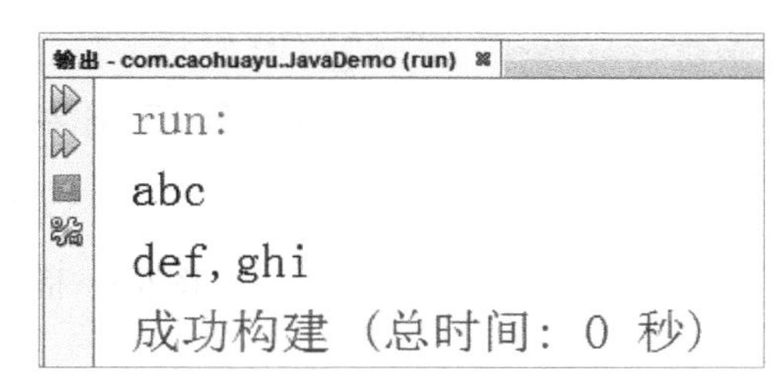

图 6-2 分隔指定数量的字符串

当判断字符串是否以指定内容开始时（字符串前缀），使用 startsWith() 方法，如下面的代码所示。

```
String s = "abcdefg";
System.out.println(s.startsWith("abc"));                    // true
System.out.println(s.startsWith("bcd"));                    // false
```

相应地，当判断字符串是否以指定内容（后缀）结束时，使用 endsWith() 方法。

trim() 方法用于删除字符串开始位置和结束位置的空白字符（如空格等），并返回新的字符串对象。

toUpperCase() 方法将字符串中的字母全部转换为大写，并返回新的字符串对象。

toLowerCase() 方法将字符串中的字母全部转换为小写，并返回新的字符串对象。

valueOf() 方法有多个重载版本，用于将不同类型的数据转换为 String 类型。

format() 方法的功能比较强大，可以将多种不同类型的数据组合为字符串。方法中，第一个参数为主内容字符串，其中可以包含一系列不同类型数据的占位符，从第二个参数开始的数据则需要一一对应这些占位符。其中，常用的占位符有以下几个。

- %b，显示布尔数据。
- %d，显示整数。
- %x，显示十六进制数。
- %o，显示八进制数。
- %f，显示浮点数，可以指定小数位数量，如 %.2f 指定显示两位小数。
- %s，显示字符串。

下面的代码演示了 format() 方法的使用。

```
public static void main(String[] args) {
    String name = "Tom";
    int age = 16;
    double height = 1.78;
    String s = String.format("%s 今年 %d 岁，身高 %.2f 米 ",name,age,height);
    System.out.println(s);
}
```

代码执行结果如图 6-3 所示。

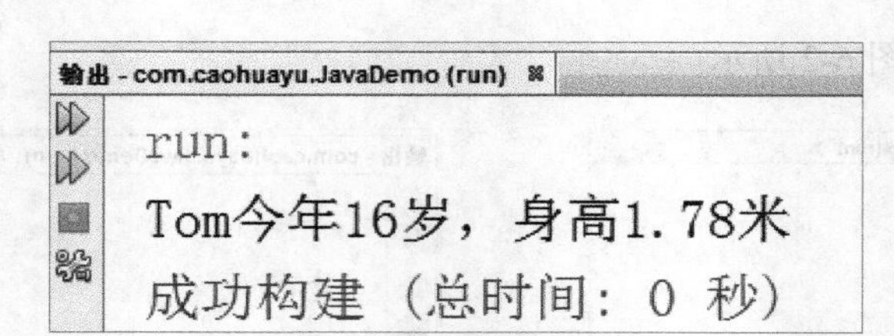

图 6-3 格式化字符串

6.1.3 将字符串转换为其他类型

要把字符串转换为基本数据类型的包装对象，可以使用这些包装类中定义的 parseXXX() 方法，如下面的代码所示。

```
public static void main(String[] args) {
    String s = "123";
    System.out.println(Integer.parseInt(s));
    System.out.println(Float.parseFloat(s));
}
```

代码执行结果如图 6-4 所示。

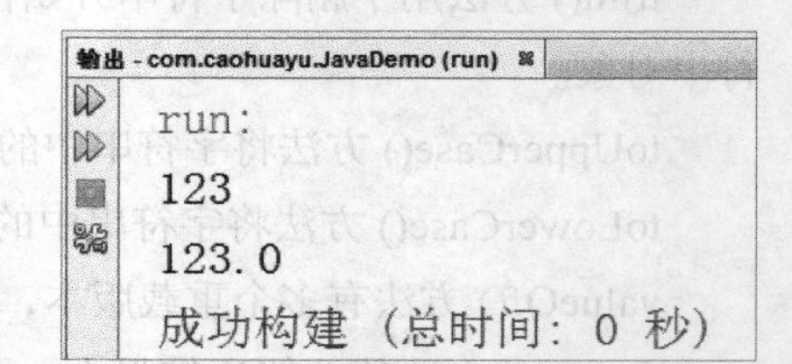

图 6-4 把字符串转换为基本数据类型

需要说明的是，如果字符串的内容不能正确地转换为目标类型，就会产生异常，如下面的代码所示。

```
public static void main(String[] args) {
    String s = "ddd";
    int x = Integer.parseInt(s);        // 错误
    System.out.println(x);
}
```

实际应用中，若要无异常地获取目标类型数据，可以封装自己的转换代码。接下来，在 CC 类中封装一些常用的方法，如下面的代码（CC.java 文件）所示。

```
package com.caohuayu.javademo;

public class CC {
    // 将字符串转换为数值型
    public static int toInt(String s) {
        try {
            return Integer.parseInt(s);
        }catch(Exception ex) {
            return 0;
        }
    }
    public static long toLng(String s) {
        try {
            return Long.parseLong(s);
        }catch(Exception ex) {
            return 0L;
        }
    }
```

```
    public static float toSng(String s) {
        try {
            return Float.parseFloat(s);
        }catch(Exception ex) {
            return 0F;
        }
    }
    public static double toDbl(String s) {
        try {
            return Double.parseDouble(s);
        }catch(Exception ex) {
            return 0D;
        }
    }
}
```

实际应用中，可以通过类似下面的代码使用这些方法。

```
public static void main(String[] args) {
    String s1 = "ddd";
    String s2 = "12.3";
    System.out.println(CC.toInt(s1));
    System.out.println(CC.toInt(s2));
    System.out.println(CC.toDbl(s2));
}
```

代码执行结果如图 6-5 所示。

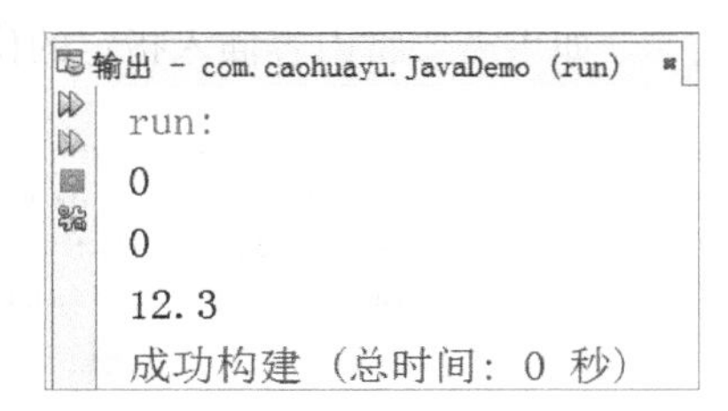

图 6-5　封装类型转换方法

代码中，如果字符串的内容不能成功转换为目标类型数据，就会返回目标类型的默认值，这样可以保证任何情况下都有一个可用的值。当然，也可以在项目中根据实际情况进行处理。

6.2　StringBuffer 类

String 类处理的是不可变字符串，对其内容操作时，就会生成新的 String 对象。如果字符串进行大量的操作，其效率是非常低的。为了解决这一问题，可以使用 StringBuffer 或 StringBuilder 类来操作字符串，本节首先讨论 StringBuffer 类的使用。

6.2.1　基本操作

当创建 StringBuffer 对象时，可以使用几种构造函数，如指定初始内容、指定初始大小等。

下面的代码创建一个 StringBuffer 对象，并显示其字符数量。

```
public static void main(String[] args) {
    StringBuffer sb = new StringBuffer("abcdefg");
    System.out.println(sb.length());                    // 7
}
```

如果创建StringBuffer对象时并不确定其内容，可以指定其初始大小。当内容不超过这个大小时，就不需要重新分配内容，所以合理地设置初始大小对于StringBuffer对象的处理效率是有帮助的，如下面的代码所示。

```
StringBuffer sb = new StringBuffer(200);
```

6.2.2 添加内容

StringBuffer类中定义了一个系列append()方法的重载版本，用于将不同类型的数据追加到StringBuffer对象末尾，如下面的代码所示。

```
public static void main(String[] args) {
    StringBuffer sb = new StringBuffer("abc");
    sb.append("defg");
    sb.append(123);
    sb.append(true);
    System.out.println(sb);
}
```

代码执行结果如图6-6所示。

如果需要将内容插入指定的位置，可以使用insert()方法，如下面的代码所示。

```
public static void main(String[] args) {
    StringBuffer sb = new StringBuffer("abcdefg");
    sb.insert(3,"***");
    System.out.println(sb);
}
```

代码执行结果如图6-7所示。

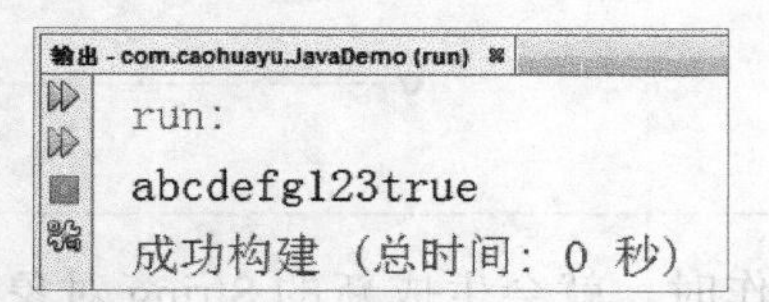

图6-6 向StringBuffer对象末尾追加内容

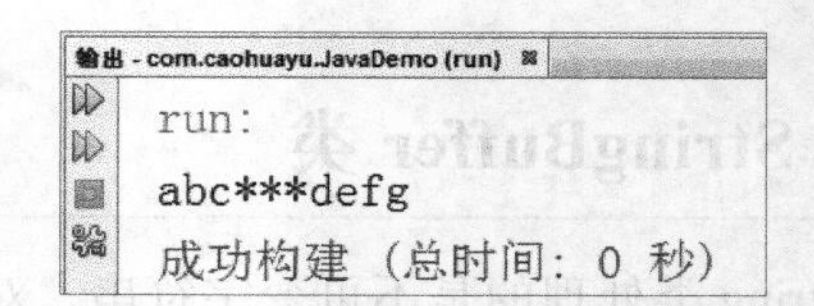

图6-7 在StringBuffer对象中插入内容

实际上，insert()方法也包括一系列的重载版本，可以将不同类型的数据插入指定的位置。其参数也很简单，第一个参数指定插入位置的索引值，第二个参数指定需要插入的内容。

6.2.3 删除内容

当删除指定位置的字符时，使用deleteCharAt()方法，其参数指定待删除字符的索引值。

此外，使用delete()方法，还可以删除指定范围的内容，如下面的代码所示。

```
public static void main(String[] args) {
    StringBuffer sb = new StringBuffer("abcdefg");
    sb.delete(3,6);
    System.out.println(sb);                         // abcg
}
```

delete() 方法中，第一个参数指定开始删除的索引位置，第二个参数的设置同样可以参考如下规则，当执行 delete(i, n) 操作时，会删除从 i 开始的 n–i 个字符。

6.2.4　查询

定义一个 StringBuffer 对象后，可以通过以下一些方法获取其内容。

- charAt() 方法，获取指定索引位置的字符。
- substring() 方法，获取指定范围的字符串。
- indexOf() 方法，找到参数指定的内容，并返回第一次出现的索引位置，没有找到则返回 –1。
- lastIndexOf() 方法，找到参数指定的内容，并返回最后一次出现的索引位置，没有找到则返回 –1。

这些个方法与 String 类的同名方法有相同的参数，可以参考使用。

6.2.5　替换

当替换 StringBuffder 对象的内容时，可以使用 replace() 方法，它包括三个参数。

- 第一个参数，指定开始替换的索引值。
- 第二个参数，指定替换结束位置的后一个索引位置。
- 第三个参数，指定替换内容。

下面的代码演示了 replace() 方法的使用。

```
public static void main(String[] args) {
    StringBuffer sb = new StringBuffer("abcdefg");
    sb.replace(3,6,"***");
    System.out.println(sb);
}
```

代码执行结果如图 6-8 所示。

在使用 replace() 方法时，可以参考以下规则，即 s1.replace(i, n, s2) 语句会将 s1 字符串中从 i 开始的 n–i 个字符替换为 s2 的内容。

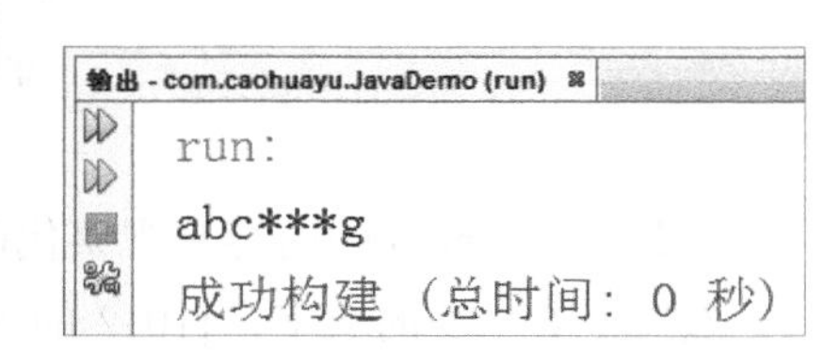

图 6-8　替换 StringBuffer 对象的内容

6.2.6　反向排列

使用 reserve() 方法，可以将 StringBuffer 对象中的内容反向排列，如下面的代码所示。

```
public static void main(String[] args) {
StringBuffer sb = new StringBuffer("abcdefg");
    sb.reverse();
    System.out.println(sb);
}
```

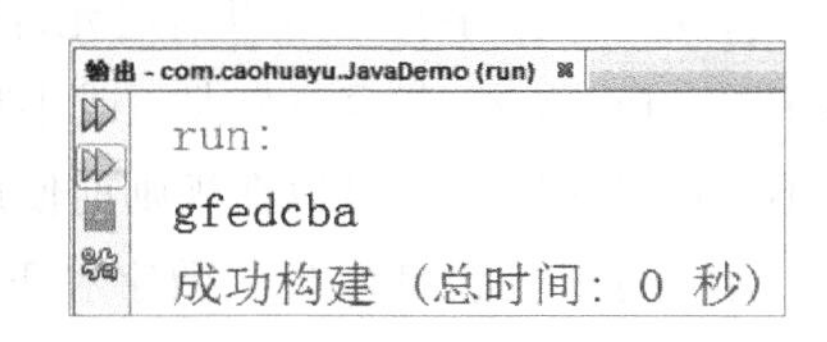

图 6-9　反向排列 StringBuffer 对象的内容

代码执行结果如图 6-9 所示。

6.3 StringBuilder 类

StringBuilder 类的使用与 StringBuffer 类非常相似。它们的不同点在于：StringBuffer 是基于线程安全的，当有代码正在访问 StringBuffer 对象时，使用此对象的其他代码就必须等待；而 StringBuilder 对象并不会进行同步处理，所以它的性能更高，但它更适用于单线程的应用。实际上，在单机版应用或 Android 应用中，很多情况下，使用 StringBuilder 类是比较合适的。

此外，StringBuilder 类成员的定义与 StringBuffer 类基本一样，可以参考 6.2 节的内容进行操作。

6.4 正则表达式

正则表达式的操作方式是通过模式（pattern）来匹配（match）的，而不是通过字符串的内容进行查询。

正则表达式操作的资源定义在 java.util.regex 包中，主要的类型包括 Pattern 和 Matcher 类。其中，Pattern 类定义匹配的模式，Matcher 类根据模式进行匹配操作，并根据需要处理匹配的结果。

下面的代码使用简单的模式来匹配手机号码。

```
public static void main(String[] args) {
    String num = "13912345678";
    Pattern p = Pattern.compile("1[0-9]{10}?");
    Matcher m = p.matcher(num);
    if(m.matches())
        System.out.println(" 格式正确 ");
    else
        System.out.println(" 格式错误 ");
}
```

可以修改 num 的内容来观察代码的运行结果。当指定模式时，首先第一个字符必须是 1，然后是 0 ~ 9 的数字，{10}? 的含义是前一条规则必须有 10 次，即在 1 的后面必须有 10 个数字，这样就保证了从 1 开始的 11 位数字规则，也就是手机号码格式。

下面了解一些常用的匹配规则。

首先，如果需要指定某个字符，可以直接定义。对于一些特殊字符，可以使用转义字符进行转义。

[] 定义一个字符，可以指定允许的字符范围。如 [0-9] 表示一位数字，[a-z] 表示一个小写字母，[a-zA-Z] 表示一个大写或小写字母，[aeiou] 表示只是 5 个字母中的一个。此外，如果不允许某个字符，可以在规则前使用 ^ 符号，如 [^AB] 规则表示不允许出现 A 或 B 字符。

单词字符（包括字母、数字和下画线），可以使用 \w 转义，不允许单词字符时使用 \W 转义。如 [\\w]{6,15}? 表示 6 ~ 15 位的单词字符。

下面的代码会判断一个 E-mail 地址格式是否正确。

```
public static void main(String[] args) {
    String num = "12345678910@139.com";
    Pattern p = Pattern.compile("^[a-zA-Z0-9](\\w+\\.)*\\w+@(\\w+\\.)+\\w+$");
    Matcher m = p.matcher(num);
    if(m.matches())
        System.out.println(" 格式正确 ");
    else
        System.out.println(" 格式错误 ");
}
```

在这个规则中，^ 符号表示必须以 [a-zA-Z0-9] 中的内容开头，$ 符号必须以前一条规则作为结束，这是指 \\w+ 内容，即字母、数字和下画线。规则中的 + 符号表示前一条规则至少应用一次，* 符号表示前一规则应用零次或多次。

关于正则表达式，需要在实践中多加练习，逐渐熟悉各种规则，并能够灵活应用，而对于经常使用的格式检查，还可以进行封装。

6.5　获取 MD5 和 SHA-1 编码

当文本内容需要保密时，可以对其进行编码处理，常用的方法有 MD5 和 SHA-1 等算法。下面介绍获取字符串编码的方法。

首先来看 MD5 算法，如下面的代码所示。

```
public static void main(String[] args) {
    try{
        String s = "123456";
        MessageDigest m = MessageDigest.getInstance("MD5");
        m.update(s.getBytes());
        byte[] bytes = m.digest();
        BigInteger bigInteger = new BigInteger(1, bytes);
        String result = bigInteger.toString(16).toUpperCase();
        System.out.println(result);
    }catch(Exception ex) {
        ex.printStackTrace();
    }
}
```

代码执行结果如图 6-10 所示。

实际上，使用不同算法进行编码的关键就在于 MessageDigest.getInstance() 方法的参数，可选的算法包括：

- MD2
- MD5
- SHA-1
- SHA-256
- SHA-384

图 6-10　获取文本的 MD5 编码

❑ SHA-512

实际开发中，可根据需要选择合适的算法。

6.6 获取 GUID

GUID（或称为 UUID），可以通过一定的算法确保世界上任何一台计算机在任何时间都可以创建唯一的 ID。当资源需要全球唯一标识时，就可以使用 GUID 来命名。

Java 中，可以使用 UUID 类产生一个全球唯一的 ID，如下面的代码所示。

```
import static java.util.UUID.randomUUID;

public class JavaDemo {

    public static void main(String[] args) {
        String guid = randomUUID().toString();
        System.out.println(guid);
    }
}
```

请注意，java.util.UUID.randomUUID 使用了静态导入，在 import 关键字后面还需要使用 static 关键字。

执行代码，会得到与图 6-11 中类似的字符串，而且每一次的执行结果都不一样。

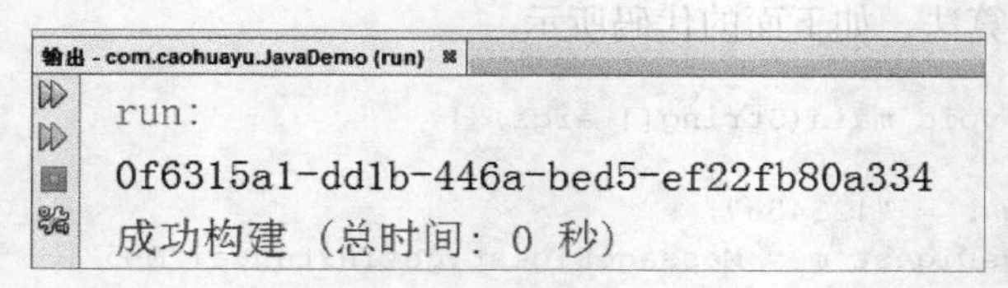

图 6-11 获取 GUID

第 7 章　泛　　型

简单地讲，泛型（generic）就是定义一个算法模板，用于处理不同类型的数据，这样就可以简化代码的编写工作。此外，JDK 中定义了大量的泛型资源，下一章就会有具体的应用，本章将讨论如何在自己的代码中使用泛型，主要内容包括：

- 泛型类
- 泛型方法
- 泛型接口
- 泛型限制

7.1　泛型类

先来看一个泛型类的定义，下面的代码（CDataItem.java 文件）中，定义了 CDataItem 类，用于处理数据项目信息，包括数据的键（Key）和值（Value）。

```
package com.caohuayu.javademo;

public class CDataItem<K, V> {
    public K key;
    public V value;
    //
    public CDataItem(K k, V v) {
        key = k;
        value = v;
    }
}
```

代码中，在类名的后面使用一对尖括号定义类型标识，在这里可以是一个类型标识，也可以是多个类型标识（使用逗号分隔）。定义了类型标识后，可以在类中定义字段、方法参数或变量的类型。

请注意，在定义类型标识时，并不知道真正的类型，只有在定义泛型类的实例时，才指定真正的数据类型。

下面的代码使用 CDataItem 泛型类创建对象。

```
public static void main(String[] args) {
    CDataItem<String, String> di =
            new CDataItem<String,String>("Name","Tom");
    System.out.println(di.key);
    System.out.println(di.value);
}
```

代码执行结果如图7-1所示。

当使用泛型类型定义对象时，必须要指定具体的类型。如代码中指定K和V都是String类型。

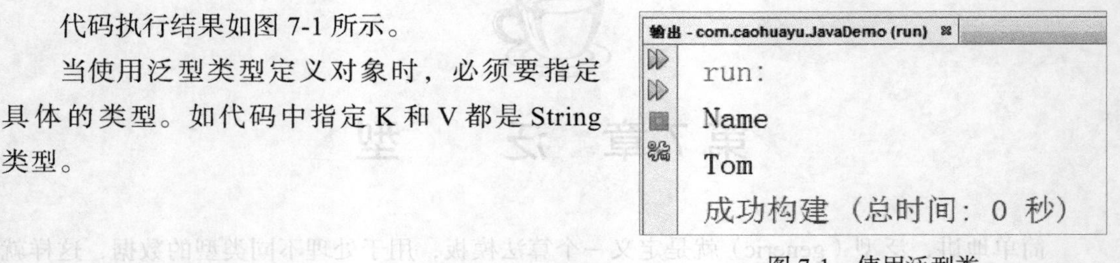

图7-1 使用泛型类

7.2 泛型方法

在方法中，同样可以使用泛型，下面的代码定义一个泛型方法，其功能是显示参数的类型信息。

```
//
public static <T> void m2(T p) {
    System.out.println(p.getClass().getName());
}
//
public static void main(String[] args) {
    m2(1);
    m2("hello");
    m2(1.0);
}
```

代码执行结果如图7-2所示。

在m2()泛型方法的定义中，其返回值类型前使用“<”和“>”定义了类型标识。参数中使用了一个泛型参数，然后，在方法的内部，调用参数的getClass()方法获取其实际类型。接下来，通过getName()方法获取类型名称并显示。

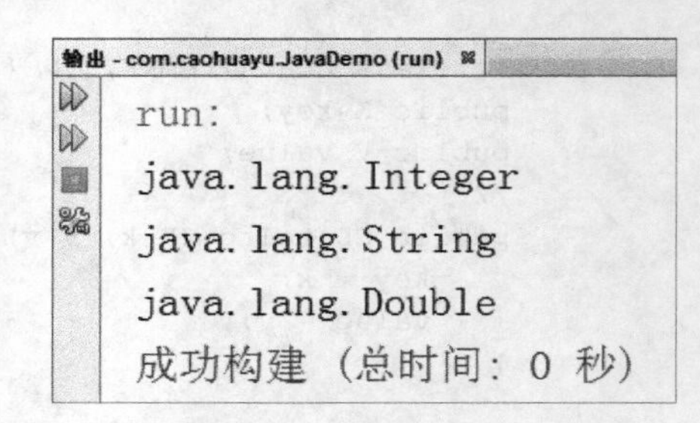

图7-2 使用泛型方法

接着，在CC类中添加一个泛型方法，如下面的代码（CC.java文件）所示。

```
package com.caohuayu.javademo;

public class CC {
    // 判断一个数值是否在一个指定的列表内
    public static <T> boolean inList(T value, T value1, T... values) {
        if(value == value1) return true;
        for(T v : values) {
            if(value == v) return true;
        }
        return false;
    }
    //
}
```

代码中，定义了 inList() 泛型方法，它的功能是判断第一个参数是否在从第二个参数开始的数据列表中。开发中，可以通过类似下面的代码使用 inList() 方法。

```
public static void main(String[] args) {
    int x = 10;
    boolean result = CC.inList(x,1,3,5,
       7,8,10,12);
    System.out.println(result);
}
```

代码执行结果如图 7-3 所示。

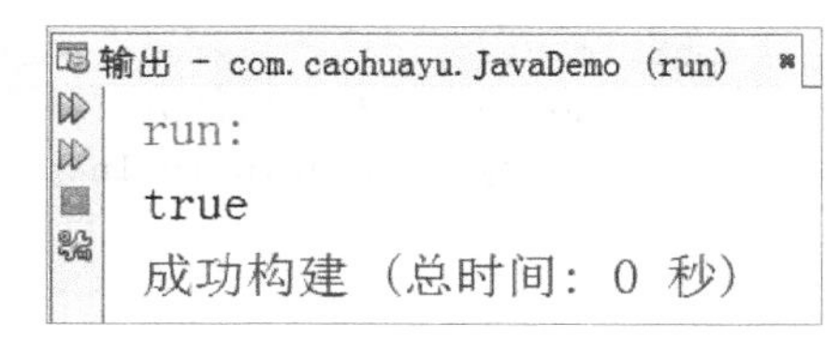

图 7-3　封装 CC.inList() 泛型方法

7.3　泛型接口

下面的代码（I9.java 文件）定义了 I9 泛型接口。

```
package com.caohuayu.javademo;

public interface I9<T> {
    void m9(T p);
}
```

然后，通过一个泛型类来实现它，如下面的代码（C9.java 文件）所示。

```
package com.caohuayu.javademo;

public class C9<T> implements I9<T> {
    public void m9(T p) {
        System.out.println("Type : " + p.getClass().getName());
        System.out.println("Value : "+ p.toString());
    }
}
```

最后来测试 C9 类的使用，如下面的代码所示。

```
public static void main(String[] args) {
    C9<Integer> c9a = new C9<Integer>();
    c9a.m9(99);
    //
    C9<String> c9b = new C9<String>();
    c9b.m9("hello");
}
```

代码执行结果如图 7-4 所示。

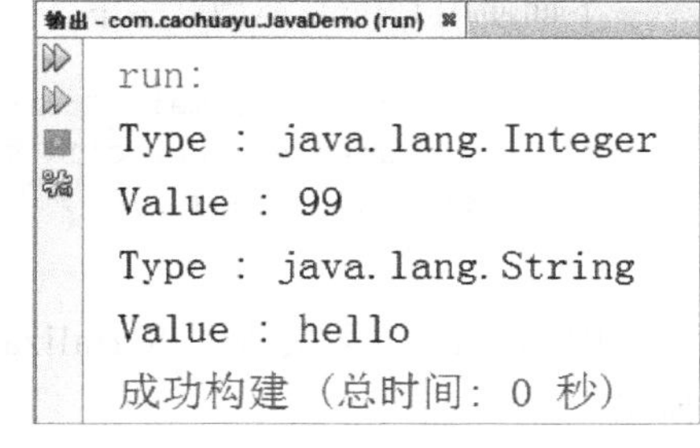

图 7-4　使用泛型接口

7.4　泛型限制

泛型限制是指在定义泛型类型时，可以对其类型使用范围进行限制。先看一个例子，下面的代码（C11.java 文件）定义了 C11 类。

```
package com.caohuayu.javademo;

import java.io.Serializable;

public class C11<T extends Serializable> {
    public void m11(T p) {
        System.out.println(p.getClass().getName());
    }
}
```

代码中，C11 类使用的 T 类型必须是实现了 Serializable 接口的类型。下面使用 C2 类作为泛型类型试一下。

```
public static void main(String[] args) {
    C11<C2> c = new C11<C2>();
    c.m11(new C2());
}
```

在 NetBeans 开发环境中，编写代码后，把鼠标指针移动到对象创建语句上，就会看到如图 7-5 所示的错误提示。

```
public static void main(String[] args) {
    C11<C2> c = new C11<C2>();
    c.m11(new C2()); 
}
```

类型参数C2不在类型变量T的范围内
其中, T是类型变量:
T扩展已在类 C11中声明的Serializable

类型参数C2不在类型变量T的范围内
其中, T是类型变量:
T扩展已在类 C11中声明的Serializable

(按 Alt-Enter 组合键可显示提示)

图 7-5　泛型限定错误提示

下面使用 CTank 类型试一下。

```
public static void main(String[] args) {
    C11<CTank> c = new C11<CTank>();
    c.m11(new CTank());
}
```

因为 CTank 类实现了 Serializable 接口，所以代码可以正确执行，其结果如图 7-6 所示。

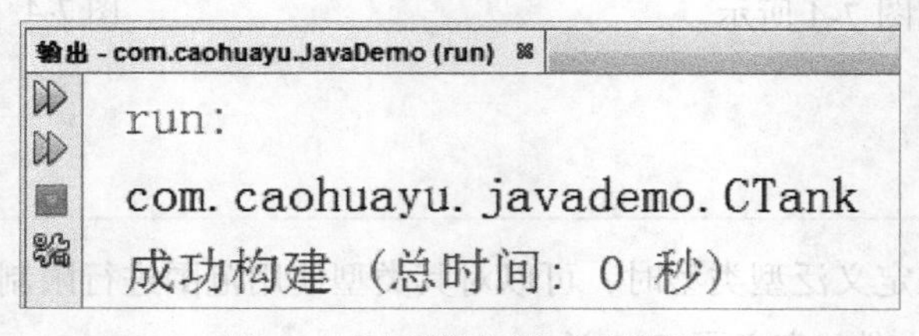

图 7-6　泛型限定的正确使用

限制泛型类型时，还可以使用“?”符号指定类型范围，如：

- <? extends T>，指定泛型类型可以使用 T 类型及其子类型。
- <? super T>，指定泛型类型可以使用 T 类型及其超类。

此外，还可以在 extends 关键字后面指定一个类型和多个接口（类似于继承类或实现接口）。例如，<T extends CTank & Serializable> 限定 T 可以使用 CTank 类或实现 Serializable 接口的类型。

第 8 章 数组与集合

本章将讨论在 Java 中如何处理数组与集合，主要内容包括：

❑ 数组

❑ List<E> 接口及相关类型

❑ Map<K, V> 接口及相关类型

8.1 数组

数组（Array）一般用于处理一组相同类型的数据，使用如下格式定义。

```
< 元素类型 >[] < 数组名 >;
```

例如，需要定义一个元素为 int 类型的数组，可以使用如下代码。

```
int[] arr;
```

Java 中，数组是引用类型，需要初始化后才能使用，可以使用以下几种方法对数组进行初始化操作。

第一种方法是在初始化时指定数组元素的数量。下面的代码定义了一个包含 52 个元素的数组，其元素类型为 int。

```
int[] arr = new int[52];
```

此时，数组元素的值就是指定类型的默认值，如数值类型为 0，布尔型为 false，引用类型为 null 等。

第二种方法是直接指定数组的元素，如下面的代码所示。

```
String[] names = {"Tom", "John", "Jerry"};
```

数组完成初始化后，可以使用从 0 开始的索引值访问数组元素，如下面的代码所示。

```
public static void main(String[] args) {
    String[] names = {"Tom", "John", "Jerry"};
    System.out.println(names[0]);
    System.out.println(names[1]);
    System.out.println(names[2]);
}
```

代码执行结果如图 8-1 所示。

实际应用中，如果需要统一处理所有元素，可以通过两种循环方式来处理。第一种方法是通过数值索引访问数组元素，如下面的代码所示。

```
public static void main(String[] args) {
    String[] names = {"Tom", "John", "Jerry"};
    for(int i= 0;i < names.length; i++) {
        System.out.println(names[i]);
    }
}
```

代码中，数组对象的 length 字段返回数组元素的数量，循环中使用 0 ~ length−1 的索引值访问所有的元素。

另一种循环访问数组元素的方法是通过“:”符号遍历访问所有元素，如下面的代码所示。

```
public static void main(String[] args) {
    String[] names = {"Tom", "John", "Jerry"};
    for(String name : names) {
        System.out.println(name);
    }
}
```

这两种访问方式的执行结果是一样的，如图 8-2 所示。

```
输出 - com.caohuayu.JavaDemo (run)
run:
Tom
John
Jerry
成功构建 (总时间: 0 秒)
```

图 8-1　使用整数索引访问数组元素

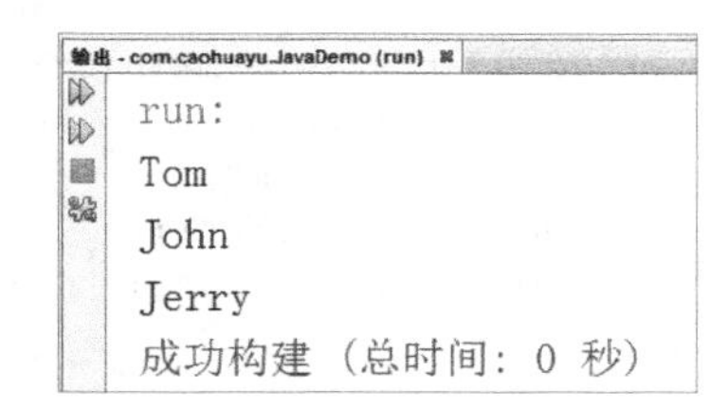

图 8-2　循环访问数组元素

在 Java 中还可以使用多维数据，下面的代码定义了一个 20 行、10 列的矩阵结构。

```
public static void main(String[] args) {
    int[][] matrix = new int[20][10];
    for(int row = 0; row < 20; row++) {
        for(int col = 0; col < 10 ; col++) {
            System.out.print(String.format("(%2d,%2d)", row,col));
        }
        System.out.print("\n");
    }
}
```

图 8-3 中显示了前 5 行的数据。

```
输出 - com.caohuayu.JavaDemo (run)
run:
( 0, 0)( 0, 1)( 0, 2)( 0, 3)( 0, 4)( 0, 5)( 0, 6)( 0, 7)( 0, 8)( 0, 9)
( 1, 0)( 1, 1)( 1, 2)( 1, 3)( 1, 4)( 1, 5)( 1, 6)( 1, 7)( 1, 8)( 1, 9)
( 2, 0)( 2, 1)( 2, 2)( 2, 3)( 2, 4)( 2, 5)( 2, 6)( 2, 7)( 2, 8)( 2, 9)
( 3, 0)( 3, 1)( 3, 2)( 3, 3)( 3, 4)( 3, 5)( 3, 6)( 3, 7)( 3, 8)( 3, 9)
( 4, 0)( 4, 1)( 4, 2)( 4, 3)( 4, 4)( 4, 5)( 4, 6)( 4, 7)( 4, 8)( 4, 9)
```

图 8-3　使用二维数组

当使用多维数组时，应注意索引变量的使用，建议使用有意义的变量名，如代码中的行索引使用 row，列索引使用 col。

8.2 List<E> 接口及相关类型

当处理具有固定元素的集合时，数组还是比较方便的。然而，如果需要对数组元素进行编辑就比较麻烦了，此时，可以使用 List<E> 接口及其实现类型。

List<E> 定义为泛型接口，其中，E 用于指定列表元素的类型，具体的对象类型可以使用 ArrayList<E> 泛型类。

下面的代码定义了一个元素类型为 String 的 ArrayList<E> 对象。

```
package com.caohuayu.javademo;

import java.util.List;
import java.util.ArrayList;

public class JavaDemo {

    public static void main(String[] args) {
        List<String> names = new ArrayList<String>();
        names.add("Tom");
        names.add("John");
        names.add("Jerry");
    }
}
```

List<E> 和 ArrayList<E> 都定义在 java.util 包中，使用时注意导入。代码中，创建 ArrayList<E> 对象后，使用 add() 方法向其中添加了三个成员。然后，可以通过循环遍历访问列表元素，如下面的代码所示。

```
public static void main(String[] args) {
    List<String> names = new ArrayList<String>();
    names.add("Tom");
    names.add("John");
    names.add("Jerry");
    //
    for(String name : names) {
        System.out.println(name);
    }
}
```

如果使用索引值获取元素，可以使用 get() 方法，如下面的代码所示。

```
public static void main(String[] args) {
    List<String> names = new ArrayList<String>();
    names.add("Tom");
    names.add("John");
    names.add("Jerry");
    //
```

```
        for(int i=0;i<names.size();i++) {
            System.out.println(names.get(i));
        }
    }
```

代码中，使用 size() 方法获取 ArrayList<E> 对象中的元素数量。然后，通过 get() 方法获取指定索引的元素，其参数是从 0 开始的索引值。

除了 add()、size() 和 get() 方法之外，在 ArrayList<E> 对象中还有一些常用的方法，下面逐一介绍。

- add(index, element) 方法，将 element 插入指定索引位置（第一个参数）。
- addAll() 方法，将一个 Collection<E> 接口类型的对象插入 ArrayList<E> 对象中。Collection<E> 接口类型相关的资源包括 Set<E> 泛型接口、HashSet<E> 泛型类等，可以参考使用。
- clear() 方法，删除所有元素。
- contains() 方法，判断列表中是否包含参数指定的对象。
- indexOf() 方法，返回参数对象第一次出现的索引位置，没有找到就返回 -1。
- lastIndexOf() 方法，返回参数对象最后一次出现的索引位置，没有找到就返回 -1。
- isEmpty() 方法，判断列表是否为空（即没有元素）。请注意区分空集合与空引用，空集合是指对象中没有元素，而空引用（null 值）是指没有初始化的对象。
- remove(int) 方法，删除指定索引位置的元素，方法返回删除的元素对象。
- remove(Object) 方法，删除指定的元素对象，成功返回 true，否则返回 false。
- set(index,element) 方法，替换 index 索引位置的元素为 element。
- toArray() 方法，把元素转换为 Object[] 数组。此外，toArray() 方法还有一个重载方法，可以将 ArrayList<E> 对象中的元素保存到指定的数组中，如下面的代码所示。

```
public static void main(String[] args) {
    List<String> names = new ArrayList<String>();
    names.add("Tom");
    names.add("John");
    names.add("Jerry");
    //
    String[] namesCopy = new String[names.size()];
    names.toArray(namesCopy);
    //
    for(String name : namesCopy) {
        System.out.println(name);
    }
}
```

代码执行结果如图 8-4 所示。

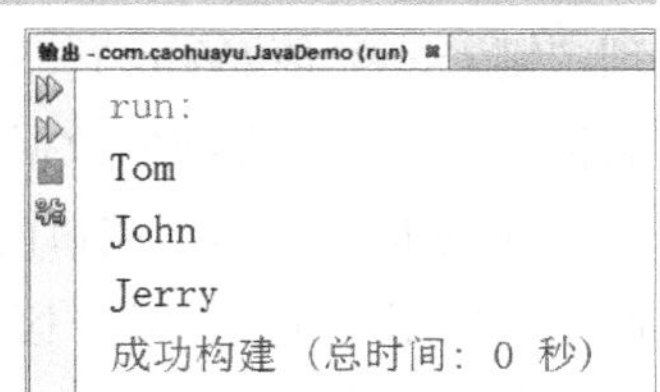

图 8-4　把表转换为数组

接下来，关注 ArrayList<E> 对象中元素的自定义排序操作。首先，对元素排序时，需要使用 sort() 方法，但它的参数比较特殊，需要写一个类决定排序的规则。而这个类必须实现 Comparator 接口，如下面的代码（CStringComparator.java 文件）所示。

```
package com.caohuayu.javademo;

import java.util.Comparator;

public class CStringComparator implements Comparator {
    @Override
    public int compare(Object t, Object t1) {
        if (t == null && t1 == null) return 0;
        if (t == null) return -1;
        if (t1 == null) return 1;
        //
        return t.toString().compareTo(t1.toString());
    }
}
```

在 Comparator 接口中需要实现 compare() 方法，其中包括两个 Object 类型的参数。对于方法的返回值，约定：两个参数相等时返回 0；第一个参数小于第二个参数时返回 –1；第一个参数大于第二个参数时返回 1。方法中，需要实现的就是两个参数比较逻辑，指定哪个参数更大。

下面的代码在 ArrayList<E> 对象中使用 CStringComparator 类进行元素的排序操作。

```
public static void main(String[] args) {
    List<String> names = new ArrayList<String>();
    names.add("Tom");
    names.add("John");
    names.add("Jerry");
    //
for(int i=0; i<names.size();i++) {
        System.out.println(names.get(i));
    }
    //
    names.sort(new CStringComparator());
    //
System.out.println("*** 排序后 ***");
    for(int i=0; i<names.size();i++) {
        System.out.println(names.get(i));
    }
}
```

代码执行结果如图 8-5 所示。

```
输出 - com.caohuayu.JavaDemo (run)
run:
Tom
John
Jerry
*** 排序后 ***
Jerry
John
Tom
成功构建 (总时间: 0 秒)
```

图 8-5 元素排序

8.3 Map<K, V> 接口及相关类型

前面，List<E> 接口及其组件用于处理类似数组的有序集合，而 Map<K,V> 接口用于处理“键 (Key)/ 值 (Value)”对应的数据结构。也就是说，集合中的每个项都使用键定义项目名称，使用值保存项的数据。

实现 Map<K,V> 接口的类型，常用的有 HashMap<K,V> 和 Hashtable<K,V> 泛型类。这两个类使用上比较一致，区别在于，HashMap 不是线程安全的，并且其元素可以为空（null）。下面着重讨论 HashMap<K,V> 类的使用，而 Hashtable<K,V> 类可以参考使用。

首先，HashMap<K,V> 对象的元素是无序的。也就是说，不能通过数值索引按顺序访问元素，除非将 Key 设置为整数类型来模拟这种访问形式，但这并不是 HashMap<K,V> 对象真正的应用场景。

在定义 HashMap<K,V> 对象时，需要指定 Key 和 Value 的类型，下面的代码中，map 对象中的 Key 和 Value 都定义为 String 类型。

```
HashMap<String,String> map = new HashMap<String,String>();
```

接下来，HashMap 对象中的常用操作方法有以下几个。

- clear() 方法，用于清除所有元素。
- containsKey() 方法，判断集合中是否存在指定的键（Key）。
- containsValue() 方法，判断集合中是否存在指定的值（Value）。
- get(Object key) 方法，返回指定 key 的数据值。
- getOrDefault(Object key, V defaultValue) 方法，返回指定 key 的数据值，如果 key 不存在，则返回 defaultValue 的值。
- isEmpty() 方法，判断集合中是否为空，即没有元素。
- keySet() 方法，返回由所有 Key 组成的 Set<K> 集合对象。
- put(K, V) 方法，向集合中添加一个元素，参数指定元素的键和值。
- remove(Object key) 方法，根据 Key 删除元素，并返回删除元素的 Value。
- remove(Object key, Object value) 方法，如果指定 Key 的元素数据为 value 则删除它，操作成功返回 true，否则返回 false。
- size() 方法，返回集合中的元素数量。
- values() 方法，返回由元素的 Value 组成的 Collection<V> 对象。

下面的代码中，首先定义一个 HashMap<K,V> 对象并添加一些成员，然后显示成员信息，最后还单独显示了所有的值 (Value) 数据。

```
package com.caohuayu.javademo;

import java.util.List;
import java.util.ArrayList;
import java.util.Collection;
import java.util.HashMap;
import java.util.Set;

public class JavaDemo {
    public static void main(String[] args) {
        HashMap<String,String> map = new HashMap<String,String>();
        map.put("sun","太阳");
        map.put("earth","地球");
        map.put("moon","月亮");
        map.put("mars","火星");
        System.out.println("*** 显示元素 ***");
```

```
        Set<String> keys = map.keySet();
        for(String key : keys) {
            System.out.println(key + " : " + map.get(key));
        }
        //
        System.out.println("*** 只显示值 ***");
        Collection<String> values = map.values();
        for(String value : values) {
            System.out.println(value);
        }
    }
}
```

代码执行结果如图8-6所示。

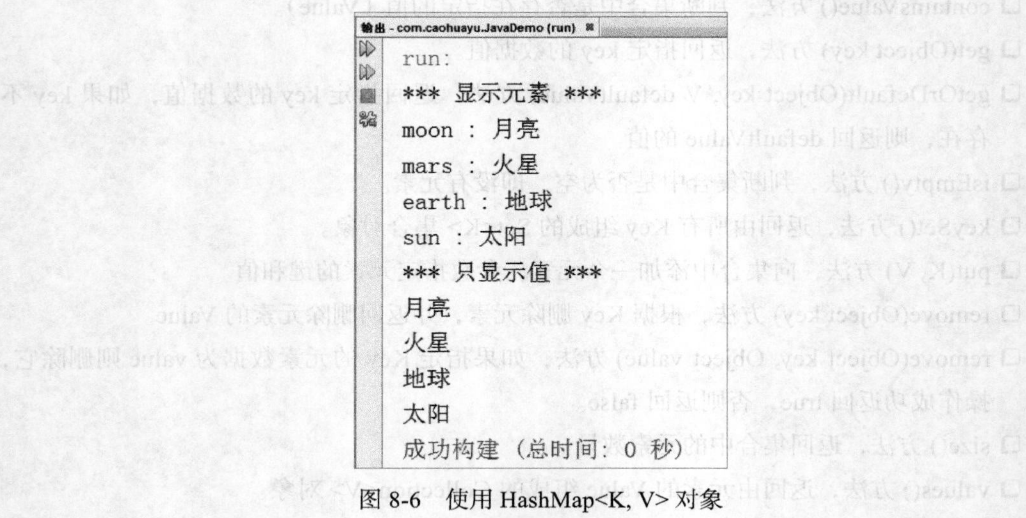

图8-6 使用HashMap<K, V>对象

第 9 章　日期与时间

应用开发中，日期和时间的处理是相对复杂的问题，不同的平台也有不同的解决方案。Java 8 之前，主要使用 java.util 包中的资源，Java 8 中新增了 java.time 包资源来处理日期和时间。

本章将讨论 Java 中的日期与时间处理，主要内容包括：

- 传统的日期和时间处理方法
- 使用 java.time 包
- 封装 CDateTime 类

9.1　传统的日期和时间处理方法

本节使用的资源主要包括 Date 类、Calendar 类、DateFormat 类和 SimpleDateFormat 类等资源。请注意，在代码文件中引用它们，如下面的代码所示。

```
import java.util.Date;
import java.util.Calendar;
import java.text.DateFormat;
import java.text.SimpleDateFormat;
```

9.1.1　Date 类

先看一个简单的示例，下面的代码将获取系统当前时间并输出。

```
public static void main(String[] args) {
    Date d = new Date();
    System.out.println(d.toString());
}
```

代码输出类似图 9-1 所示的结果。

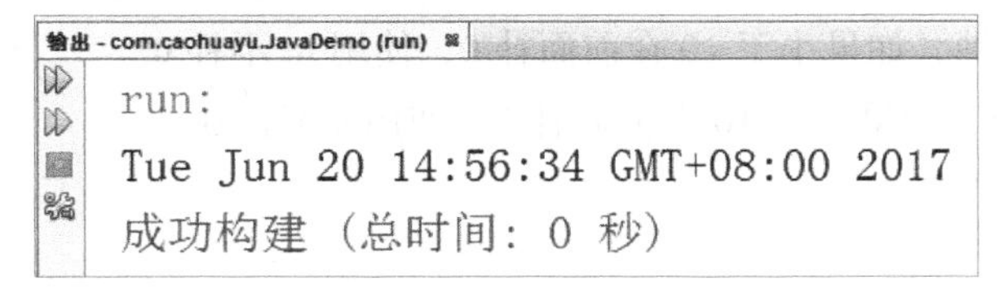

图 9-1　获取系统当前时间

示例中，Date 类可以获取完整的日期与时间信息，如年、月、日、时、分、秒、周几和时区信息。然而，其显示格式并不是本地化的。稍后会讨论如何格式化日期和时间，以及如何获取日期和时间中的具体数据。

下面介绍 Date 类的一些常用成员。

- getTime() 方法，返回一个 long 类型数据，表示从 1970 年 1 月 1 日零时到某一时间点的毫秒数（千分之一秒）。
- setTime() 方法，设置一个 long 类型的参数来指定时间，同样是从 1970 年 1 月 1 日零时到指定时间的毫秒数。

此外，当需要系统当前时间时，还可以使用 System.currentTimeMillis() 方法获取，它表示从 1970 年 1 月 1 日零时到当前时间的毫秒数。

9.1.2 格式化日期和时间

Date 类的主要功能是处理从 1970 年 1 月 1 日零时到指定时间的毫秒数。如果需要指定格式的日期和时间信息，需要借助 java.text 包中的 DateFormat 和 SimpleDateFormat 类，如下面的代码所示。

```
public static void main(String[] args) {
    Date d = new Date();
    DateFormat df = new SimpleDateFormat("yyyy年MM月dd日");
    System.out.println(df.format(d));
}
```

代码中，使用 SimpleDateFormat 类的构造函数指定日期和时间的输出格式，并通过 format() 方法返回 Date 对象的格式化字符串，代码执行结果类似图 9-2 所示的结果。

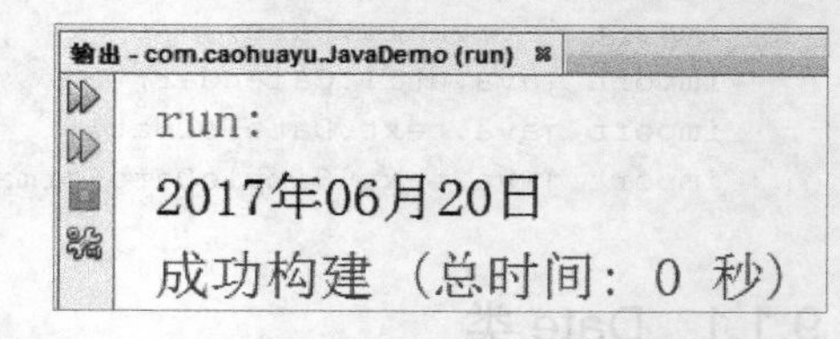

图 9-2 格式化日期与时间信息

SimpleDateFormat 类的构造函数中，常用的日期与时间格式化字符有以下几个。

- y 或 Y，显示年份。
- MM，显示两位月份，如果小于 10 在前面补 0，使用 M 不补 0。
- dd，显示当前日期是当月的第几天，如果小于 10 在前面补 0，使用 d 不补 0。
- hh，显示小时数（12 小时制），如果小于 10 在前面补 0，使用 h 不补 0。
- HH，显示小时数（24 小时制），如果小于 10 在前面补 0，使用 H 不补 0。
- mm，显示分钟，如果小于 10 在前面补 0，使用 m 不补 0。
- ss，显示秒数，如果小于 10 在前面补 0，使用 s 不补 0。
- a，显示上午或下午。
- z，显示时区。
- w，显示一年中的第几周。
- E，显示周几。

此外，还可以使用 DateFormat 类中的 getDateTimeInstance()、getDateInstance() 和

getTimeInstance() 方法来获取日期和时间格式化信息，如下面的代码所示。

```
public static void main(String[] args) {
    Date d = new Date();
    DateFormat df = DateFormat.getDateTimeInstance();
    System.out.println(df.format(d));
}
```

代码会显示类似图 9-3 中的结果。

此外，这些方法中还可以使用参数，如下面的代码所示。

```
public static void main(String[] args) {
    Date d = new Date();
    DateFormat df =
        DateFormat.getDateInstance(DateFormat.LONG,Locale.CHINA);
    System.out.println(df.format(d));
}
```

代码会显示中国的日期格式。其中，DateFormat.getDateInstance() 方法的第一个参数指定显示的格式，这里使用长日期格式；第二个参数指定国家和地区，使用 Locale 类中的字段获取。代码显示类似图 9-4 中的结果。

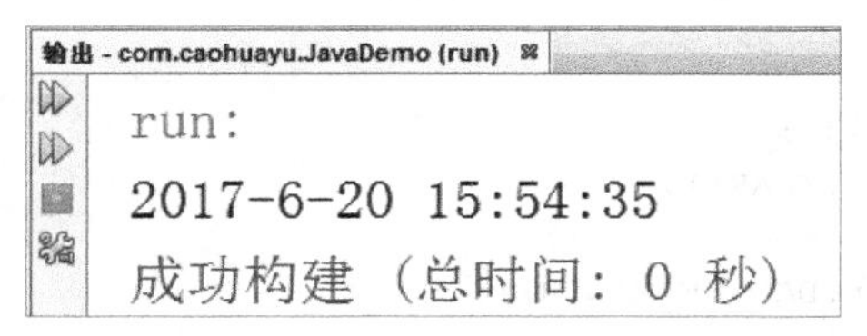

图 9-3 使用系统日期时间格式

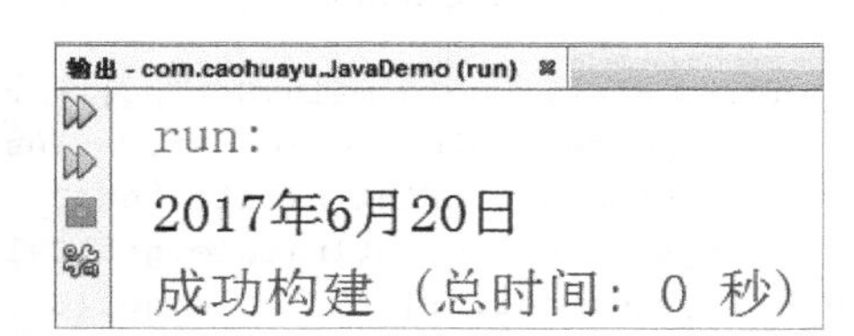

图 9-4 显示指定国家和地区的日期格式

9.1.3 Calendar 类

Calendar 类提供了非常丰富的日期与时间操作功能，可以处理国家（地区）和时区信息。在创建 Calendar 对象时，可以使用静态方法 getInstance()，它主要包括以下几个重载版本。

- getInstance() 方法，使用系统中默认的国家（地区）和时区设置。
- getInstance(Locale aLocale) 方法，指定国家（地区）信息。
- getInstance(TimeZone zone) 方法，指定时区信息。
- getInstance(TimeZone zone, Locale aLocale) 方法，同时指定国家（地区）和时区设置。

接下来，使用系统默认设置进行演示，即使用无参数的 getInstance() 方法获取 Calendar 对象。此外，在 Calendar 对象中，还可以使用 setTime()、setTimeInMillis() 等方法修改时间值。

创建了 Calendar 对象，可以使用 get() 方法获取日期和时间中的某个具体值。此方法需要一个参数，指定获取日期和时间中的哪部分数据，可以使用 Calendar 类中定义的一系列静态字段来决定，常用的字段如下。

- YEAR，返回年份。
- MONTH，对于公历日期，会返回 0 ~ 11，分别表示 1 ~ 12 月，对应 Calendar 类中的 JANUARY、FEBRUARY、MARCH、APRIL、MAY、JUNE、JULY、AUGUST、SEPTEMBER、OCTOBER、NOVEMBER 和 DECEMBER 值。此外，在一些历法中会有第 13 个月，使用 UNDECIMBER 值表示。

- DAY_OF_MONTH，返回当天是一个月中的第几天。
- DAY_OF_WEEK，返回表示周几的值。需要注意的是，其返回值表示是一周的第几天，周日为 1，周一到周六为 2 ~ 7，分别使用 Calendar 类中的 SUNDAY、MONDAY、TUESDAY、WEDNESDAY、THURSDAY、FRIDAY 和 SATURDAY 值表示。
- WEEK_OF_MONTH，当月的第几周。
- WEEK_OF_YEAR，当年的第几周。
- HOUR，获取 12 小时制的小时数。
- HOUR_OF_DAY，获取 24 小时制的小时数。
- MINUTE，获取分钟数据。
- SECOND，获取秒数据。
- MILLISECOND，获取一秒中的毫秒数（0 ~ 999）。

下面的代码通过 Calendar 类显示系统当前时间中的年、月、日信息。

```
public static void main(String[] args) {
    Calendar cale = Calendar.getInstance();
    System.out.println(cale.get(Calendar.YEAR));
    System.out.println(cale.get(Calendar.MONTH) + 1);
    System.out.println(cale.get(Calendar.DAY_OF_MONTH));
}
```

请注意月份的获取，因为它返回的是从 0（1 月）开始的数值，所以需要显示真正的月份时要加 1。

稍后将封装 CDateTime 类，以简化开发中日期和时间数据的处理工作。

9.1.4 TimeZone 类

TimeZone 类用于处理时区信息，如下面的代码所示。

```
public static void main(String[] args) {
    TimeZone tz = TimeZone.getTimeZone("GMT+8");
    System.out.println(tz.getDisplayName());
    System.out.println(tz.getID());
}
```

代码将显示东 8 区，也就是北京时间所在时区，显示结果如图 9-5 所示。

当需要获取指定时区与格林尼治时间相差的毫秒数（偏移值）时，可以使用如下代码。

```
public static void main(String[] args) {
    TimeZone tz = TimeZone.getTimeZone("GMT+8");
    System.out.println(tz.getRawOffset());
}
```

示例中，使用 TimeZone 对象的 getRawOffset() 方法获取当前时区与格林尼治时间的偏移值（毫秒数）。代码执行结果如图 9-6 所示。

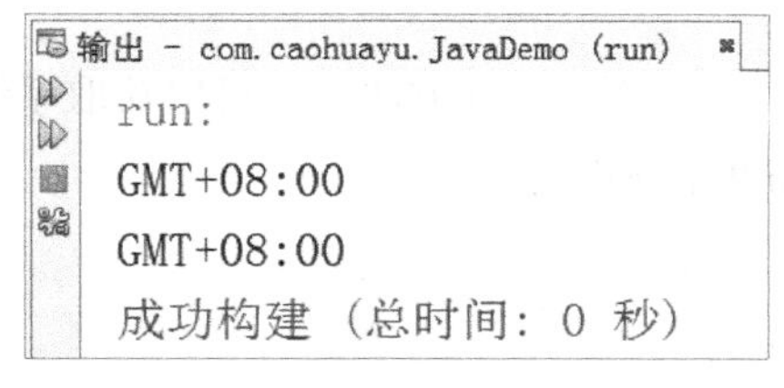

图 9-5 显示时区信息

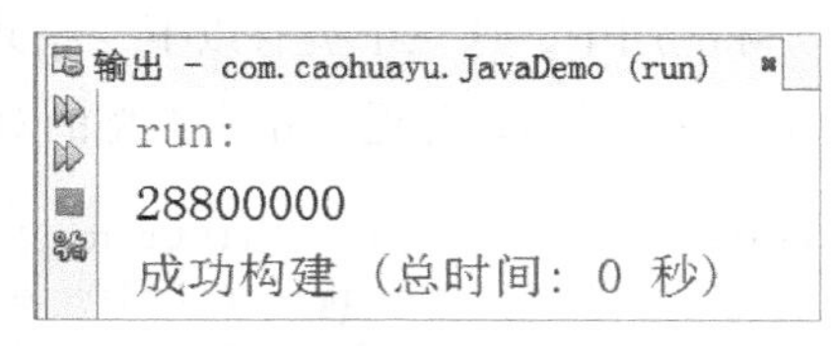

图 9-6 获取时区偏移值

请注意，图 9-6 中显示的 2880000 正是 $8 \times 60 \times 60 \times 1000$ 的结果，也就是北京时间所在的东 8 区与格林尼治时间相差的毫秒数。

9.1.5 Locale 类

Locale 类用于处理国家和地区信息，可以使用语言标识等信息来创建 Locale 对象，下面的代码中，分别创建了表示中国和中国台湾的 Locale 对象。

```
Locale zh = new Locale("zh-Hant");                // 或 zh
Locale zh_tw = new Locale("zh-Hant-TW");
```

此外，还可以使用 Locale 中定义的字段获取国家和地区的 Locale 对象，下面的代码中，将显示带有人民币符号的货币格式。

```
public static void main(String[] args) {
    Locale cn = Locale.CHINA;
    NumberFormat nf = NumberFormat.getCurrency
       Instance(cn);
    System.out.println(nf.format(96.58));
}
```

代码执行结果如图 9-7 所示。

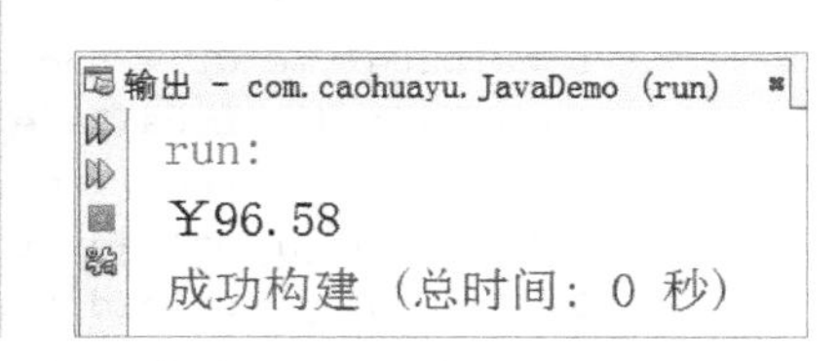

图 9-7 显示人民币货币格式

9.2 使用 java.time 包

java.time 包是 Java8 中新加入的日期和时间处理资源，代码文件中，可以通过下面的代码引用 java.time 包中的所有资源。

```
import java.time.*;
```

请注意，在 Android 系统中，还没有完全支持 Java 8 特性，而 java.time 包暂时未获得支持。如果主要进行 Android 应用的开发，可暂时跳过本部分的内容。

9.2.1 获取本地日期与时间

在 java.time 包中，可以使用如下类型处理本地化的日期和时间数据：

❑ LocalDateTime 类

❑ LocalDate 类

❑ LocalTime 类

实际应用中，这三个类有以下一些共同的特点。首先看 now() 方法，它可以获取系统中的当前日期和时间，并返回相应类型的对象，如下面的代码所示。

```
public static void main(String[] args) {
    LocalDateTime dt = LocalDateTime.now();
    LocalDate d = LocalDate.now();
    LocalTime t = LocalTime.now();
    System.out.println(dt.toString());
    System.out.println(d.toString());
    System.out.println(t.toString());
}
```

代码执行结果如图 9-8 所示。

从图 9-8 中可以看到日期和时间格式的基本形式，如：

❑ 日期，使用 yyyy-mm-dd 的格式，包括年、月、日信息。

❑ 时间，使用 hh:mm:ss.sss 的格式，包括时、分、秒和毫秒信息。

❑ 当日期和时间组合时，时间数据前加上大写字母 T。

如果需要指定日期和时间数据，可以使用这三个类中的 of() 方法，如下面的代码所示。

```
public static void main(String[] args) {
    LocalDateTime dt = LocalDateTime.of(2016,10,24,11,30,30);
    LocalDate d = LocalDate.of(2016,10,24);
    LocalTime t = LocalTime.of(11,30,30);
    System.out.println(dt.toString());
    System.out.println(d.toString());
    System.out.println(t.toString());
}
```

代码执行结果如图 9-9 所示。

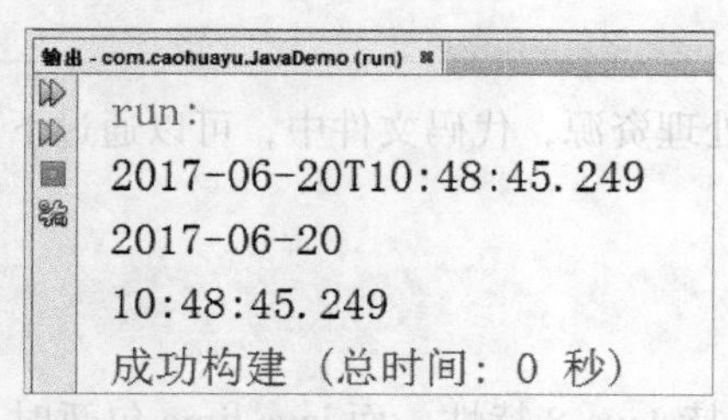

图 9-8　获取系统中的本地日期与时间

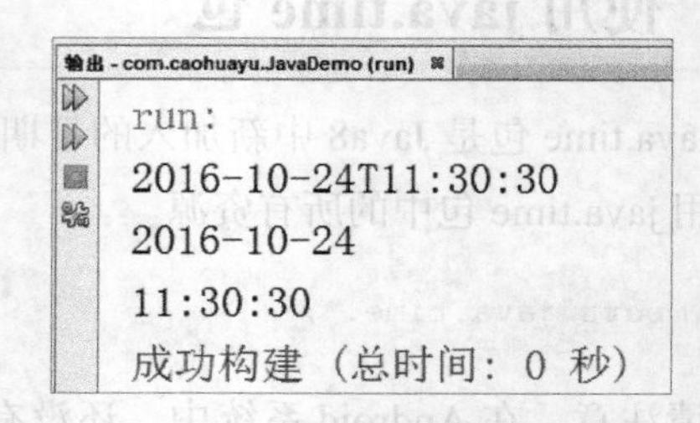

图 9-9　指定日期和时间数据

此外，还可以通过 LocalDateTime 或 LocalTime 类中 of() 方法的最后一个参数指定纳秒数据，如下面的代码所示。

```
public static void main(String[] args) {
    LocalTime t = LocalTime.of(11,30,30,666);
    System.out.println(t.toString());
}
```

代码执行结果如图 9-10 所示。

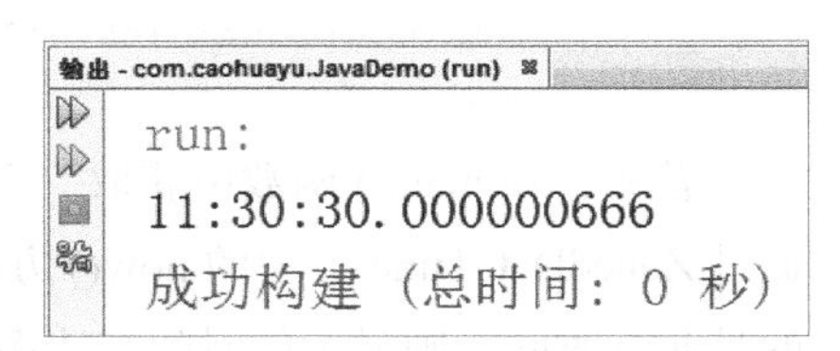

图 9-10　设置纳秒数据

实际上，of() 方法还有很多重载版本，可以参考官方文档来使用。下面介绍一些处理日期和时间的资源。

9.2.2　处理年、月、日数据

在处理具体的年、月、日数据时，还可以使用如下类型。

- Year 类，处理年份相关的数据。其中，of() 方法可以指定年份，now() 方法获取系统时间中的年份。
- YearMonth 类，处理与年、月相关的数据。
- MonthDay 类，处理月份中的日期数据。

下面的代码使用 Year 类判断系统当前年份是否是闰年。

```
public static void main(String[] args) {
    Year y = Year.now();
    String s = String.format("%d%s 闰年 ",
        y.getValue(),(y.isLeap()?" 是 ":" 不是 "));
    System.out.println(s);
}
```

代码执行结果如图 9-11 所示。

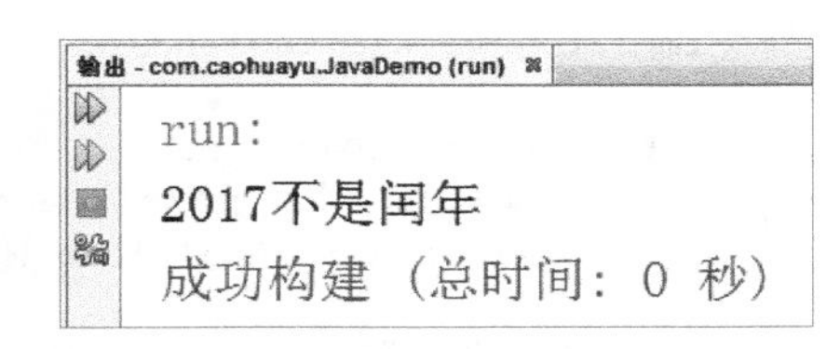

图 9-11　判断年份是否为闰年

9.2.3　处理时区

在需要全球同步的应用中，时区的处理是非常重要的。在 java.time 包中，与时区相关的资源主要包括以下两个。

- ZoneId 类，表示一个时区对象。
- ZonedDateTime 类，处理包含时区信息的日期与时间。

下面的代码显示了当前系统所在的时区信息。

```
public static void main(String[] args) {
    ZoneId z = ZoneId.systemDefault();
    System.out.println(z.toString());
}
```

如果系统中设置的是北京时间所在的时区（东 8 区），则会显示如图 9-12 所示的内容。

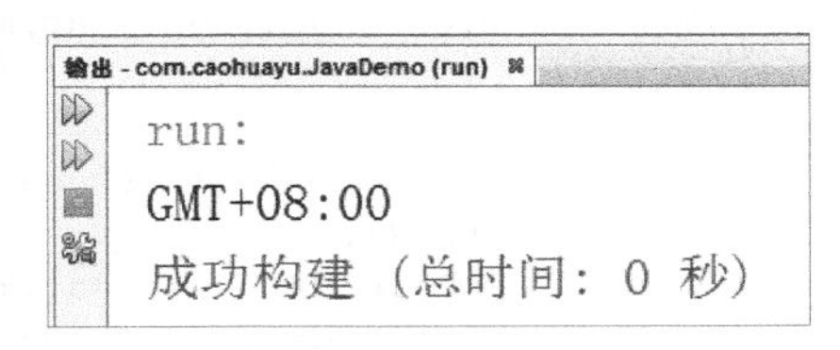

图 9-12　显示时区信息

再来看一下 ZonedDateTime 类的使用，如下面的代码所示。

```
public static void main(String[] args) {
    ZoneId z = ZoneId.of("GMT");
    ZonedDateTime dt = ZonedDateTime.now(z);
    System.out.println(dt.toString());
}
```

首先，在main()函数中获取一个ZoneId对象，指定为格林尼治标准时间的时区。然后，通过ZonedDateTime类中的now()方法获取与系统中对应的格林尼治时间。如果系统中使用的是北京时间，则显示的时间会比系统时间早8个小时。也就是说，如果系统时间是16点，会显示为上午8点。

9.3 封装CDateTime类

在CDateTime类中处理日期和时间时，使用系统默认的Locale和TimeZone设置，即使用默认国家（地区）和时区的设置。此外，月份使用对应的数据，即1 ~ 12分别表示1 ~ 12月。同时，0表示周日，1 ~ 6分别表示周一到周六。

首先来看CDateTime类的基本定义，如下面的代码（CDateTime.java文件）所示。

```
package com.caohuayu.javademo;

import java.util.Calendar;

public class CDateTime {
    // 每天的毫秒数等于24*60*60*1000
    public static final long MSEC_PER_DAY = 86400000L;

    // 正在处理的Calendar对象
    private Calendar myCalendar = Calendar.getInstance();

    // 构造函数
    public CDateTime() {
        // 通用的初始化操作
    }
    //
    public CDateTime(long msec) {
        this();
        myCalendar.setTimeInMillis(msec);
    }
    //
    public CDateTime(int year,int month,int day ,
            int hour, int minute, int second) {
        this();
        myCalendar.set(year,month-1,day,hour,minute,second);
    }
    //
    public CDateTime(int year, int month,int day) {
        this();
        myCalendar.set(year,month-1,day,0,0,0);
        myCalendar.set(Calendar.MILLISECOND,0);
    }
```

```
    // "yyyy-mm-dd"
    public CDateTime(String sDate, String separator) {
        this();
        String[] date = sDate.split(separator);
        if(date.length != 3) return;
        int y = Integer.parseInt(date[0]);
        int m = Integer.parseInt(date[1]);
        int d = Integer.parseInt(date[2]);
        if(checkDate(y,m,d))
            myCalendar.set(y,m-1,d);
    }
    // 检查年月日是否正确，只处理公历
    public static boolean checkDate(int year, int month, int day) {
        if(CC.inList(month,1,3,5,7,8,10,12)) {
            return (day >= 1 && day <= 31);
        }else if(CC.inList(month,4,6,9,11)) {
            return (day >= 1 && day <= 30);
        }else if(month == 2){
            int max = (isLeapYear(year)?29:28);
            return (day >=1 && day<=max);
        }else {
            return false;
        }
    }
    // 检查日期字符串
    public static boolean checkDateString(String sDate,String separator) {
        String[] date = sDate.split(separator);
        if(date.length != 3) return false;
        return checkDate(Integer.parseInt(date[0]),
                Integer.parseInt(date[1]),
                Integer.parseInt(date[2]));
    }
    // 其他代码
}
```

首先，定义了 MSEC_PER_DAY 常量，它表示一天中有多少毫秒，在计算时间数据时使用。

myCalendar 对象表示处理日期和时间信息的 Calendar 对象。如果需要 CDateTime 类支持不同的 Locale 和 TimeZone，可以使用 Calendar 对象的 setLocale() 和 setTimeZone() 方法进行设置。

接下来是以下 5 个构造函数。

- CDateTime()，无参数构造函数，使用系统默认的时间。如果需要进行通用的初始化，也可以放在这里处理，因为以下构造函数都会调用此构造函数。
- CDateTime(long)，包含一个 long 类型的参数，指定 1970 年 1 月 1 日零时距指定时间的毫秒数。
- CDateTime(int,int,int,int,int,int)，6 个参数分别指定年、月、日、时、分、秒数据。请注意，在设置月份时，使用自然月的数值，即 1 表示 1 月，在构造函数中，在使用 Calendar 对象的 set() 方法修改数据时，需要将此月份数据减 1。
- CDateTime(int,int,int)，3 个参数分别指定年、月、日，这里月份数据的设置同样需要注意。此外，如果需要将时间数据设置为零，可以将构造函数的实现修改为以下代码。

```
public CDateTime(int year, int month,int day) {
    this();
    myCalendar.set(year,month-1,day,0,0,0);
    myCalendar.set(Calendar.MILLISECOND,0);
}
```

- CDateTime(String,String)，第一个参数指定标准格式字符串的日期数据，第二个参数指定年、月、日的分隔符，如 new CDateTime(“2017-6-6” ,” -”)，new CDateTime(“2017/6/6” ,” /”) 等。

checkDate() 和 checkDateString() 方法，用于判断日期数据是否正确。

接下来的方法与构造函数功能类似，用于修改 CDateTime 对象中的日期与时间数据，如下面的代码所示。

```
// 改变时间（毫秒数）
public void setMsec(long msec) {
    myCalendar.setTimeInMillis(msec);
}
// 设置年、月、日、时、分、秒，使用自然月份
public void setDateTime(int year, int month, int day,
        int hour,int minute,int second) {
    myCalendar.set(year,month-1,day,hour,minute,second);
}
// 设置年、月、日，使用自然月份
public void setDateTime(int year, int month, int day) {
    myCalendar.set(year,month-1,day,0,0,0);
    myCalendar.set(Calendar.MILLISECOND,0);
}
```

这些方法可以重新设置 CDateTime 对象中的日期和时间数据。

接下来是获取日期和时间数据的方法，如下面的代码所示。

```
// 年份
public int year() {
return myCalendar.get(Calendar.YEAR);
}
// 是否为闰年
public boolean isLeapYear() {
    int y = year();
    return isLeapYear(y);
}
public static boolean isLeapYear(int y) {
return (y % 400 == 0 || (y % 100 != 0 && y % 4 ==0));
}
// 月份
public int month() {
    return myCalendar.get(Calendar.MONTH) + 1;
}
// 月中的第几天
public int day() {
return myCalendar.get(Calendar.DAY_OF_MONTH);
}
```

```
    // 1 ~ 6 表示周一到周六，0 表示周日
    public int weekday() {
    return myCalendar.get(Calendar.DAY_OF_WEEK) - 1;
    }
    //
    public int weekOfMonth() {
    return myCalendar.get(Calendar.WEEK_OF_MONTH);
    }
    //
    public int weekOfYear() {
        return myCalendar.get(Calendar.WEEK_OF_YEAR);
    }
    // 季度
    public int quarter() {
        return myCalendar.get(Calendar.MONTH)/3 + 1;
    }
    // 小时（24 小时制）
    public int hour() {
        return myCalendar.get(Calendar.HOUR_OF_DAY);
    }
    // 分钟
    public int minute() {
        return myCalendar.get(Calendar.MINUTE);
    }
    // 秒数
    public int second() {
        return myCalendar.get(Calendar.SECOND);
    }
    //
    public int millisecond() {
        return myCalendar.get(Calendar.MILLISECOND);
    }
    //
    public long getTimeInMillis() {
        return myCalendar.getTimeInMillis();
    }
    // 指定年、月中共有多少天
    public static int daysInMonth(int year, int month) {
    switch(month) {
            case 1:
            case 3:
            case 5:
            case 7:
            case 8:
            case 10:
            case 12:
                return 31;
            case 4:
            case 6:
            case 9:
            case 11:
                return 30;
            case 2:
```

```
                return (isLeapYear(year)?29:28);
            default:
                return -1;
        }
    }
    // 给出标准日期串
    public String toDateString() {
        return String.format("%d-%d-%d",year(),month(),day());
    }
```

大部分代码都比较容易理解，以下是几个需要注意的地方。

- isLeapYear() 方法，判断当前年份是否为闰年。Calendar 对象没有对应的方法，可以自己计算。
- month() 方法，因为它获取的月份值是从 0（一月）开始的，所以在返回数据时进行加 1 操作。
- weekday() 方法，大部分情况下，一周的第一天都从周日开始，所以进行减 1 操作，周日会返回 0，周一到周六分别会返回 1 ~ 6，这样代码看起来似乎更清晰。
- quarter() 方法，返回第几季度，也需要自己计算。
- daysInMonth() 方法，返回指定年份中某月的天数。

再看 CDateTime 类中封装的最后几个方法，如下面的代码所示。

```
// 一天开始时的毫秒值
public static long startOfDay(long msec) {
return msec / MSEC_PER_DAY * MSEC_PER_DAY;
}
// 一天结束时的毫秒值
public static long endOfDay(long msec) {
    return (msec / MSEC_PER_DAY + 1L) * MSEC_PER_DAY  - 1L;
}
//
public long startOfDay() {
    long msec = myCalendar.getTimeInMillis();
    return startOfDay(msec);
}
//
public long endOfDay() {
    long msec = myCalendar.getTimeInMillis();
    return endOfDay(msec);
}
```

其中：

- startOfDay() 方法返回一天中的 0 毫秒时点，首先使用 msec / MSEC_PER_DAY 得到天数，然后乘以 MSEC_PER_DAY 得到毫秒数。
- endOfDay() 方法返回一天中最后一毫秒的值。首先计算后一天的 0 毫秒时点，然后减 1 得到。

使用 startOfDay() 到 endOfDay() 的值获取完整的一天，在处理日期范围时非常有用，在第 28 章会使用 CDateTime 来处理日期数据，并给出具体的应用。

CDateTime 类中，还定义了一个嵌入类，即 SqlBuilder 类，它的功能生成数据库操作中日期范围的查询条件，其定义如下面的代码（CDateTime.java 文件）所示。

```
/*** 关于日期与时间查询范围的 SQL 生成类 ***/
public static class SqlBuilder {
    // 指定两个日期范围
    public static String dateRange(long startTime, long endTime) {
        long min,max;
        if(startTime <= endTime) {
            min = startOfDay(startTime);
            max = endOfDay(endTime);
        }else{
            min = startOfDay(endTime);
            max = endOfDay(startTime);
        }
        return String.format("between %d and %d",min,max);
    }
    // 指定某一天
    public static String inDay(long msec) {
        long startTime = startOfDay(msec);
        long endTime = endOfDay(msec);
        return String.format("between %d and %d",startTime,endTime);
    }
    // 指定某个月
    public static String inMonth(long msec) {
        CDateTime dt = new CDateTime(msec);
        int year = dt.year();
        int month = dt.month();
        CDateTime dtStart =
                new CDateTime(year,month,1);
        CDateTime dtEnd =
                new CDateTime(year,month,daysInMonth(year,month));
        return String.format("between %d and %d",
                dtStart.startOfDay(),dtEnd.endOfDay());
    }
    // 指定某一年
    public static String inYear(long msec) {
        CDateTime dt = new CDateTime(msec);
        int year = dt.year();
        CDateTime dtStart = new CDateTime(year,1,1);
        CDateTime dtEnd = new CDateTime(year,12,31);
        return String.format("between %d and %d",
                dtStart.startOfDay(),dtEnd.endOfDay());
    }
    //
}
```

下面的代码简单地测试一下 CDateTime 类及 CDateTime.SqlBuilder 类的使用。

```
public static void main(String[] args) {
    CDateTime dt = new CDateTime(2017,1,1);
    System.out.println(dt.isLeapYear());
    System.out.println(CDateTime.SqlBuilder.inMonth(dt.getTimeInMillis()));
    System.out.println(CDateTime.isLeapYear(2016));
    System.out.println(CDateTime.daysInMonth(2017, 2));
}
```

代码执行结果如图 9-13 所示。

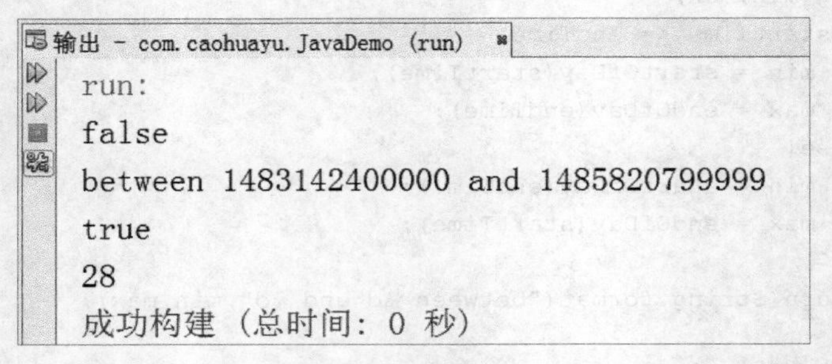

图 9-13　测试 CDateTime 类

第 28 章的项目演示中，会看到 CDateTime 类在项目中的综合应用。

第 10 章　输入输出

软件开发中，输入输出（input/output，I/O）是一个常见的概念。但何为入？何为出？对于初学者，这可能是比较容易混淆的。简单地讲，当需要在应用中使用外部数据（可能来自文件、流或其他组件）时，就需要输入操作；当将正在处理的数据保存到文件、流或其他组件时，就需要输出操作。

本章的主要内容包括：

❑ 文件与目录

❑ 文件的读写操作

❑ 使用 java.nio 资源

此外，本部分使用的开发资源主要位于 java.io 和 java.nio 包，其中 java.nio 包是在 Java7 中新加入的 I/O 处理资源。

10.1　文件与目录

系统中，文件和目录的基本操作可以使用 java.io.File 类。下面的代码会判断 d:\test 目录是否存在。

```
package com.caohuayu.javademo;
import java.io.*;

public class JavaDemo {
    public static void main(String[] args) {
        File testDir = new File("d:\\test");
        System.out.println(testDir.exists());
        System.out.println(testDir.isDirectory());
    }
}
```

代码中，如果 d:\test 目录不存在，则会显示两个 false。其中，第一个输出使用 File 对象的 exists() 方法判断目标是否存在，isDirectory() 方法判断目标是否为一个目录。相应地，在判断目标是不是一个文件时使用 isFile() 方法。

请注意，在字符串中书写路径时，\ 符号需要进行转义，即写成 \\。

如果 d:\test 目录不存在，可以使用如下代码创建这个目录。

```
public static void main(String[] args) {
    File testDir = new File("d:\\test");
    if(testDir.exists() == false) {
```

```
        if(testDir.mkdir())
            System.out.println(" 目录已创建 ");
        else
            System.out.println(" 目录创建失败 ");
    }
}
```

代码中，当 d:\test 目录不存在时，使用 mkdir() 方法创建它。当目录创建成功时，mkdir() 方法返回 true；否则，返回 false。

接下来，在讨论文件的读写操作时，还会使用 File 类的更多功能。

10.2 文件的读写操作

本节将讨论两种读取和写入文件内容的方法。

10.2.1 流

第 4 章在讨论 Serializable 接口时使用了 CTank 类。下面的代码将 CTank 对象保存到 d:\test\tank.bak 文件中。

```
public static void main(String[] args) {
    File f = new File("d:\\test\\tank.bak");
    try{
        //
        CTank tank = new CTank();
        tank.model = "99A";
        tank.weapon = "125mm 坦克炮 ";
        //
        FileOutputStream fos = new FileOutputStream(f);
        ObjectOutputStream objOutput=
                new ObjectOutputStream(fos);
        objOutput.writeObject(tank);
        objOutput.close();
        fos.close();
    }catch(Exception ex) {
        ex.printStackTrace();
    }
}
```

代码中，通过输出流（OutputStream）的操作，将 CTank 对象保存到磁盘文件中。第一次执行时，会自动创建新的文件。当文件存在时，会使用新的内容完全重写原有的文件。

要把流数据写入文件，需要使用 FileOutputStream 对象打开文件，其构造函数就是一个表示文件的 File 对象。

为了输出对象，需要使用 ObjectOutputStream 对象，其构造函数是输出目标对象，这里就是文件输出流的 FileOutputStream 对象。请注意，执行此操作的对象类型应该实现了 Serializable 接口。

然后，调用 ObjectOutputStream 对象的 writeObject() 方法将对象数据写入目标中。完成数据写入工作后，使用 close() 方法关闭输出流对象。

正确执行后，可以在 d:\test 目录中看到一个名为 tank.bak 的文件，如图 10-1 所示。

下面的代码从 d:\test\tank.bak 文件中恢复 CTank 对象。

```
public static void main(String[] args) {
File f = new File("d:\\test\\tank.bak");
    try{
FileInputStream fis = new FileInputStream(f);
        ObjectInputStream objInput = new ObjectInputStream(fis);
        CTank tank = (CTank)(objInput.readObject());
        tank.weapon = "125mm 坦克炮和 12.7mm 机枪 ";
        objInput.close();
        fis.close();
        //
        System.out.println(tank.model);
        System.out.println(tank.weapon);
}catch(Exception ex) {
        ex.printStackTrace();
    }
}
```

代码中，在读取文件内容时使用了一系列的输入流（InputStream）类型，如读取文件时使用 FileInputStream 对象，而 ObjectInputStream 对象则从目标中读取对象流。

读取文件流数据后，使用 ObjectInputStream 对象的 readObject() 方法读取对象，并强制转换为 CTank 对象。

获取 CTank 对象后，修改了 weapon 字段的数据，代码输出结果如图 10-2 所示。

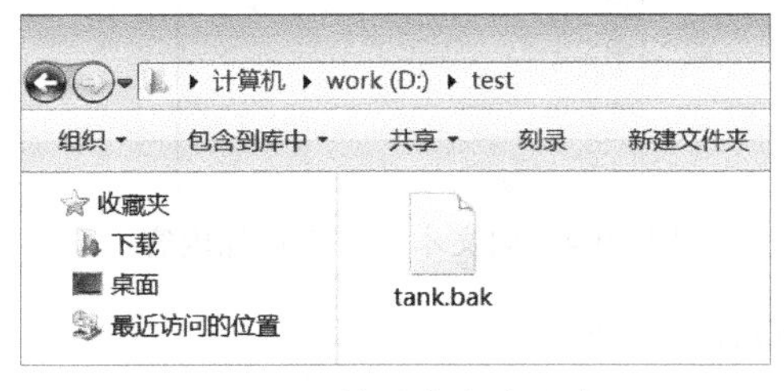

图 10-1　将对象保存文件

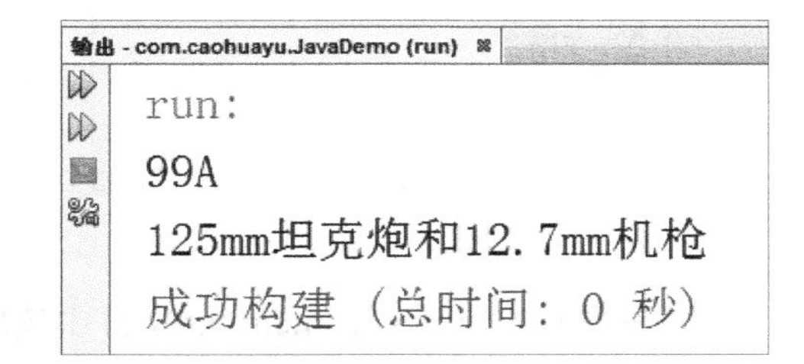

图 10-2　从文件恢复对象

10.2.2　读写文本内容

下面的代码在 d:\test\content.txt 文件中写入几行文本内容。

```
public static void main(String[] args) {
final String filename = "d:\\test\\content.txt";
    try{
FileWriter fw = new FileWriter(filename);
        fw.write(" 第一行 \r\n");
        fw.write(" 第二行 \r\n");
        fw.write(" 第三行 \r\n");
```

```
        fw.flush();
        fw.close();
}catch(Exception ex) {
        ex.printStackTrace();
    }
}
```

请注意，在每行内容结束时，还添加了回车符（\r）和换行符（\n），代码正确执行后，可以在 d:\test\content.txt 文件中看到如图 10-3 中所示的内容。

如果需要在文件中追加内容，而不是完全重写文件，可以在 FileWriter 类的构造方法中使用第二个参数，如下面的代码所示。

```
public static void main(String[] args) {
    final String filename = "d:\\test\\content.txt";
    try{
        FileWriter fw = new FileWriter(filename,true);
        fw.write("第四行\r\n");
        fw.write("第五行\r\n");
        fw.flush();
        fw.close();
    }catch(Exception ex) {
        ex.printStackTrace();
    }
}
```

FileWriter 类构造函数的第二个参数，用于指定是否以追加模式打开文件，本例中设置为 true。代码执行成功后，d:\test\content.txt 文件中会有 5 行内容，如图 10-4 所示。

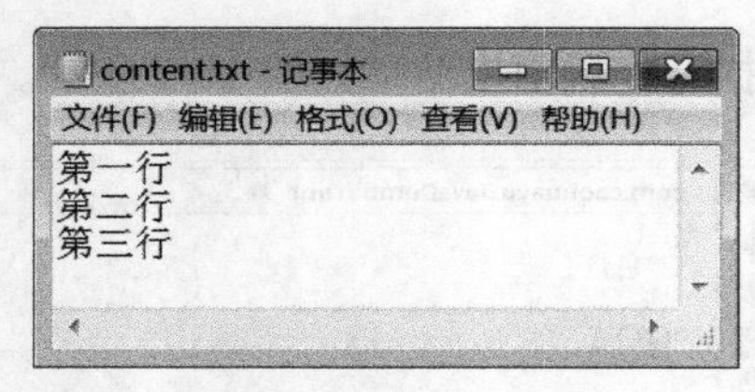

图 10-3　写入文本文件

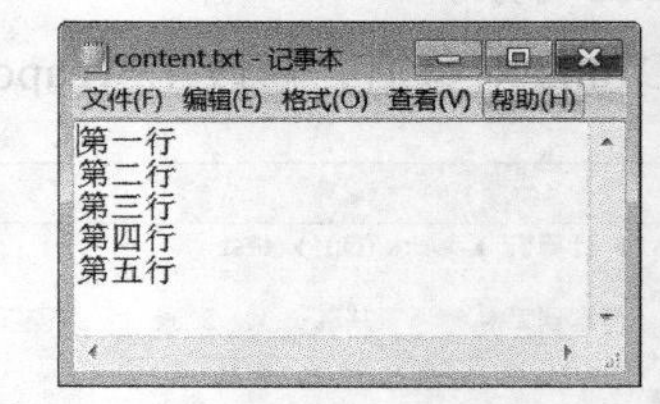

图 10-4　向文本文件中追加内容

下面的代码从 d:\test\content.txt 文件中读取内容并显示。

```
public static void main(String[] args) {
final String filename = "d:\\test\\content.txt";
    try{
FileReader fr = new FileReader(filename);
        BufferedReader reader = new BufferedReader(fr);
        String line = "";
while((line = reader.readLine()) != null) {
System.out.println(line);
        }
reader.close();
        fr.close();
}catch(Exception ex) {
        ex.printStackTrace();
}
}
```

示例中，因为直接使用 FileReader 对象读取文本内容并不太方便，所以通过 BufferedReader 对象来帮忙。其中，readLine() 方法用于读取一行文本，使用循环语句读取文件中的所有行，读取成功时将内容赋值给 line 变量并显示，如图 10-5 所示。

图 10-5 读取文本文件

10.3 使用 java.nio 资源

java.nio 包是 Java 7 中增加的资源，更像是 java.io 资源的扩展与升级。接下来了解一些常用的操作。

下面的代码会判断 d:\test\content.txt 文件是否存在。

```
public static void main(String[] args) {
    Path path = Paths.get("d:","test","content.txt");
    File file = path.toFile();
    System.out.println(file.exists());
}
```

本例中，使用 java.nio.file.Paths 类构建了 Path 对象。实际使用中，Paths 类可以将多个部分组合为所需要的路径，减少了 \\ 转义符的使用，有效避免了可能的输入错误。

代码中，Paths.get() 方法可以使用多个 String 类型的参数指定路径的各个部分，如驱动器、多级目录及文件名。方法会返回由参数组合而成的路径对象（java.nio.file.Path 接口类型）。

Path 对象的 toFile() 方法可以通过路径信息返回 File 对象，代码中使用 File 对象中的 exists() 方法判断文件是否存在。

下面的代码创建一个 content.txt 文件的备份文件，命名为 content.bak，并设置为只读属性。

```
public static void main(String[] args) {
    Path path = Paths.get("d:","test","content.txt");
    Path bakPath = Paths.get("d:","test","content.bak");
    try{
        Files.copy(path, bakPath,StandardCopyOption.REPLACE_EXISTING);
        File bak = bakPath.toFile();
        bak.setReadOnly();
    }catch(Exception ex) {
        ex.printStackTrace();
    }
}
```

代码中，使用 Files.copy() 方法的一个重载版本来复制文件。其中，第一个参数指定源文件路径的 Path 对象；第二个参数指定目标文件路径的 Path 对象；第三个参数指定复制模式，使用StandardCopyOption枚举类型，成员包括以下几个。

- ATOMIC_MOVE，移动文件。
- COPY_ATTRIBUTES，复制源文件属性。
- REPLACE_EXISTING，当目标文件存在时，替换它。

接下来，使用Path对象中的toFile()方法，可以将路径指向的目标转换为File对象。然后，使用File对象中的setReadOnly()方法将备份文件设置为只读文件。

此外，Files类还包括了一系列的静态成员，用于目录和文件的操作，可以参考文档使用。

第 11 章　多线程与定时器

本章讨论线程（Thread）和定时器（Timer）的基本应用。

11.1　线程

程序执行时，会有一个主线程在工作，例如，在 Android 应用中的主界面。单击界面中的元素时，会执行一些任务。不过，如果执行任务时间较长，主线程就会阻塞，并且会给用户造成程序没有响应的错觉。

为了解决这个问题，可以将执行较长的代码放在一个新的线程中执行，下面的代码就演示了线程的基本应用。

```
package com.caohuayu.javademo;

import java.lang.Thread;

public class JavaDemo {
    public static void main(String[] args) {
        Thread t1 = new WorkThread("Work1");
        Thread t2 = new WorkThread("Work2");
        Thread t3 = new WorkThread("Work3");
        //
        t1.start();
        t2.start();
        t3.start();
    }

    public static class WorkThread extends Thread {
        private String name = "";
        // 构造函数
        public WorkThread(String n) {
            name = n;
        }
        //
        public void run() {
            System.out.println(name + " is working");
        }
    }
}
```

代码中，创建了一个 WorkThead 类，它定义为 Thread 类的子类，在重写的 run() 方法中包含了线程中的工作代码。实际应用中，并不需要直接调用 run() 方法，而是调用线程对象的 start() 方法来启动线程。

多次执行代码，可以发现，三个线程执行的顺序并不是一定的，这也是线程执行的一个特点，即不能假设线程开始和结束的顺序。

后面的内容中还可以看到线程在 Android 应用中的实际应用。

11.2 定时器

使用定时器，可以在指定的时间间隔执行相应的代码，这也是自动执行代码的重要方式之一。Java 中，可以使用 java.util 包中的 Timer 类和 TimerTask 类等资源实现定时器的功能，如下面的代码所示。

```
package com.caohuayu.javademo;

import java.util.Timer;
import java.util.TimerTask;

public class JavaDemo {
    public static void main(String[] args) {
        Timer timer = new Timer();
        timer.schedule(new WorkTimerTask(), 0, 1000);
    }

    static class WorkTimerTask extends TimerTask {
        public void run() {
            System.out.println(System.currentTimeMillis());
        }
    }
}
```

首先，创建 WorkTimerTask 类，定义为 ThreadTask 类的子类，在重写的 run() 方法中就是定时器要执行的任务，这里只是简单地显示系统的当前时间。

在 main() 方法中，使用 Timer 对象调用 WorkTimerTask 类来执行任务，其中使用了 schedule() 方法的一个重载版本，包括三个参数。

- 第一个参数，TimerTask 或其子类对象，指定定时器要完成的工作。
- 第二个参数，指定等待多少毫秒开始工作，这里为 0，表示立即执行。
- 第三个参数，指定间隔多少毫秒执行一次，这里指定为 1000，即每 1 秒执行一次。

执行本代码会不停地显示时间，可以通过 NetBeans 菜单项“运行”→“停止构建 / 运行”来停止。

如果不想单独定义一个类来完成任务，还可以将上面的代码改写一下，如下所示。

```
package com.caohuayu.javademo;

import java.util.Timer;
import java.util.TimerTask;
```

```
public class JavaDemo {
public static void main(String[] args) {
        TimerTask task = new TimerTask(){
            public void run() {
                System.out.println(System.currentTimeMillis());
            }
        };
        //
        Timer timer = new Timer();
        timer.schedule(task, 0, 1000);
    }
}
```

第 12 章　设计模式

本章将讨论 Java 语言的综合应用，将从基本代码向代码结构转变，从更全面的角度来设计和开发应用程序，而设计模式就是这个过程中相当重要的开发工具。

设计模式是针对开发中的特定问题而使用的对应解决方案，通过设计模式优化代码结构，可以有效提高代码的灵活性和可维护性。本章将讨论设计模式在 Java 中的一些基本应用，主要包括：

- 策略模式
- 单件模式
- 访问者模式

请注意，本章的测试工作将在 PatternsDemo 项目中进行。

12.1　策略模式

还记得在讨论面向对象编程和接口时创建的一系列飞机、坦克和突击车吗？通过继承和接口实现了这些类型，现在的问题是，如果在游戏中需要不断地扩展游戏单元类型，其工作量是非常大的，而且会产生很多重复的代码。

例如，游戏单元的武器等组件。在突击车、坦克和其他游戏单元中都可以使用 12.7mm 机枪，使用传统的面向对象方法实现这些类型时，就会出现重复的定义。下面的代码中，在所有使用 12.7mm 机枪的游戏单元中都需要这些定义。

```
public String weapon = "12.7mm 机枪";
//
public void attack(int x, int y) {
    String s = String.format("使用 %s 攻击 (%d,%d)", weapon, x, y);
    System.out.println(s);
}
```

那么，是不是可以将武器从游戏单元中独立出来，以实现武器组件？这样就可以减少重复代码。

不过，先不用着急，再看一看游戏单元的创建，真的需要分别创建海、陆、空三个系列的游戏单元吗？有没有可能通过模块化的组件进行组装，如不同的型号、武器和行为特点等。

解决这一系列问题的方案就是使用策略模式（Strategy Pattern)，其特点就是将一系列组件使用统一的接口进行封装，这些组件可以很方便地替换使用，从而达到组件灵活应用的目的。

首先，创建武器组件，创建 IWeapon 接口，如下面的代码（IWeapon.java 文件）所示。

```
package patternsdemo;

public interface IWeapon {
    String getModel();
    void attack(int x, int y);
}
```

然后，创建 CWeapon 类来实现 IWeapon 接口，如下面的代码（CWeapon.java 文件）所示。

```
package patternsdemo;

public class CWeapon implements IWeapon {
    private String myModel;
    // 构造函数
    public CWeapon(String m) {
        myModel = m;
    }
    //
    public String getModel() {
        return myModel;
    }
    //
    public void attack(int x, int y) {
        String s = String.format("%s 攻击坐标 (%d, %d)",myModel, x, y);
        System.out.println(s);
    }
}
```

接下来，可以使用 CWeapon 类实现不同的武器型号，只需要修改 model 字段的值就可以了。在实际应用中，如果组件的实现比较复杂，还可以创建它的子类，以完成更加具体的实现。

下面再创建游戏单元组件，同样从接口定义开始，如下面的代码（IUnit.java 文件）所示。

```
package patternsdemo;

public interface IUnit {
    String getModel();
    void addWeapon(IWeapon w);
    void showWeapons();
    void attack(int x, int y);
}
```

接下来是 CUnit 类，它实现了 IUnit 接口，如下面的代码（CUnit.java 文件）所示。

```
package patternsdemo;

import java.util.List;
import java.util.ArrayList;
```

```
public class CUnit implements IUnit {
    // 保存多种武器
    private List<IWeapon> myWeapons = new ArrayList<IWeapon>();
    //
    private String myModel;
    // 构造函数
    public CUnit(String m) {
        myModel = m;
    }
    //
    public String getModel() {
        return myModel;
    }
    public void addWeapon(IWeapon w) {
        myWeapons.add(w);
    }
    //
    public void showWeapons() {
        for(IWeapon w : myWeapons) {
            System.out.println(w.getModel());
        }
    }
    //
    public void attack(int x, int y) {
System.out.println(myModel);
        if(myWeapons.size() == 0) {
            System.out.println(" 没有武器 ");
        }else {
            for(IWeapon w : myWeapons) {
                w.attack(x, y);
            }
        }
    }
}
```

请注意，在 CUnit 类中，可以通过 addWeapon() 方法添加多个武器，并保存在 ArrayList<E> 对象中。showWeapon() 方法和 attack() 方法中，通过遍历调用列表中的所有武器。

下面的代码通过 IWeapon 和 IUnit 组件组装坦克和突击车。

```
package patternsdemo;

public class PatternsDemo {
    public static void main(String[] args) {
        IWeapon w125 = new CWeapon("125mm 坦克炮 ");
        IWeapon w12_7 = new CWeapon("12.7mm 机枪 ");
        // 坦克
        System.out.println("*** 坦克对象 ***");
        IUnit tank = new CUnit("99A 型坦克 ");
```

```
        tank.addWeapon(w125);
        tank.addWeapon(w12_7);
        tank.attack(10, 99);
        // 突击车
        System.out.println("*** 突击车对象 ***");
        IUnit av = new CUnit(" 勇士突击车 ");
        av.addWeapon(w12_7);
        av.attack(100,210);
    }
}
```

代码执行结果如图 12-1 所示。

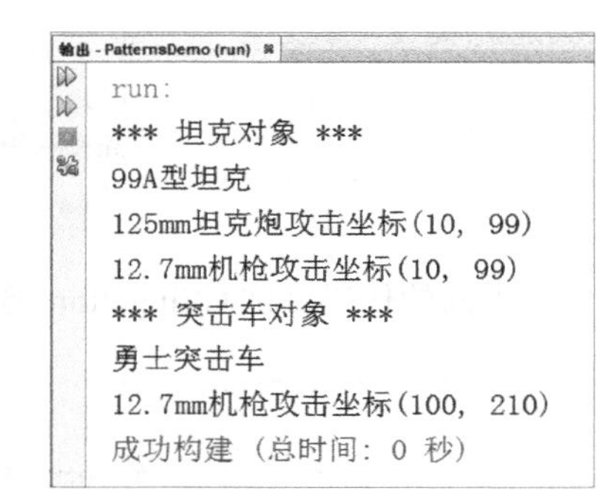

图 12-1　使用策略模式组合组件

12.2　单件模式

和策略模式相反，单件模式（Singleton Pattern）创建的类只能有一个实例。对于需要统一调配的资源（如系统的主控组件），使用单件是一个不错的选择。

先来看下面的代码（CSingleton.java 文件）。

```
package patternsdemo;

public class CSingleton {
    private static CSingleton myInstance = null;
    //
    public String name;
    //
    private CSingleton(){}
    //
    publicstatic CSingleton getInstance() {
        if (myInstance == null)
            myInstance = new CSingleton();
        return myInstance;
    }
}
```

在 CSingleton 类中，主要的成员包括以下几个。

- myInstance 对象，CSingleton 类的唯一实例。
- 私有的构造函数，不能在 CSingleton 类的外部创建实例，例如，使用下面的代码创建 CSingleton 对象时就会出错。

```
CSingleton s1 = new CSingleton();
```

- name 字段，用来模拟单件对象数据。
- 静态方法 getInstance()，这是获取 CSingletion 对象的唯一途径。如果需要保证方法调用在多线程环境中实现同步，可以在定义方法时使用 synchronized 关键字，如下面的代码所示。

```
public synchronized static CSingleton getInstance() {
if (myInstance == null)
myInstance = new CSingleton();
    return myInstance;
}
```

下面的代码测试 CSingelton 类的使用。

```
package patternsdemo;

public class PatternsDemo {
    public static void main(String[] args) {
        CSingleton s1 = CSingleton.getInstance();
        s1.name = "Tom";
        CSingleton s2 = CSingleton.getInstance();
        s2.name = "Jerry";
        //
        System.out.println(s1.name);
        System.out.println(s2.name);
    }
}
```

代码会显示 Tom 和 Jerry 吗？不！它会显示两个 Jerry，如图 12-2 所示。

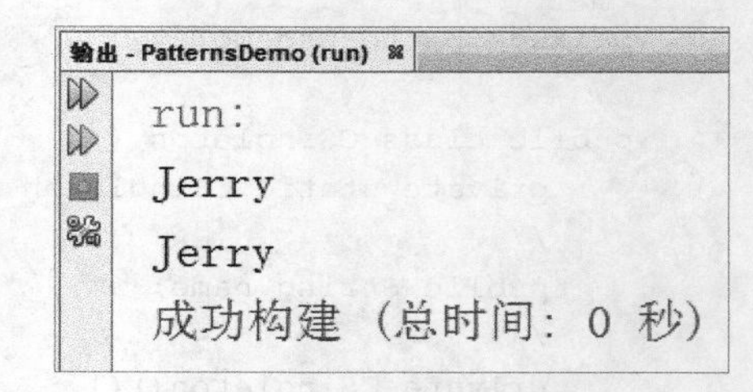

图 12-2　使用单件模式

代码运行的结果反映出，使用 s1 和 s2 对象调用的实际上是同一对象，即均为 CSingleton 类中的 myInstance 对象。

第一次使用 CSingleton.getInstance() 方法获取 CSingleton 对象时，会初始化 myInstance 对象并返回。

第二次调用 CSingleton.getInstance() 方法时，由于 myInstance 对象已初始化，因此方法会直接返回它。

12.3　访问者模式

访问者模式（Visitor Pattern）是指，在不改变组件结构定义的情况下，重新定义操作的具体实现；例如，组件中需要做一些操作，但在组件定义时又无法确定具体的操作，可以将其定义为一个委托事件，然后，由组件的使用者确定它的具体表现。

首先定义一个 IMove 接口，其中包括一个 moveTo() 方法，如下面的代码（IMove.java 文件）。

```
package patternsdemo;

public interface IMove {
    public void moveTo(int x, int y);
}
```

接下来，在 IUnit 接口中添加与移动相关的方法，如下面的代码所示。

```
package patternsdemo;

public interface IUnit {
    String getModel();
    void addWeapon(IWeapon w);
    void showWeapons();
    void attack(int x, int y);
    //
    void setMove(IMove move);
    void moveTo(int x, int y);
}
```

请注意 CUnit 类中这两个方法的实现，如下面的代码（CUnit.java 文件）所示。

```
package patternsdemo;

import java.util.List;
import java.util.ArrayList;

public class CUnit implements IUnit {
    // 其他代码
    // 移动委托对象
    private IMove myMove;
    //
    public void setMove(IMove move) {
        myMove = move;
    }
    //
    public void moveTo(int x, int y) {
        if(myMove == null)
            System.out.println("真不会移动 :(");
        else
            myMove.moveTo(x,y);
    }
}
```

代码中，在 CUnit 类中添加了以下三个部分。

- myMove 字段，定义为游戏单元移动操作的委托对象，它定义为 IMove 接口类型。
- setMove() 方法，用于指定 myMove 的实现对象。
- moveTo() 方法，单元的移动操作，本质上是在调用 IMove.moveTo() 方法。这里，当 myMove 对象为空时，给出提示；否则，调用 moveTo() 方法执行操作。

先来看没有指定移动对象的情况，如下面的代码所示。

```
public static void main(String[] args) {
IWeapon w125 = new CWeapon("125mm 坦克炮");
    IUnit tank = new CUnit("99A 坦克");
    tank.addWeapon(w125);
    //
        tank.moveTo(55, 105);
}
```

代码执行结果如图 12-3 所示。

接下来，指定 tank 对象的移动操作对象，如下面的代码所示。

```
public static void main(String[] args) {
    IWeapon w125 = new CWeapon("125mm 坦克炮 ");
    IUnit tank = new CUnit("99A 坦克 ");
    tank.addWeapon(w125);
    //
    tank.setMove(new IMove(){
        public void moveTo(int x, int y){
            String s = String.format("%s 陆地移动到坐标 (%d,%d)",
                                    tank.getModel(), x,y);
            System.out.println(s);
        }
    });
    //
    tank.moveTo(55, 105);
}
```

代码执行结果如图 12-4 所示。

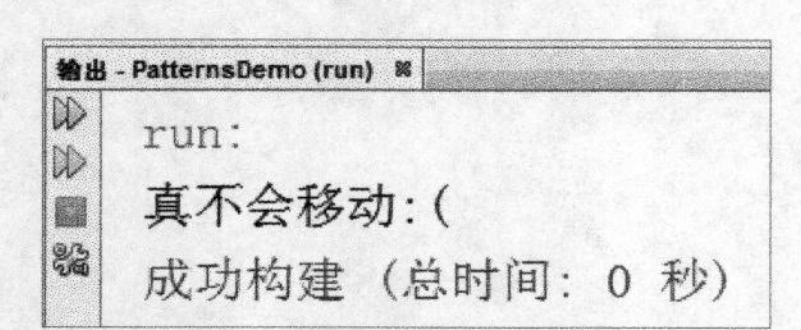

图 12-3 访问者模式 (1)

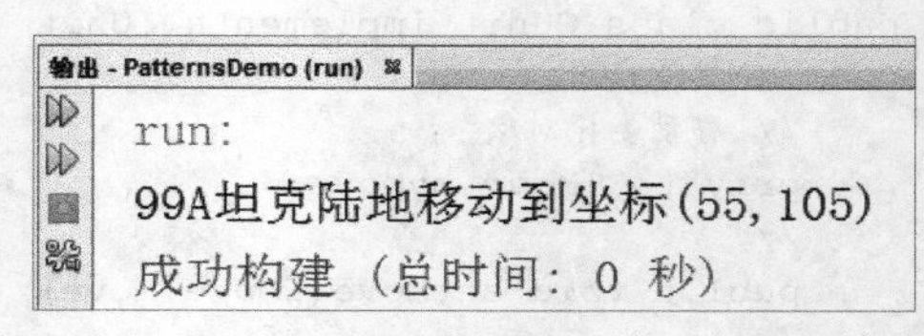

图 12-4 访问者模式 (2)

如果需要改变 tank 的移动方式，只需要修改移动实现代码就可以了，如下面的代码所示。

```
tank.setMove(new IMove(){
    public void moveTo(int x, int y){
        String s = String.format("%s 飞行到坐标 (%d,%d)",
tank.getModel(),x,y);
        System.out.println(s);
    }
});
```

代码执行结果如图 12-5 所示。

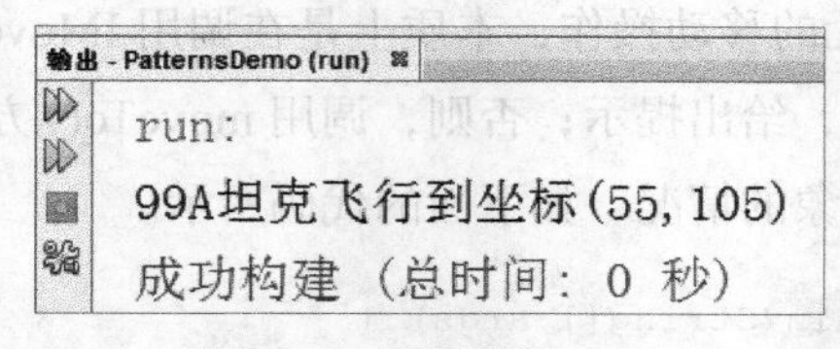

图 12-5 访问者模式 (3)

游戏里想怎么飞就怎么飞！

第 13 章　Android 应用开发基础

前面讨论了 Java 语言和一些常用的 JDK 开发资源，接下来进入 Android 应用开发部分。本章将讨论一些基础知识和准备工作，主要内容包括：

- Android Studio 的安装
- 项目创建与测试
- 再看 Android Studio 开发环境
- 第一次修改应用配置（隐藏标题栏）
- Android 应用的组成

13.1　Android Studio 的安装

这里使用 Google 官方提供的 Android Studio 集成开发环境进行 Android 应用的开发工作。

由于 Android 官网访问不太容易，因此可以从 http://www.android-studio.org/ 网站下载 Android Studio。下载后，安装过程非常简单，使用默认选项即可。

AndroidStudio 安装完成后，第一次新建项目时，构建 Gradle 项目会很慢，原因是 Gradle 还没有安装。此时，可以自己动手下载相应的资源文件。首先，找到 c:\user\< 用户名 >\.gradle\ 目录，观察 Gradle 的版本，如图 13-1 所示。

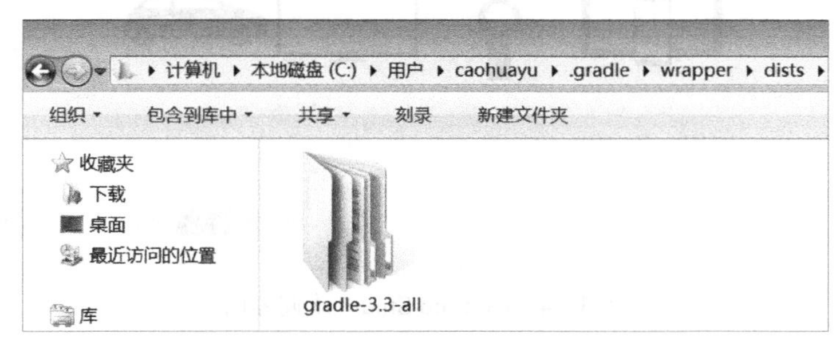

图 13-1　Gradle 的版本

知道了 Gradle 的版本，可以从网上下载相应的 .zip 文件（如 gradle-3.3-all.zip），并放到 c:\user\< 用户名 >\.gradle\wrapper\dists\gradle-3.3-all\< 一堆字符 > 目录中。

如果没有自己下载 gradle-3.3-all.zip 文件，在第一次创建项目时需要耐心等待一会儿。不过，在实践中还是感觉自己下载 Gradle 比较靠谱。

AndroidStudio 中是通过 Gradle 来构建和管理项目，大多数情况下，可以自动完成项目的管理工作。需要资源同步或手工修改项目配置时，会有详细的说明。下面进入 Android 应用项目的开发。

13.2 项目创建与测试

第一次启动 Android Studio，会出现如图 13-2 所示的窗口。

单击 OK 按钮，会出现如图 13-3 所示的窗口。

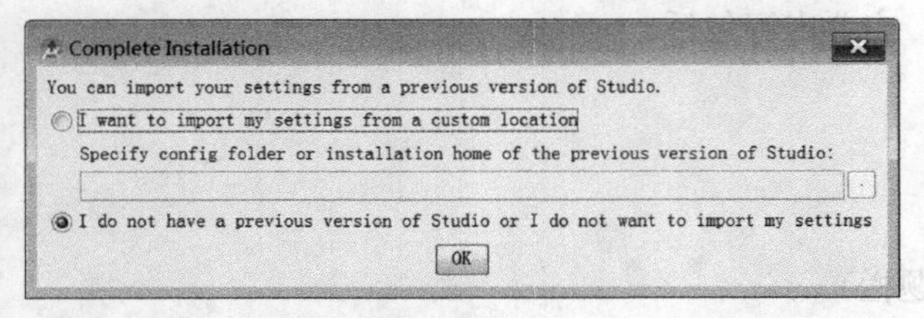

图 13-2 第一次启动 Android Studio

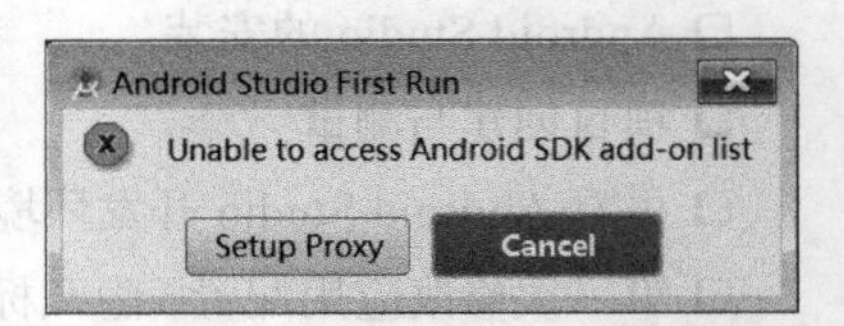

图 13-3 访问 Android SDK 的网络设置

单击 Cancel 按钮继续，会出现图 13-4 所示的窗口。

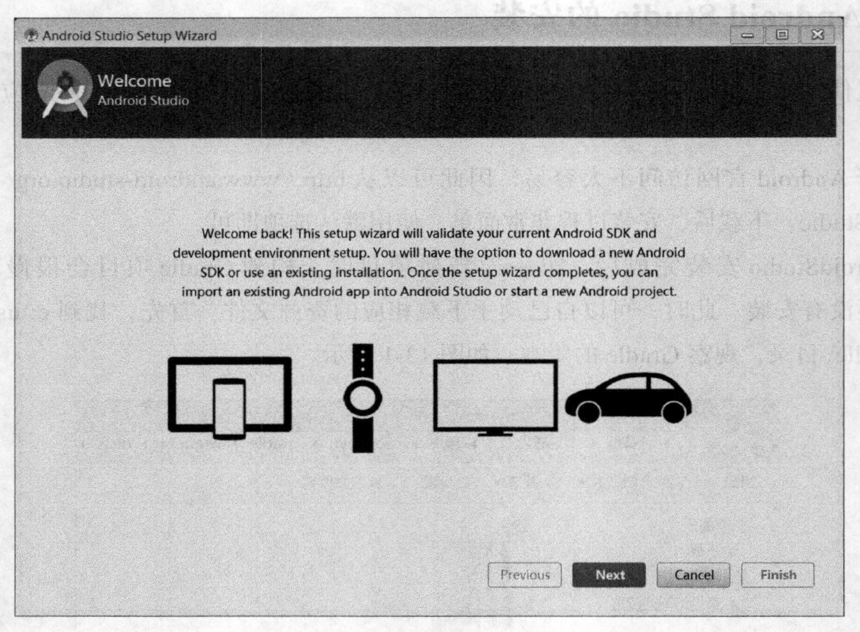

图 13-4 Android Studio 欢迎界面

单击 Next 按钮继续，可以选择开发环境的界面风格，如图 13-5 所示。

如果没有特殊爱好，就可以使用标准（Standard）风格。单击 Next 按钮继续。然后，单击 Finish 按钮完成环境的配置。

启动 Android Studio 后，在出现的窗口中选择 Start a new Android Studio project 项添加一个新的项目。然后，需要填写一些项目信息，如：

- ❑ Application name，项目名称，第一个项目命名为 FirstDemo。
- ❑ Company Domain，公司域名，学习和测试时使用 example.com 即可。

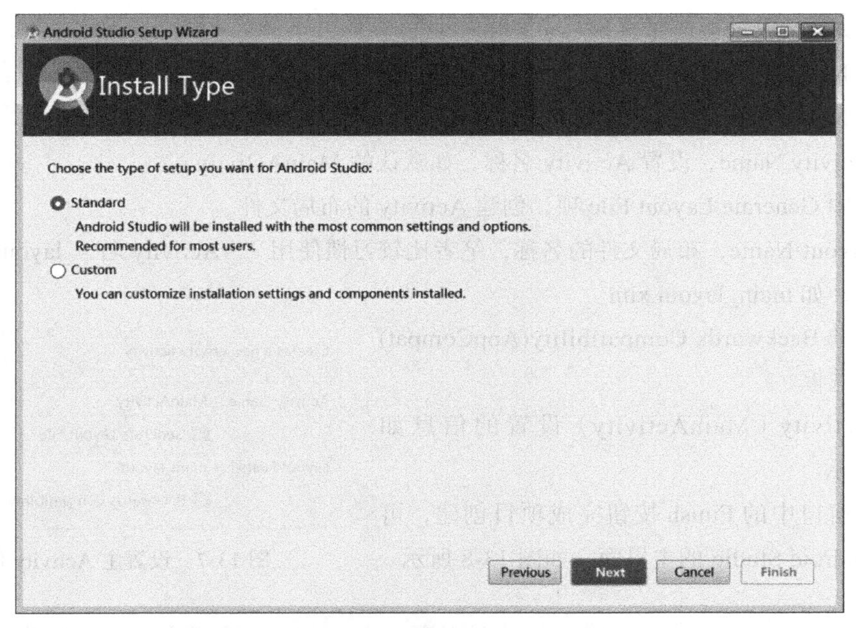

图 13-5　选择界面风格

- ❑ Package name，项目的包名，Android 应用同样使用“反向域名 + 项目名称”的格式，设置项目名称和域名后会自动生成。
- ❑ Project location，项目的存放路径，默认存放路径为 C:\Users\< 用户名 >\AndroidStudioProjects\< 项目名 >，可以根据需要修改项目存放的路径。

项目信息设置完成后，出现如图 13-6 所示界面。

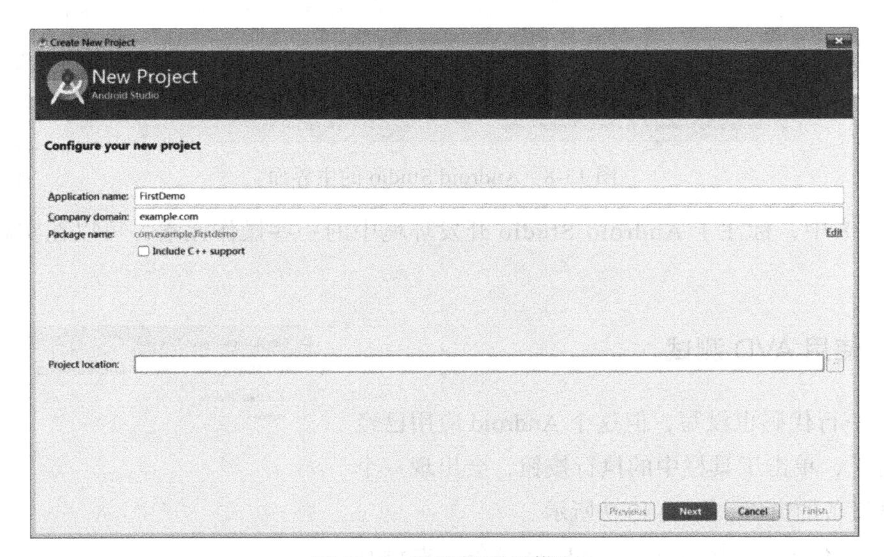

图 13-6　设置新项目信息

单击 Next 按钮继续，选择 Phone and Tablet 项目类型。在 Minimum SDK 中选择项目支持的最低 Android 版本，这里使用默认的 4.0.3 版本。实际开发中，当对版本有特殊要求时，可以根据实际情况进行选择。

单击 Next 按钮继续，选择项目模板，这里选择 Empty Activity。

单击 Next 按钮继续，设置主 Activity（活动）的信息，填写的信息主要有：

- Activity Name，设置 Activity 名称，如默认的 MainActivity。
- 选中 Generate Layout File 项，创建 Activity 的布局文件。
- Layout Name，布局文件的名称，笔者比较习惯使用“<Activity 名>_layout.xml”格式，如 main_layout.xml。
- 勾选 Backwards Compatibility(AppCompat) 复选框。

主 Activity（MainActivity）设置的信息如图 13-7 所示。

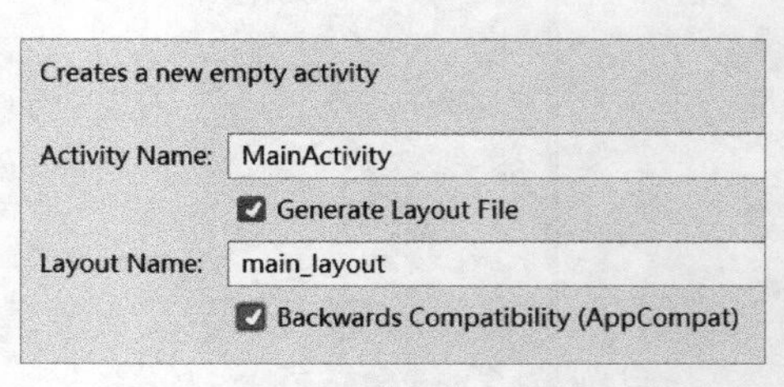

图 13-7　设置主 Activity 信息

单击窗口中的 Finish 按钮完成项目创建，可以看到 Android Studio 的主界面，如图 13-8 所示。

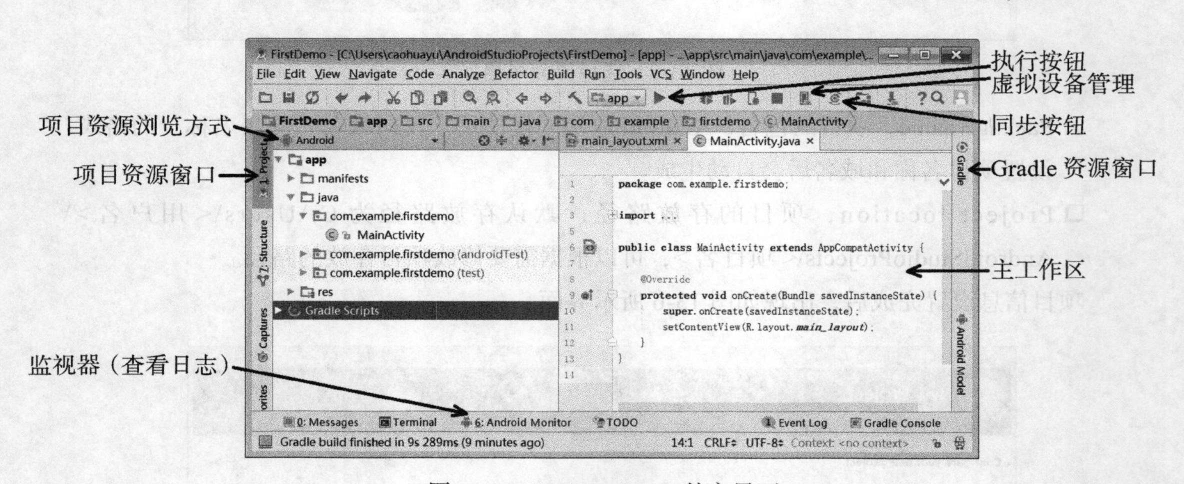

图 13-8　Android Studio 的主界面

图 13-8 中，标注了 Android Studio 开发环境中的一些操作元素，可以在实践中逐渐掌握。

13.2.1　使用 AVD 测试

虽然一行代码也没写，但这个 Android 应用已经可以运行了，单击工具栏中的执行按钮，会出现一个选择测试设备的窗口，如图 13-9 所示。

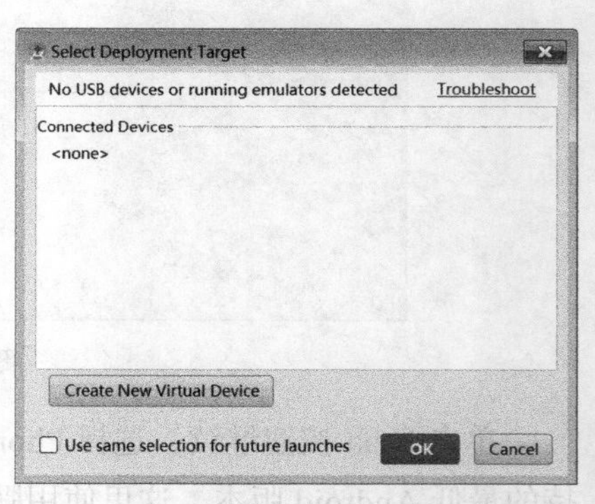

图 13-9　选择测试设备

现在，还没有连接真实的 Android 设备，也没有创建虚拟设备（Virtual Device），所以设备列表是空的。

下面，单击 Create New Virtual Device 按钮，打开虚拟设备创建窗口，这里，选择默认的 Nexus 5X 设备就可以了，单击 Next 按钮继续。此时，还缺少相应的资源，可以单击 Download 链接进行下载。对于没有安装的其他资源（如 HAXM），同样选择安装即可，如图 13-10 所示。

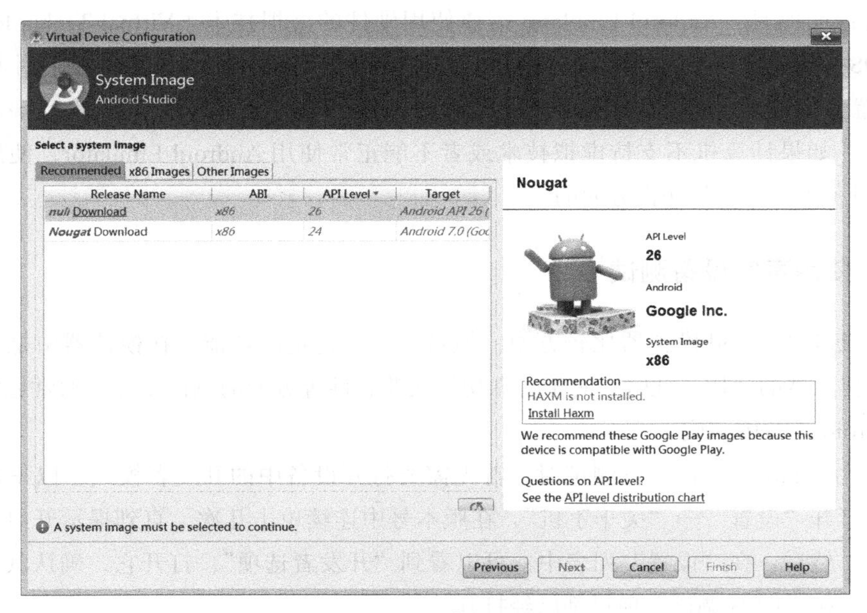

图 13-10　创建虚拟设备

下载并安装所需要的资源后，单击 Finish 按钮返回设备选择窗口，此时，可用的虚拟设备（Avaiable Virtual Devices）列表中就会出现刚刚创建的设备，如图 13-11 所示。

单击 OK 按钮，稍候可以在 Android Emulator（Android 模拟器）中看到应用的执行结果，如图 13-12 所示。

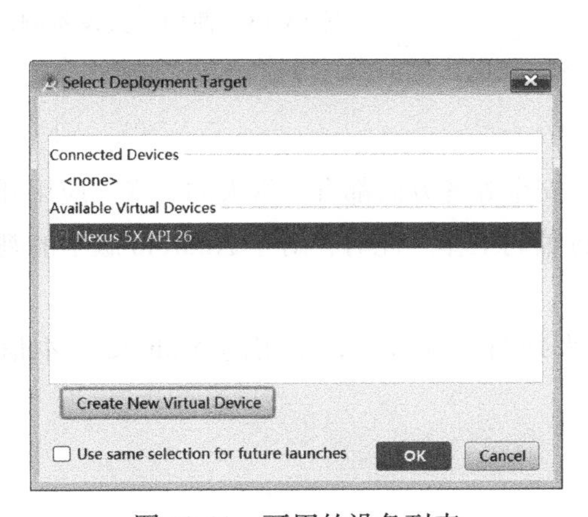

图 13-11　可用的设备列表

图 13-12　在虚拟设备中测试

和许多经典的示例一样，这里也是一个 Hello World 程序，这表示第一个 Android 应用已经成功运行。

需要说明的是，Android Emulator 需要使用硬件的虚拟技术（Virtual Technology）。如果在 BIOS 中没有打开，启动 Android Emulator 时会有提示，此时，需要重启计算机进入 BIOS 设置，并打开虚拟技术的选项。

当然，如果计算机不支持虚拟技术或者不能正常使用 Android Emulator，使用真实的 Android 设备来测试也是非常方便的。

13.2.2 使用真实设备测试

虽然使用 Android 模拟器比较方便，但对于一些特定的功能，在模拟器中是无法完成的，例如传感器的使用。此时，对于特殊功能或兼容性等方面的测试工作，通常还需要在真实的 Android 设备中完成。

在使用 Android 设备进行测试时，首先需要打开设备中的开发者模式。以华为手机为例，通过打开“设置”→“关于手机”，在版本号中连续单击几次，直到提示开启了开发者模式为止。然后，在“设置”列表中，可以看到“开发者选项”，打开它，确认其中的“开发者选项”和“USB 调试”项目都已经打开。

接下来，使用 USB 数据线将手机连接到计算机。此时，如果计算机不能正确识别设备，不用着急，可借助一些工具来帮助安装设备驱动，如 360 手机助手、豌豆荚等。

正确安装手机驱动后中，在 Android Studio 环境中单击工具栏中的执行按钮，可以看到设备已经显示到 Connected Devices（已连接设备）列表中，如图 13-13 所示。

选择测试设备，并单击 OK 按钮，应用就会安装到设备中，这样，就可以在真实的 Android 设备中测试应用了。

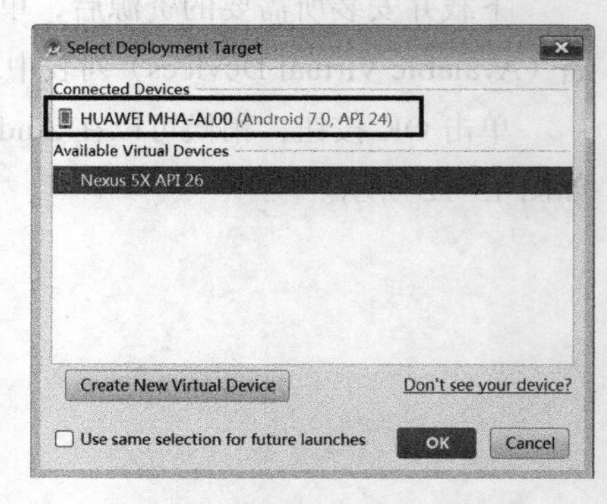

图 13-13 使用真实设备测试

13.2.3 判断 Android 版本

随着 Android 版本的不断更新，其功能、安全等各方面都有非常大的改变。应用开发过程中，可能需要针对不同的 Android 版本进行编码工作。此时，对于 Android 版本的判断就是一项非常重要的工作。

开发中，可以通过 Android API 的版本来判断系统版本，常用的 Android 版本信息如表 13-1 所示。

表 13-1 Android 版本信息

Android 版本	API 版本	版 本 名 称	版 本 代 码
2.2	8	Froyo	FROYO
2.3	10	Gingerbread	GINGERBREAD
4.0	15	IceCreamSandwich	ICE_CREAM_SANDWICH
4.1 4.2 4.3	16 17 18	Jelly Bean	JELLY_BEAN JELLY_BEAN_MR1 JELLY_BEAN_MR2
4.4	19	KitKat	KITKAT
5.0 5.1	21 22	Lollipop	LOLLIPOP LOLLIPOP_MR1
6.0	23	Marshmallow	M
7.0 7.1	24 25	Nougat	N N_MR1
8.0	26	Oreo	O

开发中，可以通过 Build.VERSION.SDK_INT 值获取当前系统的 API 版本号。一系列 API 版本的值定义在 Build.VERSION_CODES 中，在下面的代码中，其功能是判断当前系统是否低于 Android 6.0。

```
if (Build.VERSION.SDK_INT < Build.VERSION_CODES.M) {
    // Android 6.0 以前的版本
} else {
    // Android 6.0 及更新的版本
}
```

实际使用中，也可以直接使用 API 版本的数值来判断系统版本，如下所示。

```
if (Build.VERSION.SDK_INT <23) {
    // Android 6.0 以前的版本
} else {
    // Android 6.0 及更新的版本
}
```

接下来，修改 FirstDemo 项目中的代码，在显示 Hello World 的地方显示当前系统的 API 版本号。

首先，在项目中打开 app\res\layout\main_layout.xml 文件，在 TextView 组件的定义中添加一个 android:id 属性，如下面的代码所示。

```
<?xml version="1.0" encoding="utf-8"?>
<android.support.constraint.ConstraintLayout xmlns:android="http://schemas.
        android.com/apk/res/android"
    xmlns:app="http://schemas.android.com/apk/res-auto"
    xmlns:tools="http://schemas.android.com/tools"
    android:layout_width="match_parent"
    android:layout_height="match_parent"
    tools:context="com.example.firstdemo.MainActivity">
```

```
<TextView android:id="@+id/txt1"
        android:layout_width="wrap_content"
        android:layout_height="wrap_content"
        android:text="Hello World!"
        app:layout_constraintBottom_toBottomOf="parent"
        app:layout_constraintLeft_toLeftOf="parent"
        app:layout_constraintRight_toRightOf="parent"
        app:layout_constraintTop_toTopOf="parent" />

</android.support.constraint.ConstraintLayout>
```

这里，定义TextView组件的ID为txt1。请注意其定义格式，@+id的含义是指定并添加ID值。下面在MainActivity.java文件中修改TextView组件中显示的内容，如下面的代码所示。

```
package com.example.firstdemo;

import android.os.Build;
import android.support.v7.app.AppCompatActivity;
import android.os.Bundle;
import android.widget.TextView;

public class MainActivity extends AppCompatActivity {

    @Override
    protected void onCreate(Bundle savedInstanceState) {
        super.onCreate(savedInstanceState);
        setContentView(R.layout.main_layout);
        //
        String ver = String.valueOf(Build.VERSION.SDK_INT);
        TextView txt1 = (TextView)findViewById(R.id.txt1);
        txt1.setText("当前API版本 : " + ver);
    }
}
```

示例中的后三个语句就是需要添加的内容。首先，将当前API版本号转换为字符串类型，并保存到ver对象中。然后，使用findViewById()方法根据ID找到视图对象（View类型），并强制转换为TextView类型的对象，这样，就可以使用txt1对象操作TextView组件了。最后，使用TextView组件的setText()方法修改显示的内容。图13-14中就是在模拟器中显示的结果（26表示Android 8.0）。

图13-14　显示版本号

13.3　再看 Android Studio 开发环境

前面已经将 Android 应用开发和测试的基本流程操作了一遍，包括修改 TextView 组件的显示内容，以及在 Android 模拟器和真实的 Android 设备中进行测试。接下来再多了解一些 Android Studio 开发环境的应用。

13.3.1　项目资源的组织

打开 Android Studio 开发环境，在左侧的 Project 区域中，可以看到项目的组织结构，默认情况下使用 Android 模式显示，如图 13-15 所示。

在 Android 模式下，项目资源会按照特定的分组进行组织，而且会隐藏一些不常用的资源，如图 13-16 所示。应用的图标时会按文件名称进行组织，而不是按文件类型。

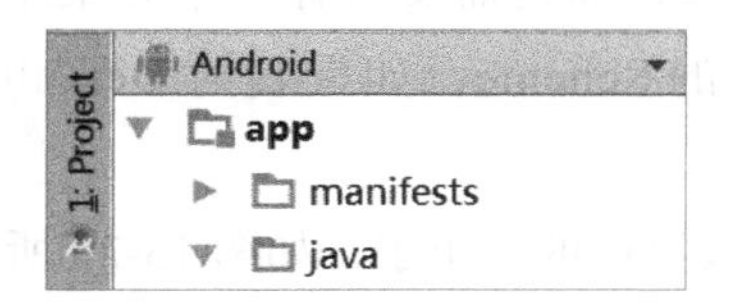

图 13-15　以 Android 模式显示项目资源

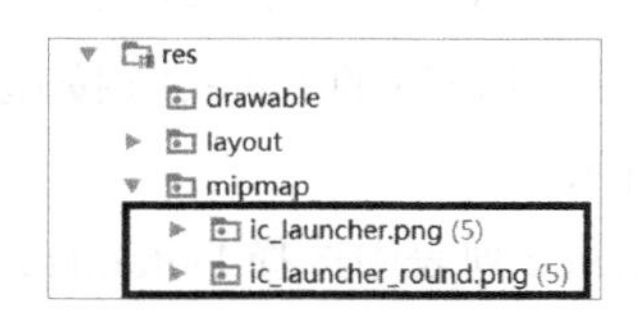

图 13-16　Android 模式下的应用图标文件

那么，项目文件实际上是按什么方式组织的呢？下面选择资源的显示模式为 Project，如图 13-17 所示。

在 Project 模式下，资源是按文件系统真实的路径进行组织的，再看一下应用图标文件的组织形式，如图 13-18 所示。

图 13-17　以 Project 模式显示项目资源

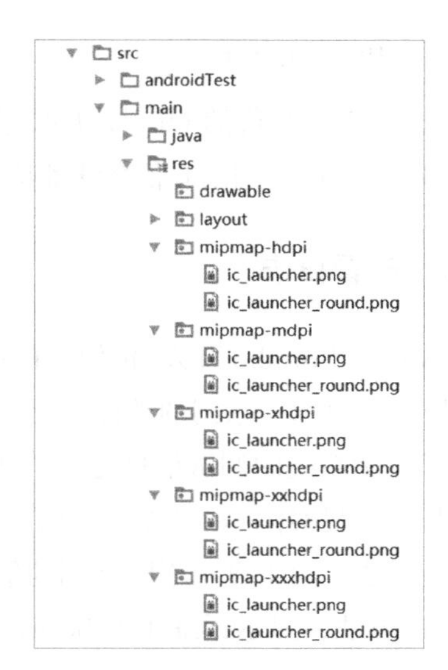

图 13-18　Project 模式下的应用图标文件

可以看到，这些图标文件按不同的 DPI 分别放在特定的 mipmap 目录中。关于资源的更多组织方式，第 27 章会有详细讨论。

那么，在工作中应该使用 Android 模式还是 Project 模式查看资源呢？笔者的习惯是，大多数情况下使用 Android 模式，因为这样显示的内容比较少，可以有效减少视觉噪音。在一些特殊的情况下，会切换到 Project 模式，因为在 Android 模式下有些内容是不显示的，如存放 .jar 资源的 libs 目录。

接下来，在需要特定模式时会给出说明，并不需要过于担心这个问题。

13.3.2 代码字体设置

前面使用 Android Studio 开发环境创建并测试了 Android 应用。只是在这一过程中，有没有觉得代码的字体有点小呢？

下面就修改 Android Studio 开发环境中代码的字体。通过 Android Studio 的菜单项“File”→“Settings”，打开“Editor”→“Colors & Fonts”→“Font”页。

这里，并不能直接修改默认方案（Scheme）的参数，而是需要另存一个方案来使用。单击 Scheme 列表后的 Save As 按钮，另存为一个新的 Scheme，如设置为 Default1，如图 13-19 所示。

在 Scheme 列表中选择 Default1，然后，就可以修改字体的大小了，如图 13-20 所示。

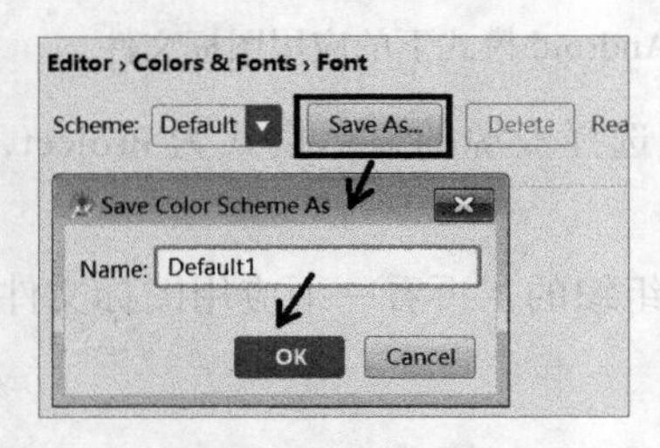

图 13-19 保存 Scheme

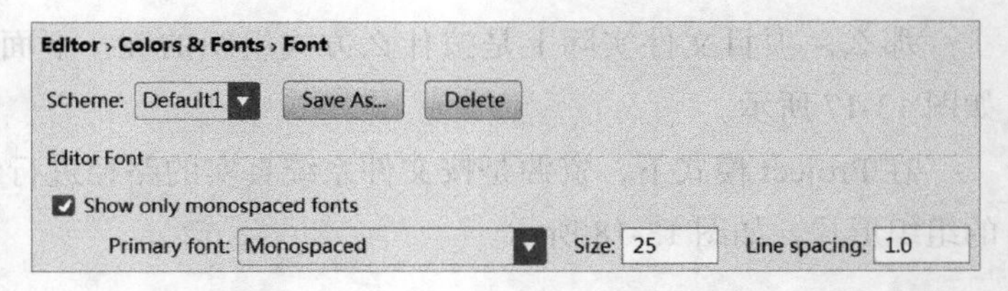

图 13-20 修改 Scheme 字体大小

单击窗口右下角的 OK 按钮保存设置并退出。现在，Android Studio 中的代码看起来舒服多了。可以根据屏幕等设备特点，以及自己的使用习惯来调整字体和大小等参数。

13.3.3 查看日志

在 Android Studio 开发环境的下方，可以通过“Android Monitor”打开应用执行监视器，这里可以显示一系列的编译和运行信息，当然，也包括错误和其他调试信息。

除了显示系统的调试信息之外，还可以在开发过程中显示自定义信息，通过这些信息可以帮助开发者观察代码的执行。当需要显示日志信息时，可以使用 android.util.Log 类，它定义了一些方法，用于显示不同级别的信息，如：

- v() 方法，显示详细（Verbose）信息。
- d() 方法，显示调试（Debug）信息。
- i() 方法，显示一般信息（Info, Infomation）。
- w() 方法，显示警告（Warn, Warning）信息。

❑ e() 方法，显示错误（Error）信息。

下面，打开 FirstDemo 项目中的 MainActivity.java 文件，在其中的 onCreate() 方法添加一行代码。其功能是在 Android Monitor 中显示当前系统的 API 版本号，如下面的代码所示。

```
@Override
protected void onCreate(Bundle savedInstanceState) {
    super.onCreate(savedInstanceState);
    setContentView(R.layout.main_layout);
    //
    String ver = String.valueOf(Build.VERSION.SDK_INT);
    TextView txt1 = (TextView)findViewById(R.id.txt1);
    txt1.setText("当前 API 版本 : " + ver);
    //
Log.d("当前 API 版本", ver);
}
```

再次在模拟器中执行应用，可以在 Android Monitor 中看到自定义的调试信息，如图 13-21 所示。

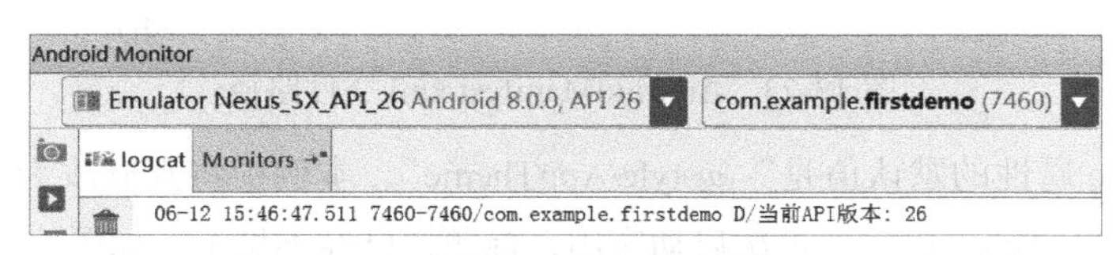

图 13-21　显示自定义的调试信息

在 Android Monitor 中，可以看到众多的日志信息。实际工作中，如果需要更快捷地查询日志信息，还可以通过分类或关键字进行过滤和查询，如图 13-22 所示。

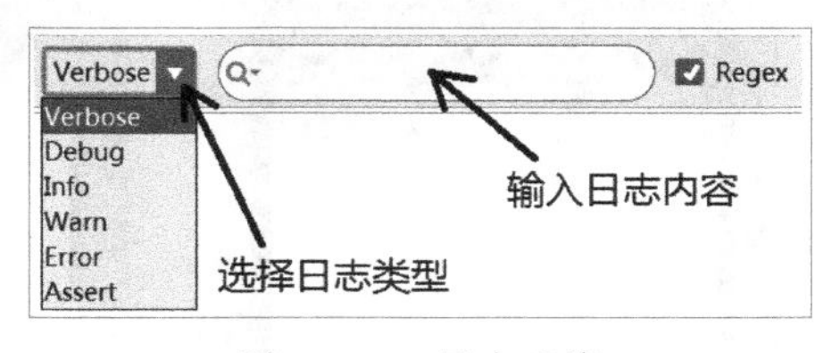

图 13-22　日志查询

第 2 章提到过，如果不想安装 NetBeans 开发环境，可以使用 Android Studio 来测试 Java 代码，在这里，通过日志显示运行结果就是一个不错的选择。

13.4　第一次修改应用配置（隐藏标题栏）

本节讨论 Android 应用中非常重要的一个文件，即 AndroidManifest.xml 文件，它是 Android 应用的主配置文件。Android 模式下，它位于 app\manifests 目录中，如图 13-23(a) 所示；Project 模式下，它位于 app\src\main 目录，如图 13-23(b) 所示。

接下来，通过 AndroidManifest.xml 文件来修改应用的配置参数。

前面的示例中，应用中都会显示一个标题栏，如图 13-24(a) 所示。在该示例中，打开 AndroidManifest.xml 文件，修改 <application> 节点的 android:theme 属性，如下面的代码所示。

```
<application
android:allowBackup="true"
android:icon="@mipmap/ic_launcher"
android:label="@string/app_name"
android:roundIcon="@mipmap/ic_launcher_round"
android:supportsRtl="true"
android:theme="@style/Theme.AppCompat.Light.NoActionBar">
<!-- 其他代码 -->
</application>
```

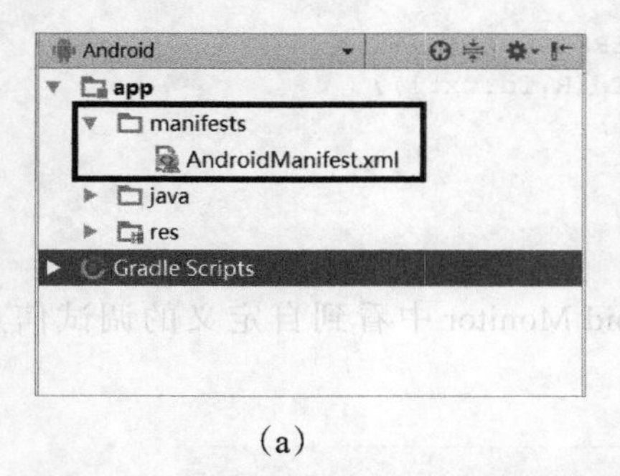

(a)

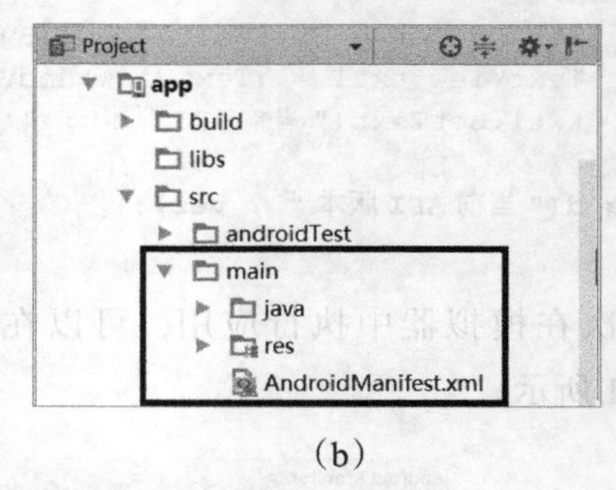

(b)

图 13-23　AndroidManifest.xml 文件路径

android:theme 属性的默认值是”@style/AppTheme”，本例中将其修改为“@style/Theme.AppCompat.Light.NoActionBar”，再次启动应用，标题栏已经不见了，如图 13-24(b) 所示。

如果喜欢暗黑风格，还可以使用”@style/Theme.AppCompat.NoActionBar”属性，其效果如图 13-24(c) 所示。

(a)

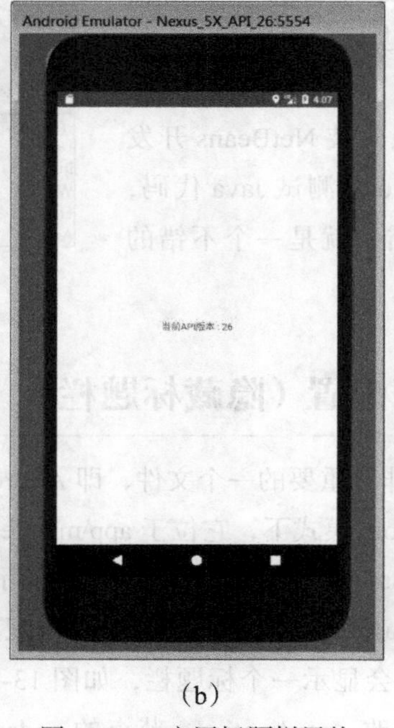

(b)

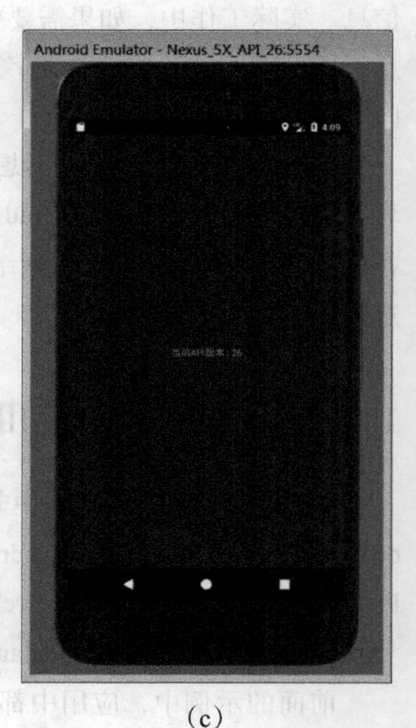

(c)

图 13-24　应用标题栏风格

13.5　Android 应用的基本要素

Android 应用开发中，有一些基本的要素，这里先来了解一下。

首先是 Activity（活动），它是 Android 应用的主要组件。在 Activity 中，可以通过布局（layout）和 UI 组件创建用户界面，并通过编写代码完成各种操作。下一章就会学习 Activity 的具体应用。

Service（服务）负责后台工作，第 17 章将讨论具体的应用。

Broadcase（广播）是应用之间或应用与系统之间进行通信的一座桥梁。通过广播接收器（Broadcase Receiver）接收应用或系统发出的广播，例如，可以接收设备网络状态改变的广播，合理地处理网络相关的应用。第 18 章将讨论广播的相关内容。

Content（内容）是应用之间进行数据交换的一种方式，可以使用内容提供器（Content Provider）为其他应用提供数据操作接口。一方面可实现应用之间的信息共享，另一方面，通过内容操作接口，还可以有效地保护应用中的敏感数据。此外，使用内容解析器（Content Resolver）可以操作外部应用资源，例如，读取或保存图库中的图片文件等。第 26 章将讨论应用间内容共享的相关内容。

第 14 章 Activity

Android 应用开发中，Activity（活动）是最基本且最重要的组件之一，本章将了解 Activity 的相关内容，主要包括：

- ❑ 基本应用
- ❑ 运行周期
- ❑ 启动与关闭 Activity
- ❑ 数据传递
- ❑ Intent 的更多应用

14.1 基本应用

前一章使用了 Android Studio 自动创建的 Activity，其中包括 MainActivity 类（也就是 MainActivity.java 文件）和 main_layout.xml 布局文件，这也是 Activity 的基本应用方式。

实际上，Android 应用是按照 MVC 模式进行开发的，三个要素分别如下。

- ❑ M（Model，模型），表示程序中的数据操作模型，例如，若在应用中创建一个 CUser 类来操作用户数据，则 CUser 类就属于应用中的一个业务模型。
- ❑ V（View，视图），如前面使用的 main_layout.xml 布局文件就可以看作一个用户界面，即视图的设计组件。
- ❑ C（Controler，控制器），用于响应用户操作的部分，如前面使用的 MainActivity 类，其中包含了一个按钮（Button）和一个文本视图（TextView），用户通过单击按钮进行操作，并通过文本视图显示了操作的结果，这就是控制器的基本功能。此外，在控制器中还可以调用模型组件进行操作。例如，用户登录功能中，就有可能需要在登录活动中调用 CUser 类。

接下来，创建一个新的应用项目，命名为 ActivityDemo，并创建默认的 MainActivity，布局文件同样命名为 main_layout.xml。

下面，在应用中添加第二个 Activity，并命名为 Scene1Activity，布局文件命名为 scene1_layout.xml。在 Android 模式下，通过 app\java\com.example.activitydemo 项的右键菜单 New → Activity → Empty Activity 项，打开一个创建 Activity 的窗口，如图 14-1 所示。

其中，需要设置的信息包括以下几个。

- ❑ Activity Name，Activity 的名称，这里设置为 Scene1Activity。
- ❑ 选中 Generate layout File 项目，会自动创建布局文件。

- Layout Name，布局文件的名称，这里设置为 scene1_layout，会自动创建 scene1_layout.xml 文件。
- 不勾选 Launcher Activity 复选框，即不设置为启动 Activity。

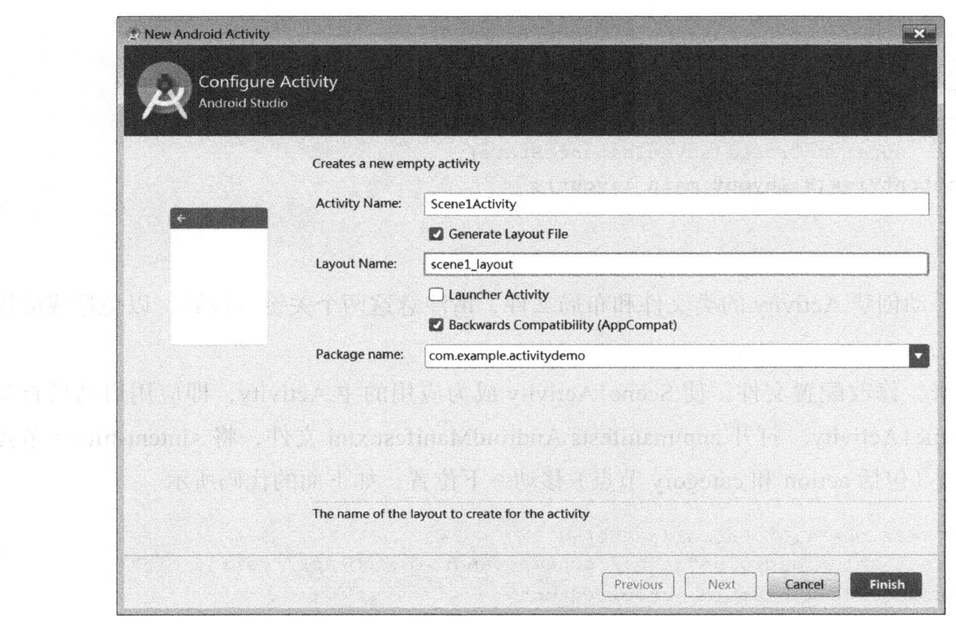

图 14-1 创建新的 Activity

最后，单击 Finish 按钮完成活动的创建。然后，在项目导航中，可以看到新添加的两个文件，即 app\java\com.example.activitydemo 目录中的 Scene1Activity.java 和 app\res\layout 目录中的 scene1_layout.xml 文件，如图 14-2 所示。

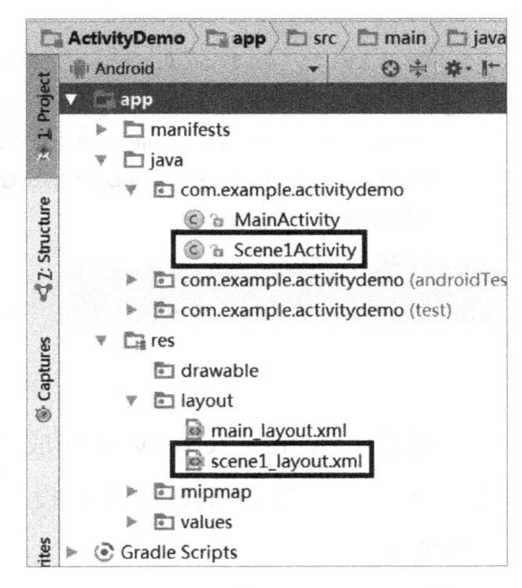

图 14-2 新建 Activity 的文件

在创建新的 Activity 时，Android Studio 已经自动完成了非常重要的两件事。第一件是在 AndroidManifest.xml 文件中对 Scene1Activity 进行了注册，如下面的代码（app\manifests\AndroidManifest.xml 文件）所示。

```
<?xml version="1.0" encoding="utf-8"?>
<manifest xmlns:android="http://schemas.
    android.com/apk/res/android"
    package="com.example.activitydemo">
<application
<!-- 其他代码 -->
<activity android:name=".Scene1Activity">
    </activity>
</application>
</manifest>
```

第二件是在 Scene1Activity 类的 onCreate() 方法中添加了布局文件的引用，即使用 setContentView() 方法设置了 Activity 的布局文件，如下面的代码（app\src\java\com.example.activitydemo\Scene1Activity.java 文件）所示。

```
public class MainActivity extends AppCompatActivity {

    @Override
    protected void onCreate(Bundle savedInstanceState) {
        super.onCreate(savedInstanceState);
setContentView(R.layout.main_layout);
    }
}
```

如果手动创建 Activity 的类文件和布局文件，请注意这两个关键的设置，以免造成应用的崩溃。

接下来，修改配置文件，使 Scene1Activity 成为应用的主 Activity，即应用启动后首先显示为 Scene1Activity。打开 app\manifests\AndroidManifest.xml 文件，将 <intent-filter> 节点的相关配置（包括 action 和 category 节点）移动一下位置，如下面的代码所示。

```
<?xml version="1.0" encoding="utf-8"?>
<manifest xmlns:android="http://schemas.android.com/apk/res/android"
    package="com.example.activitydemo">

<application
<!-- 其他代码 -->
<activity android:name=".Scene1Activity">
<intent-filter>
<action android:name="android.intent.action.MAIN" />
<category android:name="android.intent.category.LAUNCHER" />
</intent-filter>
</activity>
</application>

</manifest>
```

这样，Scene1Activity 就变成应用的主 Activity。接下来，可以在 scene1_layout.xml 文件中添加一个 TextView 组件并设置一些信息，以验证是否达到了所需要的效果，如下面的代码所示。

```
<?xml version="1.0" encoding="utf-8"?>
<LinearLayout xmlns:android="http://schemas.android.com/apk/res/android"
    android:orientation="vertical" android:layout_width="match_parent"
    android:layout_height="match_parent">

<TextView android:id="@+id/txt1"
        android:layout_width="match_parent"
```

```
        android:layout_height="wrap_content"
        android:text="Scene1"/>

</LinearLayout>
```

在模拟器中运行的结果如图 14-3 所示。

图 14-3　设置启动 Activity

前面的内容中，通过修改 AndroidManifest.xml 文件配置，隐藏了应用的标题栏，如果只需要隐藏当前 Activity 的标题栏，可以在 onCreate() 方法中添加如下代码。

```
ActionBar actionBar = getSupportActionBar();
if(actionBar != null) actionBar.hide();
```

代码中，首先使用 getSupportActionBar() 方法获取标题栏的 ActionBar 对象。然后，调用 hide() 方法隐藏标题栏。

下一章会介绍一些生成用户界面的常用组件，以创建各种功能的应用界面。

14.2　运行周期

通过前面的示例，可以看到，Activity 的初始化工作会在一个重写（Override）的 onCreate() 方法中完成，此方法正是 Activity 运行周期的第一站。在 Activity 中，不同的运行阶段都会特定的响应方法，下面分别了解一下。

- onCreate() 方法，Activity 初次创建时调用的方法，在这里可以进行一些初始化操作，如设置布局、初始化组件等。
- onStart() 方法，Activity 从后台转到前后工作时调用。
- onResume() 方法，Activity 准备使用时调用，在这里可以恢复一些所需要的数据。
- onPause() 方法，Activity 准备转到后台时调用，例如，用户按了 Home 键或打开了其他的应用（如查看新来的短信、微信信息等情况）。
- onStop() 方法，Activity 由前台转到后台时调用。
- onRestart() 方法，Activity 由后台准备重新转到前台时调用，调用此方法后，会调用 onStart() 方法。
- onDestroy() 方法，Activity 被释放前调用，这里可以对 Activity 中引用的资源进行释放。

能够完全搞清楚 Activity 的运行周期并合理地应用并不是一件容易的事。应该在后面的学习和实践中多思考，在实际操作中逐渐熟悉 Activity 的运行周期，并能够正确处理。

14.3 Activity 的启动与关闭

本章创建的 ActivityDemo 应用中，已经包含了两个 Activity。下面，再创建一个 Activity，并命名为 Scene2Activity。Activity 的布局采用 LinearLayout 方式，布局文件命名为 scene2_layout.xml，如图 14-4 所示。

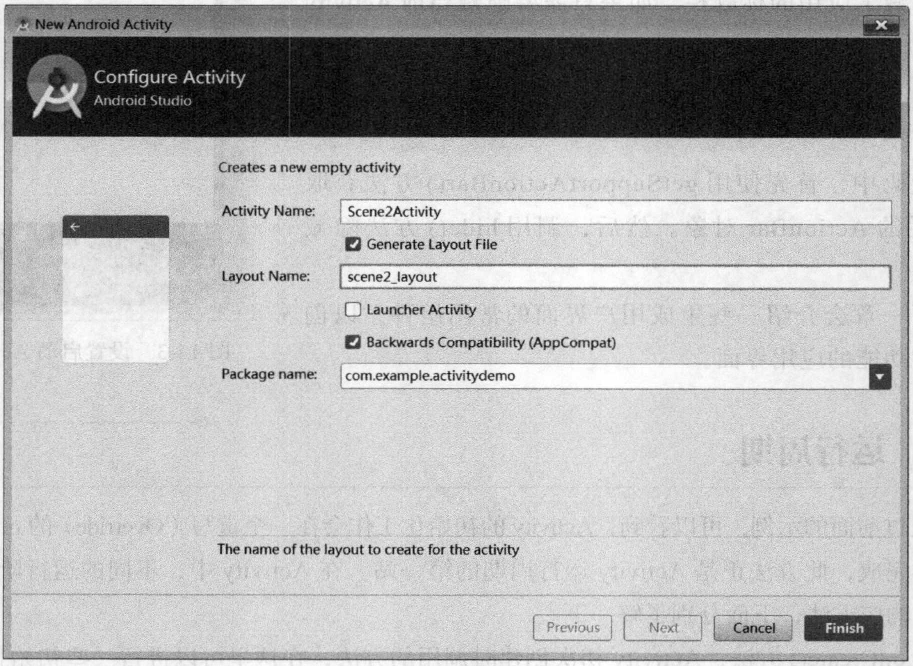

图 14-4　新建 Activity

14.3.1　启动 Activity

接下来，要解决的问题是如何从 Scene1Activity 中打开 Scene2Activity。在 scene1_layout.xml 文件中，再添加一个 Button 组件，并命名为 btn1，如下面的代码（app\res\layout\scene1_layout.xml 文件）所示。

```
<?xml version="1.0" encoding="utf-8"?>
<LinearLayout xmlns:android="http://schemas.android.com/apk/res/android"
    android:orientation="vertical" android:layout_width="match_parent"
    android:layout_height="match_parent">

<TextView android:id="@+id/txt1"
        android:layout_width="match_parent"
        android:layout_height="wrap_content"
        android:text="Scene1"/>
```

```
<Button android:id="@+id/btn1"
        android:layout_width="match_parent"
        android:layout_height="wrap_content"
        android:text="Button1"/>

</LinearLayout>
```

接下来，在 app\java\com.example.activitydemo\Scene1Activity.java 文件中，对 onCreate() 方法做如下修改。

```
package com.example.activitydemo;

import android.content.Intent;
import android.support.v7.app.AppCompatActivity;
import android.os.Bundle;
import android.view.View;
import android.widget.Button;

public class Scene1Activity extends AppCompatActivity {

    @Override
    protected void onCreate(Bundle savedInstanceState) {
        super.onCreate(savedInstanceState);
        setContentView(R.layout.scene1_layout);
        // 单击 btn1 切换到 Scene2Activity
        Button btn1 = (Button)findViewById(R.id.btn1);
        // 添加单击事件
        btn1.setOnClickListener(new View.OnClickListener() {
            @Override
            public void onClick(View v) {
                Intent intent = new Intent(Scene1Activity.this, Scene2Activity.class);
                startActivity(intent);
            }
        });
    }
}
```

在 Scene1Activity 的 onCreate() 方法中，除了调用超类的 onCreate() 方法和设置布局文件这些基本设置以外，接下来的代码就是设置 btn1 按钮的单击操作。

首先，使用 findViewById() 方法根据 ID 来查找布局中的组件。在这里，使用 R.id.btn1 找到 scene1_layout.xml 布局文件中定义的 btn1 按钮。注意，使用强制转换将找到的对象转换为 Button 类型。

接下来，使用 Button 对象的 setOnClickListener() 方法设置按钮的单击（click）响应对象，其参数是一个 View.OnClickListener 类型，其中需要实现 onClick() 方法。如果需要将响应对象独立出来，上述代码可以修改为如下内容。

```
package com.example.activitydemo;
```

```
import android.content.Intent;
import android.support.v7.app.AppCompatActivity;
import android.os.Bundle;
import android.view.View;
import android.widget.Button;

public class Scene1Activity extends AppCompatActivity {

    @Override
    protected void onCreate(Bundle savedInstanceState) {
        super.onCreate(savedInstanceState);
        setContentView(R.layout.scene1_layout);
        // 单击 btn1 切换到 Scene2Activity
        Button btn1 = (Button)findViewById(R.id.btn1);
        // 添加单击事件
        View.OnClickListener onClickListener = new View.OnClickListener()
        {
            @Override
            public void onClick(View v) {
                Intent intent = new Intent(Scene1Activity.this, Scene2Activity.class);
                startActivity(intent);
            }
        };
        //
        btn1.setOnClickListener(onClickListener);
    }
}
```

在 btn1 的单击响应代码中使用了 Intent 类，这里使用的构造函数包括两个参数。其中，第一个参数设置操作起始对象的上下文（Context），这里使用 Scene1Activity.this 获取当前 Activity 的 Context 对象；第二个参数设置操作的目标类型，使用 Scene2Activity.class 获取。

为验证操作的有效性，可以在 scene2_layout.xml 中添加一个 TextView，如下面的代码（app\res\scene2_layout.xml 文件）所示。

```
<?xml version="1.0" encoding="utf-8"?>
<LinearLayout xmlns:android="http://schemas.android.com/apk/res/android"
    android:orientation="vertical" android:layout_width="match_parent"
    android:layout_height="match_parent">

<TextView android:id="@+id/txt2"
        android:layout_width="match_parent"
        android:layout_height="wrap_content"
        android:text="Scene2" />

</LinearLayout>
```

在模拟器中执行应用，首先会显示 Scene1Activity，单击 Button1 按钮后，会切换到 Scene2Activity，如图 14-5 所示。

在显示的 Scene2Activity 中单击返回键时，会返回 Scene1Activity。此外，当用户单击返回键时，还会触发 Activity 的 onBackPressed() 方法，如果有需要处理的工作，可以在此方法中添加相应的代码。

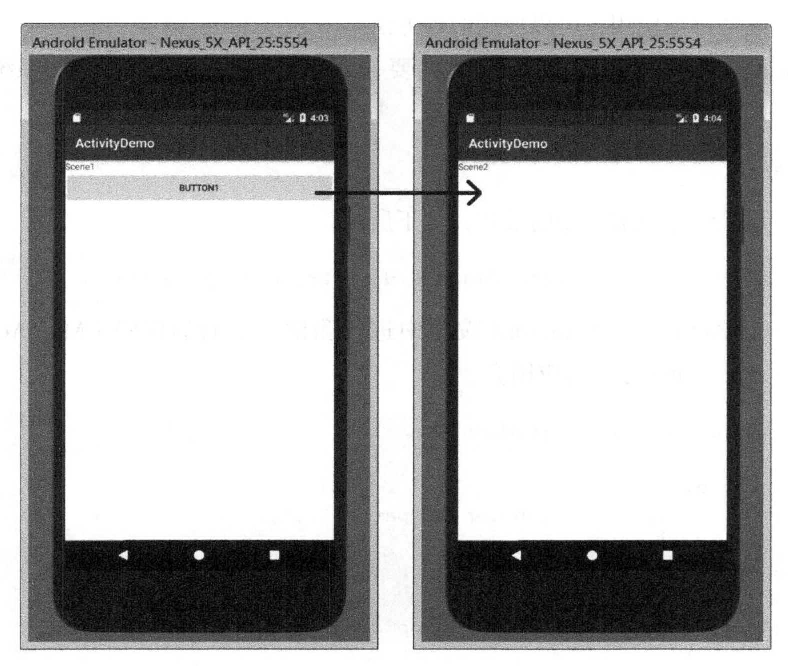

图 14-5　使用 Intent 切换 Activity

14.3.2　Activity 返回栈

项目中，如果打开了多个 Activity，会形成一个关于 Activity 的返回栈。

栈的特点就是“后进先出”，在显示一个 Activity 时，它就会置于返回栈的顶部。单击返回键时，栈顶的 Activity 就会移出，下一个 Activity 会移动到栈顶并成为当前显示的 Activity。如果在返回栈的最后一个 Activity 中单击返回键，则返回系统界面，如图 14-6 所示。

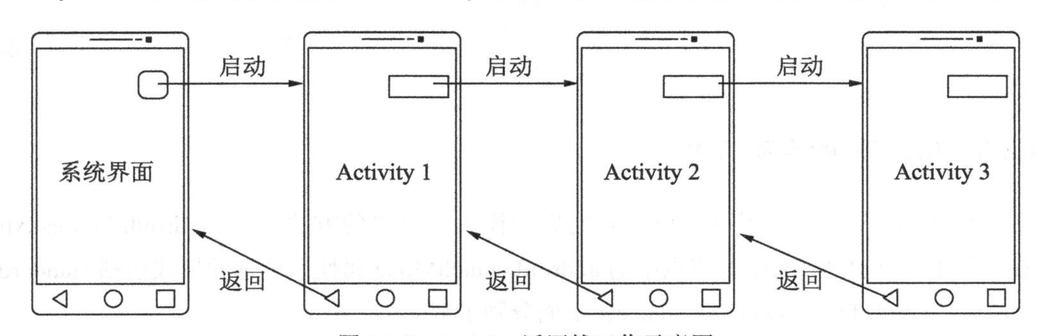

图 14-6　Activity 返回栈工作示意图

设计一个应用时，要合理地组织 Activity，明确它们的操作方向，随手画一画流程图是一个不错的选择。只有设计清晰，应用的运行才是高效和可控的。

除了使用设备的返回键之外，还可以使用 Activity 对象的 finish() 方法。此方法是将当前 Activity 从返回栈顶部删除，系统会根据系统资源的应用情况确定 Activity 是否从内存中移除。

此外，要完全退出应用，可以使用两种方法。

第一种是调用 System.exit() 方法，方法需要一个整型参数，作为应用返回系统的编码，如下所示。

```
System.exit(0);
```

第二个方法是终止当前应用的进程，如下所示。

```
android.os.Process.killProcess(android.os.Process.myPid());
```

可以在 MainActivity 中的 button1 按钮中进行测试，下面的代码（MainActivity.java 文件）测试了 System.exit() 方法的应用。

```
package com.example.activitydemo;

import android.os.Bundle;
import android.support.v7.app.AppCompatActivity;
import android.view.View;
import android.widget.Button;

public class MainActivity extends AppCompatActivity {

    @Override
    protected void onCreate(Bundle savedInstanceState) {
        super.onCreate(savedInstanceState);
        setContentView(R.layout.main_layout);
        //
        Button button1 = (Button)findViewById(R.id.button1);
        button1.setOnClickListener(new View.OnClickListener() {
            @Override
            public void onClick(View v) {
                System.exit(0);
            }
        });
    }
}
```

14.3.3 Activity 的启动模式

在使用 Activity 时，还可以设置它的启动模式，设置的方法是在 AndroidManifest.xml 配置文件中，修改 Activity 的节点中的 android.launchMode 属性。可选的模式包括 standard、singleTop、singleTask 和 singleInstance，下面分别了解一下。

standard（标准）模式是默认的启动模式。此模式下，每次调用 Activity 都会创建一个新的实例。

接下来，继续在 MainActivity 中进行测试，在 button1 按钮中，设置响应代码为打开一个新的 MainActivity。请注意，会在 TextView 组件中显示当前时间（毫秒值），如下面的代码所示。

```
package com.example.activitydemo;

import android.content.Intent;
import android.os.Bundle;
import android.support.v7.app.AppCompatActivity;
import android.view.View;
import android.widget.Button;
import android.widget.TextView;

public class MainActivity extends AppCompatActivity {

    @Override
    protected void onCreate(Bundle savedInstanceState) {
        super.onCreate(savedInstanceState);
        setContentView(R.layout.main_layout);
        //
        TextView tv = (TextView)findViewById(R.id.textview);
        tv.setText(String.valueOf(System.currentTimeMillis()));
        //
        Button button1 = (Button)findViewById(R.id.button1);
        button1.setOnClickListener(new View.OnClickListener() {
            @Override
            public void onClick(View v) {
                Intent intent =
                        new Intent(MainActivity.this, MainActivity.class);
                startActivity(intent);
            }
        });
    }
}
```

执行应用，每次单击 button1 按钮时，都会产生一个新的 MainActivity 类的实例，其中的时间在变化，说明每次都调用了 onCreate() 方法。

下面，将 MainActivity 的启用模式修改为 singleTop。此模式下，如果 Activity 在栈顶，即为当前界面时，就不会创建新的实例，如下面的代码（AndroidManifest.xml 文件）所示。

```
<?xml version="1.0" encoding="utf-8"?>
<manifest xmlns:android="http://schemas.android.com/apk/res/android"
    package="com.example.activitydemo">

<application
        android:allowBackup="true"
        android:icon="@mipmap/ic_launcher"
        android:label="@string/app_name"
        android:roundIcon="@mipmap/ic_launcher_round"
        android:supportsRtl="true"
        android:theme="@style/AppTheme">

<activity android:name=".MainActivity"
android:launchMode="singleTop">
<intent-filter>
<action android:name="android.intent.action.MAIN" />
```

```
<category android:name="android.intent.category.LAUNCHER" />
</intent-filter>
</activity>
<!-- 其他代码 -->
</application>
</manifest>
```

再次执行程序，每次单击 button1 按钮时，可以看到时间值并没有发生变化，这是因为 MainActivity 的当前实例位于返回栈的顶部，即为当前界面。如果从另外的 Activity 中返回 MainActivity，时间值就会改变。

Activity 的第三种启动模式是 singleTask。这种模式可以保证一个 Activity 在应用中只有一个实例。

Activity 的第四种启动模式是 singleInstance。此模式下，Activity 实例会有一个独立的返回栈。也就是说，Activity 实例是独立运行的，一般用于需要在应用之间共享的 Activity 实例。

实际开发中，Activity 使用哪一个种启动模式，需要根据应用的特点和实际的功能进行选择。在掌握基本的应用方法后，可以更深入了解 Activity 的工作模式，以提高应用运行的效率和稳定性。

14.4 数据传递

Android 应用中，经常会在多个 Activity 之间进行数据的传递。本节将讨论相关的操作方法。

14.4.1 使用 Intent

前面的示例中，使用 Intent 类从 Scene1Activity 切换到了 Scene2Activity。实际应用中，这一过程中可能还需要传递一些数据。下面，在 Scene1Activity 中添加一些代码，其功能是将一个文本信息传递到 Scene2Activity 中，如下面的代码（Scene1Activity.java 文件）所示。

```
package com.example.activitydemo;

import android.content.Intent;
import android.support.v7.app.AppCompatActivity;
import android.os.Bundle;
import android.view.View;
import android.widget.Button;

public class Scene1Activity extends AppCompatActivity {

    @Override
    protected void onCreate(Bundle savedInstanceState) {
        super.onCreate(savedInstanceState);
        setContentView(R.layout.scene1_layout);
        // 单击 btn1 切换到 Scene2Activity
```

```
        Button btn1 = (Button)findViewById(R.id.btn1);
        // 添加单击事件
        btn1.setOnClickListener(new View.OnClickListener()
        {
            @Override
            public void onClick(View v) {
                Intent intent = new Intent(Scene1Activity.this, Scene2Activity.class);
                //添加数据
    intent.putExtra("hello","来自 Scene1Activity 的问候 :)");
                //
                startActivity(intent);
            }
        });
    }
}
```

这里，只添加了一行代码，调用了 Intent 对象的 putExtra() 方法，其功能是在 Intent 对象中添加一条数据。其中，第一个参数指定数据名称，也称为数据的键（Key）；第二个参数则是真正的数据，也称为数据的值（Value）。这里添加了一个名为 hello 的信息。

实际应用中，Intent 类中的 putExtra() 方法包含了多个重载版本，用于设置不同类型的数据。

接下来，修改 app\java\com.example.activitydemo\Scene2Activity.java 文件，其功能是在 Scene2Activity 的 txt2 组件中显示来自 Scene1Activity 的信息，如下面的代码所示。

```
package com.example.activitydemo;

import android.content.Intent;
import android.support.v7.app.AppCompatActivity;
import android.os.Bundle;
import android.widget.TextView;

public class Scene2Activity extends AppCompatActivity {

    @Override
    protected void onCreate(Bundle savedInstanceState) {
        super.onCreate(savedInstanceState);
        setContentView(R.layout.scene2_layout);
        //
        TextView txt = (TextView)findViewById(R.id.txt2);
        Intent intent = getIntent();
        String s = intent.getStringExtra("hello");
        txt.setText(s);
    }
}
```

在 onCreate() 方法中，使用 findViewById() 方法获取 txt2 组件对象，并强制转换为 TextView 类型的对象。

然后，使用 getIntent() 方法获取 Activity 中传入的 Intent 对象。

接下来，使用 Intent 对象的 getStringExtra() 方法获取文本信息，其参数为数据的名称，即数据的键（Key）。

最后，使用 TextView 对象中的 setText() 方法重新设置了组件显示的内容。

在模拟器中执行应用，当单击 Scene1Activity 中的 Button1 按钮时，会切换到 Scene2 Activity 活动中。此时，在 txt2 中显示了传递的文本信息，如图 14-7 所示。

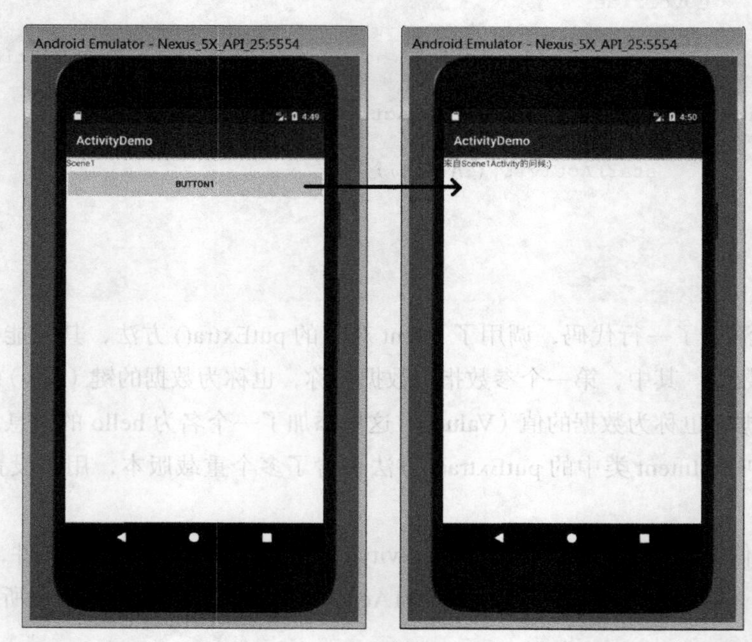

图 14-7　使用 Intent 对象传递文本信息

实际上，在 Intent 类中还定义了一系列用于读取不同类型数据的方法，常用的方法有以下几个。

- ❑ getCharExtra() 方法，读取 char 类型的数据。
- ❑ getStringExtra() 方法，读取 String 类型的数据。
- ❑ getIntExtra() 方法，读取 int 类型的数据。
- ❑ getLongExtra() 方法，读取 long 类型的数据。
- ❑ getFloatExtra() 方法，读取 float 类型的数据。
- ❑ getDoubleExtra() 方法，读取 double 类型的数据。
- ❑ getBooleanExtra() 方法，读取 boolean 类型的数据。

这些方法都需要两个参数。其中，第一个参数指定数据名称，第二个参数指定一个默认值，当方法不能正确获取指定名称的数据时，就会返回这个默认的数据。

14.4.2　接收返回数据

前面使用了 Intent 对象的 putExtra() 方法向目标 Activity 传递数据。某些时候，可能还需要从目标 Activity 中返回数据。此时，可以使用 startActivityForResult() 方法启动目标 Activity，该方法需要指定两个参数。

- ❑ 第一个参数，指定一个 Intent 对象。

❑ 第二个参数，指定一个当前 Activity 中唯一的整数 ID。

继续在 ActivityDemo 项目的 Scene1Activity 中进行测试，如下面的代码（app\java\com.example.activitydemo\Scene1Activity.java 文件）所示。

```
package com.example.activitydemo;

import android.content.Intent;
import android.support.v7.app.AppCompatActivity;
import android.os.Bundle;
import android.view.View;
import android.widget.Button;

public class Scene1Activity extends AppCompatActivity {

    @Override
    protected void onCreate(Bundle savedInstanceState) {
        super.onCreate(savedInstanceState);
        setContentView(R.layout.scene1_layout);
        // 单击 btn1 切换到 Scene2Activity
        Button btn1 = (Button)findViewById(R.id.btn1);
        // 添加单击事件
        btn1.setOnClickListener(new View.OnClickListener()
        {
            @Override
            public void onClick(View v) {
                Intent intent = new Intent(Scene1Activity.this, Scene2Activity.class);
                // 添加数据
                intent.putExtra("hello","来自 Scene1Activity 的问候 :)");
                // 准备接收返回数据
                startActivityForResult(intent, 1);
            }
        });
    }
}
```

示例中，通过 Intent 对象指定需要返回数据的 Activity 依然是 Scene2Activity。下面，在 Scene2Activity 的布局文件中添加一个按钮，如下面的代码（app\res\layout\scene2_layout.xml 文件）所示。

```
<?xml version="1.0" encoding="utf-8"?>
<LinearLayout xmlns:android="http://schemas.android.com/apk/res/android"
    android:orientation="vertical" android:layout_width="match_parent"
    android:layout_height="match_parent">

<TextView android:id="@+id/txt2"
        android:layout_width="match_parent"
        android:layout_height="wrap_content"
        android:text="Scene2" />

<Button android:id="@+id/btn2"
        android:layout_width="match_parent"
        android:layout_height="wrap_content"
        android:text="Button2"/>

</LinearLayout>
```

接下来，修改 app\java\com.example.activitydemo\Scene2Activity.java 文件的内容，如下面的代码所示。

```
package com.example.activitydemo;

import android.content.Intent;
import android.support.v7.app.AppCompatActivity;
import android.os.Bundle;
import android.view.View;
import android.widget.Button;
import android.widget.TextView;

public class Scene2Activity extends AppCompatActivity {

    @Override
    protected void onCreate(Bundle savedInstanceState) {
        super.onCreate(savedInstanceState);
        setContentView(R.layout.scene2_layout);
        //
        TextView txt = (TextView)findViewById(R.id.txt2);
        Intent intent = getIntent();
        String s = intent.getStringExtra("hello");
        txt.setText(s);
        // 通过按钮返回数据
        Button btn2 = (Button)findViewById(R.id.btn2);
        btn2.setOnClickListener(new View.OnClickListener(){
            @Override
            public void onClick(View v) {
                Intent intent = new Intent();
                intent.putExtra("btn_msg", "单击按钮");
                setResult(RESULT_OK, intent);
                finish();
            }
        });
    }

    /* 通过返回键返回数据 */
    @Override
    public void onBackPressed() {
        Intent intent = new Intent();
        intent.putExtra("back_msg", "单击返回键");
        setResult(RESULT_CANCELED, intent);
        finish();
    }
}
```

代码中，通过两个方法分别向 Scene1Activity 返回不同的信息。

第一种方法是通过单击 btn2 按钮，这里，通过一个 Intent 对象来保存一个名为 btn_msg 的信息。然后，通过 setResult() 方法设置返回数据的状态，这里设置为 RESULT_OK，即返回操作成功。最后通过调用 Activity 的 finish() 方法，将当前 Activity 移出返回栈的最顶端。

第二种返回数据的方式是用户单击返回键。此时，在 onBackPressed() 方法中设置了一个名为 back_msg 的信息，将返回数据结果设置为 RESULT_CANCELED。最后同样调用 finish() 方法将 Activity 移出返回栈最顶端。此外，这里还可以使用 super.onBackPressed() 语句代替 finish() 方法的调用，使超类完成剩下的返回操作，如下面的代码（app\java\com.example.activitydemo\Scene2Activity.java 文件）所示。

```
/* 通过返回键返回数据 */
@Override
public void onBackPressed() {
Intent intent = new Intent();
    intent.putExtra("back_msg", " 单击返回键 ");
    setResult(RESULT_CANCELED, intent);
    //finish();
    super.onBackPressed();
}
```

下面，回到 Scene1Activity.java 文件，处理返回的数据。在 Scene1Activity 类中，通过重写 onActivityResult() 方法接收返回的数据，如下面的代码（app\java\com.example.activitydemo\Scene1Activity.java 文件）所示。

```
/*  接收返回数据 */
@Override
protected void onActivityResult(int requestCode, int resultCode, Intent data) {
if(requestCode == 1)
    {
TextView txt1 = (TextView)findViewById(R.id.txt1);
        if(resultCode == RESULT_OK){
String s = data.getStringExtra("btn_msg");
            txt1.setText(s);
        }else if(resultCode == RESULT_CANCELED){
            String s = data.getStringExtra("back_msg");
            txt1.setText(s);
        }
}
}
```

onActivityResult() 方法的三个参数比较好理解，分别如下。

- requestCode，调用 startActivityForResult() 方法指定的代码，如果 Activity 需要从多个目标 Activity 中返回数据，可以使用此参数来区分。
- resultCode，数据返回的状态码，如 RESULT_OK、RESULT_CANCELED 等。
- intent，返回数据的 Intent 对象。

本例中，只需要处理 requestCode 等于 1 的返回数据。当返回结果为 RESULT_OK 时，显示“单击按钮”，当返回结果为 RESULT_CANCELED 时，显示“单击返回键”。

14.4.3 Bundle（数据自动保存与载入）

前面使用 Intent 对象传递数据，简单地说，就是两个 Activity 之间的数据传递，即 Activity1

可以传递数据到Activity2，同时，也可以接收Activity2返回的数据。在实际应用中，一些数据还可以需要临时保存，然后根据需要读取，例如用户在界面中录入的数据，在这种情况下，可以使用Bundle类处理。

Bundle类的应用与Intent非常相似，其中也包含了一系列数据存储与读取方法。接下来，在Scene1Activity类中重写onSaveInstanceState()方法，用于保存txt1中的数据，如下面的代码（app\java\com.example.activitydemo\Scene1Activity.java文件）所示。

```
/* 保存临时数据 */
@Override
protected void onSaveInstanceState(Bundle outState) {
super.onSaveInstanceState(outState);
    //
    TextView txt1 = (TextView)findViewById(R.id.txt1);
    String s = txt1.getText().toString();
    outState.putString("txt1",s);
}
```

本例中，onSaveInstanceState()方法中有一个Bundle类型的参数，正是使用此对象中的一系列方法保存临时数据，如代码中使用putString()方法保存了txt1组件中的内容。

接下来，在onCreate()方法中，同样可以看到一个Bundle类型的对象，可以使用此对象恢复已保存的临时数据，如下面的代码所示。

```
@Override
protected void onCreate(Bundle savedInstanceState) {
    super.onCreate(savedInstanceState);
    setContentView(R.layout.scene1_layout);
    // 恢复临时数据
    if(savedInstanceState != null) {
    TextView txt1 = (TextView) findViewById(R.id.txt1);
        txt1.setText(savedInstanceState.getString("txt1"));
    }
}
```

只要应用没有完全退出，就可以使用Bundle对象中的数据。然而，如果应用重新启动了，数据还是会丢失，第20章和第21章会讨论如何将数据持久化，这样就可以真正地保存应用中的重要数据了。

开发工作中，Intent更适合于两个Activity之间的数据交换，而Bundle更适合于应用中的全局数据操作。

14.5 Intent的更多应用

在Activity之间切换和传递数据时，已经使用了Intent类，那么Intent类还有些什么功能呢？

首先，如果应用中有一个链接，如何能够直接使用浏览器打开呢？此时，同样可以使用Intent类，这里需要使用setData()方法设置相应的数据，如下面的代码（app\java\com.

example.activitydemo\Scene1Activity.java 文件）所示。

```
@Override
protected void onCreate(Bundle savedInstanceState) {
super.onCreate(savedInstanceState);
    setContentView(R.layout.scene1_layout);
    // 打开网址
    Button btn1 = (Button)findViewById(R.id.btn1);
    // 添加单击事件
    btn1.setOnClickListener(new View.OnClickListener()
    {
        @Override
        public void onClick(View v) {
            Intent intent = new Intent();
            intent.setData(Uri.parse("http://caohuayu.com"));
            startActivity(intent);
        }
    });
}
```

在 Intent 对象的 setData() 方法中，使用 Uri 类的 parse() 方法构建了一个 Uri 对象，它包含了需要打开的网址。执行应用并单击按钮，会让用户选择浏览器来打开网页。

通过 Intent 对象的这一功能，可以通过外部应用来处理各种数据。另外，还可以通过动作（action）或分类（category）更精确地响应操作。

首先，如果在 ActivityManifest.xml 文件中注册 Activity，可以为 Activity 添加 <intentfilter> 标记，指定其动作和分类，下面的代码就添加了 Scene2Activity 的相关参数。

```
<activity android:name=".Scene2Activity">
<intent-filter>
<action android:name="com.example.activitydemo.ACTION_START"/>
<category android:name="android.intent.category.DEFAULT"/>
</intent-filter>
</activity>
```

代码中，<action> 节点中添加了一个名为“com.example.activitydemo.ACTION_START”的动作，其中使用了完整的包名。<category> 节点用于定义一个分类名称，这里使用的“android.intent.category.DEFAULT”属于默认分类。

接下来，在 Scene1Activity.java 文件中，修改 Intent 对象的创建代码，如下面的代码所示。

```
@Override
protected void onCreate(Bundle savedInstanceState) {
super.onCreate(savedInstanceState);
    setContentView(R.layout.scene1_layout);
    //
    Button btn1 = (Button)findViewById(R.id.btn1);
    // 添加单击事件
    btn1.setOnClickListener(new View.OnClickListener()
    {
        @Override
```

```
            public void onClick(View v) {
                Intent intent = new Intent("com.example.activitydemo.ACTION_START");
                startActivity(intent);
            }
        });
    }
```

代码中，在Intent类的构造函数中指定了动作（action）名称，但没有指定Intent的分类，执行应用并单击Button1按钮，可以打开Scene2Activity活动，这正是由它的action决定的。这里，Activity默认的分类是android.intent.category.DEFAULT。

下面，在AndroidManifest.xml文件中修改Scene2Activity的分类（category），如下面的代码所示。

```
<activity android:name=".Scene2Activity">
<intent-filter>
<action android:name="com.example.activitydemo.ACTION_START"/>
<category android:name="android.intent.category.DEFAULT"/>
<category android:name="com.example.activitydemo.SCENE2"/>
</intent-filter>
</activity>
```

再次执行应用，当单击Button1按钮时，应用就会出错，因为没有找到可以使用的Intent。接下来，修改Scene1Activity.java文件中的代码如下所示。

```
@Override
protected void onCreate(Bundle savedInstanceState) {
super.onCreate(savedInstanceState);
    setContentView(R.layout.scene1_layout);
    //
    Button btn1 = (Button)findViewById(R.id.btn1);
    // 添加单击事件
    btn1.setOnClickListener(new View.OnClickListener()
    {
        @Override
        public void onClick(View v) {
            Intent intent = new Intent("com.example.activitydemo.ACTION_START");
            intent.addCategory("com.example.activitydemo.SCENE2");
            startActivity(intent);
        }
    });
}
```

代码中，使用Intent对象的addCategory()方法添加了一个分类，即在AndroidManifest.xml文件为Scene2Activity添加的分类。再次运行应用，单击Button1按钮就可以正确地打开Scene2Activity了。

从字面意思上看，Intent代表了某种行为或动作。Android应用中，它在Activity切换及数据交换等操作中都有着非常重要的作用。在后续的内容中，还可以看到Intent相关的应用，可以在实践中充分理解，并正确应用Intent类。

第 15 章　常用组件

在 Android 应用中创建用户界面，可以使用 AndroidSDK 中提供的众多可视化组件。本章就介绍一些常用的 UI 组件，以及图像的基本处理方法，主要内容包括：

- 按钮（Button）与事件响应
- 文本组件
- 消息和对话框
- 菜单（Menu）
- 单选按钮（RadioButton 和 RadioGroup）
- 复选框（CheckBox）
- 下拉列表（Spinner）
- 图像组件（ImageView）
- 列表（ListView）
- 进度条（ProgressBar）
- 滑块（SeekBar）
- 选择日期和时间对话框
- 更多组件
- 图像处理

15.1　按钮与事件响应

前面的示例中，已经使用了按钮（Button），它的功能也很“简单”，就是响应用户的操作，并执行相应的代码。

按钮的基本操作就不再介绍了，这里介绍另一种单击的响应方式。其原理是将 Activity 设置为按钮的委托对象，也就是在 Activity 中实现 onClick() 方法来响应按钮的单击操作。

下面，创建 ButtonDemo 项目并添加 MainActivity，但不要添加布局文件，即不勾选 Generate Layout File 复选项，稍后会手动添加布局文件，如图 15-1 所示。

接下来，在 app\res 目录上使用右键菜单 New → Directory 选项创建一个名为 layout 的目录。然后，通过 layout 目录的右键菜单 New → Layout resource file 选项添加一个名为 main_layout.xml 的布局文件，其中，把 Root element 项设置为 LinearLayout（线性布局），如图 15-2 所示。

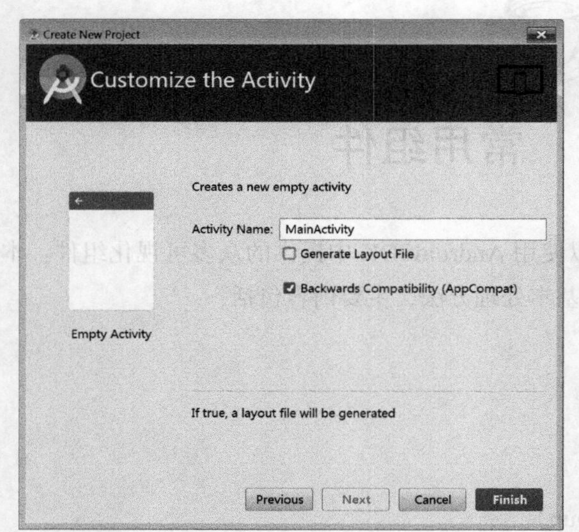

图 15-1　添加 Activity（不自动创建布局文件）

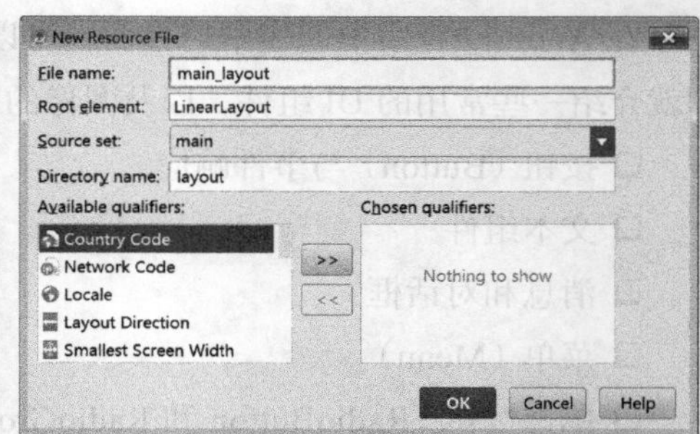

图 15-2　创建线性布局文件

接下来，需要将 MainActivity 与 main_layout 布局关联，打开 app\java\com.example.buttondeom\ MainActivity.java 文件，在 onCreate() 方法中做如下修改。

```
@Override
protected void onCreate(Bundle savedInstanceState) {
    super.onCreate(savedInstanceState);
    setContentView(R.layout.main_layout);
    //
}
```

其中，对 setContentView() 方法并不陌生，正是通过它设置 Activity 关联的布局文件。这里，同样使用了全局资源对象 R 来获取布局文件。

接下来，在 main_layout.xml 文件中添加一个 TextView 组件和三个 Button 组件，如下面的代码所示。

```
<?xml version="1.0" encoding="utf-8"?>
<LinearLayout xmlns:android="http://schemas.android.com/apk/res/android"
    android:orientation="vertical" android:layout_width="match_parent"
    android:layout_height="match_parent">

<TextView android:id="@+id/txt1"
        android:layout_width="match_parent"
        android:layout_height="wrap_content"
        android:text="Button Demo"/>

<Button android:id="@+id/btn1"
        android:layout_width="match_parent"
        android:layout_height="wrap_content"
        android:text="Button1"
        android:textAllCaps="false"/>
```

```
    <Button android:id="@+id/btn2"
            android:layout_width="match_parent"
            android:layout_height="wrap_content"
            android:text="Button2"
            android:textAllCaps="false"/>

    <Button android:id="@+id/btn3"
            android:layout_width="match_parent"
            android:layout_height="wrap_content"
            android:text="Button3"
            android:textAllCaps="false"/>

    </LinearLayout>
```

在按钮的设置中，使用了以下 5 个属性。

- android:id：设置新组件的 ID，使用标准的“@+id/”格式。
- android:layout_width：设置组件的宽度，这里设置的 match_parent 表示组件的宽度与其父容器一样宽。
- android:layout_height：设置组件的高度，这里设置的 wrap_content 表示匹配内容，即根据内容指定组件的高度。
- android:text：设置按钮显示的文本内容。
- android:textAllCaps：设置按钮文本是否所有字母都大写，其默认值是 true，即按钮的文本内容全部大写。这里设置为 false，这样按钮的内容就会按 text 属性设置的内容原样显示。

执行应用，可以看到如图 15-3 所示的界面。

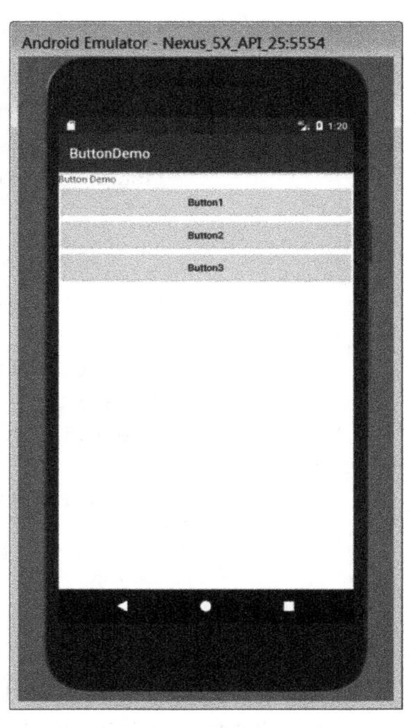

图 15-3　多个组件的界面

界面已经设计完成了，接下来讨论几种常见的用户操作响应方式。

15.1.1　响应单击操作

回到 MainActivity.java 文件，并对代码做如下修改。

```
    package com.example.buttondemo;

    import android.support.v7.app.AppCompatActivity;
    import android.os.Bundle;
    import android.view.View;
    import android.widget.Button;
    import android.widget.TextView;
```

```
public class MainActivity extends AppCompatActivity
    implements  View.OnClickListener
{

    @Override
    protected void onCreate(Bundle savedInstanceState) {
        super.onCreate(savedInstanceState);
        setContentView(R.layout.main_layout);
        //
        ((Button)findViewById(R.id.btn1)).setOnClickListener(this);
        ((Button)findViewById(R.id.btn2)).setOnClickListener(this);
        ((Button)findViewById(R.id.btn3)).setOnClickListener(this);
    }

    @Override
    public void onClick(View v) {
        TextView txt1 = (TextView)findViewById(R.id.txt1);
        switch (v.getId())
        {
            case R.id.btn1:
            {
                txt1.setText("单击Button1");
            }break;
            case R.id.btn2:
            {
                txt1.setText("单击Button2");
            }break;
            case R.id.btn3:
            {
                txt1.setText("单击Button3");
            }break;
        }
    }
}
```

代码中，需要注意以下几个地方。

- 定义MainActivity类时，需要实现（implements）View.OnClickListener接口，其中需要实现的方法就是onClick()。
- 分别将btn1、btn2和bnt3三个按钮的单击事件的侦听都设置为当前对象，此操作分别使用了三个对象的setOnClickListener()方法。
- 最后，在onClick()方法中，通过getId()方法获取单击按钮的ID，并根据不同的ID响应不同按钮的操作。

15.1.2 响应长按操作并振动

在Activity中响应长按操作，需要实现View.OnLongClickListener接口，需要重写其中的onLongClick()方法，如下面的代码所示。

```
// 长按
@Override
public boolean onLongClick(View v) {
    if(v.getId() == R.id.btn1) {
Toast.makeText(MainActivity.this, "长按事件", Toast.LENGTH_SHORT).show();
    }
    return true;
}
```

请注意，与onClick()方法不同，onLongClick()方法需要一个boolean类型的返回值。当返回true值时，在响应长按操作之后，不再执行其他操作，即不再执行onClick()等方法；当返回false值时，则会继续响应其他操作。

这里，使用Toast类来显示弹出信息，其中，makeText()静态方法用于生成Toast对象，它包括以下三个参数。

- 第一个参数指定显示弹出信息的Context对象，这里指定为Activity的当前对象。
- 第二个参数指定显示的文本内容。
- 第三个参数指定显示弹出信息的时间长短，可以使用Toast.LENGTH_SHORT或Toast.LENGTH_LONG值设置。

最后，调用Toast对象的show()方法显示弹出信息。

和单击响应一样，如果组件需要响应长按操作，同样需要进行注册，例如在onCreate()方法中，让btn1按钮响应长按操作，如下面的代码所示。

```
Button btn1 = (Button)findViewById(R.id.btn1);
btn1.setOnClickListener(this);
btn1.setOnLongClickListener(this);
```

很多应用中，长按一个按钮或图标时会有一个振动提示，这里同样可以实现这个功能。首先，需要在AndroidManifest.xml文件中声明需要使用的振动权限，如下面的代码所示。

```
<?xml version="1.0" encoding="utf-8"?>
<manifest xmlns:android="http://schemas.android.com/apk/res/android"
    package="com.example.buttondemo">

<uses-permission android:name="android.permission.VIBRATE"/>

<!-- 其他代码 -->

</manifest>
```

然后，回到MainActivity.java文件，并修改onLongClick()方法的代码，如下所示。

```
// 长按
@Override
public boolean onLongClick(View v) {
    if(v.getId() == R.id.btn1) {
        //
        Toast.makeText(MainActivity.this, "长按事件",
                    Toast.LENGTH_SHORT).show();
        // 震动提示
```

```
        Vibrator vib = (Vibrator)getSystemService(Context.VIBRATOR_SERVICE);
        vib.vibrate(500);                              // 震动半秒
    }
    return true;
}
```

15.1.3 响应触摸事件

除了单击和长按，还可以更精确地处理手指按下、移动或离开的操作。要实现这些操作，可以在 Activity 中实现 View.OnTouchListener 接口，并重写其中的 onTouch() 方法。和其他操作一样，首先，组件需要注册响应的事件，在 onCreate() 方法中添加如下代码。

```
Button btn2 = (Button)findViewById(R.id.btn2);
btn2.setOnClickListener(this);
btn2.setOnTouchListener(this);
```

代码中，使用 btn2 按钮的 setOnTouchListener() 方法注册触摸事件。接下来，通过 onTouch() 方法处理 btn2 按钮的触摸事件，如下面的代码所示。

```
// 触摸
@Override
public boolean onTouch(View v, MotionEvent event) {
    if(v.getId() == R.id.btn2){
        TextView txt = (TextView)findViewById(R.id.txt1);
        if(event.getAction()==MotionEvent.ACTION_DOWN){
            txt.setText("手指按下");
        }else if (event.getAction() == MotionEvent.ACTION_UP){
            txt.setText("手指离开");
        }else if (event.getAction() == MotionEvent.ACTION_MOVE) {
            txt.setText("手指滑动");
        }
    }
    return true;
}
```

和 onLongClick() 操作相似，onTouch() 方法也会返回一个 boolean 类型的值。其含义也相同。当返回 true 值时，不再响应组件的其他操作；当返回 false 值时，继续响应其他操作。可以修改返回值并观察运行结果有什么不同。

本例中演示了按下、滑动和离开的操作，实际应用中，还可以响应更多的操作类型，并配合坐标值自定义一系列的手势操作。当获取操作位置的坐标时，可以使用 MotionEvent 对象的 getX()、getY()、getRawX() 和 getRawY() 方法。

请注意，单击、长按和触摸事件不只用于按钮，其他类型的组件也同样适用，可以参考本节的内容灵活应用于界面中的各种元素。

15.2　文本组件

本节讨论两种基本的文本类组件，分别是 TextView 和 EditText 组件。

15.2.1　TextView

相信读者对 TextView 组件已经不陌生了，前面的示例中，已经多次使用 TextView 组件的来显示文本信息，这里再了解 TextView 组件的几个属性。

- android:textSize：设置文本的尺寸，单位是 sp。
- android:Color：设置字体的颜色，如“#ff0000”表示红色。代码中，可以使用多个重载版本的 setTextColor() 方法来设置文本的颜色。
- android:gravity：设置文字的对齐方式，如居中可以设置为 center。

可以在 ButtonDemo 项目中测试这些属性。

15.2.2　EditText

EditText 组件用于输入或显示文本内容。下面，创建一个 EditTextDemo 项目进行测试。在创建 MainActivity 时，不要同时创建布局文件。然后，手动创建 layout 目录，并添加 LinearLayout 布局文件，命名为 main_layout.xml。

接下来，修改 main_layout.xml 文件的内容，如下所示。

```
<?xml version="1.0" encoding="utf-8"?>
<LinearLayout xmlns:android="http://schemas.android.com/apk/res/android"
    android:orientation="vertical" android:layout_width="match_parent"
    android:layout_height="match_parent">

<EditText android:id="@+id/edit1"
        android:layout_width="match_parent"
        android:layout_height="wrap_content"
        android:textSize="25sp" />

<Button android:id="@+id/btn1"
        android:layout_width="match_parent"
        android:layout_height="wrap_content"
        android:textSize="25sp"
        android:text="Button1"
android:textAllCaps="false"/>

</LinearLayout>
```

回到 MainActivity.java 文件，修改代码，如下所示。

```
package com.example.edittextdemo;

import android.support.v7.app.AppCompatActivity;
import android.os.Bundle;
```

```
    import android.view.View;
    import android.widget.Button;
    import android.widget.EditText;

    public class MainActivity extends AppCompatActivity {

        @Override
        protected void onCreate(Bundle savedInstanceState) {
            super.onCreate(savedInstanceState);
            setContentView(R.layout.main_layout);
            //
            Button btn1 = (Button) findViewById(R.id.btn1);
            btn1.setOnClickListener(new View.OnClickListener(){
                @Override
                public void onClick(View v) {
                    EditText edit1 =(EditText)findViewById(R.id.edit1);
                    Button btn =(Button)findViewById(R.id.btn1);
                    btn.setText(edit1.getText());
                }
            });
        }
    }
```

执行应用时，每当单击按钮，按钮的文本就会显示为EditText组件中输入的内容。

本例中，在EditText和Button组件中也都重新设置了文本的大小，要知道，这些属性可不是TextView组件的专利。此外，如果界面中的空间有限，还可以使用android.maxLines属性设置EditText能够显示的最大行数，如果文本内容超出了指定的行数，可以通过上下滚动来查看。

如果需要在输入内容时做一些响应，可以在Activity中实现TextWatcher接口，并使用EditText组件的addTextChangedListener()方法添加侦听对象。然后，可以通过以下三个方法处理输入状态。

- beforeTextChanged()：文本内容将要改变前执行。
- onTextChanged()：文本内容改变时执行。
- afterTextChanged()：文本内容改变后执行。

关于EditText组件，再介绍几个常用的属性。

- inputType属性：用于设置输入文本内容的特殊格式，如textPassword值用于输入普通的密码，textEmailAddress值用于输入E-mail地址，等等。
- hint属性：用于设置提示信息，当用户开始输入内容时，这些内容就会消失，当删除组件中的全部内容时，这些信息会再次显示。

15.3 消息与对话框

本节讨论几个显示消息和对话框的组件，通过它们可以很方便地显示信息，或者响应用户操作等功能。

15.3.1　Toast

Toast 类可以在屏幕上显示简单的信息，如一些提示信息，显示一会儿便会自动消失，并不需要用户的干预。

Toast 类的使用非常简单，首先需要 Toast.makeText() 方法创建一个显示文本信息的 Toast 对象，其中包括三个参数，分别如下。

- 第一个参数指定一个 Context 对象，可以使用 this 关键字获取当前 Activity 的 Context 对象。如果是在嵌套方法中，则可以使用“ <Activity 类名 >.this”的格式获取 Context 对象。
- 第二个参数指定需要显示的文本信息。
- 第三个参数指定信息显示的时间长短，可以使用 Toast.LENGTH_LONG 或 Toast.LENGTH_SHORT 值设置。

创建 Toast 对象后，调用它的 show() 方法即可显示信息，显示一定的时间后，信息就会自动消失。

下面的代码演示了在 Activity 中使用 Toast 对象显示文本信息的一般用法，可以在按钮或菜单等地方测试。

```
Toast t = Toast.makeText(this, "一条小道消息",
Toast.LENGTH_SHORT);
t.show();
```

代码显示效果如图 15-4 所示。

图 15-4　使用 Toast 显示文本信息

15.3.2　AlertDialog

AlertDialog 组件用于显示包含选择按钮的对话框，一般情况下，会包含一个肯定的选项和一个否定的选项。下面，创建一个 AlertDialogDemo 项目，在 MainActivity 中，分别创建一个 TextView 和一个 Button 组件，布局文件如下面的代码（app\res\layout\main_layout.xml 文件）所示。

```
<?xml version="1.0" encoding="utf-8"?>
<android.support.constraint.ConstraintLayout xmlns:android="http://schemas.
        android.com/apk/res/android"
    xmlns:app="http://schemas.android.com/apk/res-auto"
    xmlns:tools="http://schemas.android.com/tools"
    android:layout_width="match_parent"
    android:layout_height="match_parent"
    tools:context="com.example.alertdialogdemo.MainActivity">

<TextView android:id="@+id/txt1"
        android:layout_width="wrap_content"
```

```
        android:layout_height="wrap_content"
        android:text="Hello World!"
        app:layout_constraintBottom_toBottomOf="parent"
        app:layout_constraintLeft_toLeftOf="parent"
        app:layout_constraintRight_toRightOf="parent"
        app:layout_constraintTop_toTopOf="parent" />

    <Button android:id="@+id/btn1"
        android:layout_width="match_parent"
        android:layout_height="wrap_content"
        android:text="Button1" />

</android.support.constraint.ConstraintLayout>
```

在 MainActivity.java 文件中，修改代码，如下所示。

```
package com.example.alertdialogdemo;

import android.content.DialogInterface;
import android.support.v7.app.AlertDialog;
import android.support.v7.app.AppCompatActivity;
import android.os.Bundle;
import android.view.Menu;
import android.view.View;
import android.widget.Button;
import android.widget.Toast;

public class MainActivity extends AppCompatActivity
    implements View.OnClickListener
{

    @Override
    protected void onCreate(Bundle savedInstanceState) {
        super.onCreate(savedInstanceState);
        setContentView(R.layout.main_layout);
        //
        Button btn1 = (Button)findViewById(R.id.btn1);
        btn1.setOnClickListener(this);
    }

    @Override
    public void onClick(View v) {
        if(v.getId() == R.id.btn1) {
            AlertDialog.Builder dlg = new AlertDialog.Builder(MainActivity.this);
            dlg.setTitle(" 请确认您的操作 ");
            dlg.setMessage(" 真的要这么做吗 ?");
            dlg.setCancelable(false);
            // 肯定操作按钮
            dlg.setPositiveButton(" 确定 ", new DialogInterface.OnClickListener() {
                @Override
                public void onClick(DialogInterface dialog, int which) {
                    Toast.makeText(MainActivity.this,
```

```
                        " 操作确认 ",Toast.LENGTH_SHORT).show();
                    }
                });
                // 取消操作按钮
                dlg.setNegativeButton(" 取消 ", new DialogInterface.OnClickListener() {
                    @Override
                    public void onClick(DialogInterface dialog, int which) {
                        Toast.makeText(MainActivity.this,
                            " 操作取消 ",Toast.LENGTH_SHORT).show();
                    }
                });
                //
                dlg.show();
            }
        }
    }
```

创建对话框时，使用的是 AlertDialog.Builder 对象，其构造函数需要一个 Context 对象，这里使用 MainActivity.this 获取当前 Activity 的 Context 对象。

接着，使用 AlertDialog.Builder 对象的三个方法，分别如下。

- ❑ setTitle() 方法：指定对话框的标题信息。
- ❑ setMessage() 方法：指定对话框的提示信息。
- ❑ setCancelable() 方法：指定对话框是否可以使用其他方式取消，例如，用户单击了对话框以外的地方就可以关闭对话框。这里设置为 false 值，也就是说，用户必须单击对话框中的一个按钮才会关闭对话框。

接下来，setPositiveButton() 方法用于指定肯定操作，setNegativeButton() 方法用于指定否则操作。它们的第一个参数都用于指定按钮显示的内容，第二个参数用于指定在对话框中单击按钮时的操作，需要实现一个 DialogInterface.OnClickListener 对象，其中的 onClick() 方法定义确认或取消时的操作代码。

本例中，使用 Toast 对象简单地显示了选择的操作信息。

此外，在 AlertDialog 对话框中，还可以使用 setNeutralButton() 方法定义第三个按钮，其使用方式与另外两个选项相同。从其名称可以看出，这是一个不做决定的中性选择，文本可以设置为“再看看”一类的信息。

15.3.3 ProgressDialog

ProgressDialog 组件会显示一些信息和一个正忙的图标，用于指示程序在执行。下面，创建 ProgressDialogDemo 项目进行测试，在 MainActivity 中，同样使用一个 TextView 组件和一个 Button 组件，具体的创建过程，相信读者不再陌生了。

在 ProgressDialogDemo 项目中的 MainActivity.java 文件，修改 onCreate() 方法的代码，如下所示。

```
@Override
protected void onCreate(Bundle savedInstanceState) {
super.onCreate(savedInstanceState);
    setContentView(R.layout.main_layout);
    //
    Button btn1 = (Button)findViewById(R.id.btn1);
    btn1.setOnClickListener(new View.OnClickListener(){
        @Override
        public void onClick(View v) {
            ProgressDialog dlg = new ProgressDialog
                (MainActivity.this);
            dlg.setTitle("程序正在处理");
            dlg.setMessage("请稍候...");
            dlg.setCancelable(false);
            //
            dlg.setOnShowListener
                (new DialogInterface.OnShowListener() {
                @Override
                public void onShow
                    (final DialogInterface dialog) {
                    Timer timer = new Timer();
                    TimerTask task = new
                        TimerTask() {
                        @Override
                        public void run() {
                            dialog.dismiss();
                        }
                    };
                    timer.schedule(task, 3000);
                }
    });
    dlg.show();
        }
    });
}
```

与 AlertDialog 组件的应用相似，ProgressDialog 组件同样包括了 setTitle()、setMessage() 和 setCancelable() 方法，分别设置对话框的标题、信息和是否能取消操作。

代码中，通过 ProgresssDialog 对象的 setOnShowListener() 方法，设置了对话框启动后的操作，这里使用计时器（Timer）让应用等待 3 秒。然后，调用 ProgressDialog 对象的 dismiss() 关闭对话框。

应用执行结果如图 15-5 所示。

图 15-5　使用 ProgresssDialog 组件

15.4　菜单

在 Activity 中使用菜单，需要做以下几项工作。

- ❑ 第一步，使用 xml 文件定义菜单。
- ❑ 第二步，在 Activity 中关联菜单。
- ❑ 第三步，定义各个菜单项的响应代码。

首先，创建一个新的项目，并命名为 MenuDemo，同时添加 Activity，命名为 MainActivity，选择自动添加布局文件。接下来，在 res 目录中添加 menu 目录，然后通过 menu 目录的右键菜单 New → Menu resouces file 选项添加一个名为 mainmenu.xml 的菜单文件，如图 15-6 所示。

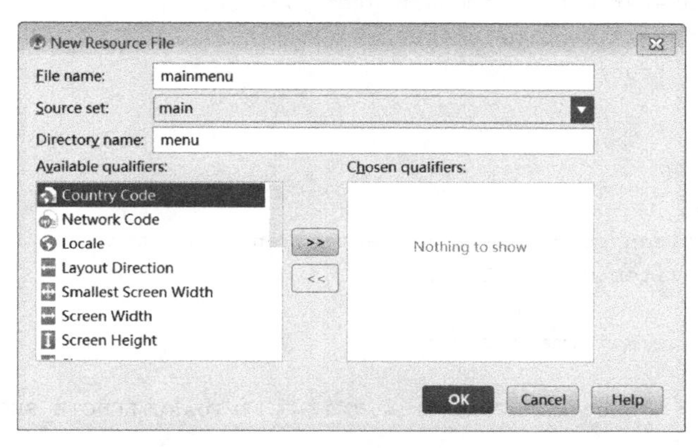

图 15-6　创建菜单定义 XML 文件

接下来，修改 app\res\menu\mainmenu.xml 文件的内容，如下所示。

```
<?xml version="1.0" encoding="utf-8"?>
<menu xmlns:android="http://schemas.android.com/apk/res/android">
<item android:id="@+id/menuitem1"
        android:title=" 菜单项 1"/>
<item android:id="@+id/menuitem2"
        android:title=" 菜单项 2"/>
<item android:id="@+id/menuitem3"
        android:title=" 菜单项 3"/>
</menu>
```

代码中，使用 menu 节点定义菜单。其中，使用 item 节点定义菜单项，菜单项分别定义了 id 和 title 属性。

接下来，在 MainActivity.java 文件中关联 mainmenu 菜单，并响应菜单项的单击操作，如下面的代码（app\java\com.example.menudemo\MainActivity.java 文件）所示。

```
package com.example.menudemo;

import android.support.v7.app.AppCompatActivity;
import android.os.Bundle;
import android.view.Menu;
import android.view.MenuItem;
import android.widget.Toast;

public class MainActivity extends AppCompatActivity {

    @Override
```

```
    protected void onCreate(Bundle savedInstanceState) {
        super.onCreate(savedInstanceState);
        setContentView(R.layout.main_layout);
    }

    // 关联菜单
    @Override
    public boolean onCreateOptionsMenu(Menu menu) {
        MenuInflater mi = getMenuInflater();
        mi.inflate(R.menu.mainmenu, menu);
        return true;
    }

    // 响应菜单项
    @Override
    public boolean onOptionsItemSelected(MenuItem item) {
        switch(item.getItemId())
        {
            case R.id.menuitem1:
            {
                Toast.makeText(this,"菜单项1",Toast.LENGTH_SHORT).show();
            }break;
            case R.id.menuitem2:
            {
                Toast.makeText(this,"菜单项2",Toast.LENGTH_SHORT).show();
            }break;
            case R.id.menuitem3:
            {
                Toast.makeText(this,"菜单项3",Toast.LENGTH_SHORT).show();
            }break;
        }
        return true;
    }
}
```

代码中重写了两个方法，包括onCreateOptionsMenu()和onOptionsItemSelected()方法。其中，

- onCreateOptionsMenu()方法用于关联Activity和菜单。方法中，使用MenuInflater对象中的inflater()方法关联菜单资源与Menu对象，第一个参数指定菜单资源，第二个参数指定一个Menu对象。这里使用onCreateOptionsMenu()方法的参数代入的Menu对象，此Menu对象就是当前Activity的菜单对象。
- onOptionsItemSelected()方法用于响应菜单项。其参数设置为MenuItem对象，表示用户单击的菜单项。代码中，可以通过MenuItem对象的getItemId()方法获取菜单项的ID，从而判断用户单击的是哪个菜单项。

本例中，通过Toast显示了单击的菜单项名称，实际应用中，可以在此执行相应的逻辑代码。

15.5　单选按钮

RadioButton 表示一个单选按钮，实际应用中，单独的一个 RadioButton 似乎没什么用，一般会将几个 RadioButton 放在一个单选组（RadioGroup）中，这样，单选组中的单选按钮就会具有排他性。也就是说，一次只能选择其中的一个。

下面通过创建一个名为 RadioButtonDemo 的项目进行测试。创建 MainActivity 时不需要自动创建布局，手动创建 main_layout.xml 文件，并指定其为 LinearLayout 布局方式。然后，修改布局文件的内容，如下所示。

```
<?xml version="1.0" encoding="utf-8"?>
<LinearLayout xmlns:android="http://schemas.android.com/apk/res/android"
    android:orientation="vertical" android:layout_width="match_parent"
    android:layout_height="match_parent">

<TextView android:id="@+id/txt1"
        android:layout_width="wrap_content"
        android:layout_height="wrap_content"
        android:text="请选择性别" />

<RadioGroup android:id="@+id/rg_sex"
        android:layout_width="wrap_content"
        android:layout_height="wrap_content"
        android:orientation="horizontal">
<RadioButton android:id="@+id/sex_0"
            android:layout_width="wrap_content"
            android:layout_height="wrap_content"
            android:text="保密"
android:checked="true"/>
<RadioButton android:id="@+id/sex_1"
            android:layout_width="wrap_content"
            android:layout_height="wrap_content"
            android:text="男"/>
<RadioButton android:id="@+id/sex_2"
            android:layout_width="wrap_content"
            android:layout_height="wrap_content"
            android:text="女"/>
</RadioGroup>

<Button android:id="@+id/btn1"
        android:layout_width="match_parent"
        android:layout_height="wrap_content"
        android:text="Button1" />

</LinearLayout>
```

<RadioGroup> 标记中，主要设置了 android:orientation 属性，用于设置单选按钮排列的方法，包括水平（horizontal）排列和垂直（vertical）排列。

<RadioButton> 标记中，使用 android:text 属性设置单选按钮显示的文本，并可以通过 android:checked 属性设置单选按钮的选择状态。请注意，在一个 RadioGroup 中，只能有一

个 RadioButton 被选中。

接下来，在 MainActivity.java 文件中，需要使用 setContextView() 方法此布局文件，然后，可以看到如图 15-7 所示的界面。

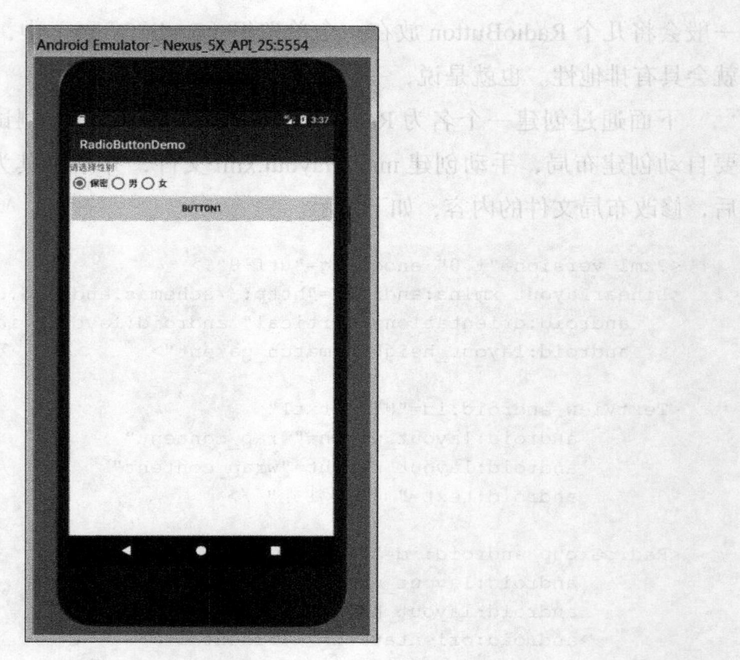

图 15-7 使用 RadioButton 和 RadioGroup 组件

下面的代码（MainActivity.java 文件）添加 Button1 的单击响应，其功能是显示选择的项目。

```
package com.example.radiobuttondemo;

import android.support.v7.app.AppCompatActivity;
import android.os.Bundle;
import android.view.View;
import android.widget.Button;
import android.widget.RadioButton;
import android.widget.RadioGroup;
import android.widget.Toast;

public class MainActivity extends AppCompatActivity {

    RadioGroup rgSex;

    @Override
    protected void onCreate(Bundle savedInstanceState) {
        super.onCreate(savedInstanceState);
        setContentView(R.layout.main_layout);
        //
        rgSex = (RadioGroup)findViewById(R.id.rg_sex);
        //
        Button btn1 = (Button)findViewById(R.id.btn1);
        btn1.setOnClickListener(new View.OnClickListener() {
```

```
                @Override
                public void onClick(View v) {
                    int rdoId = rgSex.getCheckedRadioButtonId();
                    String msg;
                    switch (rdoId)
                    {
                        case R.id.sex_1: msg=" 男 "; break;
                        case R.id.sex_2: msg = " 女 "; break;
                        default: msg=" 保密 "; break;
                    }
                    Toast t =
    Toast.makeText(MainActivity.this, msg, Toast.LENGTH_SHORT);
                    t.show();
                }
            });
        }
    }
```

代码中，通过 RadioGroup 对象的 getCheckedRadioButtonId() 方法获取已选中 RadioButton 对象的 ID。然后，通过 ID 的比较显示相应的内容。如果只需要显示选中的文本内容，还可简化代码，如下所示。

```
    @Override
    protected void onCreate(Bundle savedInstanceState) {
    super.onCreate(savedInstanceState);
        setContentView(R.layout.main_layout);
        //
        rgSex = (RadioGroup)findViewById(R.id.rg_sex);
        //
        Button btn1 = (Button)findViewById(R.id.btn1);
        btn1.setOnClickListener(new View.OnClickListener() {
    @Override
            public void onClick(View v) {
    int rdoId = rgSex.getCheckedRadioButtonId();
    RadioButton rdo = (RadioButton)findViewById(rdoId);
                Toast t = Toast.makeText(MainActivity.this,
                        rdo.getText(), Toast.LENGTH_SHORT);
    t.show();
    }
    });
    }
```

最后，还可以通过 RadioGroup 的 OnCheckedChangeListener 事件响应选项改变时的操作。此时，需要重写其中的 onCheckedChanged() 方法。

接下来，修改 MainActivity.java 文件的内容，如下所示。

```
    package com.example.radiobuttondemo;

    import android.support.annotation.IdRes;
    import android.support.v7.app.AppCompatActivity;
    import android.os.Bundle;
    import android.view.View;
```

```
import android.widget.Button;
import android.widget.RadioButton;
import android.widget.RadioGroup;
import android.widget.Toast;

public class MainActivity extends AppCompatActivity {

    RadioGroup rgSex;

    @Override
    protected void onCreate(Bundle savedInstanceState) {
        super.onCreate(savedInstanceState);
        setContentView(R.layout.main_layout);
        //
        rgSex = (RadioGroup)findViewById(R.id.rg_sex);
        //
        rgSex.setOnCheckedChangeListener(
new RadioGroup.OnCheckedChangeListener()
{
@Override
public void onCheckedChanged(RadioGroup group,
@IdRes int checkedId)
{
RadioButton rdo = (RadioButton)findViewById(checkedId);
                Toast t = Toast.makeText(MainActivity.this,
rdo.getText(), Toast.LENGTH_SHORT);
                t.show();
        }
        });
}
```

在 onCheckedChanged() 方法中包含了以下两个参数。

- 第一个参数是 RadioButton 所在的 RadioGroup 对象。
- 第二个参数是选中的 RadioButton 组件的 ID，代码中，通过这个 ID 找到具体的 RadioButton 对象，并显示其文本内容。

执行应用，当选择的项目改变时，会通过弹出信息显示选择项目的文本内容。

15.6 复选框

复选框（CheckBox）用于定义“开 / 关”状态的数据。接下来，创建一个名为 CheckBoxDemo 的项目进行测试。在 main_layout.xml 布局文件中创建三个 CheckBox 组件、一个 Button 组件和一个 TextView 组件，如下面的代码所示。

```
<?xml version="1.0" encoding="utf-8"?>
<LinearLayout xmlns:android="http://schemas.android.com/apk/res/android"
    android:orientation="vertical" android:layout_width="match_parent"
    android:layout_height="match_parent">

<CheckBox android:id="@+id/chk1"
```

```
        android:layout_width="wrap_content"
        android:layout_height="wrap_content"
        android:text=" 经济 " />

<CheckBox android:id="@+id/chk2"
        android:layout_width="wrap_content"
        android:layout_height="wrap_content"
        android:text=" 汽车 " />

<CheckBox android:id="@+id/chk3"
        android:layout_width="wrap_content"
        android:layout_height="wrap_content"
        android:text=" 音乐 "  />

<Button android:id="@+id/btn1"
        android:text=" 关注的内容 "
        android:layout_width="match_parent"
        android:layout_height="wrap_content" />

<TextView android:id="@+id/txt1"
        android:layout_width="match_parent"
        android:layout_height="wrap_content" />

</LinearLayout>
```

接下来，在 MainActivity.java 文件中操作复选框，如下面的代码所示。

```
package com.example.checkboxdemo;

import android.support.v7.app.AppCompatActivity;
import android.os.Bundle;
import android.view.View;
import android.widget.Button;
import android.widget.CheckBox;
import android.widget.TextView;

public class MainActivity extends AppCompatActivity {

    private int[] chkList = {R.id.chk1, R.id.chk2, R.id.chk3};

    @Override
    protected void onCreate(Bundle savedInstanceState) {
        super.onCreate(savedInstanceState);
        setContentView(R.layout.main_layout);
        //
        Button btn1 = (Button)findViewById(R.id.btn1);
        btn1.setOnClickListener(new View.OnClickListener() {
            @Override
            public void onClick(View v) {
                String msg = "";
                for(int chkId : chkList)
                {
                    CheckBox chk = (CheckBox)findViewById(chkId);
```

```
                    if(chk.isChecked()) msg = msg + " " + chk.getText();
                }
                TextView txt1 = (TextView)findViewById(R.id.txt1);
                txt1.setText(msg);
            }
        });
    }
}
```

图15-8所示就是一次执行的结果。

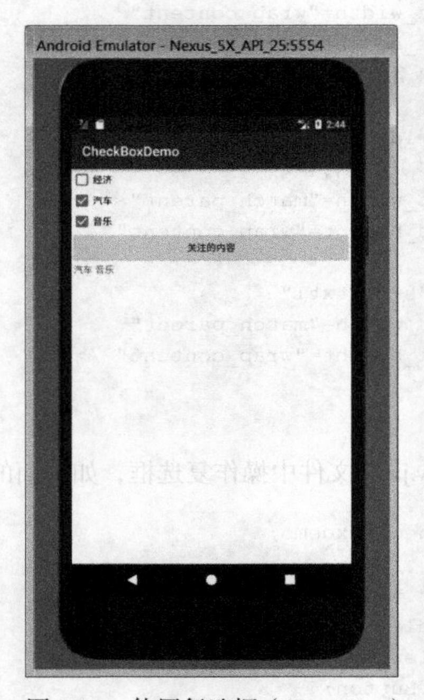

图15-8　使用复选框（CheckBox）

如果需要在复选框选中状态改变时自动响应，可以实现它的onCheckedChanged事件。首先，在MainActivity类中实现CompoundButton.OnCheckedChangeListener接口，并实现其中的onCheckedChanged()方法。当然，不要忘了在onCreate()方法中注册事件。

修改后的完整代码如下所示。

```
package com.example.checkboxdemo;

import android.support.v7.app.AppCompatActivity;
import android.os.Bundle;
import android.view.View;
import android.widget.Button;
import android.widget.CheckBox;
import android.widget.CompoundButton;
import android.widget.TextView;

public class MainActivity extends AppCompatActivity
    implements  CompoundButton.OnCheckedChangeListener
{
```

```
    private int[] chkList = {R.id.chk1, R.id.chk2, R.id.chk3};

    @Override
    protected void onCreate(Bundle savedInstanceState) {
        super.onCreate(savedInstanceState);
        setContentView(R.layout.main_layout);
        //
        for(int chkId : chkList){
            CheckBox chk = (CheckBox)findViewById(chkId);
            chk.setOnCheckedChangeListener(this);
        }
        //
        Button btn1 = (Button)findViewById(R.id.btn1);
        btn1.setOnClickListener(new View.OnClickListener() {
            @Override
            public void onClick(View v) {
                String msg = "";
                for(int chkId : chkList)
                {
                    CheckBox chk = (CheckBox)findViewById(chkId);
                    if(chk.isChecked()) msg = msg + " " + chk.getText();
                }
                TextView txt1 = (TextView)findViewById(R.id.txt1);
                txt1.setText(msg);
            }
        });
    }

    @Override
    public void onCheckedChanged(CompoundButton buttonView, boolean isChecked)
{
        TextView txt1 = (TextView)findViewById(R.id.txt1);
        String msg = buttonView.getText().toString();
        if (isChecked) msg += " 选中 ";
        else msg += " 没有选中 ";
        txt1.setText(msg);
    }
}
```

在 onCheckedChanged() 方法中，第一个参数就是复选按钮对象（CompoundButton），第二个参数则表示当前复选按钮的选中状态。

执行应用，每当改变选项时，都会在 TextView 组件中显示已选择项目的文本。

15.7　下拉列表

本节创建一个名为 SpinnerDemo 的项目进行测试。

首先，创建下拉列表（Spinner）的内容，打开 app\res\values\strings.xml 文件，修改内容，如下所示。

```
<resources>
<string name="app_name">SpinnerDemo</string>

<string-array name="cities">
<item> 北京 </item>
<item> 上海 </item>
<item> 天津 </item>
<item> 重庆 </item>
</string-array>

</resources>
```

代码中，使用string-array节点创建一个下拉列表，并指定名称（name属性）为cities。然后，使用item节点定义列表中的项。

接下来，创建app\res\layout\main_layout.xml布局文件，修改内容，如下所示。

```
<?xml version="1.0" encoding="utf-8"?>
<LinearLayout xmlns:android="http://schemas.android.com/apk/res/android"
    android:orientation="vertical" android:layout_width="match_parent"
    android:layout_height="match_parent">

<Button android:id="@+id/btn1"
        android:text="Button 1"
        android:layout_width="match_parent"
        android:layout_height="wrap_content" />

<TextView android:id="@+id/txt1"
        android:layout_width="wrap_content"
        android:layout_height="wrap_content"
        android:text=" 请选择城市 "/>

<Spinner android:id="@+id/city_list"
        android:layout_width="wrap_content"
        android:layout_height="wrap_content"
android:entries=” @array/cities” >
</Spinner>

</LinearLayout>
```

请注意，代码中将Spinner组件的android:entries属性设置为“@array/cities”，这样，Spinner组件的显示内容就是在strings.xml文件中定义的名为cities的字符串数组。

接下来，在MainActivity.java文件中稍作修改就可以显示下拉列表，如下面的代码（app\java\com.example.spinnerdemo\MainActivity.java文件）所示。

```
package com.example.spinnerdemo;

import android.support.v7.app.AppCompatActivity;
import android.os.Bundle;

public class MainActivity extends AppCompatActivity {
```

```
        @Override
        protected void onCreate(Bundle savedInstanceState) {
            super.onCreate(savedInstanceState);
            setContentView(R.layout.main_layout);
            //
        }
    }
```

执行应用，可以看到如图 15-9 所示的下拉列表。

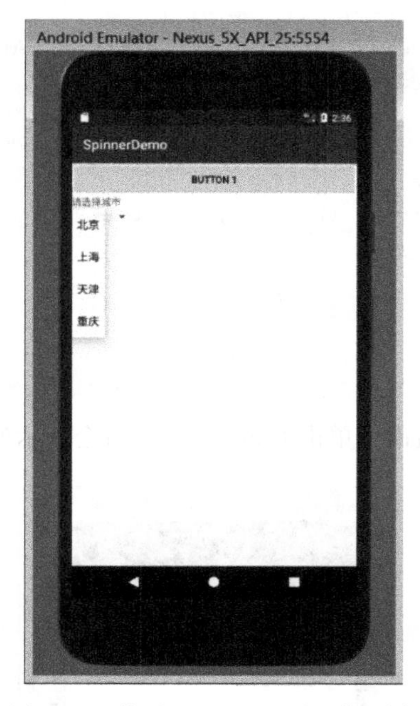

图 15-9　使用 Spinner 显示下拉列表

下面，在 onCreate() 方法中添加 Button1 按钮的响应代码，当选择城市时会通过 Toast 显示选择的索引值和内容。

```
package com.example.spinnerdemo;

import android.support.v7.app.AppCompatActivity;
import android.os.Bundle;
import android.view.View;
import android.widget.Button;
import android.widget.Spinner;
import android.widget.Toast;

public class MainActivity extends AppCompatActivity {

    private String[] cityNames;
    private Spinner cityList;

    @Override
```

```
    protected void onCreate(Bundle savedInstanceState) {
        super.onCreate(savedInstanceState);
        setContentView(R.layout.main_layout);
        // 获取城市名称
        cityNames = getResources().getStringArray(R.array.cities);
        cityList = (Spinner)findViewById(R.id.city_list);
        //
        Button btn1 = (Button)findViewById(R.id.btn1);
        btn1.setOnClickListener(new View.OnClickListener() {
            @Override
            public void onClick(View v) {
                int index = cityList.getSelectedItemPosition();
                String name = cityNames[index];
                //
                String msg = String.format("%d : %s", index, name);
                Toast t =
Toast.makeText(MainActivity.this,msg, Toast.LENGTH_SHORT);
                t.show();
            }
        });
    }
}
```

执行应用，并选择一个城市，单击 Button1 按钮后会显示如图 15-10 所示的提示信息。

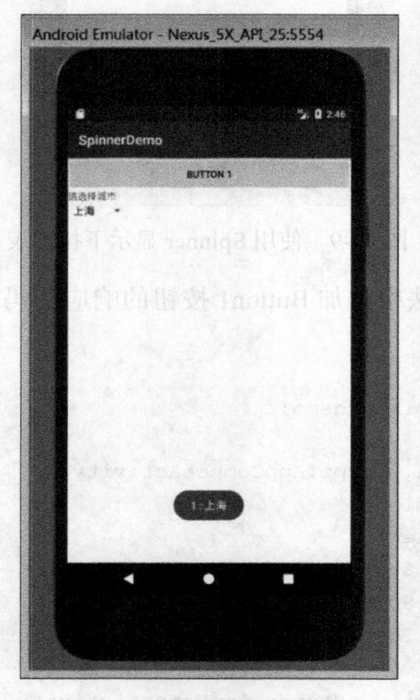

图 15-10　获取选择的列表项

如果需要在选择城市时可以自动处理，需要修改一些代码。在下面的代码中，在 MainActivity.java 文件中实现 AdapterView.OnItemSelectedListener 接口。

```
package com.example.spinnerdemo;

import android.support.v7.app.AppCompatActivity;
import android.os.Bundle;
import android.view.View;
import android.widget.AdapterView;
import android.widget.Button;
import android.widget.Spinner;
import android.widget.Toast;

public class MainActivity extends AppCompatActivity
    implements AdapterView.OnItemSelectedListener
{

    private String[] cityNames;
    private Spinner cityList;
    @Override
    protected void onCreate(Bundle savedInstanceState) {
        super.onCreate(savedInstanceState);
        setContentView(R.layout.main_layout);
        // 获取城市名称
        cityNames = getResources().getStringArray(R.array.cities);
        cityList = (Spinner)findViewById(R.id.city_list);
        //
        cityList.setOnItemSelectedListener(this);
        //
        Button btn1 = (Button)findViewById(R.id.btn1);
        btn1.setOnClickListener(new View.OnClickListener() {
            @Override
            public void onClick(View v) {
                int index = cityList.getSelectedItemPosition();
                String name = cityNames[index];
                //
                String msg = String.format("%d : %s", index, name);
                Toast t =
                  Toast.makeText(MainActivity.this,msg, Toast.LENGTH_SHORT);
                t.show();
            }
        });
    }

    @Override
    public void onItemSelected(AdapterView<?> parent, View view, int position, long id)
    {
        String msg = String.format("%d : %s", position, cityNames[position]);
        Toast t = Toast.makeText(MainActivity.this, msg, Toast.LENGTH_SHORT);
        t.show();
    }

    @Override
```

```
    public void onNothingSelected(AdapterView<?> parent) {
        // 什么也不做
    }
}
```

在 onCreate() 方法中，首先通过“cityList.setOnItemSelectedListener(this);”语句将 Spinner 组件的代理对象设置为当前 Activity。然后，实现 AdapterView.OnItemSelectedListener 接口中的两个方法。

- ❑ onItemSelected() 方法：选择的项改变时执行。请注意，如果选择项目没有变化，不会触发此方法的。
- ❑ onNothingSelected() 方法：没有选择时执行。它必须要实现，不过，一般情况下空着即可。

除了下拉列表的样式之外，还可以通过 Spinner 组件的 spinnerMode 属性设置改变下拉列表的显示风格，如默认的 dropdown 显示为下拉列表，dialog 值显示为弹出对话框。在布局文件中，可以通过下面的代码来设置（app\res\layout\main_layout.xml 文件）。

```
<Spinner android:id="@+id/city_list"
    android:layout_width="wrap_content"
android:layout_height="wrap_content"
    android:entries="@array/cities"
    android:spinnerMode="dialog">
</Spinner>
```

其显示结果如图 15-11 所示。

图 15-11　通过对话框选择下拉列表项

15.8 图像组件

首先，创建一个名为 ImageViewDemo 的项目，并手动添加 main_layout.xml 布局文件。然后，将图 15-12 中的两幅图片复制到 app\res\drawable 目录中，分别命名为 round.png 和 robot.png。

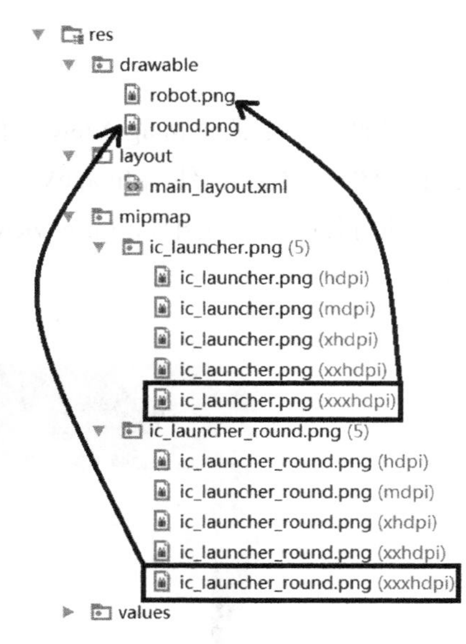

图 15-12 复制图片

接下来，修改 main_layout.xml 布局文件的内容，如下所示。

```
<?xml version="1.0" encoding="utf-8"?>
<LinearLayout xmlns:android="http://schemas.
android.com/apk/res/android"
    android:orientation="vertical"
    android:layout_width="match_parent"
    android:layout_height="match_parent">

<ImageView android:id="@+id/img1"
        android:layout_width="wrap_content"
        android:layout_height="wrap_content"
        android:src="@drawable/robot" />

</LinearLayout>
```

代码中，创建了一个 ImageView 组件，其中，把 android:src 属性设置图片文件，使用 @drawable 表示 drawable 目录中的图像资源，robot 表示 robot.png 图片。

最后，修改 MainActivity.java 文件的内容，如下所示。

```
package com.example.imageviewdemo;

import android.media.Image;
import android.support.v7.app.AppCompatActivity;
import android.os.Bundle;
import android.view.View;
import android.widget.ImageView;

public class MainActivity extends AppCompatActivity {
    // 计数
    private  int counter = 0;

    @Override
    protected void onCreate(Bundle savedInstanceState) {
        super.onCreate(savedInstanceState);
        setContentView(R.layout.main_layout);
        //
        ImageView img1 = (ImageView)findViewById(R.id.img1);
        img1.setOnClickListener(new View.OnClickListener() {
            @Override
            public void onClick(View v) {
                ImageView img =(ImageView)v;
                if(counter % 2 == 0)
                    img.setImageResource(R.drawable.round);
                else
```

```
                    img.setImageResource(R.drawable.robot);
                counter++;
            }
        });
    }
}
```

代码中，注册了ImageView组件的单击事件，并通过counter字段值是否为偶数来判断显示的图片。然后，使用ImageView对象的setImageResource()方法来重新设置图片内容。

执行程序并单击图片，ImageView组件显示的内容会在两幅图片之间进行转换，如图15-13所示。

图 15-13 单击切换图片

15.9 列表

本节创建一个名为ListViewDemo的项目进行测试，在MainActivity中使用一个手动创建的main_layout.xml布局文件。请注意使用LinearLayout布局。

15.9.1 绑定列表数据

首先修改main_layout.xml文件，在布局中添加一个ListView组件，如下面的代码所示。

```
<?xml version="1.0" encoding="utf-8"?>
<LinearLayout xmlns:android="http://schemas.android.com/apk/res/android"
    android:orientation="vertical" android:layout_width="match_parent"
    android:layout_height="match_parent">

<ListView android:id="@+id/lst1"
```

```
        android:layout_width="match_parent"
        android:layout_height="match_parent" />

</LinearLayout>
```

接下来，在 MainActivity.java 文件中绑定列表的数据，如下面的代码所示。

```
package com.example.listviewdemo;

import android.support.v7.app.AppCompatActivity;
import android.os.Bundle;
import android.widget.ArrayAdapter;
import android.widget.ListView;

public class MainActivity extends AppCompatActivity {

    // 列表显示的数据
    private String[] data = {"aaa","bbb","ccc","ddd",
            "eee","fff","ggg","hhh"};

    @Override
    protected void onCreate(Bundle savedInstanceState) {
        super.onCreate(savedInstanceState);
        setContentView(R.layout.main_layout);
        // 初始化列表
        ArrayAdapter<String> ada = new ArrayAdapter<String>(
                MainActivity.this,
                android.R.layout.simple_list_item_1,
                data);
        //
        ListView lst1 = (ListView)findViewById(R.id.lst1);
        lst1.setAdapter(ada);
    }
}
```

本例中，使用 ArrayAdapter 泛型类创建一个数组适配器对象，用于向 ListView 组件绑定数据，其构造函数包括以下三个参数。

- 第一个参数指定一个 Content 对象，使用 MainActivity.this 获取当前 Activity 的 Context 对象。
- 第二个参数是一个列表项（ListItem）布局 ID，定义列表中每一项的显示内容。这里使用了 android.R.layout.simple_list_item_1 布局，这是 Android SDK 中内置的一个布局文件，用于显示包含一个文本组件的列表项。
- 第三参数是 String 数组，指定填充列表项的文本内容，如代码中的 data 对象。

代码的最后，使用 ListView 对象的 setAdapter() 方法将 ArrayAdapter 对象绑定到 ListView 对象。执行应用，会显示一个从 aaa 到 hhh 的列表，如图 15-14 所示。

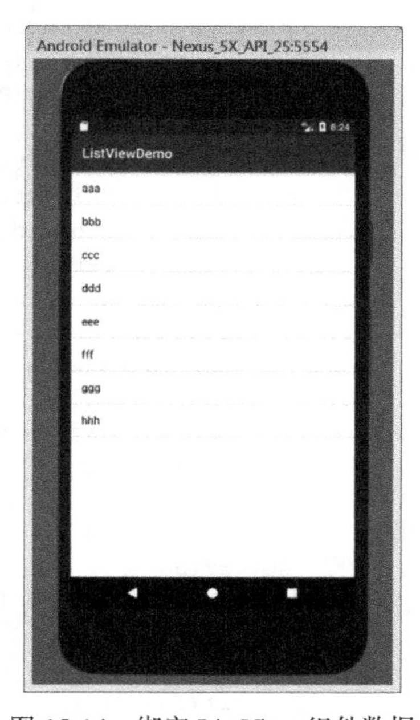

图 15-14　绑定 ListView 组件数据

此外，在列表项中还可以使用不同类型的布局，甚至自定义列表项。本书后面的内容中，还会有相关的讨论。

15.9.2 响应列表项单击

只显示列表当然是不够的，应用中，还需要对用户单击的列表项进行响应，并做进一步的操作。

首先，修改MainActivity.java文件中，设置列表项的响应事件，如下面的代码（app\java\com.example.listviewdemo\MainActivity.java文件）。

```
package com.example.listviewdemo;

import android.support.v7.app.AppCompatActivity;
import android.os.Bundle;
import android.view.View;
import android.widget.AdapterView;
import android.widget.ArrayAdapter;
import android.widget.ListView;
import android.widget.Toast;

public class MainActivity extends AppCompatActivity
    implements AdapterView.OnItemClickListener
{

    // 列表显示的数据
    private String[] data = {"aaa","bbb","ccc","ddd",
            "eee","fff","ggg","hhh"};

    @Override
    protected void onCreate(Bundle savedInstanceState) {
        super.onCreate(savedInstanceState);
        setContentView(R.layout.main_layout);
        // 初始化列表
        ArrayAdapter<String> ada = new ArrayAdapter<String>(
                MainActivity.this,
                android.R.layout.simple_list_item_1,
                data);
        //
        ListView lst1 = (ListView)findViewById(R.id.lst1);
        lst1.setAdapter(ada);
        //
        lst1.setOnItemClickListener(this);
    }

    // 响应列表项单击
    @Override
    public void onItemClick(AdapterView<?> parent,
                            View view, int position, long id)
    {
        if(id>=0) {
```

```
                String s = data[(int) id];
                Toast t = Toast.makeText(MainActivity.this, s, Toast.LENGTH_SHORT);
                t.show();
            }
        }
    }
```

代码中，首先让 MainActivity 类实现 AdapterView.OnItemClickListener 接口，并重写 onItemClick() 方法。

接着，在 onCreate() 方法中，通过 ListView 对象的 setOnItemClickListener() 方法，将单击响应代理设置为当前 Activity 对象。

最后，在重写的 onItemClick() 方法中，包含了 4 个参数，其含义如下。

- 第一个参数表示列表绑定的数组适配器对象。
- 第二个参数表示单击的列表项视图对象。
- 第三个参数表示单击的列表项的索引。请注意，这里是指单击列表视图中的项目索引值，包括列表的标题和脚注。如果 ListView 组件定义了标题和脚注，就需要注意如何正确获取真正的数据项索引，稍后会详细说明。
- 第四个参数，当其值大于等于 0 时，单击的是真正的列表项；当其值是 -1 时，则表示列表的标题或脚注。本例中，id 应该与 position 的值相同，可以在 onItemClick() 方法的最后添加几条日志来观察参数的数据，如下面的代码所示。

```
// 响应列表项单击
@Override
public void onItemClick(AdapterView<?> parent,
                        View view, int position, long id)
{
if(id>=0) {
        String s = data[(int) id];
        Toast t = Toast.makeText(MainActivity.this, s, Toast.LENGTH_SHORT);
        t.show();
    }
    //
    Log.d("view_id",String.valueOf(view.getId()));
    Log.d("position",String.valueOf(position));
    Log.d("id",String.valueOf(id));
}
```

图 15-15 中显示的就是单击 eee 后显示的日志信息。

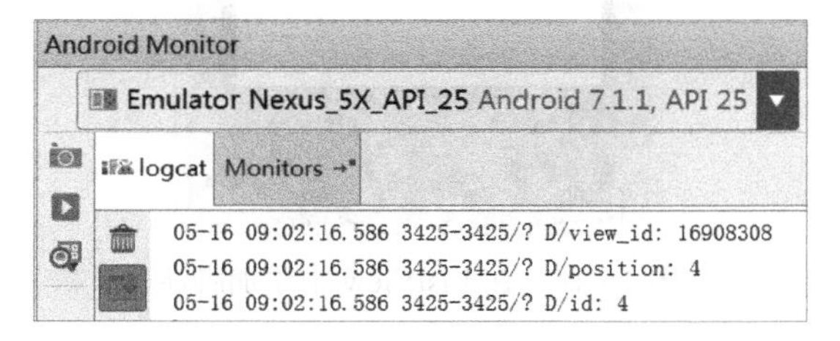

图 15-15　显示的日志信息

15.9.3 获取正确的项目索引

下面的代码为 ListView 添加一个脚注，修改 onCreate() 方法，如下面的代码（app\java\com.example.listviewdemo\MainActivity.java 文件）所示。

```
@Override
protected void onCreate(Bundle savedInstanceState) {
super.onCreate(savedInstanceState);
    setContentView(R.layout.main_layout);
    // 初始化列表
    ArrayAdapter<String> ada = new ArrayAdapter<String>(
                MainActivity.this,
                android.R.layout.simple_list_item_1,
                data);
    //
    ListView lst1 = (ListView)findViewById(R.id.lst1);
    lst1.setAdapter(ada);
    //
    lst1.setOnItemClickListener(this);
    //添加列表脚注
    TextView footer = new TextView(this);
    footer.setText("ListView Footer");
    lst1.addFooterView(footer);
}
```

代码中，使用 TextView 组件创建了一个只有文本内容的脚注视图，并通过 ListView 对象的 addFooterView() 方法添加到列表中。

再次执行应用，可以看到，列表的最后显示脚注，如图 15-16 所示。

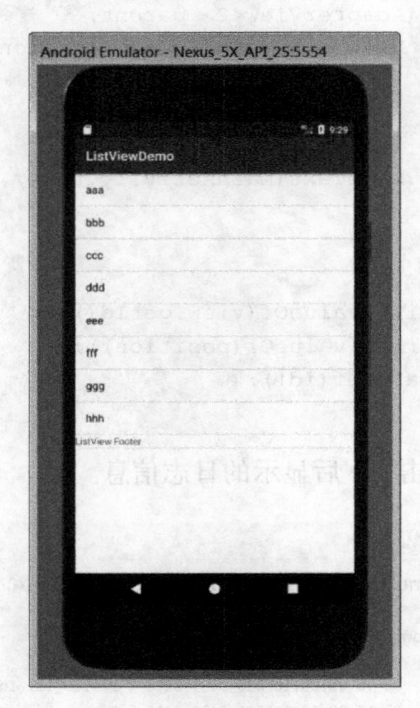

图 15-16　在 ListView 中添加脚注

接下来，可以选择脚注或真正的列表项来观察 position 和 id 的参数值，图 15-17（a）显示的是单击了脚注的信息，而图 15-17（b）显示的是单击了 eee 项的信息。

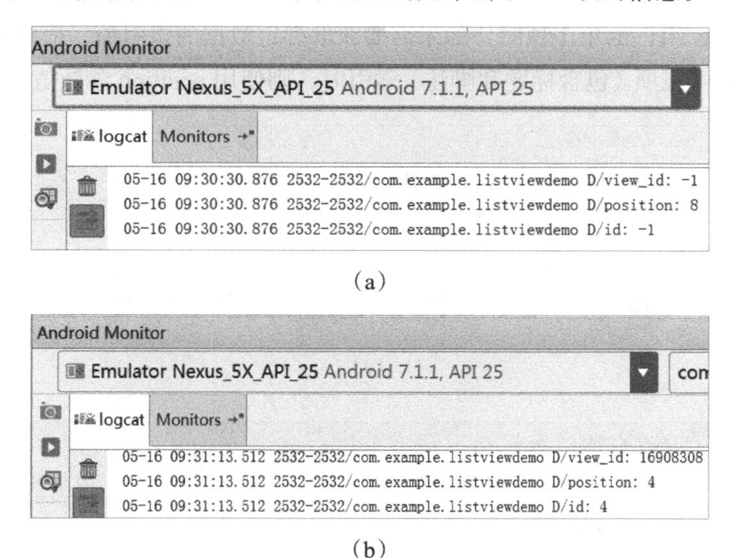

图 15-17　单击了脚注的信息和单击了 eee 项的信息

从图 15-17 中，可以看到，单击列表的脚注时，其 position 参数值为 8，即 ListView 组件中的第 9 项，而 id 参数值为 –1，说明没有选中真正的列表项。

当单击 eee 项目时，position 和 id 参数值都是 4，即选中了列表中的第 5 项。实际上，在 ListView 组件中添加标题栏后，position 和 id 参数的值就完全对不上了。下面就是在 onCreate() 方法中为 ListView 组件添加标题栏的代码。

```
// 添加列表标题
TextView header = new  TextView(this);
header.setText("ListView Header");
header.setTextColor(Color.BLUE);
header.setTextSize(25);
lst1.addHeaderView(header);
```

这里，同样使用 TextView 组件创建了一个只包含文本内容的标题视图。然后，通过 ListView 对象的 addHeaderView() 方法添加到列表中。

再次执行应用，可以看到包含了标题栏和脚注栏的 ListView 组件，如图 15-18 所示。

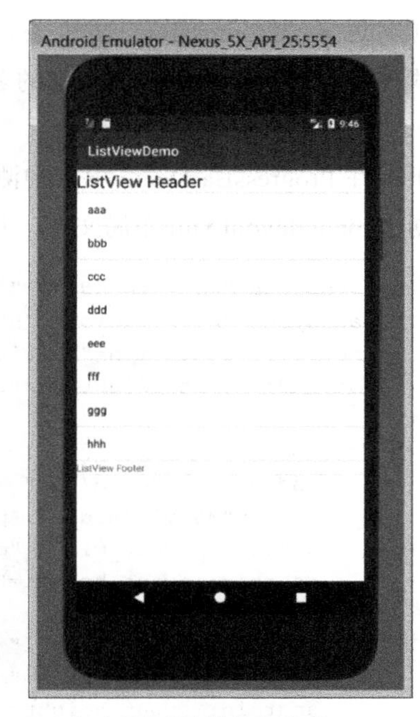

图 15-18　包含了标题栏和脚注的 ListView 组件

图 15-19(a) 显示的是单击标题栏的信息，其中，position 参数值为 0，id 参数值为 –1。图 15-19(b) 显示的则是单击 eee 项目的信息，其中，position 参数为 5，即 ListView 组件中全部内容的第 6 项，而 id 参数为 4，即实际

数据中的第 5 项。

判断 ListView 组件的单击项时，如果需要获取绑定数据的索引值，应该使用 id 参数值。在获取 ListView 可视项（包含标题和脚注）索引时，则使用 position 参数值。

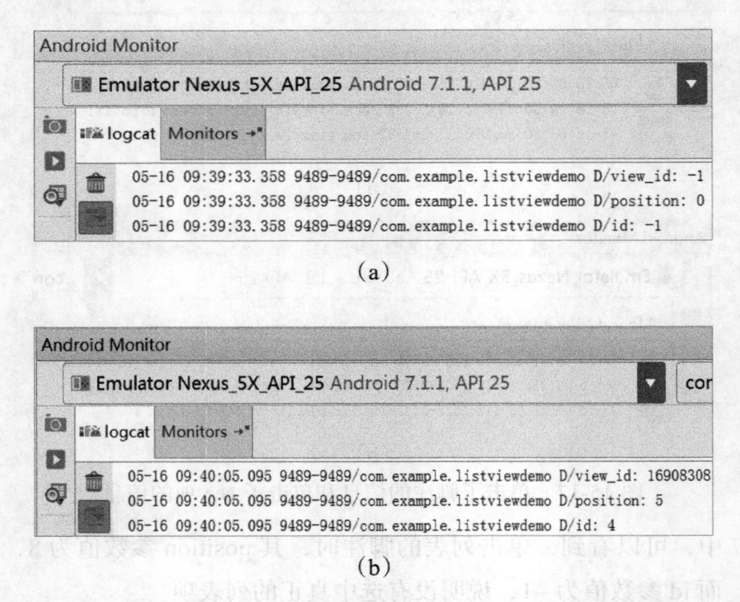

图 15-19　单击了标题栏的信息和单击了 eee 项目的信息

15.10　进度条

顾名思义，ProgressBar（进度条）组件的功能就是显示工作的进度。它包括两种基本的样式风格，即转圈模式（笔者起的名字）和水平指示条。其中，转圈模式又可以分为大（Large）、正常（Normal）、小（Small）三种尺寸。

下面在 ProgressBarDemo 项目中测试 ProgressBar 组件，并使用水平指示条样式。在项目中创建 main_layout.xml 布局文件，并修改内容，如下所示。

```
<?xml version="1.0" encoding="utf-8"?>
<LinearLayout xmlns:android="http://schemas.android.com/apk/res/android"
    android:orientation="vertical" android:layout_width="match_parent"
    android:layout_height="match_parent">

<ProgressBar
        android:id="@+id/pb1"
        style="@style/Widget.AppCompat.ProgressBar.Horizontal"
        android:layout_width="match_parent"
        android:layout_height="wrap_content" />

<Button android:id="@+id/btn1"
        android:layout_width="match_parent"
        android:layout_height="wrap_content"
```

```
        android:text="Button1"/>

</LinearLayout>
```

然后，修改 MainActivity.java 文件，如下面的内容所示。

```
package com.example.progressbardemo;

import android.support.v7.app.AppCompatActivity;
import android.os.Bundle;
import android.view.View;
import android.widget.Button;
import android.widget.ProgressBar;

import java.util.Timer;
import java.util.TimerTask;

import static android.R.style.Widget;

public class MainActivity extends AppCompatActivity {

    ProgressBar pb1;

    @Override
    protected void onCreate(Bundle savedInstanceState) {
        super.onCreate(savedInstanceState);
        setContentView(R.layout.main_layout);
        // 进度条
        pb1 = (ProgressBar)findViewById(R.id.pb1);
        pb1.setProgress(0);
        //
        Button btn1 = (Button)findViewById(R.id.btn1);
        btn1.setOnClickListener(new View.OnClickListener() {
            @Override
            public void onClick(View v) {
                pb1.setProgress(0);
                Timer timer = new Timer();
                TimerTask task = new TimerTask() {
                    @Override
                    public void run() {
                       int cur = pb1.getProgress();
                        cur += 10;
                        if (cur <= 100) {
                            pb1.setProgress(cur);
                        } else {
                            this.cancel();
                        }
                    }
                };
                timer.scheduleAtFixedRate(task,0,1000);
            }
        });
    }
}
```

执行程序，进度会用10秒完成，然后计时器timer停止工作。代码中使用getProgress()和setProgress()方法分别获取和设置进度条的当前值。

此外，可以使用setVisibility()方法设置滚动条的显示状态，其值包括以下几个。

- View.INVISIBLE值：隐藏但还占用界面空间。
- View.VISIBLE值：显示。
- View.GONE值：隐藏但不占界面空间。

本例执行结果如图15-20所示。

图15-20　使用水平进度条

15.11　滑块

在设置数据时，滑块（SeekBar）可以提供给用户更加直观的操作方式，例如，在设置音量时，就经常使用滑块。在Android应用中，可以使用SeekBar组件来完成滑块的功能。下面创建一个SeekBarDemo项目进行测试。

创建默认的MainActivity后，创建它的布局文件main_layout.xml，并修改其内容，如下所示。

```
<?xml version="1.0" encoding="utf-8"?>
<LinearLayout xmlns:android="http://schemas.android.com/apk/res/android"
    android:orientation="vertical" android:layout_width="match_parent"
    android:layout_height="match_parent">

<SeekBar android:id="@+id/seekbar1"
        android:layout_width="match_parent"
```

```
        android:layout_height="50dp"
        android:max="100"/>

    <TextView android:id="@+id/txt1"
        android:layout_width="match_parent"
        android:layout_height="wrap_content" />

</LinearLayout>
```

界面布局中，创建了一个 SeekBar 组件，并设置其最大值为 100。另一个 TextView 组件用于显示信息。

下面修改 MainActivity.java 文件的内容，如下所示。

```
package com.example.seekbardemo;

import android.graphics.Color;
import android.support.v7.app.AppCompatActivity;
import android.os.Bundle;
import android.widget.SeekBar;
import android.widget.TextView;

public class MainActivity extends AppCompatActivity
    implements SeekBar.OnSeekBarChangeListener
{
    private SeekBar seekbar1;
    private TextView txt1;

    @Override
    protected void onCreate(Bundle savedInstanceState) {
        super.onCreate(savedInstanceState);
        setContentView(R.layout.main_layout);
        //
        seekbar1 =(SeekBar)findViewById(R.id.seekbar1);
        seekbar1.setOnSeekBarChangeListener(this);
        txt1 = (TextView)findViewById(R.id.txt1);
    }

    @Override
    public void onProgressChanged(SeekBar seekBar, int progress,
boolean fromUser)
{
        txt1.setText(String.format("当前值 : %d", progress));
    }

    @Override
    public void onStartTrackingTouch(SeekBar seekBar) {
        seekBar.setBackgroundColor(Color.rgb(200,200,200));
    }

    @Override
    public void onStopTrackingTouch(SeekBar seekBar) {
        seekBar.setBackgroundColor(Color.WHITE);
    }
}
```

在 MainActivity.java 文件中，实现了 SeekBar.OnSeekBarChangeListener 接口，它包括以下三个方法。

- onProgressChanged() 方法：当 SeekBar 组件滑动导致其值改变时执行，参数 progress 代入当前值。方法中，在 TextView 组件中显示了当前数据。
- onStartTrackingTouch() 方法：单击 SeekBar 组件时执行。示例中，当单击 SeekBar 组件时，其背景色会变成 RGB 值都为 200 的灰色。
- onStopTrackingTouch() 方法：手指离开 SeekBar 组件时执行。示例中，会恢复 SeekBar 组件的背景色为白色。

代码执行结果如图 15-21 所示。

图 15-21　使用滑块

15.12　选择日期和时间对话框

应用中，手动输入日期和时间数据可能会产生错误的组合，需要对输入的内容进行检查。使用 DatePickerDialog 和 TimePickerDialog 组件，则可以通过对话框来选择，这样就更加直观，同时也不会出现错误的日期和时间值。

接下来，创建 DateTimeDemo 项目，添加 MainActivity 的布局文件 main_layout.xml 文件，并修改内容，如下所示。

```
<?xml version="1.0" encoding="utf-8"?>
<LinearLayout xmlns:android="http://schemas.android.com/apk/res/android"
    android:orientation="vertical" android:layout_width="match_parent"
    android:layout_height="match_parent">
```

```
<TextView android:id="@+id/txtDate"
        android:layout_width="match_parent"
        android:layout_height="wrap_content"
        android:text=" 单击选择日期 "/>

<TextView android:id="@+id/txtTime"
        android:layout_width="match_parent"
        android:layout_height="wrap_content"
        android:text=" 单击选择时间 "/>

</LinearLayout>
```

从 DatePickerDialog 对话框中选择日期并返回时，需要在 MainActivity 类中实现 DatePickerDialog.OnDateSetListener 接口，其中包括 onDateSet() 方法用于处理选择的日期数据。相似地，使用 TimePickerDialog 对话框选择时间时，需要实现 TimePickerDialog.OnTimeSetListener 接口，其中，onTimeSet() 方法用于处理选择的时间数据。

接下来，修改 MainActivity.java 文件的内容，如下所示。

```
package com.example.datetimedemo;

import android.app.DatePickerDialog;
import android.app.TimePickerDialog;
import android.icu.util.Calendar;
import android.icu.util.TimeZone;
import android.support.v7.app.AppCompatActivity;
import android.os.Bundle;
import android.view.View;
import android.widget.DatePicker;
import android.widget.TextView;
import android.widget.TimePicker;

import java.util.Date;
import java.util.Locale;

public class MainActivity extends AppCompatActivity
    implements View.OnClickListener,
        DatePickerDialog.OnDateSetListener,
        TimePickerDialog.OnTimeSetListener
{

    private TextView txtDate;
    private TextView txtTime;
    //
    Calendar calendar =
            Calendar.getInstance(TimeZone.getTimeZone("GMT+8"));

    @Override
    protected void onCreate(Bundle savedInstanceState) {
        super.onCreate(savedInstanceState);
        setContentView(R.layout.main_layout);
        //
        txtDate = (TextView)findViewById(R.id.txtDate);
        txtDate.setOnClickListener(this);
```

```
        txtTime = (TextView)findViewById(R.id.txtTime);
        txtTime.setOnClickListener(this);
    }

    @Override
    public void onClick(View v) {
        int vid = v.getId();
        if(vid == R.id.txtDate){
            //  显示选择日期对话框
            DatePickerDialog dlg =
                    new DatePickerDialog(this,this,
                            calendar.get(Calendar.YEAR),
                            calendar.get(Calendar.MONTH),
                            calendar.get(Calendar.DAY_OF_MONTH));
            dlg.show();
        }else if(vid == R.id.txtTime){
            // 显示选择时间对话框
            TimePickerDialog dlg =
                    new TimePickerDialog(this,this,
                            calendar.get(Calendar.HOUR_OF_DAY),
                            calendar.get(Calendar.MINUTE),
                            true);
            dlg.show();
        }
    }

    @Override
    public void onDateSet(DatePicker view, int year, int month, int dayOfMonth) {
        // 显示选择的日期
        txtDate.setText(
                String.format("选择的日期 : %d年%d月%d日",
                                year,month,dayOfMonth));
    }

    @Override
    public void onTimeSet(TimePicker view, int hourOfDay, int minute) {
        // 显示选择的时间
        txtTime.setText(
                String.format("选择的时间 : %d时%d分",
                            hourOfDay,minute));
    }
}
```

请注意，在处理日期和时间时，还使用了日历类 Calendar。其中，使用了 Calendar.getInstance() 方法获取 Calendar 对象（包含了系统当前时间），方法参数使用了一个 TimeZone 对象，通过它的 getTimeZone() 方法设置为东 8 区，也就是北京所在的时区。

创建 DatePickerDialog 对象时，在构造函数中使用了以下参数。

- 第一个参数：指定 Context 对象为当前 Activity。
- 第二个参数：指定 OnDateSetListener 侦听对象同样为当前 Activity。
- 第三个参数：指定默认的年份，使用 calendar.get(Calendar.YEAR) 方法获取系统时间中的当前年份。
- 第四个参数：指定默认的月份，使用 calendar.get(Calendar.MONTH) 方法获取系统时间中的当前月份。

- 第五个参数：指定默认的日期，即月份中的第几天，使用 calendar.get(Calendar.DAY_OF_MONTH) 方法获取系统时间中的当前日期。

创建 TimePickerDialog 对象时，在构造函数中使用了以下参数。

- 第一个参数：指定 Context 对象为当前 Activity。
- 第二个参数：指定 OnDateSetListener 侦听对象同样为当前 Activity。
- 第三个参数：指定默认时间的小时数，使用 calendar.get(Calendar.HOUR_OF_DAY) 方法获取系统时间中的小时数。
- 第四个参数：指定默认的分钟数据，使用 calendar.get(Calendar.MINUTE) 方法获取系统时间中的分钟数。
- 第五个参数：设置是否使用 24 小时制显示。

15.13　更多组件

以上介绍了一些常用的组件。实际上，在 Android SDK 中还有很多组件，可以根据需要参考相关资料学习使用。

那么，到底有哪些组件呢？

不用上网查找，在 Android Studio 中就可以看到。随便打开一个项目中的布局文件，即 app\src\res\layout 目录中的文件，然后，可以看到布局的编辑有两种模式，即设计（Design）模式和文本（Text）模式。选择设计模式，就会看到完整的组件列表，如图 15-22 所示。

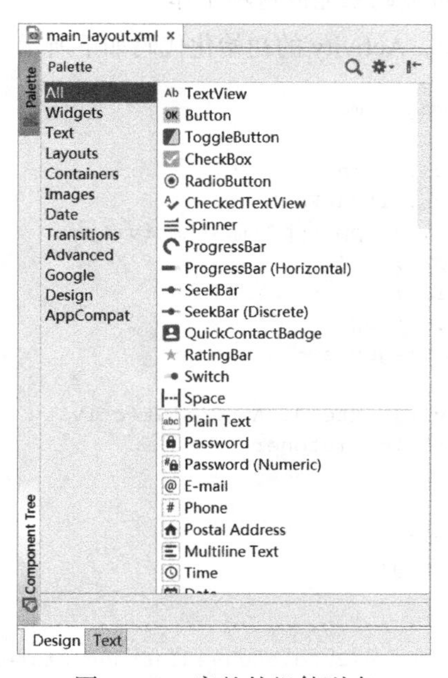

图 15-22　完整的组件列表

可以抽出时间研究在 Android 应用中到底有哪些组件，需要时可以合理地选择使用。

15.14 图像处理

在使用 ImageView 组件时，可以很方便地通过 android:src 属性设置其图像源，如应用中的图片资源。代码中，还可以通过 ImageView 对象的 setImageResource() 方法设置其显示的图像。

实际应用中，还可以对图像进行更多的操作，例如缩放操作等。接下来，就讨论相关内容。首先，创建测试项目，并命名为 ImageDemo。然后，修改 MainActivity 的布局文件（main_layout.xml 文件）内容，如下所示。

```
<?xml version="1.0" encoding="utf-8"?>
<RelativeLayout xmlns:android="http://schemas.android.com/apk/res/android"
    android:layout_width="match_parent" android:layout_height="match_parent">

<Button android:id="@+id/btn1"
        android:layout_width="match_parent"
        android:layout_height="wrap_content"
        android:text="Button1"/>

<ImageView android:id="@+id/img1"
        android:layout_width="wrap_content"
        android:layout_height="wrap_content"
        android:layout_centerInParent="true"/>

</RelativeLayout>
```

布局中创建了一个 Button 和一个 ImageView 组件。不过，在 ImageView 组件还没有设置显示的图像。接下来，通过编码来完成这项工作。

MainActivity.java 文件中，Activity 的初始化代码如下所示。

```
package com.example.imagedemo;

import android.graphics.Bitmap;
import android.graphics.BitmapFactory;
import android.support.v7.app.AppCompatActivity;
import android.os.Bundle;
import android.view.View;
import android.widget.Button;
import android.widget.ImageView;

public class MainActivity extends AppCompatActivity
    implements View.OnClickListener
{

    private Button btn1;
    private ImageView img1;

    @Override
    protected void onCreate(Bundle savedInstanceState) {
        super.onCreate(savedInstanceState);
        setContentView(R.layout.main_layout);
        //
```

```
            btn1 = (Button)findViewById(R.id.btn1);
            img1 = (ImageView)findViewById(R.id.img1);
            btn1.setOnClickListener(this);
            img1.setOnClickListener(this);
            //
// 测试代码
        }

        @Override
        public void onClick(View view) {
            int vid = view.getId();
            if(vid == R.id.btn1) {
                // Button 单击响应
            }else if(vid == R.id.img1) {
                // ImageView 单击响应
            }
        }
}
```

接下来，如果没有特殊说明，代码将在 onCreate() 方法中进行测试。

15.14.1　Bitmap 和 Matrix 类

Bitmap 类用于处理位图图像，是处理图像的基本类型。实际应用中，可以使用如下代码从应用的图像资源中创建 Bitmap 对象。

```
Bitmap bmp = BitmapFactory.decodeResource(getResources(),R.mipmap.ic_launcher);
```

BitmapFactory 类提供了一系列生成 Bitmap 对象的静态方法（工厂方法），可以通过各种类型的数据创建 Bitmap 对象。这里，使用了一个比较简单的 decodeResource() 方法，它包括两个参数：第一个参数指定资源的来源，这里使用 getResources() 方法指定为当前应用的资源；第二个参数指定资源 ID，这里使用了 ic_launcher 图标文件。

获取 Bitmap 对象后，可以将图像显示到 ImageView 组件中，如下面的代码所示。

```
img1.setImageBitmap(bmp);
```

对图像进行变换处理时，需要借助 Matrix 类，它可以设置图像的变换矩阵数据。Matrix 对象的创建非常简单，如下面的代码所示。

```
Matrix matrix = new Matrix();
```

然后，可以通过 Matrix 对象中的一系列方法设置矩阵变换参数。下面就通过一些具体的实例来了解。

15.14.2　缩放

在指定缩放数据时，可以使用 setScale() 方法指定宽度和高度缩放的倍数。如果不希望图像变形，两个方向的缩放比例应该是相同的。指定缩放数据后，通过 Bitmap.createBitmap() 方法返回缩放后的 Bitmap 对象。

下面的代码将图标图像放大 10 倍后显示到 ImageView 组件中。

```
@Override
protected void onCreate(Bundle savedInstanceState) {
// 其他代码
    //
    Bitmap bmp =
        BitmapFactory.decodeResource(getResources(), R.mipmap.ic_launcher);
    Matrix matrix = new Matrix();
    matrix.setScale(10f,10f);
    Bitmap bmp1 = Bitmap.createBitmap(bmp,0,0,
        bmp.getWidth(),bmp.getHeight(),matrix,false);
    img1.setImageBitmap(bmp1);
}
```

代码中，Matrix 对象的 setScale() 方法使用了两个参数，分别指定图像宽度和高度的缩放比例。而 Bitmap.createBitamp() 用于从其他 Bitmap 对象生成新的图像，并可以同时完成变换工作，其参数包括以下几个。

- 第一个参数：指定源 Bitmap 对象。
- 第二个参数和第三个参数：指定复制源对象的左上角坐标。
- 第四个参数和第五个参数：指定复制源对象的宽度和高度。
- 第六个参数指定变换数据：即 Matrix 对象。
- 第七个参数：指定是否使用过滤器对象。

应用执行效果如图 15-23 所示。

图 15-23 图像缩放

15.14.3　旋转

下面的代码将对图像放大 10 倍，并旋转 90° 后显示在 img1 组件中。

```
Matrix matrix = new Matrix();
matrix.preScale(10f, 10f);
matrix.preRotate(90f);
Bitmap bmp =BitmapFactory.decodeResource(
getResources(), R.mipmap.ic_launcher);
Bitmap bmp1 = Bitmap.createBitmap(bmp,0,0,
bmp.getWidth(),bmp.getHeight(),matrix,false);
img1.setImageBitmap(bmp1);
```

代码执行结果如图 15-24 所示。

图 15-24　图像旋转

请注意，本例中使用了 Matrix 对象中的 preScale() 方法，它与 setScale() 方法的区别在于，setScale() 方法会重置矩阵数据，这样会将其他操作撤销。而使用 preScale() 和 preRotate() 等方法则可以将操作进行预处理，然后统一返回操作结果，这样就可以同时进行多个操作了。

此外，对于旋转操作时的角度设置，顺时针旋转为正角度，逆时针旋转为负角度，可以根据需要选择旋转的角度。

15.14.4　扭曲

下面的代码在水平方向对图像进行扭曲操作。

```
Matrix matrix = new Matrix();
matrix.preScale(10f, 10f);
matrix.preSkew(1f,0f);
Bitmap bmp =BitmapFactory.decodeResource(
getResources(), R.mipmap.ic_launcher);
Bitmap bmp1 = Bitmap.createBitmap(bmp,0,0,
bmp.getWidth(),bmp.getHeight(),matrix,false);
img1.setImageBitmap(bmp1);
```

代码执行效果如图 15-25 所示。

下面的代码同时在水平和垂直两个方向进行扭曲操作。

```
matrix.preSkew(0.5f,0.5f);
```

其显示结果如图 15-26 所示。

图 15-25　图像水平扭曲

图 15-26　图像水平与垂直扭曲

第 16 章　布局与容器

前一章讨论了一些构成用户界面的基本元素，而实际开发中，一个界面可能会包含多个组件，那么，如何组织这些组件呢？本章将进一步讨论用户界面的设计问题，主要内容包括：

- 尺寸单位
- 线性布局（Linear Layout）
- 相对布局（Relative Layout）
- ScrollView 和 HorizontalScrollView
- 搜索功能（SearchView）
- 自定义组件

16.1　尺寸单位

Android 设备的分辨率和各式各样的 DPI，使得尺寸的处理成了一个比较麻烦的问题。现在可以使用两种逻辑单位，让实际显示效果在不同设备中尽可能地保持一致。这两种单位分别如下。

- dp（Density-independent Pixels），设置固定尺寸，建议用于组件的尺寸和位置设置。
- sp（Scale-independent Pixels），更适合设置字体的尺寸，实际显示效果可以根据用户的字体设置而改变（Android 4.x 以后）。此外，如果应用中的字体不需要改变，也可以使用 dp 来设置。

当然，依然可以使用传统的单位，如像素（px）。不过，在使用这些单位时，应该在目标设备中充分进行测试，以观察实际显示效果是否达到了设计要求。

接下来的内容将统一使用 dp 和 sp 作为尺寸单位。

16.2　线性布局

线性布局（Linear Layout）的特点就是，所包含的组件会一个接一个地排列。不过，可以设置组件排列的方向，包括以下两种。

- 垂直（vertical）排列：这是默认方式，布局中的组件会上下排列。
- 水平（horizontal）水平：布局中的组件左右排列。

下面在 LayoutDemo 项目中测试各种布局。首先，创建 MainActivity 的布局文件，命名为 main_layout.xml，并使用线性布局。然后在布局中添加三个按钮，如下面的代码所示。

```
<?xml version="1.0" encoding="utf-8"?>
<LinearLayout xmlns:android="http://schemas.android.com/apk/res/android"
    android:orientation="vertical"
    android:layout_width="match_parent"
    android:layout_height="match_parent">

<Button android:id="@+id/btn1"
        android:layout_width="wrap_content"
        android:layout_height="wrap_content"
        android:text="Button1"/>

<Button android:id="@+id/btn2"
        android:layout_width="wrap_content"
        android:layout_height="wrap_content"
        android:text="Button2"/>

<Button android:id="@+id/btn3"
        android:layout_width="wrap_content"
        android:layout_height="wrap_content"
        android:text="Button3"/>

</LinearLayout>
```

运行程序前，不要忘了在 MainActivity.java 文件中设置视图，如下面的代码所示。

```
package com.example.layoutdemo;

import android.support.v7.app.AppCompatActivity;
import android.os.Bundle;

public class MainActivity extends AppCompatActivity {

    @Override
    protected void onCreate(Bundle savedInstanceState) {
        super.onCreate(savedInstanceState);
        setContentView(R.layout.main_layout);
    }
}
```

执行程序，会看到三个按钮上下排列，如图 16-1(a) 所示，如果需要按钮的宽度占满屏幕，可以将 Button 组件的 android:layout_width 属性值设置为“match_parent”，其显示结果如图 16-1(b) 所示。

接下来，将 <LinearLayout> 标记的 android:orientation 属性值修改为“horizontal”，这样，三个按钮就变成了水平排列，如图 16-1(c) 所示。

也许会发现，三个按钮水平排列后并不美观。下面在三个按钮中都添加 android:layout_weight="1" 属性，再次运行项目，三个按钮已经占满了屏幕宽度，并且具有相同的宽度，如图 16-1(d) 所示。

请注意 android:layout_weight 属性的使用。在水平布局中，它会指定组件在水平方向上占有的比例，而在垂直布局中，它会指定组件在垂直方向上占有的比例。示例中的三个按钮所占屏幕宽度的比例就是 1:1:1，也就是三个按钮具有相同的宽度。

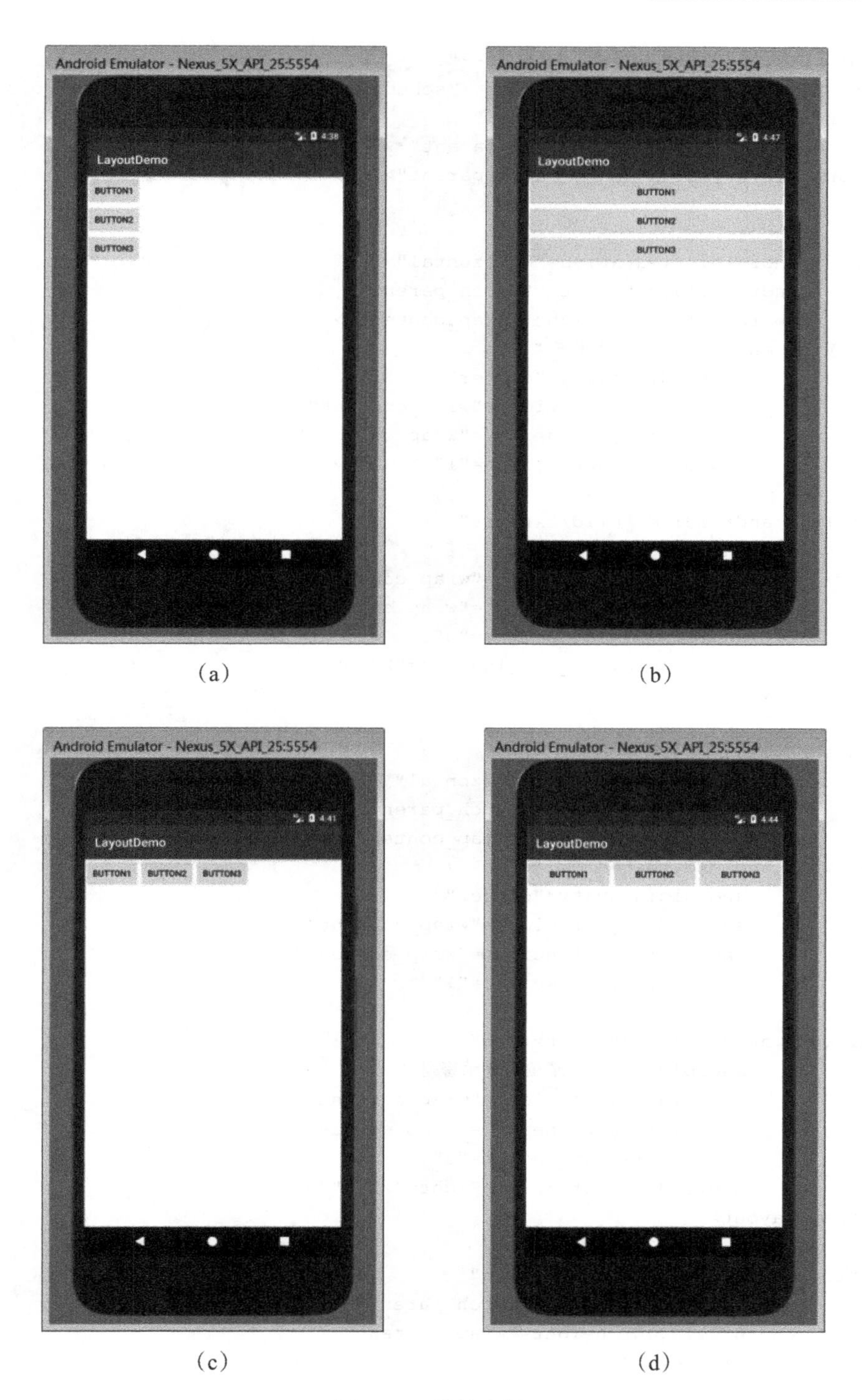

图 16-1　线性布局

设计布局时，还可以嵌套使用。下面的代码（main_layout.xml 文件）创建一个用户登录的界面。

```
<?xml version="1.0" encoding="utf-8"?>
<LinearLayout xmlns:android="http://schemas.android.com/apk/res/android"
    android:orientation="vertical"
    android:layout_width="match_parent"
    android:layout_height="match_parent">

<LinearLayout
        android:orientation="horizontal"
        android:layout_width="match_parent"
        android:layout_height="wrap_content">
<TextView android:text="用户"
            android:gravity="center"
            android:layout_width="wrap_content"
            android:layout_height="wrap_content"
            android:layout_weight="1"/>

<EditText android:id="@+id/txtUser"
            android:hint="请输入用户名"
            android:layout_width="wrap_content"
            android:layout_height="wrap_content"
            android:layout_weight="5"
            android:layout_marginRight="22dp"/>
</LinearLayout>

<LinearLayout
        android:orientation="horizontal"
        android:layout_width="match_parent"
        android:layout_height="wrap_content">
<TextView android:text="密码"
            android:gravity="center"
            android:layout_width="wrap_content"
            android:layout_height="wrap_content"
            android:layout_weight="1"/>

<EditText android:id="@+id/txtPwd"
            android:hint="请输入登录密码"
            android:layout_width="wrap_content"
            android:layout_height="wrap_content"
            android:layout_weight="5"
            android:layout_marginRight="22dp"/>
</LinearLayout>

<Button android:id="@+id/btnLogin"
        android:layout_width="match_parent"
        android:layout_height="wrap_content"
        android:text="登录"/>

</LinearLayout>
```

代码中，在一个垂直线性布局中又添加了两个水平线性布局，其中分别放置了一个TextView 和一个 EditText 组件。最后是一个 Button 组件。运行项目，可以看到如图 16-2 所示的界面布局。

图 16-2　使用嵌套的线性布局

16.3　相对布局

顾名思义，相对布局（Relative Layout）的特点就是组件的位置会相对于其他的组件进行组织，例如，参照组件的容器（上级组件）或同级组件。

下面使用相对布局重新创建用户登录的界面。可以继续在 main_layout.xml 文件中修改代码进行测试。

```
<?xml version="1.0" encoding="utf-8"?>
<RelativeLayout xmlns:android="http://schemas.android.com/apk/res/android"
    android:layout_width="match_parent"
    android:layout_height="match_parent">

<TextView android:id="@+id/lblUser"
        android:text="用户"
        android:layout_width="wrap_content"
        android:layout_height="wrap_content"
        android:layout_marginTop="30dp"
        android:layout_marginLeft="30dp"
        android:textSize="25sp"/>

<EditText android:id="@+id/txtUser"
        android:hint="请输入用户名"
        android:layout_width="300dp"
        android:layout_height="wrap_content"
    android:layout_toRightOf="@id/lblUser"
     android:layout_alignTop="@id/lblUser" />
```

```
    <TextView android:id="@+id/lblPwd"
            android:text=" 密码 "
            android:layout_width="wrap_content"
            android:layout_height="wrap_content"
            android:layout_below="@id/lblUser"
            android:layout_alignLeft="@id/lblUser"
            android:layout_marginTop="30dp"
            android:textSize="25sp" />

    <EditText android:id="@+id/txtPwd"
            android:hint=" 请输入登录密码 "
            android:layout_width="300dp"
            android:layout_height="wrap_content"
        android:layout_toRightOf="@id/lblPwd"
         android:layout_alignTop="@id/lblPwd"/>

    <Button android:id="@+id/btnLogin"
            android:layout_width="match_parent"
            android:layout_height="wrap_content"
            android:layout_below="@id/lblPwd"
            android:layout_margin="30dp"
            android:text=" 登录 "/>

    </RelativeLayout>
```

先来看一下界面显示的效果，如图16-3所示。

下面看一看位置相关的属性设置。首先是lblUser组件，它使用以下两个属性来确定它的位置。

- android:layout_marginTop属性：设置组件顶部与基准组件的距离，如果没有指定相对的基准组件，则使用距离容器顶部的尺寸。
- android:layout_marginLeft属性：设置组件左侧与基准组件的距离，如果没有指定相对的基准组件，则使用距离容器左侧的尺寸。

有了lblUser组件作为基准，接下来，txtUser组件就相对于lblUser组件来定位。相关的属性包括以下几个。

- android:layout_toRightOf属性：将当前组件放在指定组件的右侧，属性值使用“@id/<ID>”格式。
- android:layout_alignTop属性：指定当前组件与指定组件顶部对齐。

接下来是lblPwd组件，它同样以lblUser组件为基准，定位相关的属性包括：

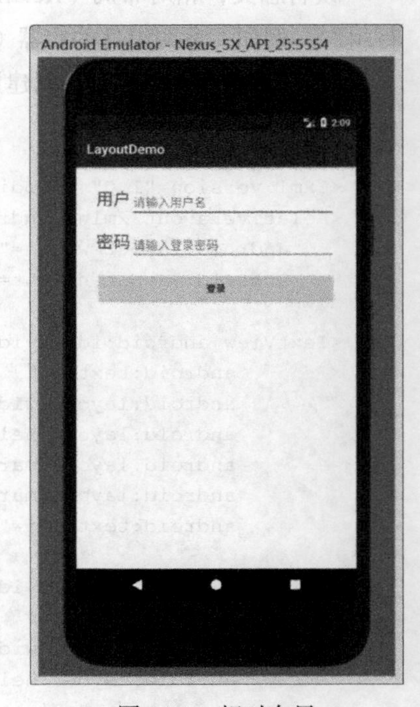

图16-3 相对布局

- ❑ android:layout_below 属性：设置当前组件位于指定组件的下方，如果放在指定组件的上面，则需要使用 android:layout_above 属性。
- ❑ android:layout_alignLeft 属性：设置当前组件与指定的组件左对齐。
- ❑ android:layout_marginTop 属性：设置当前组件与其上方组件的距离。

txtPwd 组件的定位以 lblPwd 组件为基准，定位相关的属性包括 android:layout_toRightOf 和 android:layout_alignTop。这里，设置 txtPwd 组件放在 lblPwd 的右侧，并与顶部对齐。

最后是 btnLogin 组件的定位，相关的属性包括 android:layout_below 和 android:layout_margin，设置 btnLogin 放在 lblPwd 组件的下方，并距离 30dp。

此外，还可以将组件定位在容器中的指定位置，相关属性包括以下几个。

- ❑ android:layout_centerInParent 属性：设置组件是否位于容器中间。
- ❑ android:layout_alignParentTop 属性：设置组件是否位于容器顶部。
- ❑ android:layout_alignParentBottom 属性：设置组件是否位于容器底部。
- ❑ android:layout_alignParentLeft 属性：设置组件是否位于容器左侧。
- ❑ android:layout_alignParentRight 属性：设置组件是否位于容器右侧。
- ❑ android:layout_centerHorizontal 属性：设置是否在容器中水平居中。
- ❑ android:layout_centerVertical 属性：设置是否在容器中垂直居中。

当组件相对于同级组件定位时，可以使用的属性包括以下几个。

- ❑ android:layout_above 属性：定位在指定组件的上方。
- ❑ android:layout_below 属性：定位在指定组件的下方。
- ❑ android:layout_toLeftOf 属性：定位在指定组件的左侧。
- ❑ android:layout_toRightOf 属性：定位在指定组件的右侧。
- ❑ android:layout_alignTop 属性：与指定组件顶部对齐。
- ❑ android:layout_alignBottom 属性：与指定组件底部对齐。
- ❑ android:layout_alignLeft 属性：与指定组件左侧对齐。
- ❑ android:layout_alignRight 属性：与指定组件右侧对齐。

最后，再回顾一下 margin 的概念。当组件没有相关的同级组件时，其 margin 属性指定的是组件距离其容器边框的距离，如图 16-4 所示。

如果组件设置了关联组件，则 margin 设置的就是当前组件距离这些关联组件的距离，如图 16-5 所示。

请注意，图 16-5 中与 margin 相关的属性都是基于组件 A 的。如果是在组件 B 中设置与组件 A 的距离，应使用 marginBottom，其他组件之间的相对关系以此类推。

组件的定位中，margin 相关的属性包括以下几个。

- ❑ android:layout_margin 属性：同时设置四个方向的距离。
- ❑ android:layout_marginTop 属性：设置当前组件距离容器上边框或上方组件的距离。
- ❑ android:layout_marginBottom 属性：设置当前组件距离容器下边框或下方组件的距离。

图 16-4 容器中的 margin 属性　　图 16-5 同级组件的 margin 属性

- ❑ android:layout_marginLeft 属性：设置当前组件距离容器左边框或左侧组件的距离。
- ❑ android:layout_marginRight 属性：设置当前组件距离容器右边框或右侧组件的距离。

对于基本的界面设计来讲，线性布局和相对布局已经够用了。不过，对于一些应用来讲，可能还可需要一些特殊的布局设计方案。在 Android SDK 中也提供了多种布局方案，需要时可以参考相关资料使用。相信有学习以上内容，使用其他布局也不会有什么问题。

16.4 ScrollView 和 HorizontalScrollView

界面设计中，容器（Container）是指可以包含其他组件的组件。实际上，已经使用过容器组件了，例如，在 RadioGroup 中可以包含多个 RadioButton 组件，在 ListView 中则可以包含各种样式的列表项（List Item）组件等。

下面再介绍几个基本的容器组件。

有时候，界面中的组件比较多，屏幕不能完整地显示。此时，可以将这些组件放在一个 ScrollView 组件中，这样，就可以通过上下滑动屏幕来处理完整的界面了。

ScrollView 组件在滑动时会显示一个垂直的滚动条。如果界面是水平布置的，则可以将组件放在 HorizontalScrollView 组件中，这样在滑动时就会显示一个水平滚动条。

这两个容器组件的使用比较简单，在这里就不再举例了。实际应用中，只需要将组件放到 ScrollView 或 HorizontalScrollView 组件中，就可以通过上下或左右滑动查看完整的界面。

16.5 搜索功能

很多应用都会有搜索功能，如通讯录等。通过 SearchView 和 ListView 组件的配合使用，可以很方便地创建自己的搜索界面。下面创建一个布局文件，并命名为 search_layout.xml。然后，修改其内容，如下所示。

```
<?xml version="1.0" encoding="utf-8"?>
<LinearLayout xmlns:android="http://schemas.android.com/apk/res/android"
    android:orientation="vertical" android:layout_width="match_parent"
    android:layout_height="match_parent">
```

```
    <SearchView android:id="@+id/searchView"
            android:layout_width="match_parent"
            android:layout_height="wrap_content" />

    <ListView android:id="@+id/lstResult"
            android:layout_width="match_parent"
            android:layout_height="wrap_content"></ListView>

    </LinearLayout>
```

这里，添加了一个 SearchView 和一个 ListView 组件。其中，SearchView 会提供一个搜索栏，而 ListView 则用于显示搜索结果。

接下来，修改 MainActivity.java 文件的内容，如下所示。

```
package com.example.layoutdemo;

import android.support.v7.app.AppCompatActivity;
import android.os.Bundle;
import android.widget.ArrayAdapter;
import android.widget.ListView;
import android.widget.SearchView;

import java.util.ArrayList;
import java.util.List;

public class MainActivity extends AppCompatActivity
    implements SearchView.OnQueryTextListener
{
    // 组件
    private SearchView searchView;
    private ListView lstResult;
    // 全部数据
    private String[] data = {"Tom","Jerry","John",
            "Tim","Maria","Marry","Alice","Frank","Fan",
            "张三","李四","张六","张九","李一","王九"};
    // 搜索结果
    private List<String> result = new ArrayList<String>();
    //数据匹配
    private ArrayAdapter<String> adapter;

    @Override
    protected void onCreate(Bundle savedInstanceState) {
        super.onCreate(savedInstanceState);
        setContentView(R.layout.search_layout);
        //
        searchView = (SearchView)findViewById(R.id.searchView);
        searchView.setSubmitButtonEnabled(true);
        searchView.setIconifiedByDefault(false);
        searchView.setOnQueryTextListener(this);
        //
        lstResult = (ListView)findViewById(R.id.lstResult);
        adapter = new ArrayAdapter<String>(this,
                        android.R.layout.simple_list_item_1, result);
        lstResult.setAdapter(adapter);
    }
```

```
    // 单击搜索按钮后
    @Override
    public boolean onQueryTextSubmit(String query) {
        result.clear();
        for(String s : data){
            if(s.toLowerCase().indexOf(query.toLowerCase())>=0)
                result.add(s);
        }
        adapter.notifyDataSetChanged();
        return false;
    }

    // 搜索内容改变时，暂不处理
    @Override
    public boolean onQueryTextChange(String newText) {
        return false;
    }
}
```

这里，MainActivity 类实现了 SearchView.OnQueryTextListener 接口，它包括以下两个方法。

- onQueryTextSubmit() 方法：当搜索内容不为空时，此方法会在单击搜索按钮后执行，方法返回 false 时会自动关闭虚拟键盘。
- onQueryTextChange() 方法：搜索内容改变时响应，本例中暂不处理，实际开发中，可以根据需要进行相应的处理。

示例中，使用 data 数组定义完整的数据，result 数组保存搜索结果。此外，adapter 对象（ArrayAdapter 类型）用于匹配 ListView 组件的数据。

在 onCreate() 方法中，使用了 SearchView 组件的以下三个方法。

- setSubmitButtonEnabled() 方法：设置是否在搜索栏后显示提交（搜索）按钮，默认不显示。
- setIconifiedByDefault() 方法：设置输入搜索内容的文本框是否在单击搜索图标（放大镜）后才显示，默认为 true。
- setOnQueryTextListener() 方法：设置响应搜索操作的对象。

最后，在 onQueryTextSubmit() 方法中，将搜索内容与 data 数组中的每一项进行对比。当成员包含搜索内容时，将添加到 result 对象中。请注意，比较 data 数组成员和搜索内容时，将它们的字母都转换为小写，这样就可以忽略大小写字母了。图 16-6 中显示了一次搜索操作执行的结果。

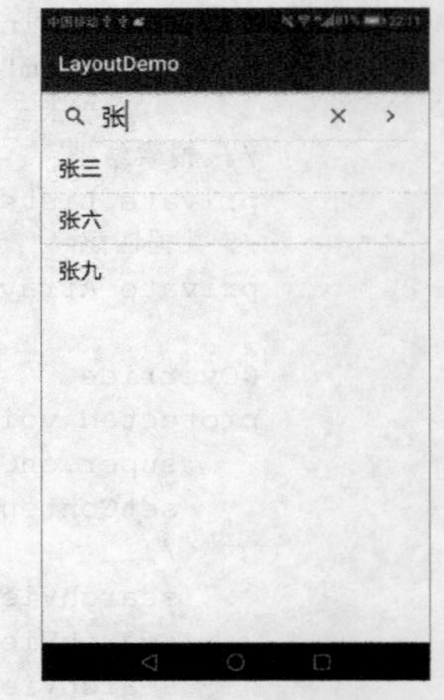

图 16-6 实现搜索功能

16.6 自定义组件

应用开发中，如果布局需要多次使用，还可以创建一个独立的布局文件，然后在其他的布局文件中引用，或者直接在 Activity 中加载，本节将讨论相关内容。

16.6.1 创建布局

本节的内容将使用 MyLayoutDemo 项目进行测试。首先创建一个基本的布局文件，下面的代码（login_layout.xml 文件）创建了一个包括用户和密码的登录界面。

```
<?xml version="1.0" encoding="utf-8"?>
<LinearLayout xmlns:android="http://schemas.android.com/apk/res/android"
    android:orientation="vertical" android:layout_width="match_parent"
    android:layout_height="match_parent"
    android:padding="50dp">

<LinearLayout android:orientation="horizontal"
        android:layout_width="match_parent"
        android:layout_height="wrap_content">
<TextView android:id="@+id/lblUser"
            android:layout_width="wrap_content"
            android:layout_height="wrap_content"
            android:text=" 用户 "
            android:layout_weight="1"
            android:gravity="center"/>
<EditText android:id="@+id/txtUser"
            android:layout_width="wrap_content"
            android:layout_height="wrap_content"
            android:layout_weight="5"/>
</LinearLayout>

<LinearLayout android:orientation="horizontal"
        android:layout_width="match_parent"
        android:layout_height="wrap_content"
        android:layout_marginTop="15dp">
<TextView android:id="@+id/lblPwd"
            android:layout_width="wrap_content"
            android:layout_height="wrap_content"
            android:text=" 密码 "
            android:layout_weight="1"
            android:gravity="center"/>
<EditText android:id="@+id/txtPwd"
            android:layout_width="wrap_content"
            android:layout_height="wrap_content"
            android:layout_weight="5"
            android:inputType="textPassword" />
</LinearLayout>

<Button android:id="@+id/btnLogin"
        android:layout_width="100dp"
        android:layout_height="wrap_content"
        android:text=" 登录 "
        android:layout_gravity="center"
        android:layout_marginTop="15dp"/>

</LinearLayout>
```

内容虽然不少，但也没有什么新知识，相信读者很容易看明白。接下来，创建 main_layout.xml 布局文件，如下面的代码所示。

```
<?xml version="1.0" encoding="utf-8"?>
<LinearLayout xmlns:android="http://schemas.android.com/apk/res/android"
    android:orientation="vertical" android:layout_width="match_parent"
    android:layout_height="match_parent">

<include layout="@layout/login_layout"/>

</LinearLayout>
```

这里只需要使用一个 <include> 节点包含 login_layout 布局即可。然后，修改 MainActivity.java 文件的内容，如下所示。

```
package com.example.mylayoutdemo;

import android.support.v7.app.AppCompatActivity;
import android.os.Bundle;

public class MainActivity extends AppCompatActivity {
    @Override
    protected void onCreate(Bundle savedInstanceState) {
        super.onCreate(savedInstanceState);
        setContentView(R.layout.main_layout);
        //
    }
}
```

运行程序，可以看到如图 16-7 所示的界面。

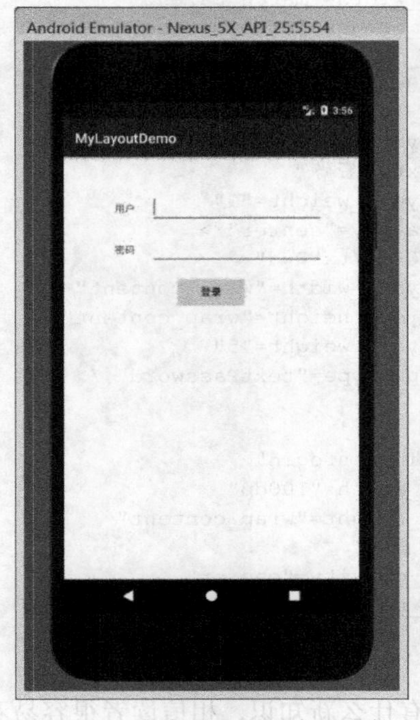

图 16-7　在布局中引用布局文件

16.6.2 创建组件类

重复使用布局时，可能还需要响应用户的操作。以登录功能为例，当用户单击登录按钮时，需要进行登录操作。如果每次都在 Activity 中重写按钮的响应代码，似乎达不到组件重复使用的目的。下面就尝试解决这个问题。

首先，创建一个名为 LoginView 的 Java 类，并定义为 android.widget.LinearLayout 类的子类，如图 16-8 所示。

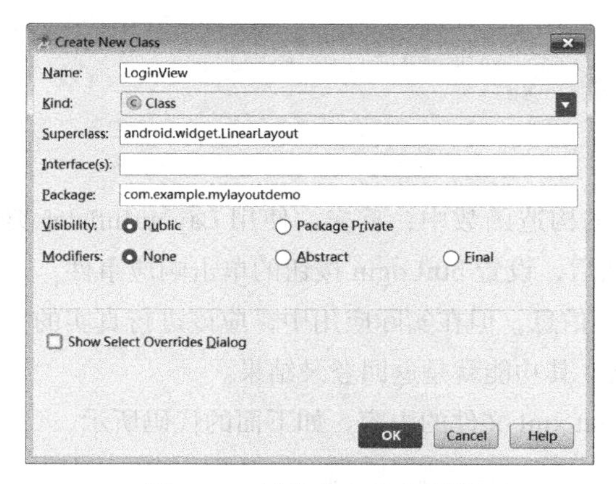

图 16-8 创建自定义布局类

然后，修改 LoginView.java 文件的内容，如下所示。

```
package com.example.mylayoutdemo;

import android.content.Context;
import android.util.AttributeSet;
import android.view.LayoutInflater;
import android.view.View;
import android.widget.Button;
import android.widget.LinearLayout;
import android.widget.Toast;

/**
 * Created by caohuayu on 2017/6/8.
 */

public class LoginView extends LinearLayout {

    private boolean loginResult = false;

    public LoginView(final Context context, AttributeSet attributeSet) {
        super(context, attributeSet);
        LayoutInflater.from(context).inflate(R.layout.login_layout,this);
        // 登录操作
        Button btnLogin = (Button)findViewById(R.id.btnLogin);
        btnLogin.setOnClickListener(new OnClickListener() {
            @Override
```

```
            public void onClick(View v) {
                // 登录操作
                loginResult = true;
                //
                Toast.makeText(context," 执行登录操作 ",
                              Toast.LENGTH_SHORT).show();
            }
        });
    }

    //  返回登录结果
    public boolean getLoginResult(){
        return loginResult;
    }
}
```

在 LoginView 组件的构造函数中，首先，使用 LayoutInflater 类的相关资源关联 login_layout.xml 布局文件。然后，设置 btnLogin 按钮的单击响应事件。这里，简单地将登录结果设置为 true，并显示一条信息，但在实际应用中，应该进行真实的登录检查工作。最后，定义 getLoginResult() 方法，其功能就是返回登录结果。

下面修改 main_layout.xml 文件的内容，如下面的代码所示。

```
<?xml version="1.0" encoding="utf-8"?>
<LinearLayout xmlns:android="http://schemas.android.com/apk/res/android"
    android:orientation="vertical" android:layout_width="match_parent"
    android:layout_height="match_parent">

<com.example.mylayoutdemo.LoginView
            android:id="@+id/loginView"
        android:layout_width="match_parent"
        android:layout_height="wrap_content"/>

<Button android:id="@+id/btnShowResult"
            android:layout_width="match_parent"
            android:layout_height="wrap_content"
            android:text=" 登录结果 "/>

</LinearLayout>
```

这里，在布局中引用了 LoginView 组件。请注意，需要使用完整的包名称和类名。

最后，修改 MainActivity.java 文件的内容，如下所示。

```
package com.example.mylayoutdemo;

import android.support.v7.app.AppCompatActivity;
import android.os.Bundle;
import android.view.View;
import android.widget.Button;
import android.widget.Toast;
```

```
public class MainActivity extends AppCompatActivity {

    @Override
    protected void onCreate(Bundle savedInstanceState) {
        super.onCreate(savedInstanceState);
        setContentView(R.layout.main_layout);
        //
        Button btnShowResult = (Button)findViewById(R.id.btnShowResult);
        btnShowResult.setOnClickListener(new View.OnClickListener() {
            @Override
            public void onClick(View v) {
                LoginView lv =  (LoginView)findViewById(R.id.loginView);
                String msg = "登录失败";
                if(lv.getLoginResult()) msg="登录成功";
                Toast.makeText(MainActivity.this,msg,
Toast.LENGTH_SHORT).show();
            }
        });
    }
}
```

修改后的界面如图 16-9 所示。

运行应用后，直接单击“登录结果”按钮，会显示“登录失败”，因为还没有单击 LoginView 组件中的“登录”按钮。单击“登录”按钮，然后再次单击“登录结果”按钮，则显示“登录成功”。

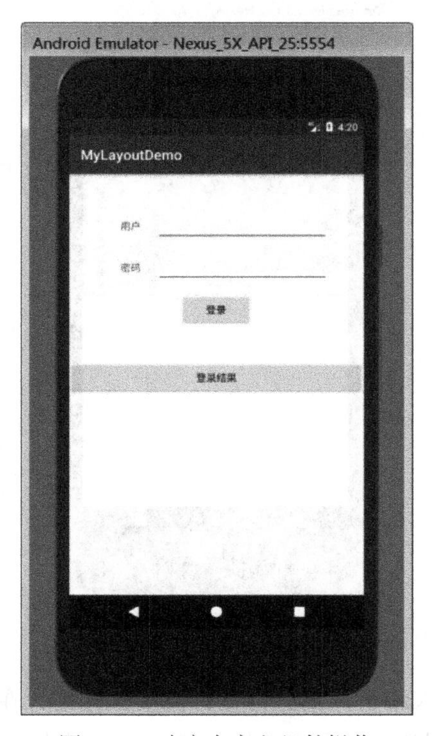

图 16-9　响应自定义组件操作

16.6.3 使用 9-Patch 图片

现在的工作是为 LoginView 添加背景。这里准备的图片是一张 100 像素 ×100 像素的图片，文件名为 box.png，其中包含了一个金属感的边框，如图 16-10 所示。

图 16-10 背景文件

首先，将 box.png 图片放在项目的 drawable 目录中。然后，在 main_layout.xml 文件中为 LoginView 组件添加 android:background 属性，如下面的代码所示。

```
<com.example.mylayoutdemo.LoginView
    android:id="@+id/loginView"
    android:layout_width="match_parent"
    android:layout_height="wrap_content"
android:background="@drawable/box"/>
```

运行程序，可以看到，图片放大后，其边框也进行了放大操作。这看起来不太清晰，自然也就不是那么美观了，如图 16-11 所示。

解决这个问题的方法就是使用 9-Patch 图片。在 Android Studio 环境下，将 drawable 目录下的 box.png 剪切、粘贴到 mipmap 目录中。然后，右击图片，选择 Create 9-Patch file 选项，并重新保存到 drawable 目录中。请注意，此时文件名已变为 box.9.png。

实际上，drawable 和 mipmap 目录都可以存放图片。这里将 box.png 和 box.9.png 放在不同的目录，目的是更明显地区分它们。

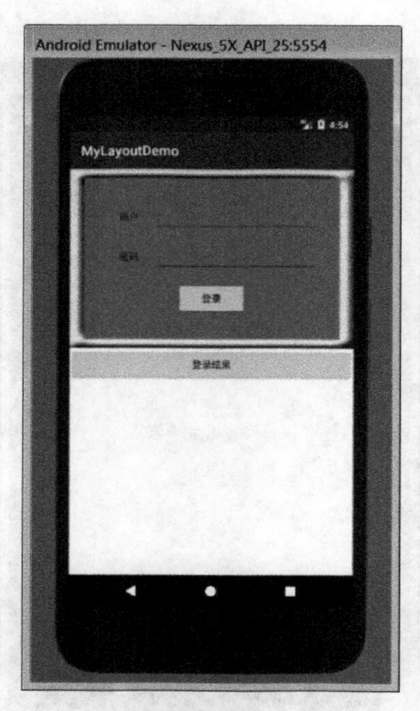

图 16-11 图片正常放大

双击 box.9.png 文件进入编辑界面。首先，使用鼠标指针在图片的上方画出一条黑线。请注意黑线范围不要包括图片中的左右边框。然后，在图片的左侧用鼠标指针画出一条黑线。注意，黑线范围不要包括图片的上下边框。完成后的效果如图 16-12 所示。

图 16-12 定义 9-Patch 文件

那么，这两条黑线有什么作用呢？实际上，它们指定了图片放大时需要进行放大操作的区域。这里没有指定边框范围，所以图片的边框是不会进行缩放操作的。重新执行程序，可以看到 LoginView 的背景看上去就好多了，如图 16-13 所示。

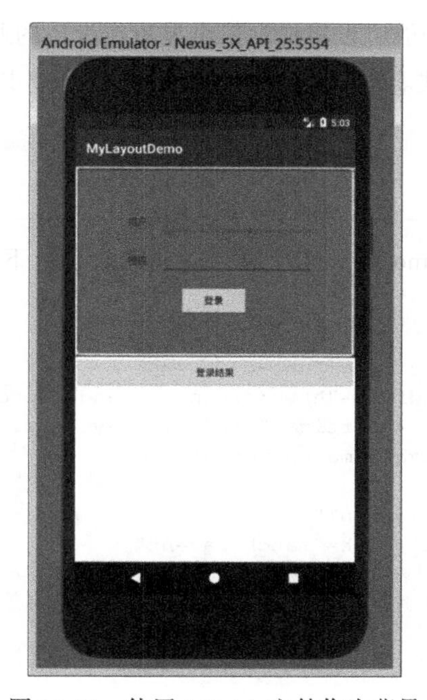

图 16-13 使用 9-Patch 文件作为背景

第 17 章　通知与服务

通知（Notification）的功能可以将提示信息显示在设备的通知栏中。服务（Service）则是任务在后台执行的主要形式。本章将讨论这两方面的内容，以及它们的配合使用。

17.1　通知

本节创建 NotificationDemo 项目进行通知功能的测试。下面是 main_layout.xml 布局文件的内容。

```
<?xml version="1.0" encoding="utf-8"?>
<LinearLayout xmlns:android="http://schemas.android.com/apk/res/android"
    android:orientation="vertical" android:layout_width="match_parent"
    android:layout_height="match_parent">

<Button android:id="@+id/btn1"
        android:layout_width="match_parent"
        android:layout_height="wrap_content"
        android:text=" 创建通知 " />

</LinearLayout>
```

这里的代码很简单，只在布局中添加了一个按钮（Button）组件。

17.1.1　创建简单的通知

接下来，在 MainActivity.java 文件中修改代码，在单击按钮时会创建一个新的通知，并显示在设备的通知栏中，如下面的代码所示。

```
package com.example.notificationdemo;

import android.app.Notification;
import android.app.NotificationManager;
import android.graphics.BitmapFactory;
import android.support.v7.app.AppCompatActivity;
import android.os.Bundle;
import android.support.v7.app.NotificationCompat;
import android.view.View;
import android.widget.Button;

public class MainActivity extends AppCompatActivity
    implements View.OnClickListener
{
```

```
    @Override
    protected void onCreate(Bundle savedInstanceState) {
        super.onCreate(savedInstanceState);
        setContentView(R.layout.main_layout);
        //
        Button btn1 = (Button)findViewById(R.id.btn1);
        btn1.setOnClickListener(this);
    }

    @Override
    public void onClick(View v) {
        // 创建通知
        if(v.getId() == R.id.btn1){
            NotificationManager m =
        (NotificationManager)getSystemService(NOTIFICATION_SERVICE);
            //
            NotificationCompat.Builder nb =
                new NotificationCompat.Builder(this);
            nb.setContentTitle("新的通知");
            nb.setContentText("一个小小的新通知");
            nb.setWhen(System.currentTimeMillis());
            nb.setSmallIcon(R.mipmap.ic_launcher);
            nb.setLargeIcon(BitmapFactory.decodeResource(getResources(),
                        R.mipmap.ic_launcher));
            //
            Notification n = nb.build();
            m.notify(1, n);
        }
    }
}
```

下面了解一下代码中实现通知功能的相关资源。

显然，NotificationManager 是管理通知的主类，代码中使用 getSystemService() 方法获取相应的系统服务对象，使用通知时，需要指定 NOTIFICATION_SERVICE 参数。

接下来，使用 Android 支持库中的 NotificationCompat 类创建 Notification 对象，这样可以得到更好的兼容性。使用 Builder() 方法创建 Notification 对象后，还使用了以下一些基本的设置方法。

- setContentTitle() 方法：设置通知的标题。
- setContentText() 方法：设置通知的正文。
- setWhen() 方法：设置通知时间，代码中使用 System.currentTimeMillis() 方法获取系统时间的毫秒数。
- setSmallIcon() 方法：设置小图标，即显示在设备状态栏中的图标。
- setLargeIcon() 方法：设置大图标，即显示在下拉通知栏中的图标。

实际上，创建 Notification 对象的方法也可以更简化一些，如下面的代码所示。

```
@Override
public void onClick(View v) {
// 创建通知
```

```
if(v.getId() == R.id.btn1){
NotificationManager m =
(NotificationManager)getSystemService(NOTIFICATION_SERVICE);
  Notification n = new NotificationCompat.Builder(this)
.setContentTitle("新的通知")
.setContentText("一个小小的新通知")
.setWhen(System.currentTimeMillis())
.setSmallIcon(R.mipmap.ic_launcher_round)
.setLargeIcon(BitmapFactory.decodeResource(getResources(),R.mipmap.ic_launcher_
round))
.build();
m.notify(1, n);
}
```

是选择更清晰的代码，还是选择更简短的代码，可以自己决定。

代码的最后，使用 NotificationManager 对象的 notify() 方法发送通知。其中，参数一为通知的标识 ID，如果应用中有多个通知，需要使用不同的 ID；参数二指定要发送的通知对象。图 17-1 就是分别在模拟器和实机测试中显示的结果。

图 17-1 显示通知

实际操作中，展开通知栏后，可以通过左右滑动删除通知。

17.1.2 响应通知操作

如果需要通知响应单击操作，则需要再做一些工作。此时，需要给通知加上一些行为（Intent），并使用 PendingIntent 类来实现。

以下代码的功能是在下拉通知栏中单击通知时返回 Activity 界面，并且通知栏中的信息会自动取消。

```
@Override
public void onClick(View v) {
    // 创建通知
if(v.getId() == R.id.btn1){
NotificationManager m =
(NotificationManager)getSystemService(NOTIFICATION_SERVICE);
NotificationCompat.Builder nb =
new NotificationCompat.Builder(this);
        nb.setContentTitle(" 新的通知 ");
        nb.setContentText(" 一个小小的新通知 ");
nb.setWhen(System.currentTimeMillis());
nb.setSmallIcon(R.mipmap.ic_launcher);
nb.setLargeIcon(BitmapFactory.decodeResource(getResources(),
R.mipmap.ic_launcher));
        // 单击并自动取消
        Intent intent = new Intent(this, MainActivity.class);
        PendingIntent pi = PendingIntent.getActivity(this,0,intent,0);
        nb.setContentIntent(pi);
        nb.setAutoCancel(true);
        //
        Notification n = nb.build();
        m.notify(1, n);
}
}
```

请注意，如果需要单击通知返回的是同一个 Activity 实例，则需要将 Activity 的启动模式设置为 singleTask 模式，即应用中的 Activity 只保持一个实例。

17.1.3 更多设置

关于通知的显示效果，还有一些设置可供使用，这里介绍一些常用的功能。首先是 NotificationCompat 类中的一些方法，如：

- setVibrate() 方法：设置通知的振动效果。请注意，使用振动效果时需要在 AndroidManifest.xml 文件中注册权限。如果需要在通知时立即振动 1 秒，可以添加“nb.setVibrate(new long[]{0,1000});”语句。
- setSound() 方法：设置通知的提示音，参数需要一个指向声音文件的 Uri 对象。
- setPriority() 方法：设置通知的优先级，使用 NotificationCompat 类中的字段设置。默认为 PRIORITY_DEFAULT，还可以设置为 PRIORITY_MIN、PRIORITY_LOW、PRIORITY_HIGH 和 PRIORITY_MAX。

最后，如果应用只需要显示一个通知，可以在显示新通知前取消前一个通知，此时需要使用如下代码。

```
NotificationManger m =
    (NotificationManager)getSystemService(NOTIFICATION_SERVICE);
m.cancel(1);
```

请注意，cancel() 方法的参数中使用的数值 1，就是在 notify() 方法中指定的通知标识 ID。

如果需要通知图标一直显示在状态栏中（直到应用退出），可以使用 startForeground() 方法启动通知，如下面的代码所示。

```
startForeground(1, n);
```

其中，第一个参数为通知的标识代码，第二个参数指定显示的通知对象（Notification 类型）。

17.2 服务

Android 应用中，服务（Service）是在后台执行的任务。服务可以使用 Service 或 IntentService 类来创建，下面分别讨论。

17.2.1 Service 类

Service 类是在 Activity 线程中工作的。如果 Activity 线程终止，则服务也会停止，所以 Service 类的使用是离不开 Activity 的。

下面创建 ServiceDemo 项目。然后，通过代码目录的右键菜单 New → Service → Service 选项来创建服务类。创建服务的窗口中，选中 Exported 和 Enabled 复选框，并将服务类命名为 CService，如图 17-2 所示。

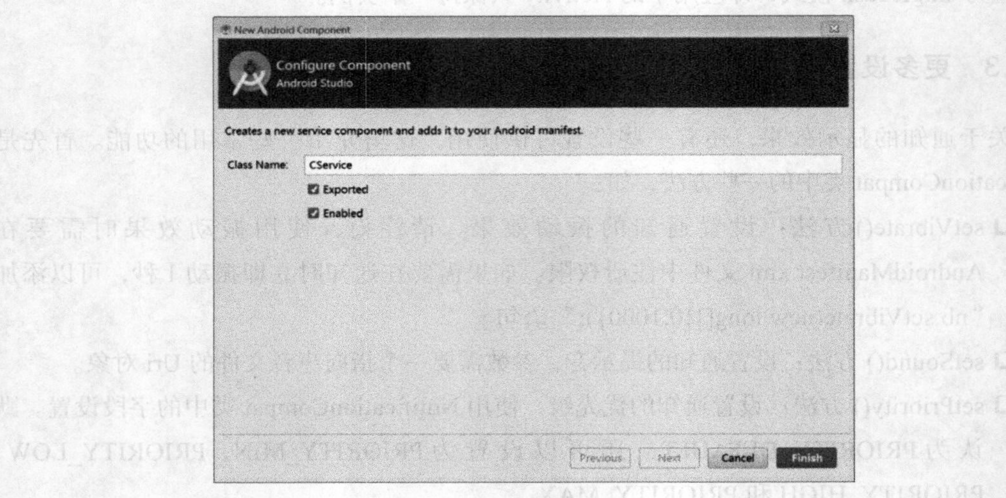

图 17-2 创建服务

使用这种方式创建的服务类，可以自动在 AndroidManifest.xml 文件中进行注册，如下面的代码所示。

```
<?xml version="1.0" encoding="utf-8"?>
<manifest xmlns:android="http://schemas.android.com/apk/res/android"
    package="com.example.servicedemo">
```

```
<application
        android:allowBackup="true"
        android:icon="@mipmap/ic_launcher"
        android:label="@string/app_name"
        android:roundIcon="@mipmap/ic_launcher_round"
        android:supportsRtl="true"
        android:theme="@style/AppTheme">
<!-- 其他代码 -->
<service
            android:name=".CService"
            android:enabled="true"
            android:exported="true"></service>

</application>

</manifest>
```

如果是手动创建的服务类，记住一定要在 AndroidManifest.xml 文件里注册，否则无法正确使用。

在 CService.java 文件中，可以看到，类的定义中，除了构造函数之外，只有一个名为 onBind() 的方法。接下来，修改 CService 类的代码，如下所示。

```
package com.example.servicedemo;

import android.app.Service;
import android.content.Intent;
import android.os.Binder;
import android.os.IBinder;
import android.widget.Toast;

public class CService extends Service {

    public class CBinder extends Binder{
        //
        public long getTimestamp(){
            return System.currentTimeMillis();
        }
    }
    // IBinder 接口类型对象
    private CBinder myBinder = new CBinder();
    // 构造函数
    public CService() {
    }
    // 服务绑定器
    @Override
    public IBinder onBind(Intent intent) {
        return myBinder;
    }
}
```

代码中，onBind() 方法的返回值为 IBinder 接口类型。而现在还没有相关的类型，所以在 CService 中创建了一个嵌入类，名称为 CBinder。此类继承于 Binder 类，其中，只定义了一个方法，其功能是返回系统的当前时间（毫秒数）。

然后，创建一个内部对象 myBinder，其类型就是 CBinder 类。接下来，在 onBind() 方法中，也是 Service 类的子类唯一一个必须重写的方法中，返回 myBinder 对象。

就这样，一个简单的服务类就创建完成了。接下来，在 MainActivity 类中执行这个服务，修改 MainActivity.java 文件的内容，如下所示。

```
package com.example.servicedemo;

import android.content.ComponentName;
import android.content.Intent;
import android.content.ServiceConnection;
import android.os.IBinder;
import android.support.v7.app.AppCompatActivity;
import android.os.Bundle;

public class MainActivity extends AppCompatActivity {
    //
    CService.CBinder binder;
    //
    private ServiceConnection sCnn = new ServiceConnection() {
        @Override
        public void onServiceConnected(ComponentName name, IBinder service) {
            binder = (CService.CBinder)service;
            setTitle(String.valueOf(binder.getTimestamp()));
        }

        @Override
        public void onServiceDisconnected(ComponentName name) {

        }
    };

    protected void onCreate(Bundle savedInstanceState) {
        super.onCreate(savedInstanceState);
        //
        Intent intent = new Intent(this,CService.class);
        bindService(intent, sCnn, BIND_AUTO_CREATE);
    }


    @Override
    protected void onDestroy() {
        super.onDestroy();
        unbindService(sCnn);
    }
}
```

代码中，首先创建了 binder 对象，其类型为 CService.CBinder 类。然后，请注意创建的 ServiceConnection 类型的 sCnn 对象，其功能是将服务与当前 Activity 进行关联，在 sCnn 对象中，需要重写以下两个方法。

- ❑ onServiceConnected() 方法：当前 Activity 与服务连接时响应，本例中，调用 CService.

CBinder 对象中的 getTimestamp() 方法返回系统时间，并显示到 Activity 的标题中。

- onServiceDisconnected() 方法：当前 Activity 与服务解除连接时响应，本例中暂不作处理。

最后就是服务与当前 Activity 的绑定与解除绑定操作了。本例中，在 onCreate() 方法中，也就是 Activity 创建时进行绑定。解除的操作则放在 onDestroy() 方法中。实际开发中，可以根据需要进行绑定和解除绑定操作。

绑定服务时，使用了 Intent 对象，然后调用当前 Context 对象中的 bindService() 方法来绑定服务。其中，第一个参数指定 Intent 对象；第二个参数指定 IBinder 接口类型对象；第三个参数设置一个标识，在这里指定为 BIND_AUTO_CREATE，表示自动创建绑定。

在解除服务的绑定时，调用了当前 Context 对象中的 unbindService() 方法，它只需要一个参数，指定当前 Activity 中使用的 IBinder 接口类型的对象。

本例中，通过 Service 类中的 onBind() 方法，以及 IBinder 接口类型对象的应用，可以在服务和 Activity 之间进行关联。这样，就可以在 Activity 中获取服务执行的结果，并且在启动服务时，还可以通过 Intent 对象向服务传递数据，同时由 onBind() 方法的参数代入服务内部，从而实现服务与 Activity 之间的数据双向交流。

如果在 Activity 中不需要接收服务返回的数据，问题就简单多了，只需要在服务类中重写 onStartCommand() 方法即可。当然，也可以使用 onCreate() 进行初始化，并使用 onDestroy() 方法进行资源的释放操作，下面的代码（CService.java 文件）在 CService 服务类中添加了这三个方法。

```
// 服务创建
@Override
public void onCreate() {
    super.onCreate();
}

// 服务执行
@Override
public int onStartCommand(Intent intent, int flags, int startId) {
    //
    String msg = String.valueOf(System.currentTimeMillis());
    Toast.makeText(this, msg, Toast.LENGTH_LONG).show();
    //
    return super.onStartCommand(intent, flags, startId);
}

// 服务关闭
@Override
public void onDestroy() {
    super.onDestroy();
}
```

代码中，只在 onStartCommand() 方法中使用 Toast 类简单地显示了系统当前时间的毫秒数。

在 MainActivity.java 文件中，可以通过当前 Context 中的 startService() 方法启动服务，

使用 stopService() 方法停止服务，它们都包含一个 Intent 类型的参数。接下来，只需要修改 MainActivity.java 文件中的 onCreate() 和 onDestory() 方法就可以更改服务的启动和关闭方式，如下面的代码所示。

```
protected void onCreate(Bundle savedInstanceState) {
    super.onCreate(savedInstanceState);
    //
    Intent intent = new Intent(this,CService.class);
    // bindService(intent, sCnn, BIND_AUTO_CREATE);
    startService(intent);
}

@Override
protected void onDestroy() {
    super.onDestroy();
    // unbindService(sCnn);
    Intent intent = new Intent(this,CService.class);
    stopService(intent);
}
```

此外，如果需要在服务类的内部停止服务，随时都可以调用 stopSelf() 方法。

17.2.2 IntentService 类

Service 类创建的服务会在 Activity 的主线程中执行。如果服务的工作量较大，界面的操作就有可能产生卡顿现象，对用户体验来讲，这显然是不够友好的。此时，可以使用 IntentService 类创建服务，此类型的服务会在后台创建一个独立的线程来执行任务，比较适合工作量较大或者需要长期执行的后台服务。

下面创建 IntentServiceDemo 项目，并通过代码目录右键菜单 New → Service → Service (IntentService) 选项创建一个名为 CIntentService 的类。请注意，通过这种方式创建的 Intent Service 类，会自动创建一些示例代码，多数并不真正需要。修改 CIntentService.java 文件的内容，如下所示。

```
package com.example.intentservicedemo;

import android.app.IntentService;
import android.content.Intent;
import android.util.Log;

public class CIntentService extends IntentService {
    // 构造函数
    public CIntentService() {
        super("CIntentService");
    }
    // 服务执行方法
    @Override
    protected void onHandleIntent(Intent intent) {
        Log.d("CIntentService", "服务启动了 ...");
    }
```

```
    @Override
    public void onDestroy() {
        super.onDestroy();
        Log.d("CIntentService","服务停止了...");
    }
}
```

代码中，除了构造函数之外，只需要重写以下两个方法。

- onHandleIntent() 方法：执行服务代码。
- onDestroy() 方法：用于资源的释放工作。

请注意，如果手动创建 CIntentService 类，还需要在 AndroidManifest.xml 文件中进行注册，如下面的代码所示。

```
<?xml version="1.0" encoding="utf-8"?>
<manifest xmlns:android="http://schemas.android.com/apk/res/android"
    package="com.example.intentservicedemo">

<application
        android:allowBackup="true"
        android:icon="@mipmap/ic_launcher"
        android:label="@string/app_name"
        android:roundIcon="@mipmap/ic_launcher_round"
        android:supportsRtl="true"
        android:theme="@style/AppTheme">
<activity android:name=".MainActivity">
<intent-filter>
<action android:name="android.intent.action.MAIN" />

<category android:name="android.intent.category.LAUNCHER" />
</intent-filter>
</activity>

<service
            android:name=".CIntentService"
            android:enabled="true"
            android:exported="false"></service>

</application>

</manifest>
```

下面在 MainActivity.java 文件中启动服务，如下面的代码所示。

```
package com.example.intentservicedemo;

import android.content.Intent;
import android.support.v7.app.AppCompatActivity;
import android.os.Bundle;

public class MainActivity extends AppCompatActivity {

    @Override
```

```
    protected void onCreate(Bundle savedInstanceState) {
        super.onCreate(savedInstanceState);
        setContentView(R.layout.main_layout);
        Intent intent = new Intent(this, CIntentService.class);
        startService(intent);
    }
}
```

本例中，通过调试信息显示了一些关键的内容，执行应用，会看到如图 17-3 所示的调试信息。

```
com.example.intentservicedemo D/CIntentService: 服务启动了...
com.example.intentservicedemo I/OpenGLRenderer: Initialized EGL,
com.example.intentservicedemo D/OpenGLRenderer: Swap behavior 1
com.example.intentservicedemo W/OpenGLRenderer: Failed to choose
com.example.intentservicedemo D/OpenGLRenderer: Swap behavior 0
com.example.intentservicedemo D/CIntentService: 服务停止了...
```

图 17-3　使用 IntentService

可以看到，执行服务时，onHandleIntent() 方法和 onDestroy() 方法都已经调用了。

此外，和 Service 类一样，同样可以通过 Intent 对象向服务内传递数据。当需要服务向 Activity 传递数据时，同样可以实现服务的 onBind() 方法，前面已经详细讨论过，可以参考使用。

17.2.3　循环服务（使用 AlarmManager）

前面使用 Service 和 IntentService 类创建的服务只会执行一次，如果服务需要在后台循环执行，应该怎么办呢？

首先，需要解决的并不是开发问题，而是用户对应用安全的认可问题。由于 Android 系统对安全性和执行效率的要求越来越高，当应用转入后台或者设备锁屏之后，应用很可能被系统清除，因此，如果应用需要长时间在后台运行，设备必须进行相应的设置。

以华为手机为例，需要注意以下一些设置。

- 后台不清理：通过“设置”→“电池”→“锁屏清理应用”进行设置。
- 移动数据的使用：通过“设置”→“更多”→“移动网络”→“始终连接数据业务”进行设置。如果服务需要连接服务器，则需要设置此项目。

关于其他品牌的设备，可以参考这些项进行设置。如果应用确实需要在后台运行，就应该向用户说明，否则是不能长时间循环执行的。

解决了用户对应用安全的认可问题，接下来就是开发问题了。这里使用 AlarmManager 类管理服务的循环操作，修改 CIntentService.java 文件的内容，如下所示。

```
package com.example.intentservicedemo;

import android.app.AlarmManager;
import android.app.IntentService;
```

```
import android.app.PendingIntent;
import android.content.Context;
import android.content.Intent;
import android.util.Log;

public class CIntentService extends IntentService {
    // 服务终止标识
    public static boolean isAborted = false;
    // 执行间隔，毫秒
    private static final long repeatInterval = 5000;
    // 构造函数
    public CIntentService() {
        super("CIntentService");
    }
    // 服务执行方法
    @Override
    protected void onHandleIntent(Intent intent) {
        // 是否终止
        if(isAborted) return;
        // 服务执行代码
        Log.d("CIntentService",
                "服务启动了,"+String.valueOf(System.currentTimeMillis()));
        // 设置下一次执行时间
        Context context = getBaseContext();
        PendingIntent pi = PendingIntent.getService(context, 0, intent, 0);
        AlarmManager alarm =
(AlarmManager)context.getSystemService(Context.ALARM_SERVICE);
        alarm.set(AlarmManager.RTC_WAKEUP,
                System.currentTimeMillis()+repeatInterval, pi);
    }

    @Override
    public void onDestroy() {
        super.onDestroy();
        Log.d("CIntentService","服务停止了...");
    }

    // 终止服务
    public static void abort(){
        isAborted = true;
    }

    // 重置状态
    public static void reset(){
        isAborted = false;
    }
}
```

代码中，首先定义了一个静态字段 isAborted，用于标识是否终止服务。当其值为 true 时，不再循环执行服务。

常量 repeatInterval 用于标识服务执行的间隔，单位是毫秒。代码中设置为 5000，即服务 5 秒执行一次。

服务循环执行的关键代码位于 onHandleIntent() 方法中，每次执行服务的任务后，会判断 isAborted 的值。如果是 false 值，则定义下一次服务的执行时间；否则，不再预约下一次的任务。再单独看一下实现代码。

```
Context context = getBaseContext();
PendingIntent pi = PendingIntent.getService(context, 0, intent, 0);
AlarmManager alarm =
(AlarmManager)context.getSystemService(Context.ALARM_SERVICE);
alarm.set(AlarmManager.RTC_WAKEUP,
System.currentTimeMillis()+repeatInterval, pi);
```

首先，使用 getBaseContext() 方法获取服务中关联的上下文对象。然后，创建一个 PendingIntent 对象，用于定义一个待执行的任务。其中，getService() 方法有四个参数，分别如下。

- 第一个参数：指定任务关联的 Context 对象。
- 第二个参数：指定任务请求码（request code）。
- 第三个参数：指定任务内容，使用 Intent 对象定义，在这里，只需要使用 onHandleIntent() 方法参数代入的对象即可。
- 第四个参数：指定任务标识，一般设置为 0 即可。

接下来，使用当前 Context 对象的 getSystemService(Context.ALARM_SERVICE) 方法获取 AlarmManager 对象。然后，使用其中的 set() 方法设置下一次任务执行的时间，其包括三个参数，分别如下。

- 第一个参数：指定定时器执行的方式，RTC_WAKEUP 值的含义是使用 1970 年 1 月 1 日 0 时 0 分 0 秒作为基准时间，并在需要时唤醒 CPU，没有 CPU 就执行不了服务。
- 第二个参数：指定下一次执行的时间，单位为毫秒。这里，设置为系统当前时间加上间隔时间。请注意，System.currentTimeMillis() 方法会返回从 1970 年 1 月 1 日 0 时 0 分 0 秒以来的毫秒数，由于第一个参数指定为 RTC_WAKEUP，因此这里使用的时间标准是一致的。
- 第三个参数：指定 PendingIntent 对象，即需要执行的任务对象。

CIntentService 类的最后是两个静态方法。其中，abort() 方法用于终止服务的循环执行，这里将 isAborted 设置为 true 即可。reset() 方法用于将 isAborted 的值设置为 false，以便重新启动服务的循环执行。

下面在 MainAcivity 的布局文件 main_layout.xml 中添加两个按钮，如下面的代码所示。

```
<?xml version="1.0" encoding="utf-8"?>
<LinearLayout xmlns:android="http://schemas.android.com/apk/res/android"
    android:orientation="vertical" android:layout_width="match_parent"
    android:layout_height="match_parent">

<Button android:id="@+id/btnStart"
        android:layout_width="match_parent"
        android:layout_height="wrap_content"
        android:text=" 开始循环服务 " />
```

```
    <Button android:id="@+id/btnStop"
            android:layout_width="match_parent"
            android:layout_height="wrap_content"
            android:text=" 停止循环服务 " />

</LinearLayout>
```

然后，修改 MainActivity.java 文件的内容，如下所示。

```
package com.example.intentservicedemo;

import android.content.Intent;
import android.support.v7.app.AppCompatActivity;
import android.os.Bundle;
import android.view.View;
import android.widget.Button;

public class MainActivity extends AppCompatActivity {

    @Override
    protected void onCreate(Bundle savedInstanceState) {
        super.onCreate(savedInstanceState);
        setContentView(R.layout.main_layout);
        // 开始服务
        Button btnStart = (Button) findViewById(R.id.btnStart);
        btnStart.setOnClickListener(new View.OnClickListener() {
            @Override
            public void onClick(View v) {
                CIntentService.reset();
                Intent intent = new Intent(MainActivity.this,
                                           CIntentService.class);
                startService(intent);
            }
        });
        // 停止服务
        Button btnStop = (Button) findViewById(R.id.btnStop);
        btnStop.setOnClickListener(new View.OnClickListener() {
            @Override
            public void onClick(View v) {
                CIntentService.abort();
            }
        });
    }
}
```

启动循环服务时，首先调用 CIntentService.reset() 方法，这样就可以确保 isAborted 的值为 false，服务也就可以循环执行了。然后，使用当前 Context 对象的 startService() 方法启动服务。

在停止循环服务时，调用 CIntentService.abort() 方法，其功能是将 isAborted 的值设置为 true，这样，就不会执行 onHandleIntent() 方法中的服务代码。不过，还是会调用 onDestory() 方法，所以，在停止循环服务后，会多显示一条停止服务的调试信息。

第18章　广　　播

广播是应用内部、应用之间，或应用与系统之间进行信息交流的重要形式。本章介绍广播的使用方法，主要内容包括：

- ❑ 接收广播（判断网络状态）
- ❑ 发送广播
- ❑ 有序广播
- ❑ 本地广播

18.1　接收广播（判断网络状态）

本节讨论如何在 Activity 中接收网络状态的系统广播，以便观察网络的连接状态。首先，创建一个名为 ReceiveDemo 的应用，在 MainActivity 的 main_layout.xml 布局文件中添加一个按钮组件，并命名为 btn1。

在项目中使用系统功能时，首先需要在 AndroidManifest.xml 配置文件中声明相关的权限，如下面的代码所示。

```
<?xml version="1.0" encoding="utf-8"?>
<manifest xmlns:android="http://schemas.android.com/apk/res/android"
    package="com.example.receivedemo">

<uses-permission android:name="android.permission.ACCESS_NETWORK_STATE" />
<!-- 其他代码 -->

</manifest>
```

这里，使用一个 <uses-permission> 节点声明应用中需要使用的权限，访问网络状态的权限名称为 android.permission.ACCESS_NETWORK_STATE。

接下来，修改 MainActivity 类。首先，定义两个字段，如下面的代码（MainActivity.java 文件）所示。

```
package com.example.receivedemo;

import android.content.BroadcastReceiver;
import android.content.Context;
import android.content.Intent;
import android.content.IntentFilter;
import android.net.ConnectivityManager;
import android.net.NetworkInfo;
import android.support.v7.app.AppCompatActivity;
import android.os.Bundle;
```

```
import android.view.View;
import android.widget.Button;
import android.widget.Toast;

public class MainActivity extends AppCompatActivity {
    // 网络状态接收器
    NetworkStateReceiver netReceiver = null;
    // 网络状态
    boolean netReady = false;

    // 其他代码
}
```

其中，NetworkStateReceiver类是创建的嵌套类，用于接收网络状态，它必须继承BroadcastReceiver类（广播接收器），如下面的代码所示。

```
// 网络状态通知接收类
public class NetworkStateReceiver extends BroadcastReceiver
{
@Override
    public void onReceive(Context context, Intent intent) {
        // 更新网络状态
        ConnectivityManager m =
          (ConnectivityManager)getSystemService(Context.CONNECTIVITY_SERVICE);
        NetworkInfo netInfo = m.getActiveNetworkInfo();
        netReady = (netInfo != null && netInfo.isAvailable());
        // 显示提示信息
        String msg;
        if(netReady) msg = "网络已连接";
        else msg = "没有可用的网络";
        Toast.makeText(context, msg, Toast.LENGTH_SHORT).show();
    }
}
```

在NetworkStateReceiver类中重写了onReceive()方法，其中，

- ConnectivityManager类用于管理网络连接，使用当前Context的getSystemService()方法获取系统服务对象，使用Context.CONNECTIVITY_SERVICE表示网络连接服务。注意，使用强制转换将服务对象转换为所需要的类型。
- NetworkInfo类表示网络的连接状态相关信息，使用ConnectivityManager对象的getActiveNetworkInfo()方法获取网络状态对象。
- NetworkInfo对象中的isAvailable()方法获取网络的连接状态，返回值为boolean类型。true值表示有网络连接，false值表示没有网络连接。
- 请注意netReady字段的使用，它用来标识当前的网络状态。这样，在Activity中的任何地方，可以使用此字段直接判断网络状态，而不需要额外的工作，只有网络状态改变时，netReady字段的值才会改变。

最后，如何让广播接收器开始工作呢？需要在onCreate()方法中进行相关的注册工作，如下面的代码所示。

```
@Override
protected void onCreate(Bundle savedInstanceState) {
super.onCreate(savedInstanceState);
    setContentView(R.layout.main_layout);
    // 注册需要接收的通知
    IntentFilter filter = new IntentFilter();
    filter.addAction("android.net.conn.CONNECTIVITY_CHANGE");
    netReceiver = new NetworkStateReceiver();
    registerReceiver(netReceiver, filter);
    // 按钮单击响应
    Button btn1 = (Button)findViewById(R.id.btn1);
    btn1.setOnClickListener(new View.OnClickListener() {
@Override
        public void onClick(View v) {
String msg;
            if(netReady) msg = "网络畅通";
            else msg = "网络不通";
            Toast.makeText(MainActivity.this,msg, Toast.LENGTH_SHORT).show();
        }
    });
}

@Override
protected void onDestroy() {
unregisterReceiver(netReceiver);
    super.onDestroy();
}
```

首先，在onCreate()方法中，使用IntentFilter类型定义了一个行为过滤器对象，并使用addAction()方法添加活动，这里指定为网络连接状态改变。其中，名称“android.net.conn.CONNECTIVITY_CHANGE”是Android内置的一个动作。

接下来，registerReceiver()方法用于注册广播接收器。第一个参数指定为广播接收器对象，其类型应该是BroadcastRecevier类的子类；第二个参数指定接收何种广播，定义为IntentFilter对象。

接下来的按钮单击响应代码中，使用netReady字段的值来判断网络状态，并显示相应信息。

最后，当Activity结束工作时，在onDestroy()方法中使用unregisterReceiver()方法注销广播接收器对象。

可以在真正的Android设备中进行测试，并可以改变网络状态来观察应用的执行效果。

18.2 发送广播

在应用中，除了接收系统中的广播之外，还可以发送广播（如指定的系统广播或自定义广播）。本节创建一个名为SendBroadcastDemo的项目，并在MainActivity的布局中添加一个按钮。

下面是对 MainActivity.java 文件的修改，在 onCreate() 方法中添加发送广播的代码。

```
@Override
protected void onCreate(Bundle savedInstanceState) {
super.onCreate(savedInstanceState);
    setContentView(R.layout.main_layout);
    //
    Button btn1 = (Button)findViewById(R.id.btn1);
    btn1.setOnClickListener(new View.OnClickListener() {
@Override
        public void onClick(View v) {
            Intent intent =
new Intent("com.example.sendbroadcastdemo.TEST");
            sendBroadcast(intent);
        }
    });
}
```

示例中，发送广播的操作是非常简单的，只需要使用 sendBroadcast() 方法，其参数是一个包含了广播名称的 Intent 对象。本例创建了名为 com.example.sendbroadcastdemo.TEST 的广播。

接下来，需要有人来接收广播，否则发送的广播就没有意义。在 MainActivity 类中创建一个通用的广播接收类 MyReceiver。下面是 MainActivity.java 文件的完整代码。

```
package com.example.sendbroadcastdemo;

import android.content.BroadcastReceiver;
import android.content.Context;
import android.content.Intent;
import android.content.IntentFilter;
import android.support.v7.app.AppCompatActivity;
import android.os.Bundle;
import android.view.View;
import android.widget.Button;
import android.widget.Toast;

public class MainActivity extends AppCompatActivity {
    // 广播接收对象
    MyReceiver myReceiver;
    //
    @Override
    protected void onCreate(Bundle savedInstanceState) {
        super.onCreate(savedInstanceState);
        setContentView(R.layout.main_layout);
        //
        Button btn1 = (Button)findViewById(R.id.btn1);
        btn1.setOnClickListener(new View.OnClickListener() {
            @Override
            public void onClick(View v) {
                Intent intent =
                    new Intent("com.example.sendbroadcastdemo.TEST");
                sendBroadcast(intent);
            }
        });
```

```
        // 注册广播
        myReceiver = new MyReceiver();
        IntentFilter filter =
            new IntentFilter("com.example.sendbroadcastdemo.TEST");
        registerReceiver(myReceiver, filter);
        // 注册 1 号广播
        IntentFilter filter1 =
            new IntentFilter("com.example.sendbroadcastdemo.TEST1");
        registerReceiver(myReceiver, filter1);
    }

    @Override
    protected void onDestroy() {
        unregisterReceiver(myReceiver);
        super.onDestroy();
    }

    //
    public class MyReceiver extends BroadcastReceiver
    {
        @Override
        public void onReceive(Context context, Intent intent) {
            if(intent.getAction() == "com.example.sendbroadcastdemo.TEST")
            {
                Toast.makeText(context," 测试广播 ",
                                Toast.LENGTH_SHORT).show();
            }else if(intent.getAction() ==
                "com.example.sendbroadcastdemo.TEST1")
            {
                Toast.makeText(context," 一号测试广播 ",
                                Toast.LENGTH_SHORT).show();
            }
        }
    }
}
```

代码中，在onCreate()方法中，通过myReceiver对象注册了两个广播。在MyReceiver类的onReceive()方法中，可以通过intent.getAction()方法获取广播的名称，这样就可以通过一个广播类接收类和处理多个广播了。

接下来，可以在按钮的单击响应代码中发送不同的广播，并观察myReceiver对象是否正确地处理了这些广播。

18.3 有序广播

前面讨论了广播的接收与发送方法。接下来，介绍两个关于广播的概念。首先是有序广播（Ordered Broadcast）。

有序广播发送后，同时只能有一个广播接收器进行处理。接收器处理后，可以决定是否继续传播。如果不需要再传播广播，可以终止广播。

下面的代码在OrderedBroadcastDemo项目的MainActivity类中演示有序广播的使用。

```
package com.example.orderedbroadcastdemo;

import android.content.BroadcastReceiver;
import android.content.Context;
import android.content.Intent;
import android.content.IntentFilter;
import android.support.v7.app.AppCompatActivity;
import android.os.Bundle;
import android.view.View;
import android.widget.Button;
import android.widget.Toast;

public class MainActivity extends AppCompatActivity {

    private MyReceiver myReceiver;

    @Override
    protected void onCreate(Bundle savedInstanceState) {
        super.onCreate(savedInstanceState);
        setContentView(R.layout.main_layout);
        //
        myReceiver = new MyReceiver();
        IntentFilter filter = new IntentFilter("OrderedBroatcastTest");
        filter.setPriority(1000);
        registerReceiver(myReceiver, filter);
        //
        Button btn1 = (Button)findViewById(R.id.btn1);
        btn1.setOnClickListener(new View.OnClickListener() {
            @Override
            public void onClick(View v) {
                Intent intent = new Intent("OrderedBroatcastTest");
                sendOrderedBroadcast(intent, null);
            }
        });
    }

    @Override
    protected void onDestroy() {
        unregisterReceiver(myReceiver);
        super.onDestroy();
    }

    public class MyReceiver extends BroadcastReceiver
    {
        @Override
        public void onReceive(Context context, Intent intent) {
            abortBroadcast();
            Toast.makeText(context,"收到并终止广播",
                                    Toast.LENGTH_SHORT).show();
        }
    }
}
```

请注意，在注册广播接收器的 IntentFilter 对象中，使用 setPriority() 方法设置了广播的优先级，优先级越高的接收器可以越早接收广播。然后，调用 sendOrderedBroadcast(intent, null) 方法发送有序广播。其中，第一个参数为包含广播标识的 Intent 对象；第二个参数指定广播的权限，当使用 null 值，广播将使用默认的权限设置。

定义的 MyReceiver 广播接收器类，在 onReceive() 方法中使用 abortBroadcast() 方法终止当前广播的传播。

实际应用中，有序广播和普通广播一样，可以在接收器类接收并处理，而权限较高的接收器可以优先处理广播，并在需要时终止有序广播的传播。

18.4 本地广播

本地广播（Local Broadcast）是指只能在当前应用中传播的广播，这样可以保证广播及相关数据的安全，不会被其他应用所截获。

下面的代码在 LocalBroadcastDemo 项目的 MainActivity 类中发送一个本地广播。

```
package com.example.localbroadcastdemo;

import android.content.BroadcastReceiver;
import android.content.Context;
import android.content.Intent;
import android.content.IntentFilter;
import android.support.v4.content.LocalBroadcastManager;
import android.support.v7.app.AppCompatActivity;
import android.os.Bundle;
import android.view.View;
import android.widget.Button;
import android.widget.Toast;

public class MainActivity extends AppCompatActivity {

    private MyReceiver myReceiver;
    private LocalBroadcastManager localBroadcastManager;

    @Override
    protected void onCreate(Bundle savedInstanceState) {
        super.onCreate(savedInstanceState);
        setContentView(R.layout.main_layout);
        //
        myReceiver = new MyReceiver();
        IntentFilter filter = new IntentFilter("LocalBroadcastTest");
        localBroadcastManager = LocalBroadcastManager.getInstance(this);
        localBroadcastManager.registerReceiver(myReceiver, filter);
        //
        Button btn1 = (Button)findViewById(R.id.btn1);
        btn1.setOnClickListener(new View.OnClickListener() {
            @Override
            public void onClick(View v) {
                Intent intent = new Intent("LocalBroadcastTest");
```

```
                localBroadcastManager.sendBroadcast(intent);
            }
        });
    }

    @Override
    protected void onDestroy() {
        localBroadcastManager.unregisterReceiver(myReceiver);
        localBroadcastManager = null;
        super.onDestroy();
    }

    public class MyReceiver extends BroadcastReceiver
    {
        @Override
        public void onReceive(Context context, Intent intent) {
            Toast.makeText(context,"接收广播",Toast.LENGTH_SHORT).show();
        }
    }
}
```

代码中，使用了一个新的类型，即 LocalBroadcastManager 类。从其名称上也可以看出，它的功能就是对本地广播进行管理。代码中，使用 LocalBroadcastManager.getInstance(this) 语句获取 LocalBroadcastManager 类的对象，并使用其中的一些方法来处理本地广播，如：

- registerReceiver() 方法：注册一个本地广播接收器对象。
- sendBroadcast() 方法：发送一条本地广播。
- unregisterReceiver() 方法：注销本地接收器对象。

示例中，本地广播会在 Activity 创建时发送，使用 MyReceiver 广播接收类来处理广播。当其接收到广播后，会通过 Toast 对象显示一个提示信息。

第 19 章　网络应用

生活和工作中，网络已经无处不在，而网络应用在移动设备中更是必不可少的功能。本章将讨论如何在 Android 应用中获取和处理常见的网络资源。

讨论广播的时候，已经讨论过网络状态的判断，这里就不再赘述。实际开发中，如果需要连接网络，就应该在网络状态改变时进行相应的处理，避免产生运行时错误。

本章将讨论五方面的内容，分别是：

- ❑ 配置 IIS 网站
- ❑ 获取网络资源
- ❑ 处理 JSON 数据
- ❑ 处理 XML 数据
- ❑ 封装 CHttp 类

19.1　配置 IIS 网站

本书的示例都是在 Windows 系统中完成的，所以测试 Web 相关内容时，继续使用 Windows 内置的 IIS（Internet Information Service）。

本章的测试工作，需要使用 IIS 搭建一个 Web 服务器。需要注意的是，必须在包含此组件的 Windows 版本中才可以使用，如 Windows 7 专业版及以上、Windows 10 等。

接下来，以 Windows 7 为例。如果 IIS 功能还没有打开，可以通过"控制面板"→"程序与功能"→"打开或关闭 Windows 功能"选项进行设置，如图 19-1 所示。

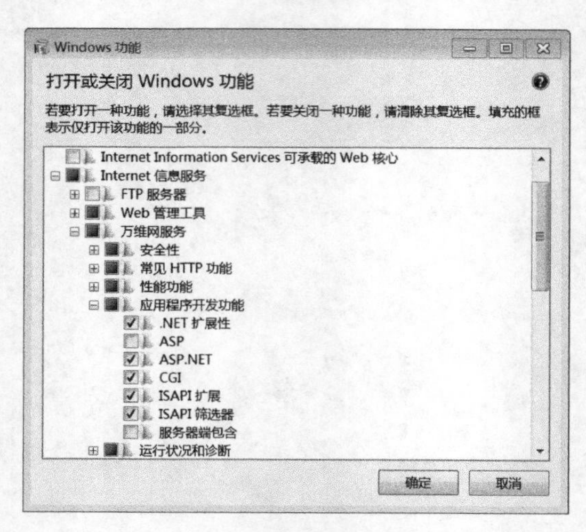

图 19-1　打开 IIS 功能

接下来，打开计算机管理，在“Internet 信息服务 (IIS) 管理器”中选择需要设置的网站，默认情况下，会出现一个名为 Default Web Site 的网站。选择它，并双击打开 MIME 类型配置，如图 19-2 所示。

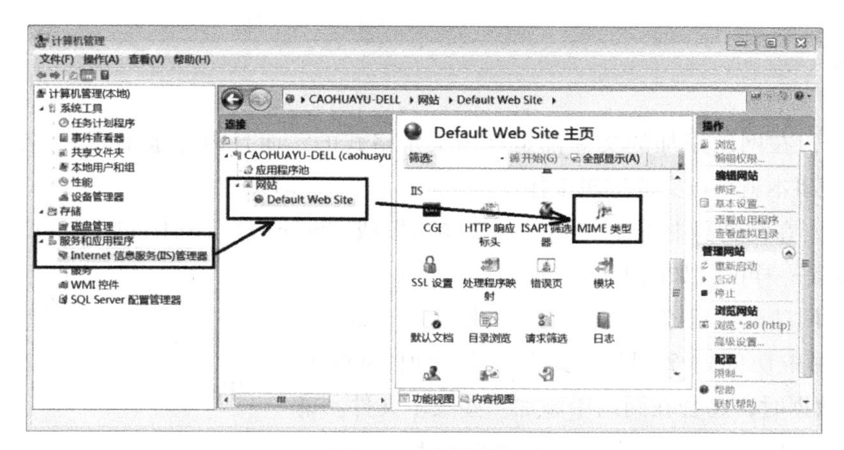

图 19-2　网站设置

在显示的 MIME 列表中，可以查看是否有 JSON 格式的内容。如果没有，可以通过右侧操作栏中的“添加”打开窗口，填写如图 19-3 所示的内容。

这里添加了 JSON 文件的 MIME 类型，并进行以下设置。

- ❑ 把文件扩展名设置为“.json”。
- ❑ 把 MIME 类型设置为“application/json”。

然后，可以使用网站的默认路径，也可以创建一个新的网站目录，这里使用 d:\web-test 目录。接下来，选择网站，并单击打开右侧操作栏中的“基本设置”，其中在“物理路径”中设置网站的目录，如图 19-4 所示。

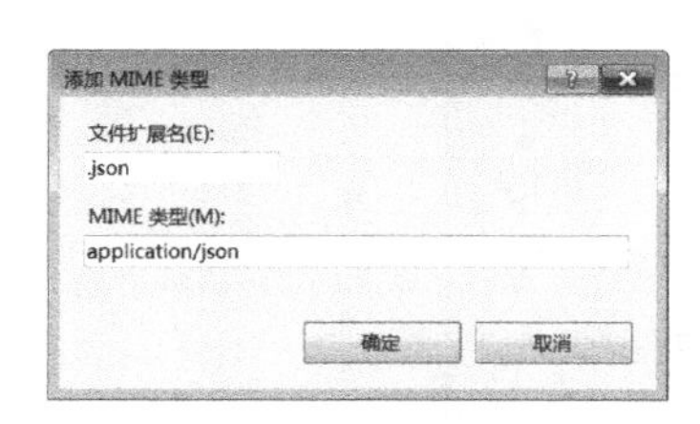

图 19-3　添加 MIME 类型

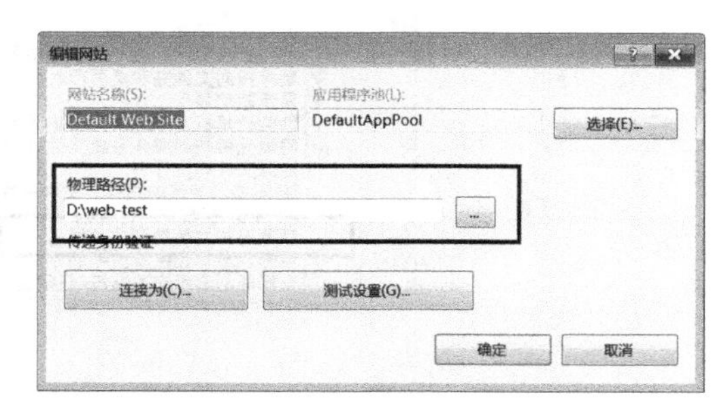

图 19-4　设置网站物理路径

接下来，可以在浏览器中使用地址“http://127.0.0.1/”或“http://localhost/”访问这个网站，也可以在 Android 模拟器中使用地址“http://10.0.2.2/”访问。

现在，网站中还没有内容。下面添加一个 index.html 文件，其内容也非常简单，如下面的代码（d:\web-test\index.html 文件）所示。

```
<!DOCTYPE html>
<html xmlns="http://www.w3.org/1999/xhtml">
```

```
<head>
<meta http-equiv="Content-Type" content="text/html; charset=utf-8"/>
<title>测试用网站</title>
</head>
<body>
<h1>Test...</h1>
</body>
</html>
```

本章中，在网站添加的文件都是基于文本格式的，而且内容也不会太多，使用Windows中的记事本就可以完成编辑工作。

接下来，在浏览器中通过“http://127.0.0.1/”或“http://127.0.0.1/index.html”打开网站，其显示结果是一样的，如图19-5所示。

现在，网站配置已经完成了。接下来将讨论如何在Android应用中访问这个网站。此外，在处理JSON和XML格式数据时，还会在网站中添加一些文本文件。请注意，当使用不同类型的文件时，还需要修改文本文件的扩展名。如果在Windows资源管理器中没有显示文件的扩展名，可以通过工具栏中的“项目”→“文件夹与搜索选项”打开设置窗口，并在其中的“查看”页中取消勾选“隐藏已知文件类型的扩展名”复选框，如图19-6所示。

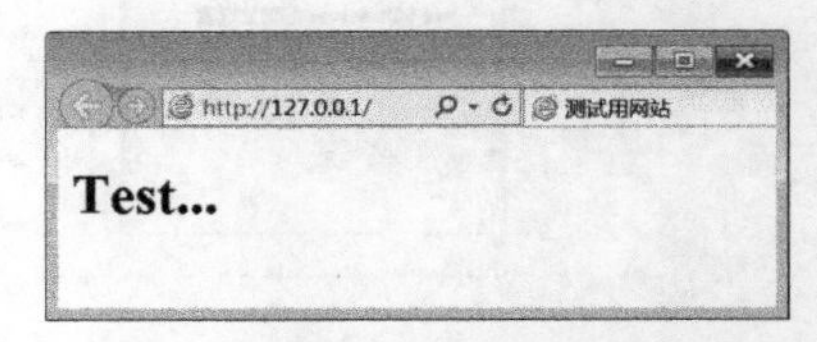

图19-5 测试网站运行情况

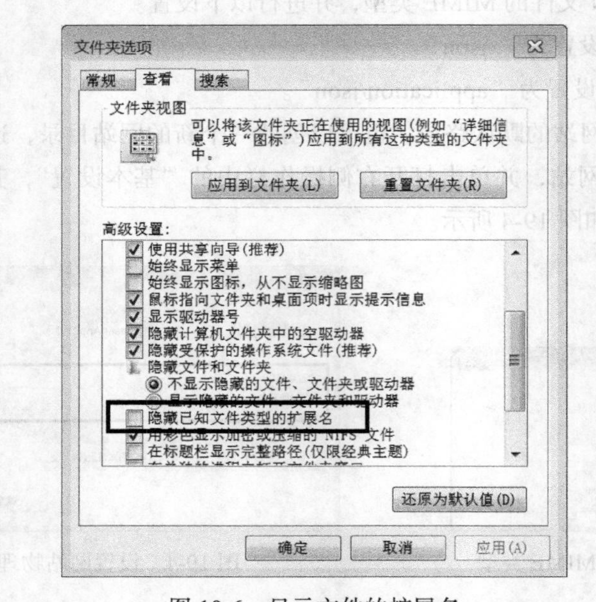

图19-6 显示文件的扩展名

19.2 获取网络资源

接下来，创建WebDemo项目测试Web相关的内容，并创建MainActivity的布局文件main_layout.xml。其中包括一个Button和一个TextView组件，如下面的代码所示。

```
<?xml version="1.0" encoding="utf-8"?>
<LinearLayout xmlns:android="http://schemas.android.com/apk/res/android"
    android:orientation="vertical" android:layout_width="match_parent"
    android:layout_height="match_parent">

<Button android:id="@+id/btn1"
        android:layout_width="match_parent"
        android:layout_height="wrap_content"
        android:text="Button1"></Button>

<TextView android:id="@+id/txt1"
        android:layout_width="match_parent"
        android:layout_height="match_parent"></TextView>

</LinearLayout>
```

在 MainActivity.java 文件中，需要定义按钮的响应方法，如下面的代码所示。

```
package com.example.webdemo;

import android.content.DialogInterface;
import android.support.v7.app.AppCompatActivity;
import android.os.Bundle;
import android.util.Log;
import android.view.View;
import android.widget.Button;

import com.caohuayu.android.CHttp;

import org.json.JSONArray;
import org.json.JSONObject;

import java.io.BufferedReader;
import java.io.InputStream;
import java.io.InputStreamReader;
import java.io.Reader;
import java.net.HttpURLConnection;
import java.net.URL;

public class MainActivity extends AppCompatActivity
    implements View.OnClickListener
{

    @Override
    protected void onCreate(Bundle savedInstanceState) {
        super.onCreate(savedInstanceState);
        setContentView(R.layout.main_layout);
        //
        Button btn1 = (Button)findViewById(R.id.btn1);
        btn1.setOnClickListener(this);
        //
    }
```

```
    @Override
    public void onClick(View v) {
        if(v.getId() == R.id.btn1){
            // 按钮单击响应
        }
    }
}
```

测试项目的基本工作已完成。接下来，开始讨论网络应用的相关内容。

19.2.1 使用HttpURLConnection对象

Android应用中，需要连接网络资源时，可以使用HttpURLConnection类，下面的代码通过一个资源地址创建HttpURLConnection对象。

```
URL url = new URL("http://10.0.2.2/");
HttpURLConnectioncnn = (HttpURLConnection)url.openConnection();
```

代码中，首先，通过一个网址创建URL对象。然后，通过URL对象中的openConnection()方法获取HttpURLConnection对象。此外，当关闭连接时，可以使用disconnect()方法，如cnn.disconnect()。

下面先介绍HttpURLConnection对象中的几个常用方法。

- etRequestMethod()方法，设置请求网络资源的连接方法，包括GET和POST。它们的区别在于，在使用GET方式时，如果需要同时提交参数，应将参数与URL地址放在一起，如“ http://10.0.2.2/index.html?id=123”；在使用是POST方式时，参数需要创建一个新的连接通道以发送到服务器，稍后可以看到具体的应用。
- setConnectTimeout()和setReadTimeout()方法，分别设置连接和读取内容的超时时间，单位是毫秒。如果设置为10秒，方法的参数就应该设置为10000。
- getInputStream()方法，从网络资源中读取内容。其格式为InputStream对象，很多情况下，需要将InputStream对象转换为文本内容，下面来看实际演示。

19.2.2 读取文本内容（GET方式）

网络世界中，文本依然是信息交流的主要形式之一，如网页、XML等文件都是由文本构建的。下面的代码将获取http://10.0.2.2/index.html文件的内容，并通过日志分行显示。

```
@Override
public void onClick(View v) {
    if (v.getId() == R.id.btn1) {
        // Button1
        new Thread(new Runnable() {
            @Override
            public void run() {
                HttpURLConnection cnn = null;
                try {
                    URL url = new URL("http://10.0.2.2/index.html");
```

```
                cnn = (HttpURLConnection) url.openConnection();
                cnn.setRequestMethod("GET");
                cnn.setConnectTimeout(10000);
                cnn.setReadTimeout(10000);
                InputStream s = cnn.getInputStream();
                BufferedReader reader =
                   new BufferedReader(new InputStreamReader(s));
                String ln;
                while ((ln = reader.readLine()) != null) {
                        Log.d(" 页面内容 ",ln);
                }
            } catch (Exception ex) {
                Log.e(" 获取网站资源错误 ", ex.getMessage());
            } finally {
                if(cnn != null) cnn.disconnect();
            }
        }
    }).start();
  }
}
```

执行应用并单击 Button1 按钮，可以在日志信息中看到 index.html 页面的内容，如图 19-7 所示。

```
D/页面内容: <!DOCTYPE html>
D/页面内容: <html xmlns="http://www.w3.org/1999/xhtml">
D/页面内容: <head>
D/页面内容: <meta http-equiv="Content-Type" content="text/html; charset=utf-8"/>
D/页面内容:     <title>测试用网站</title>
D/页面内容: </head>
D/页面内容: <body>
D/页面内容:     <h1>Test...</h1>
D/页面内容: </body>
D/页面内容: </html>
```

图 19-7 读取网络资源中的文本内容

请注意，将读取网络资源的操作放在一个独立的线程中完成，并使用 BufferedReader 对象来读取 InputStream 对象中的数据。下面再单独看一下这些代码。

```
BufferedReader reader =
new BufferedReader(new InputStreamReader(s));
String ln;
while ((ln = reader.readLine()) != null) {
    Log.d(" 页面内容 ",ln);
}
```

代码中，在获取 BufferedReader 对象后，通过 readLine() 方法读取其中的一行。如果没有读取到内容，则 readLine() 方法会返回 null 值，以此作为循环读取的判断条件。

这里，分行读取了网页的内容，如果需要使用全部的文本内容，可修改代码，如下所示。

```
StringBuilder sb = new StringBuilder();
BufferedReader reader = new BufferedReader(new InputStreamReader(s));
String ln;
while ((ln = reader.readLine()) != null) {
```

```
sb.append(ln);
}
Log.d("页面全部内容",sb.toString());
```

代码很简单，使用 StringBuilder 对象将所有行连接起来，如果需要加上换行符，只需要在 while 循环语句中添加一行代码，如以下粗体字的代码所示。

```
while ((ln = reader.readLine()) != null) {
sb.append(ln);
sb.append("\n");
}
```

19.2.3 使用参数（GET 方式）

在获取网络资源时使用参数，并不陌生。在浏览页面时，经常会在网址的字符串中看到附加的参数。网址中，“?”符号后就是参数内容，如“http://10.0.2.2/getParam.aspx?id=123”中就使用了一个参数，其参数名为 id，参数值为 123。如果需要使用多个参数，可以使用 & 符号连接，如“http://10.0.2.2/getParam.aspx?id=123&username=user123”中就分别定义了 id 和 username 两个参数。

Web 服务器中，可以通过编程对参数进行解析和处理，并根据需要返回相应的内容。接下来，在 d:\web-test 目录中添加 getParam.aspx 文件，内容如下。

```
<%@ Page Language="C#" %>
<script runat="server">
    private void Page_Load()
    {
        Response.Write(Request.QueryString["id"]);
    }
</script>
```

这是一个简单的 ASP.NET 页面文件，功能也很简单，它会显示网址中所包含的 id 参数的内容。如果在浏览器中输入“http://127.0.0.1/getParam.aspx?id=123”，页面就会显示 123，如图 19-8 所示。

接下来将在 Android 应用中调用此页面，并返回 id 参数的值。实际上，只需要修改创建 URL 对象的构造函数就可以了，如下面的代码所示。

```
URL url = new URL("http://10.0.2.2/getParam.aspx?id=123");
```

再次在模拟器中执行应用，会在调试信息中看到从页面中获取的 id 参数的值，如图 19-9 所示。可以修改 id 参数的值来观察页面返回的内容。

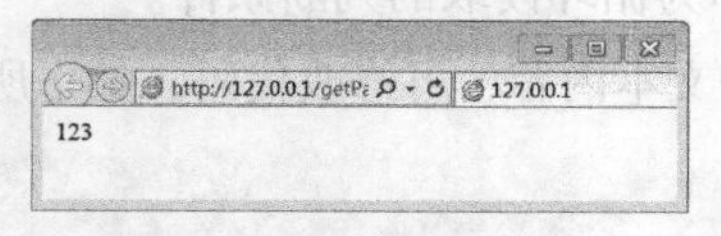

图 19-8　响应 URL 参数

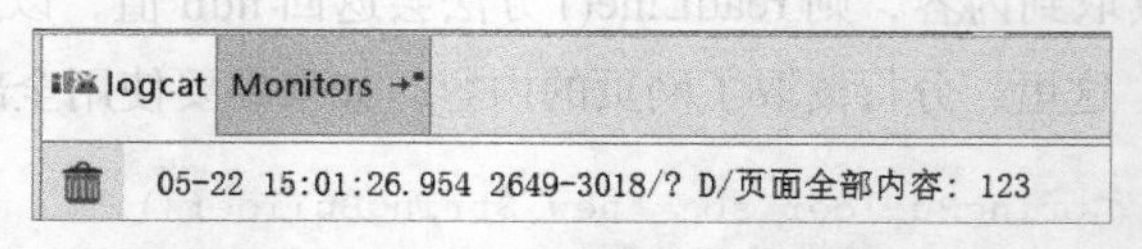

图 19-9　在 Android 应用中调用动态页面

19.2.4 使用 POST 方式

前面的示例中，在 URL 字符串中直接使用了参数，提交参数时使用的就是 GET 方式。实际应用中，如果提交的数据比较多，一般会使用 POST 方式。下面的代码修改 Button1 按钮的响应代码，通过 POST 方式向服务器传递参数。

```
@Override
public void onClick(View v) {
    if (v.getId() == R.id.btn1) {
        // Button1
        new Thread(new Runnable() {
            @Override
            public void run() {
                HttpURLConnection cnn = null;
                try {
                    URL url = new URL("http://10.0.2.2/getParam.aspx");
                    cnn = (HttpURLConnection) url.openConnection();
                    cnn.setRequestMethod("POST");
                    cnn.setConnectTimeout(10000);
                    cnn.setReadTimeout(10000);
                    // 设置参数
                    DataOutputStream output =
                        new DataOutputStream(cnn.getOutputStream());
                    output.writeBytes("id=112233");
                    //
                    InputStream s = cnn.getInputStream();
                    //
                    StringBuilder sb = new StringBuilder();
                    BufferedReader reader =
                        new BufferedReader(new InputStreamReader(s));
                    String ln;
                    while ((ln = reader.readLine()) != null) {
                        sb.append(ln);
                    }
                    Log.d("页面全部内容",sb.toString());
                } catch (Exception ex) {
                    Log.e("获取网站资源错误", ex.getMessage());
                } finally {
                    if(cnn != null) cnn.disconnect();
                }
            }
        }).start();
    }
}
```

代码中，通过 POST 方式向服务器传递数据时，需要使用 DataOutputStream 对象。其中，writeBytes() 方法可以通过独立的通道向服务器提交数据。此时，每个参数同样会使用“<参数名>=<参数值>”的格式。如果有多个参数，则使用 & 符号进行连接，如“id=112233&usermane=user123”。

这里改变了参数提交的方式。在服务器端，页面也应该进行相应的修改，否则不会正确显示 id 参数数据。修改 d:\web-test\getParam.aspx 页面的内容如下。

```
<%@ Page Language="C#" %>
<script runat="server">
    private void Page_Load()
    {
        Response.Write(Request.Form["id"]);
    }
</script>
```

这里，使用 Request.From 集合读取 POST 方式上传的数据。再次在 Android 模拟器中执行应用，可以看到如图 19-10 所示的内容。

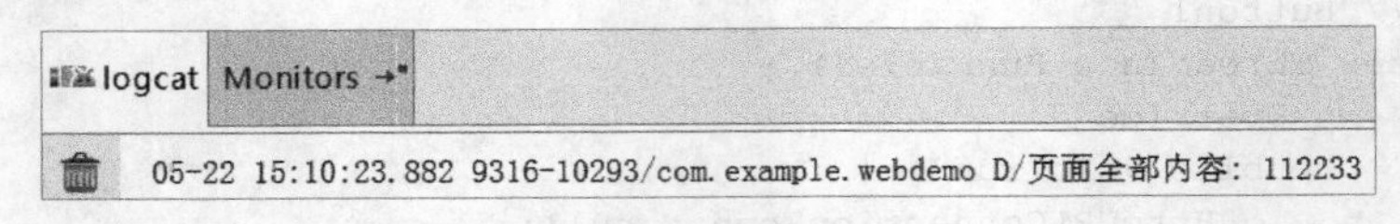

图 19-10　响应以 POST 方式上传的参数

19.2.5　将获取的内容显示到 TextView 中

前面的示例中已经使用 StringBuilder 对象获取了页面的参数内容，那么如何将获取的内容显示在 MainActivity 的 TextView 组件中呢？

也许读者会想到如下代码。

```
@Override
public void onClick(View v) {
    if (v.getId() == R.id.btn1) {
        // Button1
        new Thread(new Runnable() {
            @Override
            public void run() {
                HttpURLConnection cnn = null;
                try {
                    // 其他代码 ...
                    //
                  TextView txt1 = (TextView)findViewById(R.id.txt1);
                  txt1.setText(sb.toString());
                } catch (Exception ex) {
                    Log.e("获取网站资源错误", ex.getMessage());
                } finally {
                    if(cnn != null) cnn.disconnect();
                }
            }
        }).start();
    }
}
```

实际执行此代码，即使不小心在 TextView 中显示了内容，也会在调试信息中看到抛出的异常。原因是，获取网络资源的代码是在一个独立的线程中进行的，而不是在 Activity 的主线程中进行的。所以，不能在外部线程中直接操作 Activity 中的组件。此时，需要对代码稍加修改，如下面的代码所示。

```
    @Override
    public void onClick(View v) {
        if (v.getId() == R.id.btn1) {
            // Button1
            new Thread(new Runnable() {
                @Override
                public void run() {
                    HttpURLConnection cnn = null;
                    try {
                        // 其他代码
                        //在界面中显示数据
                        showData(sb.toString());
                    } catch (Exception ex) {
                        Log.e("获取网站资源错误", ex.getMessage());
                    } finally {
                        if(cnn != null) cnn.disconnect();
                    }
                }
            }).start();
        }
    }

    // 在界面中显示数据
    private void showData(final String s)
    {
    runOnUiThread(new Runnable() {
    @Override
            public void run() {
                TextView txt1 = (TextView)findViewById(R.id.txt1);
                txt1.setText(s);
    }
    });
    }
```

这里在 MainActivity 类中创建了一个 showData() 方法，专门用于将数据显示到界面中。方法中使用了 runOnUiThread() 方法，其功能就是让执行的代码保持在界面的主线程上，这样就可以正确地将数据显示到界面组件中了。

再次执行应用，可以看到 112233 正确显示到 TextView 组件中，而且没有抛出异常。

实际应用中，如果需要将网络资源中读取的一系列数据显示到界面组件中，可以根据实际需要合理地修改 showData() 方法进行操作。

19.3 处理 JSON 数据

JSON(JavaScript Object Notation) 是一种轻量级的数据交换格式。它支持多种数据类型，采用“键 / 值”的数据格式，易于编写和阅读，解析起来也非常方便，同时可以高效地在网络中传递。

本节将讨论如何在 Android 应用中解析 JSON 格式的数据。

19.3.1 处理 JSONObject 对象

首先在 d:\web-test 目录中添加一个名为 record.json 的文本文件，其内容如下。

```
{
    "id": "444",
    "username": "admin",
    "sex": "0"
}
```

代码中定义的就是 JSON 格式的数据，结构很简单，使用 {} 定义一个 JSON 对象，也就是一条记录的数据。其中包括三个数据项，分别是 id、username 和 sex，数据项的定义格式为“< 数据名称 >:< 数据值 >”，每个数据项使用逗号（,）分隔。

下面在 MainActivity 中读取此文件的内容，如下面的代码所示。

```
package com.example.webdemo;

import android.content.DialogInterface;
import android.support.v7.app.AppCompatActivity;
import android.os.Bundle;
import android.util.Log;
import android.view.View;
import android.widget.Button;
import android.widget.TextView;

import com.caohuayu.android.CHttp;

import org.json.JSONArray;
import org.json.JSONObject;

import java.io.BufferedReader;
import java.io.DataOutputStream;
import java.io.InputStream;
import java.io.InputStreamReader;
import java.io.Reader;
import java.net.HttpURLConnection;
import java.net.URL;

public class MainActivity extends AppCompatActivity
    implements View.OnClickListener
{
    @Override
    protected void onCreate(Bundle savedInstanceState) {
        super.onCreate(savedInstanceState);
        setContentView(R.layout.main_layout);
        //
        Button btn1 = (Button)findViewById(R.id.btn1);
        btn1.setOnClickListener(this);
    }

@Override
public void onClick(View v) {
    if (v.getId() == R.id.btn1) {
```

```
        // Button1
        new Thread(new Runnable() {
            @Override
            public void run() {
                HttpURLConnection cnn = null;
                try {
                    URL url = new URL("http://10.0.2.2/record.json");
                    cnn = (HttpURLConnection) url.openConnection();
                    cnn.setRequestMethod("GET");
                    cnn.setConnectTimeout(10000);
                    cnn.setReadTimeout(10000);
                    InputStream s = cnn.getInputStream();
                    StringBuilder sb = new StringBuilder();
                    BufferedReader reader =
                        new BufferedReader(new InputStreamReader(s));
                    String ln;
                    while ((ln = reader.readLine()) != null) {
                        sb.append(ln);
                    }
                    Log.d("页面全部内容",sb.toString());
                    //
                    printJSONRecord(sb.toString());
                } catch (Exception ex) {
                    Log.e("获取网站资源错误", ex.getMessage());
                } finally {
                    if(cnn != null) cnn.disconnect();
                }
            }
        }).start();
    }
}

// 显示一条 JSON 数据
private void printJSONRecord(String data){
try{
JSONObject obj = new JSONObject(data);
        String id = obj.getString("id");
        String username = obj.getString("username");
        String sex = obj.getString("sex");
        //
Log.d("id",id);
        Log.d("username",username);
        Log.d("sex",sex);
    }catch(Exception ex){
ex.printStackTrace();
    }
}
```

代码中定义了 printJSONRecord() 方法，功能是显示一条 JSON 数据，其中使用了 JSONObject 对象，并使用一个字符串内容进行初始化，本例中使用了从 record.json 文件中读取的内容。然后，使用 getString() 方法读取不同名称的数据内容，并通过日志显示，执行结果如图 19-11 所示。

logcat Monitors

05-22 15:52:15.333 13732-13854/com.example.webdemo D/id: 444
05-22 15:52:15.333 13732-13854/com.example.webdemo D/username: admin
05-22 15:52:15.333 13732-13854/com.example.webdemo D/sex: 0

图 19-11 通过 JSONObject 解析数据

19.3.2 处理 JSONArray 对象

下面在 c:\web-test 目录中创建一个 records.json 文件，其中包含由多个记录组成的数组。

```
[
    { "id": "1", "username": "admin", "sex": "0" },
    { "id": "2", "username": "user01", "sex": "1" },
    { "id": "3", "username": "user02", "sex": "2" }
]
```

接下来，在 MainActivity.java 文件中定义一个 printJSONArray() 方法，用于显示 JSON 记录数组，如下面的代码所示。

```
private void printJSONArray(String data){
try{
JSONArray arr = new JSONArray(data);
        for(int i=0;i<arr.length();i++) {
            JSONObject obj = arr.getJSONObject(i);
            String id = obj.getString("id");
            String username = obj.getString("username");
            String sex = obj.getString("sex");
            //
            Log.d("id",id);
            Log.d("username",username);
            Log.d("sex",sex);
        }
    }catch(Exception ex){
        ex.printStackTrace();
    }
}
```

在 onClick() 方法中修改 URL 的内容，用于载入 records.json 文件。然后，使用 printJSONArray (sb.toString()) 语句来显示 records.json 文件的所有内容，代码执行结果如图 19-12 所示。

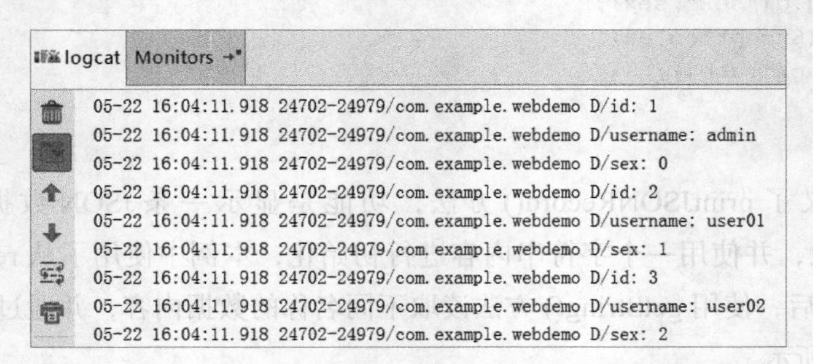

图 19-12 使用 JSONArray 对象解析数据

19.4　处理 XML 数据

XML（Extensible Markup Language）是另一种跨平台传递信息的数据格式。本节将讨论如何在 Android 应用中读取 XML 格式的数据。

首先在 d:\web-test 目录下创建 records.xml 文件，其内容如下。

```
<?xml version="1.0" encoding="utf-8" ?>
<records>
<record>
<id>1</id>
<username>admin</username>
<sex>0</sex>
</record>
<record>
<id>2</id>
<username>user01</username>
<sex>1</sex>
</record>
<record>
<id>3</id>
<username>user02</username>
<sex>2</sex>
</record>
</records>
```

接下来，继续在 WebDemo 项目中进行测试，修改 MainActivity 中 onClick() 方法的代码。

```
@Override
public void onClick(View v) {
    if (v.getId() == R.id.btn1) {
        // Button1
        new Thread(new Runnable() {
            @Override
            public void run() {
                HttpURLConnection cnn = null;
                try {
                    URL url = new URL("http://10.0.2.2/records.xml");
                    cnn = (HttpURLConnection) url.openConnection();
                    cnn.setRequestMethod("GET");
                    cnn.setConnectTimeout(10000);
                    cnn.setReadTimeout(10000);
                    InputStream s = cnn.getInputStream();
                    //
                    printXml(s);
                } catch (Exception ex) {
                    Log.e("获取网站资源错误", ex.getMessage());
                } finally {
                    if (cnn != null) cnn.disconnect();
                }
            }
        }).start();
    }
}
```

代码中，调用了自定义的printXml()方法，其实现代码如下。

```
private void printXml(InputStream data) {
try {
        XmlPullParser parser = Xml.newPullParser();
        parser.setInput(data, "utf-8");
        //
        String id = "";
        String username = "";
        String sex = "";
        //
        String nodeName = "";
        int eventType = parser.getEventType();
        while (eventType != XmlPullParser.END_DOCUMENT) {
            nodeName = parser.getName();
            if (eventType == XmlPullParser.START_TAG) {
                // 开始标记，读取记录
                if (nodeName.equals("id"))
                    id = parser.nextText();
                if (nodeName.equals("username"))
                    username = parser.nextText();
                if (nodeName.equals("sex"))
                    sex = parser.nextText();
            } else if (eventType == XmlPullParser.END_TAG) {
                // 结束标记，使用记录数据
                if(nodeName.equals("record")) {
                    Log.d("id", id);
                    Log.d("username", username);
                    Log.d("sex", sex);
                }
            }
            // 读取下一个
            eventType = parser.next();
        }
    } catch (Exception ex) {
        ex.printStackTrace();
    }
}
```

代码中，解析XML格式数据使用的主要工具就是XmlPullParser对象，它由Xml.newPullParser()方法创建。

获取XmlPullParser对象后，使用setInput()方法载入XML数据，其中包括两个参数，分别如下。

- 第一个参数指定InputStream对象，可以直接使用从网络资源中读取的InputStream对象。
- 第二个参数使用一个字符串，指定需要解析的XML文件的编码，这需要根据XML源文件的格式来指定。网站建设中，UTF-8编码是一种比较常用的格式，本书的项目中会尽可能统一使用此编码标准。

接下来，对XML内容进行解析。其中使用了XmlPullParser对象的几个方法。如getEventType()方法返回当前读取内容的类型，可以使用XmlPullParser中定义的一些字段来表示。常用的有以下几个。

- ❑ START_DOCUMENT：读取了 XML 文档的开始标记，如 records.xml 文件中的 <records> 标记。
- ❑ END_DOCUMENT：读取了 XML 文档的结束标记，如 records.xml 文件中的 </records> 标记。
- ❑ START_TAG：读取了节点的开始标记，如 records.xml 文件中的 <record>、<id>、<username>、<sex> 标记。
- ❑ END_TAG：读取了节点的结束标记，如 records.xml 文件中的 </record>、</id>、</username>、</sex> 标记

读取 XML 内容时，使用了一个 while 循环，在读取到文档结束标记时退出循环。

循环中，如果读取了开始标记，则判断读取的是不是真正的数据，即 id、username 和 sex 的数据，这里使用标记（节点）的名称进行判断。

如果读取到结束标记，而且是 record 的结束标记，则说明一条记录已经读取完毕。此时，使用日志显示记录数据。

每次循环结束后，使用 XmlPullParser 对象的 next() 方法进行下一次读取，此方法会返回读取事件类型，这里同步更新 eventType 变量的值，以便根据读取的类型进行相应的操作。

执行应用，可以在调试信息中看到如图 19-13 所示的内容。

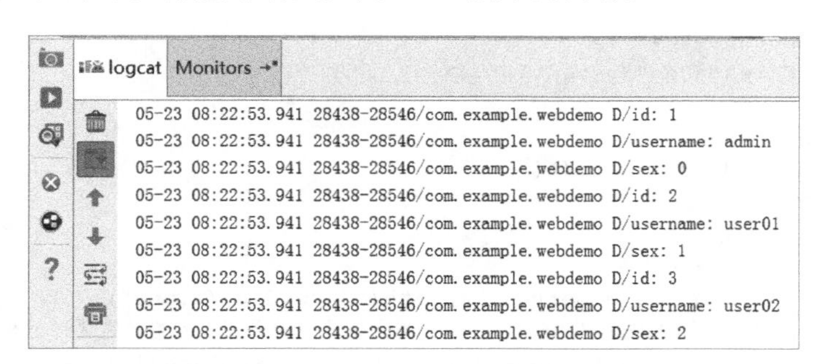

图 19-13　解析 XML 格式的数据

应用中，还可以直接从 XML 文件中读取文本内容。此时，需要在 XmlPullParser 对象的 inputData() 方法中载入文本参数，如下面的代码所示。

```
private void printXml(String data) {
try {
XmlPullParser parser = Xml.newPullParser();
parser.setInput(new StringReader(data));
        // 其他代码 ...
    } catch (Exception ex) {
ex.printStackTrace();
}
}
```

这里，使用 StringReader 对象进行过渡，并通过一个 String 对象载入了 XmlPullParser 对象的数据。请注意，载入的文本内容应该是正确的 XML 格式，否则无法正确解析。

19.5 将文件上传到服务器

前面主要介绍了如何通过参数的形式将文本内容传递到服务器，并从服务器返回操作结果。而实际开发中，将移动设备中的文件上传到服务器也是一项比较常见的功能。本节将讨论相关内容。

为了避免网络交换协议应用的复杂性，会对文件字节进行编码，然后按文本上传到服务器。Android 应用中，可以使用 BASE64 标准对字节进行编码。然后，在服务器中进行解码并还原为文件的字节。

下面分别从服务器端和 Android 代码两个方面来讨论编程工作。

19.5.1 准备接收服务器（ASP.NET）

继续在本章使用的网站中进行相关测试工作。首先，在网站根目录下创建一个名为 app_data 的目录。这是 ASP.NET 项目中的专用目录，网站的用户不能直接通过 URL 访问其中的内容，所以将一些特殊的文件放在这个目录中是比较安全的。接下来会将上传的文件保存到 app_data 目录中。

接下来准备一个接收文件的 ASP.NET 页面，如下面的代码（/upload.aspx）所示。

```
<%@ Page Language="C#" %>
<%@ Import Namespace="System.IO" %>

<script runat="server">
    private void Page_Load(){
        try
        {
            // 指定文件名
            string file = Server.MapPath("/app_data/a.png");
            // 解码 BASE64 字符串，从客户端上传的 + 符号变为空格，需要进行替换操作
            string data = Request.Form["file1"].Replace(' ','+');
            byte[] bytes = Convert.FromBase64String(data);
            // 直接保存字节
            File.WriteAllBytes(file, bytes);
            // 返回操作结果
            if (System.IO.File.Exists(file))
                Response.Write("OK");
            else
                Response.Write("ERR");
        }
        catch (Exception ex)
        {
            Response.Write(ex.Message);
        }
    }
</script>
```

这里同样使用了一些 C# 代码和 ASP.NET 开发元素，下面简单介绍一下。

首先，使用 Server.MapPath() 方法将网络资源的虚拟路径转换为服务器中的物理路径。这里将保存文件的名称设置为 a.png，它位于网站根目录下的 app_data 目录中。实际开发中，可以根据不同的文件类型和具体需求指定保存上传文件的策略。

Request.Form["file1"] 读取通过 POST 方式上传的并且参数名为 file1 的文本内容。

Replace() 方法不难理解，其功能就是替换字符串中的内容。这里，由于 ASP.NET 接收的文本数据中会将加号（+）转换为空格，因此接收内容后需要进行反向的替换操作。接收并转换完成的文本内容保存到 data 对象中（String 类型，在 .NET Framework 中，技术上是不是有很多共同点呢？）。

Convert.FromBase64String(data) 方法会将 BASE64 编码的文本内容转换为字节数组（byte[] 类型）。

File.WriteAllBytes(file, bytes) 方法将第二个参数指定的字节数组的数据保存到第一个参数指定的文件中，如果文件已存在，则会完全重写文件内容。

最后，简单地判断操作结果。如果文件存在，则页面返回 OK；否则，返回 ERR。如果产生异常，则返回异常描述信息。这里，也可以根据项目约定返回相应的操作结果信息。

对于网络间的数据交换，约定（协议）是非常重要的，如 HTTP、HTTPS、FTP 等协议的应用。项目中的数据格式，在客户端和服务器之间交换也需要必要的约定，例如使用 BASE64 格式的编码就是一个基本的约定。此外，如果使用不同的服务器开发技术，如 PHP、JSP 等，需要熟悉相应的 BASE64 编码操作方法，以便对接收的代码进行正确的解码操作。

19.5.2　上传文件

接下来，打开 Android Studio 开发环境，并创建一个名为 UploadDemo 的项目，其中使用默认的 Activity 即可。

由于需要使用网络上传功能，因此不要忘记在 AndroidManifest.xml 文件中声明权限。如果使用 Internet 访问权限，则需要下面的代码。

```
<?xml version="1.0" encoding="utf-8"?>
<manifest xmlns:android="http://schemas.android.com/apk/res/android"
    package="com.example.uploaddemo">

<uses-permission android:name="android.permission.INTERNET"></uses-permission>

</manifest>
```

接下来，进入 MainActivity.java 文件，基本的代码如下。

```
package com.example.uploaddemo;

import android.graphics.Bitmap;
import android.graphics.BitmapFactory;
import android.support.v7.app.AppCompatActivity;
import android.os.Bundle;
import android.util.Base64;
```

```
import android.util.Log;

import java.io.BufferedReader;
import java.io.ByteArrayOutputStream;
import java.io.DataOutputStream;
import java.io.InputStream;
import java.io.InputStreamReader;
import java.net.HttpURLConnection;
import java.net.URL;

public class MainActivity extends AppCompatActivity {

    @Override
    protected void onCreate(Bundle savedInstanceState) {
        super.onCreate(savedInstanceState);
        setContentView(R.layout.activity_main);
        //
        upload();
    }
    // 其他代码
}
```

也许读者已经发现了，上传文件操作的关键在于upload()方法，它的定义如下面的代码所示。

```
// 执行上传操作
private void upload(){
    new Thread(new Runnable() {
    @Override
    public void run() {
        try{
            // 准备文件字节数据
            Bitmap bmp = BitmapFactory.decodeResource(
                getResources(),R.mipmap.ic_launcher);
            ByteArrayOutputStream outputStream =
                new ByteArrayOutputStream();
            bmp.compress(Bitmap.CompressFormat.PNG,100,outputStream);
            outputStream.flush();
            outputStream.close();
            byte[] data = outputStream.toByteArray();
            String s = Base64.encodeToString(data,Base64.NO_WRAP);
            // 接收数据的服务器资源
            URL url = new URL("http://10.0.2.2/upload.aspx");
            // 上传文件
            HttpURLConnection cnn = (HttpURLConnection)url.openConnection();
            cnn.setRequestMethod("POST");
            cnn.setConnectTimeout(10000);
            cnn.setReadTimeout(10000);
            cnn.setDoOutput(true);
            cnn.setDoInput(true);
            cnn.setUseCaches(true);
            //
            DataOutputStream dos =
               new DataOutputStream((cnn.getOutputStream()));
```

```
                dos.writeBytes("file1=" + s);
                dos.flush();
                dos.close();
                // 接收返回信息
                InputStream inputStream = cnn.getInputStream();
                StringBuilder sb = new StringBuilder();
                BufferedReader reader =
                    new BufferedReader(new InputStreamReader(inputStream));
                String ln;
                while((ln = reader.readLine())!=null) sb.append(ln);
                Log.d("上传结果", sb.toString());
                inputStream.close();
            }catch(Exception ex){
                ex.printStackTrace();
            }
        }
        }).start();
    }
```

upload() 方法的代码比较多。接下来慢慢介绍其中的功能。

首先，对于网络操作（如本例中的上传操作），可能会有较长的响应时间。这会对界面操作带来负面影响，所以对于这种类型的操作，应放在一个独立的线程中来完成。

接下来准备上传的文件。

现在还没有学习如何在 Android 应用中处理设备中的文件操作，这些内容会在第 26 章讨论。那么从哪里获取上传的文件呢？应用的图标不就是现成的图像文件吗？代码中，使用 BitmapFactory.decodeResource() 方法从资源中读取了资源的普通图标文件，并返回了相应的 Bitmap 对象。然后，使用 Bitmap 对象的 compress() 方法将 Bitmap 数据保存到 ByteArrayOutputStream 对象（outputStream）中。最后通过 toByteArray() 方法转换为字节数组（byte[] 类型）。

数据准备的最后一项工作是将字节数组转换为 BASE64 编码，这里使用 Base64.encodeToString() 方法来完成这项工作。其中，第一个参数指定需要转换的字节数组，第二个参数指定 BASE64 编码的风格。在这里使用 Base64.NO_WRAP 风格，即所有内容是连续的，不会添加换行符。

在执行上传操作时，首先，指定接收上传数据的网络地址，也就是前面创建的 upload.aspx 页面。然后，通过 HttpURLConnection 对象进行上传操作。需要注意的是，这里要设置通过 POST 方式传递数据，并将文件的编码放在 file1 参数中。这也是一种约定，因为在 upload.aspx 页面中就是按照这一约定进行编码的。

在模拟器中执行应用，会在调试信息中显示返回的结果。如果显示的是 OK，则打开 d:\web-test\app_data 目录，就可以看到一个名为 a.png 的文件，如图 19-14 所示。

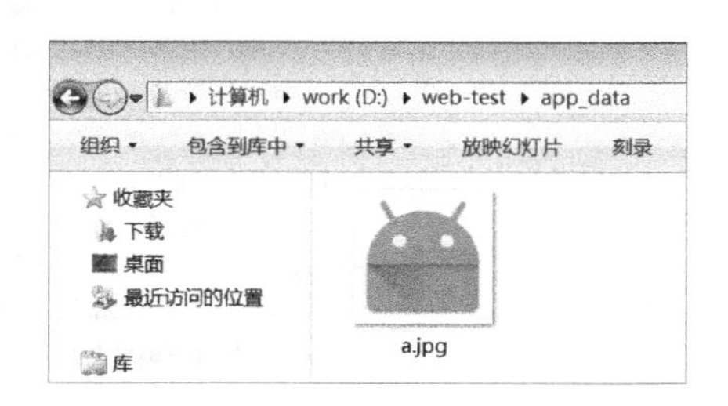

图 19-14　Android 应用中上传的文件

19.6 封装CHttp类

前面的示例中展示了一些通用的或重复的代码，特别是从网络资源中获取文本的操作。本节的工作就是创建一个CHttp类，封装一些网络资源的操作。

19.6.1 使用GET方式获取文本

从网络资源中获取文本的操作，并不陌生，直接看代码。

```
package com.caohuayu.android;

import android.util.Log;

import java.io.BufferedReader;
import java.io.DataOutputStream;
import java.io.InputStream;
import java.io.InputStreamReader;
import java.net.HttpURLConnection;
import java.net.URL;

public class CHttp {
    // 从指定的URL中读取文本内容
    public static String getText(String addr){
        return getText(addr, 10000);
    }
    //
    public static String getText(String addr, int timeout)
    {
        HttpURLConnection cnn = null;
        String result = null;
        try{
            URL url = new URL(addr);
            cnn = (HttpURLConnection)url.openConnection();
            cnn.setRequestMethod("GET");
            cnn.setConnectTimeout(timeout);
            cnn.setReadTimeout(timeout);
            InputStream s = cnn.getInputStream();
            BufferedReader reader =
               new BufferedReader(new InputStreamReader(s));
            StringBuilder sb = new StringBuilder();
            String ln;
            while((ln = reader.readLine()) != null) {
                sb.append(ln);
            }
            result = sb.toString();
        }catch (Exception ex){
            result = "";
        }finally {
            if(cnn != null) cnn.disconnect();
            return result;
        }
    }
}
```

代码中就是CHttp类的定义，其中创建了两个重载版本的getText()方法。其功能主要是后一个getText()方法完成的。其中包括两个参数，第一个参数指定网络资源的URL地址，第二个参数指定资源连接的超时时间，单位是毫秒。

getText()方法的另一个重载版本只是使用了默认10秒的超时设置。

在getText()方法的定义中，并没有使用线程，这就要求在使用此方法时，需要根据实际情况决定是否在新的线程中调用getText()方法。代码中的其他内容都比较好理解，这里不再多做解释，稍后会看到getText()方法的应用测试。

19.6.2　使用POST方式获取文本

前面定义的getText()方法，在获取网络资源时使用的是GET提交方式。而使用POST方式向服务器传递参数时，需要单独传递参数。接下来，再创建getText()方法的一个重载版本，如下面的代码（CHttp.java文件）所示。

```
public static String getText(String addr, String param, int timeout)
{
HttpURLConnection cnn = null;
    String result = null;
    try{
        URL url = new URL(addr);
        cnn = (HttpURLConnection)url.openConnection();
        cnn.setRequestMethod("POST");
        cnn.setConnectTimeout(timeout);
        cnn.setReadTimeout(timeout);
        // 设置参数
        DataOutputStream output =
           new DataOutputStream(cnn.getOutputStream());
        output.writeBytes(param);
        //
        InputStream s = cnn.getInputStream();
        BufferedReader reader =
           new BufferedReader(new InputStreamReader(s));
        StringBuilder sb1 = new StringBuilder();
        String ln;
        while((ln = reader.readLine()) != null) {
                sb1.append(ln);
        }
        result = sb1.toString();
    }catch (Exception ex){
        result = "";
    }finally {
        if(cnn != null) cnn.disconnect();
        return result;
    }
}
```

这里定义的getText()方法使用了三个参数。其中，第一个参数为资源的URL；第二个参数为提交服务器的参数设置；第三个参数为超时设置，单位同样是毫秒。

实际应用中，添加参数的形式可能有多种，例如使用一个Hashtable对象添加参数。下面的代码将第三个参数定义为Hashtable<String, String>类型。

```
public static String getText(String addr, int timeout, Hashtable<String,String> param)
{
HttpURLConnection cnn = null;
    String result = null;
    try{
URL url = new URL(addr);
        cnn = (HttpURLConnection)url.openConnection();
        cnn.setRequestMethod("POST");
        cnn.setConnectTimeout(timeout);
        cnn.setReadTimeout(timeout);
        // 设置参数
        DataOutputStream output =
            new DataOutputStream(cnn.getOutputStream());
        StringBuilder sb = new StringBuilder();
        for(String key : param.keySet()){
            sb.append(key);
            sb.append("=");
            sb.append(param.get(key));
            sb.append("&");
        }
        // 去掉最后一个 &
        if(sb.length() > 0)
        sb.deleteCharAt(sb.length()-1);
        output.writeBytes(sb.toString());
        //
        InputStream s = cnn.getInputStream();
        BufferedReader reader =
           new BufferedReader(new InputStreamReader(s));
        StringBuilder sb1 = new StringBuilder();
        String ln;
        while((ln = reader.readLine()) != null) {
           sb1.append(ln);
        }
        result = sb1.toString();
    }catch (Exception ex){
        result = "";
    }finally {
if(cnn != null) cnn.disconnect();
return result;
}
}
```

另一种传递参数的方法是使用String数组，如下面的代码所示。

```
public static String getText(String addr, int timeout,final String[] args)
{
    HttpURLConnection cnn = null;
    String result = null;
    try{
        URL url = new URL(addr);
        cnn = (HttpURLConnection)url.openConnection();
```

```
            cnn.setRequestMethod("POST");
            cnn.setConnectTimeout(timeout);
            cnn.setReadTimeout(timeout);
            // 读取参数
            StringBuilder sb = new StringBuilder();
            int maxIndex = args.length-1;
            for(int i=0;i<maxIndex;i+=2) {
                sb.append(args[i]);
                sb.append("=");
                sb.append(args[i+1]);
                sb.append("&");
            }
            // 删除最后一个 &
            if(sb.length() > 0)sb.deleteCharAt(sb.length()-1);
            //
            DataOutputStream output =
               new DataOutputStream(cnn.getOutputStream());
            output.writeBytes(sb.toString());
            //
            InputStream s = cnn.getInputStream();
            BufferedReader reader = new BufferedReader(new InputStreamReader(s));
            StringBuilder sb1 = new StringBuilder();
            String ln;
            while((ln = reader.readLine()) != null) {
                sb1.append(ln);
            }
            result = sb1.toString();
        }catch (Exception ex){
            result = "";
        }finally {
            if(cnn != null) cnn.disconnect();
            return result;
    }
    }
```

这两个 getText() 方法的关键就在于，使用了不同的格式向方法中传递参数。在调用 getText() 方法时，可以根据需要灵活选择。

19.6.3　获取 JSON 数据

首先，创建 getJsonObject() 方法，用于从网络资源中获取 JSONObject 对象，如下面的代码（CHttp.java 文件）所示。

```
    // 返回 JSONObject 对象
    public static JSONObject getJsonObject(String addr, int timeout){
    HttpURLConnection cnn = null;
    JSONObject result = null;
    try{
    URL url = new URL(addr);
    cnn = (HttpURLConnection)url.openConnection();
    cnn.setRequestMethod("GET");
```

```
cnn.setConnectTimeout(timeout);
 cnn.setReadTimeout(timeout);
//
InputStream s = cnn.getInputStream();
BufferedReader reader = new BufferedReader(new InputStreamReader(s));
StringBuilder sb1 = new StringBuilder();
String ln;
while((ln = reader.readLine()) != null) {
sb1.append(ln);
}
//
// Log.d("JSON", sb1.toString());
result = new JSONObject(sb1.toString());
 }catch (Exception ex){
        ex.printStackTrace();
    }finally {
        if(cnn != null) cnn.disconnect();
        return result;
    }
}
```

下面的代码（CHttp.java文件）封装getJsonArray()方法，用于返回JSONArray对象。

```
// 返回JSONArray对象
public static JSONArray getJsonArray(String addr, int timeout){
    HttpURLConnection cnn = null;
    JSONArray result = null;
    try{
        URL url = new URL(addr);
        cnn = (HttpURLConnection)url.openConnection();
        cnn.setRequestMethod("GET");
        cnn.setConnectTimeout(timeout);
        cnn.setReadTimeout(timeout);
        //
        InputStream s = cnn.getInputStream();
        BufferedReader reader = new BufferedReader(new InputStreamReader(s));
        StringBuilder sb1 = new StringBuilder();
        String ln;
        while((ln = reader.readLine()) != null) {
            sb1.append(ln);
        }
        //
        Log.d("JSON", sb1.toString());
        result = new JSONArray(sb1.toString());
    }catch (Exception ex){
        ex.printStackTrace();
    }finally {
        if(cnn != null) cnn.disconnect();
        return result;
    }
}
```

接下来，测试CHttp类的使用。

19.6.4　测试

回到 MainActivity.java 文件中的 onClick() 方法。可以在测试 CHttp 类的同时，总结一下与原代码的区别。

首先获取 index.html 文件的内容，如下面的代码所示。

```
@Override
public void onClick(View v) {
if (v.getId() == R.id.btn1) {
        // Button1
        new Thread(new Runnable() {
            @Override
            public void run() {
                String s = CHttp.getText("http://10.0.2.2/index.html");
                Log.d("id",s);
            }
        }).start();
    }
}
```

第二个测试使用 Hashtable 对象向 getText() 方法传递参数，并使用 POST 方式传递。这一次调用 getParam.aspx.aspx 页面，并返回 id 参数的数据，如下面的代码所示。

```
@Override
public void onClick(View v) {
if (v.getId() == R.id.btn1) {
        // Button1
        new Thread(new Runnable() {
            @Override
            public void run() {
                Hashtable<String,String> hash = new Hashtable<String, String>();
                hash.put("id","666");
                String s = CHttp.getText("http://10.0.2.2/getParam.aspx",
10000, hash);
                Log.d("id",s);
            }
        }).start();
    }
}
```

第三个测试获取 record.json 文件的内容，并通过日志显示出来，如下面的代码所示。

```
@Override
public void onClick(View v) {
    if (v.getId() == R.id.btn1) {
        // Button1
        new Thread(new Runnable() {
            @Override
            public void run() {
                try {
                    JSONObject obj =
                       CHttp.getJsonObject("http://10.0.2.2/record.json", 10000);
```

```
                        Iterator<String> keys = obj.keys();
                        while (keys.hasNext()) {
                            String k = keys.next();
                            String v = obj.getString(k);
                            Log.d(k, v);
                        }
                    } catch (Exception ex) {
                        ex.printStackTrace();
                    }
                }
            }).start();
        }
}
```

第四个测试通过 List<Hashtable<String,String>> 对象显示 JSONArray 对象。

```
@Override
public void onClick(View v) {
    if (v.getId() == R.id.btn1) {
        // Button1
        new Thread(new Runnable() {
            @Override
            public void run() {
                try {
                    JSONArray arr =
                        CHttp.getJsonArray("http://10.0.2.2/records.json", 10000);
                    for (int i = 0; i < arr.length(); i++) {
                        JSONObject obj = arr.getJSONObject(i);
                        Iterator<String> keys = obj.keys();
                        while (keys.hasNext()) {
                            String k = keys.next();
                            String v = obj.getString(k);
                            Log.d(k, v);
                        }
                    }
                } catch (Exception ex) {
                    ex.printStackTrace();
                }
            }
        }).start();
    }
}
```

可以看到，在使用 CHttp 类获取资源中的文本资源或 JSON 数据时，可以简化代码，有效地提高开发效率。

实际开发工作中，可以多思考代码的重构。一方面，对于相同或相似的代码，可以进行封装，这样就可以在开发中重复使用，提高开发工作效率。另一方面，在项目中使用封装良好的代码，也可以减少开发中的错误，提高应用的正确性。

第 20 章　保存数据

很多应用中，经常需要保存各种类型的用户数据，这称为数据的持久化操作。本章首先讨论两种基本的数据保存方式。第一种是使用 Context 中封装的文件读写方法，第二种是使用 SharedPreferences 类。下一章将介绍如何使用 SQLite 数据库进行数据的管理。

20.1　使用 Context 保存数据

Context 类中提供了基本的文件保存与读取方法，例如，openFileOutput() 和 openFileInput() 方法。下面就来看一看如何使用这两个方法处理文本文件。

首先，创建一个 SaveFileDemo 项目，在 MainActivity 的 main_layout.xml 布局文件中创建两个 Button 组件和一个 EditText 组件，如下面的代码所示。

```
<?xml version="1.0" encoding="utf-8"?>
<LinearLayout xmlns:android="http://schemas.android.com/apk/res/android"
    android:orientation="vertical" android:layout_width="match_parent"
    android:layout_height="match_parent">

<Button android:id="@+id/btnSave"
        android:layout_width="match_parent"
        android:layout_height="wrap_content"
        android:text=" 保存 "/>

<Button android:id="@+id/btnLoad"
        android:layout_width="match_parent"
        android:layout_height="wrap_content"
        android:text=" 读取 "/>

<TextView
        android:layout_width="wrap_content"
        android:layout_height="wrap_content"
        android:text=" 请输入一些内容 :"/>

<EditText android:id="@+id/edit1"
        android:gravity="top"
        android:layout_width="match_parent"
        android:layout_height="match_parent" />

</LinearLayout>
```

接下来，修改 MainActivity.java 文件的内容，如下所示。

```
package com.example.savefiledemo;

import android.content.Context;
```

```
import android.support.v7.app.AppCompatActivity;
import android.os.Bundle;
import android.view.View;
import android.widget.Button;
import android.widget.EditText;
import android.widget.Toast;

import java.io.BufferedReader;
import java.io.BufferedWriter;
import java.io.FileInputStream;
import java.io.FileOutputStream;
import java.io.InputStreamReader;
import java.io.OutputStreamWriter;

public class MainActivity extends AppCompatActivity
    implements View.OnClickListener
{
    private EditText edit1 = null;
    @Override
    protected void onCreate(Bundle savedInstanceState) {
        super.onCreate(savedInstanceState);
        setContentView(R.layout.main_layout);
        //
        Button btnSave = (Button)findViewById(R.id.btnSave);
        Button btnLoad = (Button)findViewById(R.id.btnLoad);
        btnSave.setOnClickListener(this);
        btnLoad.setOnClickListener(this);
        //
        edit1=(EditText)findViewById(R.id.edit1);
    }

    @Override
    public void onClick(View v) {
        if(v.getId() == R.id.btnSave){
            // 保存
            if(edit1.getText().equals("")){
                Toast.makeText(this,
                    "请输入一些内容", Toast.LENGTH_SHORT).show();
                return;
            }
            // 保存文件
            saveFile("file1",edit1.getText().toString());
        }else if(v.getId() == R.id.btnLoad){
            // 读取
            String content = loadFile("file1");
            edit1.setText(content);
        }
    }

    // 保存内容
    private void saveFile(String filename, String content){
        try{
            FileOutputStream s =
```

```
                openFileOutput(filename, MODE_PRIVATE);
            s.write(content.getBytes());
            s.flush();
            s.close();
        }catch(Exception ex){
            ex.printStackTrace();
            Toast.makeText(this,ex.getMessage(),Toast.LENGTH_SHORT).show();
        }
    }

    // 载入内容
    private String loadFile(String filename) {
        try {
            FileInputStream s = openFileInput(filename);
            byte[] buffer = new byte[s.available()];
            s.read(buffer);
            s.close();
            String result = new String(buffer,"utf-8");
            return result;
        } catch (Exception ex) {
            ex.printStackTrace();
            Toast.makeText(this, ex.getMessage(), Toast.LENGTH_SHORT).show();
            return "";
        }
    }
}
```

本例中，单击“保存”按钮，会将 EditText 组件中输入的内容保存到名为 file1 的文件中。单击“读取”按钮则会从 file1 文件中读取内容并显示到 EditText 组件中。下面再单独看文件的保存和读取操作。

20.1.1　保存文件

首先，看一下保存文件的代码，它们定义在 saveFile() 方法中。

```
FileOutputStream s = openFileOutput(filename, MODE_PRIVATE);
s.write(content.getBytes());
s.flush();
s.close();
```

代码中使用了 FileOutputStream 对象，这正是 openFileOutput() 方法返回的对象类型。而 openFileOutput() 方法的功能就是打开一个准备写入数据的对象，它需要以下两个参数。

- 第一个参数指定要打开的文件名。请注意，这里并不需要指定文件的完整路径，文件会保存在应用的专用数据目录中，即设备存储器的 /data/data/< 包名 >/files 目录中。
- 第二个参数指定文件打开的模式，这里默认就是 MODE_PRIVATE。此模式下，新的内容会完全覆盖文件中原有的内容。另一种模式是 MODE_APPEND，即追加模式，此模式下，新的内容会添加到文件已有内容的后面。

接下来，使用FileOutputStream对象的write()方法将字节写入文件，并通过flush()方法提交操作。最后，使用close()方法关闭输出流，即关闭打开的文件。

20.1.2 读取文件

再来看看读取文件的代码，它们定义在loadFile()方法中。

```
FileInputStream s = openFileInput(filename);
byte[] buffer = new byte[s.available()];
s.read(buffer);
s.close();
String result = new String(buffer,"utf-8");
```

代码中，用于读取文件内容的对象是FileInputStream，它也是openFileInput()方法的返回类型。其中，available()方法会返回可读取的字节数。

buffer对象定义为字节数组，用作读取内容的缓存。

然后，使用FileInputStream对象的read()方法读取文件字节，并保存在buffer字节数组中。读取完成后，调用close()方法关闭输入流对象，即关闭文件。

最后，使用String类的一个构造函数将字节数组转换为UTF-8格式的字符串。

20.2 使用SharedPreferences保存数据

使用SharedPreferences非常适合处理简单的命名数据，即“键/值”结构的数据。下面在SharedPreferencesDemo项目中进行相关的测试。

首先，还是创建MainActivity的main_layout.xml布局文件，并修改其内容，如下所示。

```
<?xml version="1.0" encoding="utf-8"?>
<LinearLayout xmlns:android="http://schemas.android.com/apk/res/android"
    android:orientation="vertical" android:layout_width="match_parent"
    android:layout_height="match_parent">

<TextView android:text=" 请输入文本 "
        android:layout_width="wrap_content"
        android:layout_height="wrap_content" />
<EditText android:id="@+id/edit1"
        android:layout_width="match_parent"
        android:layout_height="wrap_content" />

<TextView android:text=" 请输入数值 "
        android:layout_width="wrap_content"
        android:layout_height="wrap_content" />
<EditText android:id="@+id/edit2"
        android:layout_width="match_parent"
        android:layout_height="wrap_content"
        android:inputType="numberDecimal" />

<Button android:id="@+id/btnSave"
```

```
            android:layout_width="match_parent"
            android:layout_height="wrap_content"
            android:text=" 保存 "/>

    <Button android:id="@+id/btnLoad"
            android:layout_width="match_parent"
            android:layout_height="wrap_content"
            android:text=" 载入 "/>

    </LinearLayout>
```

然后，修改 MainActivtity.java 文件的内容，如下所示。

```
package com.example.sharedpreferencesdemo;

import android.content.SharedPreferences;
import android.support.v7.app.AppCompatActivity;
import android.os.Bundle;
import android.view.View;
import android.widget.Button;
import android.widget.EditText;

public class MainActivity extends AppCompatActivity
    implements View.OnClickListener
{
    EditText edit1 = null;
    EditText edit2 = null;

    @Override
    protected void onCreate(Bundle savedInstanceState) {
        super.onCreate(savedInstanceState);
        setContentView(R.layout.main_layout);
        //
        Button btnSave = (Button)findViewById(R.id.btnSave);
        Button btnLoad = (Button)findViewById(R.id.btnLoad);
        btnSave.setOnClickListener(this);
        btnLoad.setOnClickListener(this);
        edit1 = (EditText)findViewById(R.id.edit1);
        edit2 = (EditText)findViewById(R.id.edit2);
    }

    @Override
    public void onClick(View v) {
        if(v.getId() == R.id.btnSave){
            // 保存数据
            SharedPreferences.Editor editor =
                    getSharedPreferences("mydata",MODE_PRIVATE).edit();
            editor.putString("edit1",edit1.getText().toString());
            editor.putFloat("edit2",Float.parseFloat(edit2.getText().toString()));
            editor.commit();
        }else if(v.getId() == R.id.btnLoad){
            // 载入数据
            SharedPreferences sp =
```

```
                    getSharedPreferences("mydata",MODE_PRIVATE);
            edit1.setText(sp.getString("edit1",""));
            edit2.setText(String.valueOf(sp.getFloat("edit2",0f)));
        }
    }
}
```

运行代码，可以看到如图 20-1 所示的界面。

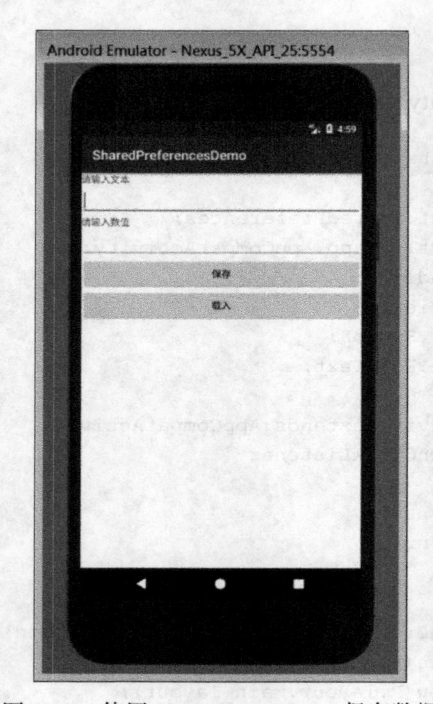

图 20-1　使用 SharedPreferences 保存数据

20.2.1　保存数据

在保存数据时，使用了 SharedPreferences.Editor 对象。代码中的 getSharedPreferences() 方法会返回 SharedPreferences 对象，其中包括两个参数。

- 第一个参数，指定文件名，文件位于 /data/data/< 包名 >/shared_prefs/ 目录中。
- 第二个参数，暂时只支持 MODE_PRIVATE 值。

接下来，使用 SharedPreferences 对象的 edit() 方法获取 Editor 对象。然后，就可以编辑数据了。

当向 SharedPreferences.Editor 对象添加数据时，可以使用一系列的 putXXX() 方法，如：

- putString() 方法：添加字符串数据。
- putInt() 方法：添加 int 类型数据。
- putLong() 方法：添加 long 类型数据。
- putFloat() 方法：添加 float 类型数据。

❑ putBoolean() 方法：添加 boolean 类型数据。

这些方法的第一个参数用于指定数据名称，第二个参数则指定相应类型的数据。

请注意，如果需要删除一个数据项，可以使用 remove() 方法，其参数指定待删除数据项的名称。

数据操作完成后，需要调用 commit() 方法进行提交，这样，操作的结果才会保存到文件中。

20.2.2　载入数据

在载入数据时，直接使用 SharedPreferences 对象。其中，一系列 getXXX() 方法与添加数据是对应的，包括：

❑ getString() 方法，获取字符串数据。

❑ getInt() 方法，获取 int 类型数据。

❑ getLong() 方法，获取 long 类型数据。

❑ getFloat() 方法，获取 float 类型数据。

❑ getBoolean() 方法，获取 boolean 类型数据。

这些方法同样包括两个参数，第一个参数指定数据项名称，第二个参数指定当没有找到数据项时返回的默认值。

可以看到，使用 SharedPreferences 类使用键（数据名称）来标识数据项，可以很方便地读写数据。不过，如果在应用中处理大量的数据，就需要用到数据库。下一章将讨论 AndroidSDK 中内置的 SQLite 数据库的使用。

第 21 章　SQLite 数据库

本章将讨论在 Android 应用中如何使用 SQLite 数据库进行数据的管理工作，主要内容包括：

- ❑ 数据库
- ❑ 数据表与字段
- ❑ 添加记录
- ❑ 查询记录
- ❑ 修改记录
- ❑ 删除记录
- ❑ 高级查询
- ❑ 主键与外键
- ❑ 视图
- ❑ 使用 DB Browser 练习 SQL 语句

21.1　数据库

简单地说，数据库（Database）就是数据的仓库，可以将应用中的数据保存到数据库中，需要使用这些数据时，又可以从数据库取出。另外，还可以对数据进行一系列的编辑、查询等操作。

SQLite 数据库是一种跨平台并且基于文件的数据库。现在使用的标准是 SQLite3，一般简称为 SQLite 数据库。在 Android 系统中，已经内置了对 SQLite 数据库的支持。下面为 SQLite 数据库的测试进行一些准备工作。

首先，创建一个名为 SQLiteDemo 的项目，并创建 MainActivity 的布局文件 main_layout.xml。其中，添加一个 Button 组件用于执行操作，添加一个 TextView 组件用于显示操作结果。具体代码如下所示。

```
<?xml version="1.0" encoding="utf-8"?>
<LinearLayout xmlns:android="http://schemas.android.com/apk/res/android"
    android:orientation="vertical" android:layout_width="match_parent"
    android:layout_height="match_parent">

<Button android:id="@+id/btn1"
        android:layout_width="match_parent"
        android:layout_height="wrap_content"
        android:text="Button1"/>
```

```
<ScrollView
        android:layout_width="match_parent"
        android:layout_height="match_parent">
<TextView android:id="@+id/txt1"
          android:layout_width="wrap_content"
          android:layout_height="wrap_content"/>
</ScrollView>

</LinearLayout>
```

下面是 MainActivity.java 文件中的一些初始化工作。

```
package com.example.sqlitedemo;

import android.support.v7.app.AppCompatActivity;
import android.os.Bundle;
import android.view.View;
import android.widget.Button;
import android.widget.TextView;

public class MainActivity extends AppCompatActivity
    implements View.OnClickListener
{

    TextView txt1 = null;
    // 数据库文件名
private static final String dbFile = "sqlitedemo.db";

    @Override
    protected void onCreate(Bundle savedInstanceState) {
        super.onCreate(savedInstanceState);
        setContentView(R.layout.main_layout);
        //
        Button btn1 = (Button)findViewById(R.id.btn1);
        btn1.setOnClickListener(this);
        txt1 = (TextView)findViewById(R.id.txt1);
    }

    @Override
    protected void onDestroy() {
        super.onDestroy();
    }

    @Override
    public void onClick(View v) {
        if(v.getId() == R.id.btn1) {
            // 在这里执行操作
        }
    }
}
```

代码中的内容相信读者都已经很熟悉了，这里只是需要注意一下 dbFile 常量，它指定数据库文件的名称。

21.1.1 打开与关闭数据库

操作SQLite数据时，需要使用SQLiteDatabase类。下面的代码使用openOrCreateDatabase()方法创建一个SQLiteDatabase对象。

```
@Override
public void onClick(View v) {
    if(v.getId() == R.id.btn1) {
        // 打开数据库
        SQLiteDatabase db =
                openOrCreateDatabase(dbFile,MODE_PRIVATE,null);
        // 数据库的路径
        Log.d("数据库路径",db.getPath());
        // 关闭数据库
        db.close();
    }
}
```

代码中，db对象定义为SQLiteDatabase类型，使用openOrCreateDatabase()方法创建。该方法包括以下三个参数。

- 第一个参数指定数据库文件名，这里只需要指定数据库文件名称，它会自动保存在应用的数据目录中。
- 第二个参数指定数据库打开模式，一般使用MODE_PRIVATE值即可。
- 第三个参数指定查询结果访问方式，设置为null值表示使用默认设置。

那么，openOrCreateDatabase()方法是什么情况呢？实际上，它是定义在Activity上下文中的方法，方便在Activity中直接操作SQLite数据库。

代码中，使用db.getPath()方法返回数据库的物理路径，并通过日志显示。最后，在数据库对象操作完成后，应使用close()方法关闭。

此外，在数据库的操作中，最强大的工具就是高度标准化的SQL（Structured Query Language，结构化查询语言）。使用SQL语句，几乎可以操作数据库中的一切，包括数据库的定义、管理和查询。稍后可以看到如何分别使用SQL语句和Android SDK资源操作SQLite数据库。

21.1.2 SQLiteOpenHelper类

SQLiteOpenHelper类为开发者提供了操作SQLite数据库的基本架构。实际开发中，可以通过继承SQLiteOpenHelper创建自己的SQLite数据库操作类。下面的代码中，创建了CSqliteEngine类，它定义为SQLiteOpenHelper类的子类。

```
package com.example.sqlitedemo;

import android.content.Context;
import android.database.sqlite.SQLiteDatabase;
import android.database.sqlite.SQLiteOpenHelper;
```

```
/**
 * Created by caohuayu on 2017/5/28.
 */

public class CSqliteEngine extends SQLiteOpenHelper {

    // 构造函数
    public CSqliteEngine(Context context,
                   String dbName,
                   SQLiteDatabase.CursorFactory factory,
                   int version)
    {
        super(context,dbName,factory,version);
    }

    /* 必须重写的方法 */
    @Override
    public void onCreate(SQLiteDatabase db) {

    }

    @Override
    public void onUpgrade(SQLiteDatabase db, int oldVersion, int newVersion) {
    }
}
```

可以看到，CSqliteEngine 类的定义是比较简单的，它定义为 SQLiteOpenHelper 类的子类，并重写了一个构造函数。

接下来是必须重写的两个方法。

- onCreate() 方法，此方法会完成数据库的初始化操作，如创建基本的数据表。
- onUpgrade() 方法，打开不同版本的数据库文件时调用，这里可以根据数据库的版本号对数据库进行维护。稍后，可以看到相关的应用。

接下来，在 CSqliteEngine 类中添加一些代码来测试这两个方法，如下面的代码所示。

```
public class CSqliteEngine extends SQLiteOpenHelper {

    // 创建日志记录表
    private static final String sqlCreateLog =
            "create table if not exists log("+
                    "logid integer not null primary key,"+
                    "logtext text,"+
                    "logtime integer);";

    // 添加日志记录数据
    private static final String sqlInsertLog =
            "insert into log(logtext,logtime) values(?,?);";

    // 构造函数
    public CSqliteEngine(Context context,
                   String dbName,
                   SQLiteDatabase.CursorFactory factory,
```

```
                int version)
    {
        super(context,dbName,factory,version);
    }

    /* 必须重写的方法 */
    @Override
    public void onCreate(SQLiteDatabase db) {
        db.execSQL(sqlCreateLog);
        db.execSQL(sqlInsertLog,
                new Object[]{"创建数据库",System.currentTimeMillis()});
    }

    @Override
    public void onUpgrade(SQLiteDatabase db, int oldVersion, int newVersion) {
        db.execSQL(sqlInsertLog,
                new Object[]{"更新数据库", System.currentTimeMillis()});
    }
}
```

首先创建了两个SQL语句，一个用于创建log数据表，另一个用于向log表添加数据。读者不太明白这些代码的含义也不用着急，稍后会介绍一些常用的SQL语句。

在onCreate()方法中，调用execSql()方法执行sqlCreateLog语句来创建log数据表。然后，又执行sqlInsertLog语句添加一条创建数据库的日志记录。

在onUpgrade()方法中，向日志表中添加一条维护日志记录。

下面来到MainActivity.java文件，修改onClick()方法中的代码如下。

```
@Override
public void onClick(View v) {
    if(v.getId() == R.id.btn1) {
        // 打开数据库
        CSqliteEngine dbe =
                new CSqliteEngine(this,dbFile,null,1);
        SQLiteDatabase db = dbe.getWritableDatabase();
        // 显示日志
        Cursor records = db.rawQuery("select * from log;",null);
        StringBuilder sb = new StringBuilder();
        if(records.moveToFirst()) {
            do {
                sb.append(records.getString(0)).append(",");
                sb.append(records.getString(1)).append(",");
                sb.append(records.getString(2)).append(",");
                sb.append("\n");
            }while (records.moveToNext());
        }
        txt1.setText(sb.toString());
        // 关闭数据库
        db.close();
        dbe.close();
    }
}
```

执行此代码，可以在数据库中添加一个名为 log 的数据表，并添加一条记录，即创建数据库的记录。然后，获取 log 表中的所有数据，并显示到 txt1 组件中，如图 21-1 所示。

测试中，多次执行此代码，总是显示这一条语句，那么 onUpgrade() 方法中的代码在什么时候执行呢？可以从该方法的参数中得到一些启发，数据库文件是可以有版本的，还记得 CSqliteEngine 类的构造函数中有一个版本参数吗？现在，修改 onClick() 方法中创建 CSqliteEngine 对象的代码。

```
@Override
public void onClick(View v) {
if(v.getId() == R.id.btn1) {
        // 打开数据库
        CSqliteEngine dbe =new CSqliteEngine(this,dbFile,null,2);
        SQLiteDatabase db = dbe.getWritableDatabase();
        // 其他代码 ...
    }
}
```

代码中，将 CSqliteEngine 构造函数的第 4 个参数修改为 2（刚才是 1）。然后，再次执行应用，可以看到，log 表中添加了一条更新数据库的日志，如图 21-2 所示。

图 21-1　数据库初始化

图 21-2　数据库更新

在使用 SQLiteOpenHelper 及其子类时，还有一些常用的方法，如：

- openWritableDatabase() 方法，打开一个可读写的数据库，返回 SQLiteDatabase 对象。
- openReadableDatabase() 方法，打开一个只读数据库，同样返回 SQLiteDatabase 对象。
- getDatabaseName() 方法，返回数据文件的名称，不包含路径。如果需要获取数据文件的完整路径，可以使用 SQLiteDatabase 对象中的 getPath() 方法。

❑ close() 方法，关闭数据库连接。

接下来，将讨论数据库的一系列操作，并会使用大量的 SQL 语句和 Android SDK 开发资源。在使用 SQL 语句操作 SQLite 数据库时，如果直接在 Android 应用中测试，书写代码和观察执行结果并不是很方便。这种情况下，可以先在一个图形化的 SQLite 操作环境中熟悉 SQL 语句的使用，然后在 Android 应用中操作。

本章最后一节介绍 DB Browser 软件的使用。这是一款不错的 SQLite 数据库图形化操作工具，可以参考使用。

21.2 数据表与字段

SQLite 是一种关系型数据库，数据管理的基本形式是二维表。如果读者使用过 Excel，对二维表（如图 21-3 所示）一定不会陌生。

	A	B	C	D	E	F
1	userid	username	userpwd	sex	islocked	email
2	1	admin	123456	0	0	admin@aaa.bbb
3	2	user01	123456	1	0	user01@aaa.bbb
4	3	user02	123456	2	0	user02@aaa.bbb
5	4	user03	123456	1	0	user03@aaa.bbb

图 21-3　二维表

表格中，第一行的内容称为数据的标题行。在数据库中，userid、username、userpwd、sex、islocked、email 称为列（column）名或字段（field）名。请注意，与 Excel 表格不一样的是，在数据库中，字段信息是独立存在的，并不与具体的数据存放在一起。

图 21-3 中，从第 2 行开始，即 userid 字段值从 1 到 4 的行，称为数据行（row）或记录（record），也就是数据表中真正的数据。

接下来根据图 21-3 中的数据进行演示。

21.2.1 字段类型

与编写 Java 代码相似，在数据库中也有基本的数据类型。而在 SQLite 数据库中，共有 5 种基本的数据类型，包括：

❑ 整数，使用 integer 定义。

❑ 浮点数，使用 float 定义。

❑ 文本，使用 text 定义。

❑ 二进制数据，使用 blob 定义。

❑ 空值，使用 null 表示。

在定义数据表的结构时，除了定义每个字段的数据类型之外，还可以使用一些约束，如：

❑ not null，不允许字段有空值出现，默认是允许空值。请注意，在数据库中的 null 值是指没有数据，而 Java 中的 null 值表示没有实例化的对象。

- primary key，将字段定义为主键（PK）。当一个整数字段定义为主键后，此字段的数据就可以进行自动管理。数据从 1 开始，每次添加新记录时都会自动加 1。前面的示例中，向 log 表添加记录时就可以看到，并没有指定 logid 字段的值，但在显示结果中有数据。
- unique，唯一键约束，即每条记录中此字段的数据是不能重复的。
- default，指定字段的默认值，如果在添加记录时不指定数据，此字段的数据就会使用这里指定的默认值。
- check，对字段数据的范围进行约束，如 age integer check(age>=0) 指定 age 必须大于或等于 0。

了解了字段定义的基础，下面创建测试用的数据表。

21.2.2　创建表

前面已经看到创建表的基本语法，如：

```
create table if not exists <表名> (<字段定义>);
```

其中，if not exists 为可选关键字，表示如果表不存在就创建它。

下面的代码用于创建测试使用的 user_main 表。

```
create table if not exists user_main(
userid integer not null primary key,
username text not null unique,
userpwd text not null,
islocked integer not null default 0,
sex integer not null default 0,
email text
);
```

其中，字段的定义包括以下几个。

- userid，定义为 user_main 表的主键，其数据会自动管理。
- username，定义为文本类型，不能为空，并且不能重复。
- userpwd，定义为文本类型，不能为空。
- islocked，定义为整数类型，不能为空，默认值为 0。
- sex，定义为整数类型，不能为空，默认为 0。
- email，定义为文本，可以没有数据，即可以为空值，这是默认设置。

如果对于 SQL 语句不是很熟悉，可以通过 21.10 节的 DB Browser 先进行测试，然后在开发代码中使用。

接下来，修改 MainActivity.java 文件的 onClick() 方法，其功能是在 sqlitedemo.db 数据库文件中添加 user_main 数据表，如下面的代码所示。

```
@Override
public void onClick(View v) {
```

```
    if (v.getId() == R.id.btn1) {
        SQLiteDatabase db = null;
        try {
            // 打开数据库
            db = openOrCreateDatabase(dbFile, MODE_PRIVATE, null);
            //
            StringBuilder sql = new StringBuilder();
            sql.append("create table if not exists user_main(");
            sql.append("userid integer not null primary key,");
            sql.append("username text not null unique,");
            sql.append("userpwd text not null,");
            sql.append("islocked integer not null default 0,");
            sql.append("sex integer not null default 0,");
            sql.append("email text");
            sql.append(");");
            db.execSQL(sql.toString());
            txt1.setText(" 数据表已创建 ");
        } catch (Exception ex) {
            txt1.setText(ex.getMessage());
        } finally {
            if (db != null) db.close();
        }
    }
}
```

代码很简单，首先，使用 StringBuilder 对象组合 SQL 语句。然后，通过 SQLiteDatabase 对象中的 execSQL() 方法执行 SQL。最后，在 txt1 组件中显示创建数据表的结果。

21.2.3 删除表

在数据库中删除数据表时，使用如下 SQL 语句。

```
drop table <表名>;
```

Android 应用开发中，可以使用 SQLiteDatabase 对象中的 execSQL() 方法执行删除数据表的操作。

21.2.4 修改表结构

在数据库中创建数据表后，还可以修改它的结构，此时可以使用如下 SQL 语句。

```
alter table <表名><操作>;
```

其中，主要的 <操作> 包括以下两个。

- add column 语句，向表结构中添加字段。
- rename 语句，重命名数据表。

下面的代码在 user_main 表中添加一个名为 ts 的字段。

```
public void onClick(View v) {
    if (v.getId() == R.id.btn1) {
        SQLiteDatabase db = null;
```

```
            try {
                // 打开数据库
                db = openOrCreateDatabase(dbFile, MODE_PRIVATE, null);
                //
                String sql = "alter table user_main add column ts integer;";
                db.execSQL(sql);
                txt1.setText(" 数据表结构已修改 ");
        } catch (Exception ex) {
    txt1.setText(ex.getMessage());
    } finally {
    if (db != null) db.close();
            }
        }
    }
```

在这里，ts 是 time stamp（时间戳）的缩写，经常用来记录数据操作的时间。

21.2.5　索引

对数据表中的一个或多个字段创建索引（index），可以提高数据检索的效率，这在数据量较大的时候是非常重要的。在 SQLite 数据库中，可以使用如下语句创建索引。

```
create index <索引名> on <表名>(<字段列表>);
```

一般来讲，创建索引的字段应该比较重要的。如 user_main 表中的 username 字段，它定义为不能为空值，并添加了唯一性约束。所以，对此字段添加索引就是一个不错的选择，如下面的代码所示。

```
create index i_username on user_main(username);
```

在删除索引时，使用 drop index 语句，例如，要删除刚刚创建的 i_username 索引，可以使用如下语句。

```
drop index i_username;
```

21.3　添加记录

现在，user_main 数据表已经准备好了。下面操作此表中的数据。首先，添加新记录操作。

21.3.1　insert 语句

在数据表中添加记录时，使用 insert 语句，其格式如下。

```
insert into <表名>(<字段列表>) values(<值列表>);
```

其中，<字段列表>与<值列表>的内容要一一对应，下面的 SQL 语句用于在 user_main 表中添加用户 admin 的记录。

```
insert into user_main(username,userpwd,sex,islocked,email)
values('admin','123456',0,0,'admin@aaa.bbb');
```

在 Android 应用中，可以使用如下代码完成这项工作。

```
@Override
public void onClick(View v) {
if (v.getId() == R.id.btn1) {
SQLiteDatabase db = null;
try {
// 打开数据库
            db = openOrCreateDatabase(dbFile, MODE_PRIVATE, null);
            //
            StringBuilder sql = new StringBuilder();
            sql.append("insert into user_main");
            sql.append("(username,userpwd,sex,islocked,email)");
            sql.append("values(");
            sql.append("'admin','123456',0,0,'admin@aaa.bbb'");
            sql.append(");");
            db.execSQL(sql.toString());
            txt1.setText("记录已添加");
} catch (Exception ex) {
txt1.setText(ex.getMessage());
} finally {
     if (db != null) db.close();
       }
    }
}
```

在使用 insert 语句时，应注意不同类型数据的字面量格式，例如，数值直接书写，文本需要使用一对单引号包含，空值使用 null 关键字。

此外，在 Android 应用中，如果需要连续添加多条记录，并不需要书写多个 SQL 语句，而是使用参数来完成。

21.3.2 参数

下面的代码会添加 user01 和 user02 两条用户信息。

```
@Override
public void onClick(View v) {
if (v.getId() == R.id.btn1) {
SQLiteDatabase db = null;
try {
// 打开数据库
            db = openOrCreateDatabase(dbFile, MODE_PRIVATE, null);
            //
            StringBuilder sql = new StringBuilder();
            sql.append("insert into user_main");
            sql.append("(username,userpwd,sex,islocked,email)");
            sql.append("values(?,?,?,?,?);");
            db.execSQL(sql.toString(),new Object[]{
```

```
"user01","123456",1,0,"user01@aaa.bbb"});
                db.execSQL(sql.toString(),new Object[]{
 "user02","123456",2,0,"user02@aaa.bbb"});
                txt1.setText(" 记录已添加 ");
            } catch (Exception ex) {
txt1.setText(ex.getMessage());
            } finally {
if (db != null) db.close();
            }
        }
}
```

本例中，在 insert into 语句中，值列表使用了 ? 符号，每一个都表示一个值的位置。然后，使用了 execSQL() 方法的另一个重载版本。其中，第一个参数同样是 SQL 语句，第二个参数定义为一个 Object 数组，用来传递各种类型的数据。

21.3.3　SQLiteDatabase.insert() 方法

实际开发中，如果对 SQL 语句不是非常熟练，就很容易出错。好消息是，Android SDK 中已经封装了很多操作数据的资源。下面使用 SQLiteDatabase 对象中的 insert() 方法添加数据表的记录。

下面的代码用于添加用户名为 user03 和 user04 的记录。

```
@Override
public void onClick(View v) {
if (v.getId() == R.id.btn1) {
SQLiteDatabase db = null;
try {
// 打开数据库
db = openOrCreateDatabase(dbFile, MODE_PRIVATE, null);
// user03
            ContentValues values = new ContentValues();
            values.put("username","user03");
            values.put("userpwd","123456");
            values.put("islocked",0);
            values.put("sex",1);
            values.put("email","user03@aaa.bbb");
            db.insert("user_main",null,values);
            // user04
            values.clear();
            values.put("username","user04");
            values.put("userpwd","123456");
            values.put("islocked",0);
            values.put("sex",2);
            values.put("email","user04@aaa.bbb");
            db.insert("user_main",null,values);
            //
            txt1.setText(" 记录已添加 ");
} catch (Exception ex) {
txt1.setText(ex.getMessage());
        } finally {
```

```
if (db != null) db.close();
        }
}
}
```

首先，使用 ContentValues 对象组织需要添加的数据。其中，put() 方法会添加一个数据项，第一个参数为字段名，第二个参数指定字段的数据。put() 方法有多个重载版本，可以添加各种类型。

数据准备好后，使用 SQLiteDatabase 对象的 insert() 方法执行记录的添加操作。其中，第一个参数指定表名；第二个参数指定需要插入 null 值的列名，没有就设置为 null 值；第三个参数为 ContentValues 对象，也就是需要添加的数据。

添加 user03 用户的信息后，使用 ContentValues 对象的 clear() 方法清理所有数据。然后，重新使用 put() 方法添加数据，并添加 user04 用户的数据。最后调用 SQLiteDatabase 对象的 insert() 方法向数据表中添加记录。

21.4 查询记录

前面的操作中，数据记录是否真的添加到 user_main 数据表中了呢？可以通过数据查询来验证，首先，看一看 SQL 语句的应用。

21.4.1 select 语句

select 语句用于从数据库中查询数据，基本的应用格式如下。

```
select distinct <字段> from <表名> where <条件> limit n;
```

其中，

- distinct 关键字，用于过滤查询结果中完全相同的记录，若省略此关键字，则会显示相同的记录。
- <字段>，指定需要返回的字段列表，多个字段使用逗号分隔，如果是表中的全部字段，可以使用 * 符号。
- where <条件>，指定查询条件，如果省略，则返回所有记录。
- limit n 子句，指定只返回 n 条记录，如果省略，则返回满足条件的所有记录。

下面的代码会返回 user_main 表中的所有记录，并包括所有字段的数据。

```
select * from user_main;
```

如果只返回 admin 用户的所有字段的数据，可以使用如下语句。

```
select * from user_main where username = 'admin';
```

如果查询 sex 字段为 1 的记录，并且只返回用户 ID（userid）、用户名（username）和电子信箱（email）字段的数据，可以使用如下语句。

```
select userid,username,email from user_main where sex = 1;
```

如果需要返回用户名包含 user 并且 sex 字段值为 1 的记录，可以使用如下语句。

```
select * from user_main where sex = 1 and username like '%user%';
```

在这里，% 符号用于匹配零个或多个字符。如果需要匹配一个字符，可以使用下画线(_)，如 username like 'user_ _' 表示以 user 开头，并且后面跟着两个字符。

在查询记录时，使用 SQL 语句是非常灵活的，而且查询的功能也非常强大，多练习 select 语句的使用是非常有必要的。可以在 DB Browser 中更加直观地看到查询结果。

21.4.2　SQLiteDatabase.rawQuery() 方法

开发过程中，可以使用 SQLiteDatabase 对象中的 rawQuery() 方法执行查询操作，并返回查询结果。该方法包括两个参数。

- 第一个参数，定义为 String 类型，指定查询 SQL，即 select 语句。
- 第二个参数，定义为 String 数组，如果 select 语句中需要参数，则在此指定参数的数据，没有使用参数时设置为 null 即可。

rawQuery() 方法会返回一个 Cursor 对象，稍后详细讨论。下面的代码将在 txt1 组件中显示 user_main 表中的所有数据。

```
@Override
public void onClick(View v) {
    if (v.getId() == R.id.btn1) {
        SQLiteDatabase db = null;
        try {
            // 打开数据库
            db = openOrCreateDatabase(dbFile, MODE_PRIVATE, null);
            // 查询数据
            String sql = "select * from user_main;";
            Cursor records = db.rawQuery(sql,null);
            showData(records);
            records.close();
        } catch (Exception ex) {
            txt1.setText(ex.getMessage());
        } finally {
            if (db != null) db.close();
        }
    }
}

// 显示数据
private void showData(Cursor records){
    if(records == null || records.getCount()==0) {
        txt1.setText(" 没有满足条件的记录 ");
        return;
    }
    StringBuilder sb = new StringBuilder();
    int fieldCount = records.getColumnCount();
```

```
        // 显示字段名
        for(int i=0;i<fieldCount;i++){
            sb.append(records.getColumnName(i));
            sb.append("  |  ");
        }
        sb.append("\n");
        // 显示记录
        if(records.moveToFirst()){
            do{
                for(int i=0;i<fieldCount;i++){
                    sb.append(records.getString(i));
                    sb.append("  |  ");
                }
                sb.deleteCharAt(sb.length()-1);
                sb.append("\n");
            }while(records.moveToNext());
        }
        txt1.setText(sb.toString());
    }
```

代码中创建了一个 showData() 方法，专门用于显示 Cursor 对象的内容，后面的测试工作中还会多次用到。

先来看一下应用的运行效果，如图 21-4 所示。

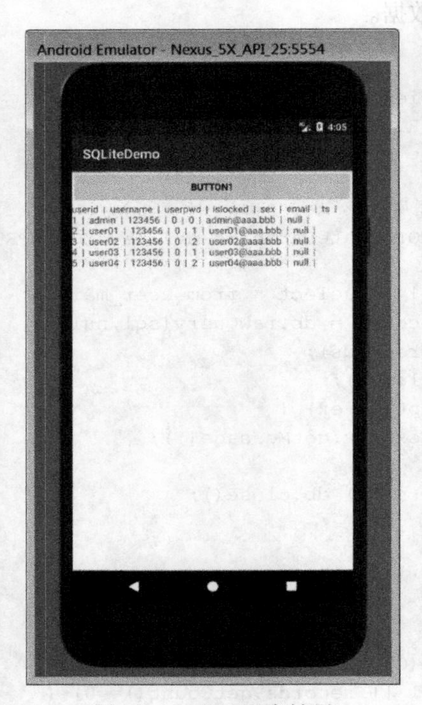

图 21-4　显示查询结果

除了 rawQuery() 方法之外，还可以使用 query() 或 rawQueryWithFactory() 方法进行查询操作，不过，从实际使用效果来看，直接在 rawQuery() 方法中写 select 语句可能会更加方便和灵活。

21.4.3　使用 Cursor 类读取数据

前面的示例中定义的 showData() 方法的主要功能就是显示 Cursor 对象的数据。其中，使用 Cursor 类中定义的一系列成员来显示查询结果。下面详细介绍这些成员。

首先，可以使用 getCount() 方法返回查询结果中的记录数量，如果为 0，则表示没有数据。

下面是关于字段的操作，使用的方法包括以下几个。

- getColumnCount() 方法，返回查询结果中的字段数。
- getColumnName() 方法，返回指定的字段名称，参数指定从 0 开始的字段索引。

接下来是关于记录游标（cursor）的操作，可以使用的方法有以下几个。

- moveToFirst() 方法，移动到第一条记录，操作成功则返回 true，如果没有记录则返回 false。
- moveToLast() 方法，移动到最后一条记录，操作成功则返回 true。
- moveToNext() 方法，移动到下一条记录，操作成功则返回 true。
- moveToPrevious() 方法，移动到上一条记录，操作成功则返回 true。
- moveToPosition() 方法，移动到指定的记录，参数指定记录索引。请注意，记录索引同样从 0 开始，即第一条记录为 0，第二条记录为 1，以此类推。

在获取字段的数据时，统一使用了 getString() 方法，因为显示结果时只需要字符串格式的数据。不过，需要特定类型的数据时，还可以使用相应的方法，如：

- getShort() 方法，返回 short 类型数据。
- getInt() 方法，返回 int 类型数据。
- getLong() 方法，返回 long 类型数据。
- getFloat() 方法，返回 float 类型数据。
- getDouble() 方法，返回 double 类型数据。
- getBlob() 方法，返回 byte[] 类型，即字节数组。
- getString() 方法，返回 String 类型。

这些方法都需要一个整型参数，即字段的索引值（从 0 开始）。

需要获取字段的实际类型，可以使用 getType() 方法，其参数为字段的索引，返回值为 int 类型，包括：

- Cursor.FIELD_TYPE_INTEGER 值，整数。
- Cursor.FIELD_TYPE_FLOAT 值，浮点数。
- Cursor.FIELD_TYPE_TEXT 值，文本。
- Cursor.FIELD_TYPE_BLOB 值，二进制数据，在代码中使用字节数组操作。
- Cursor.FIELD_TYPE_NULL 值，null 值。

此外，如果根据字段名返回数据，则先使用 getColumnIndex() 方法获取字段索引，该方法的参数为字段名称。下面的代码只显示用户名的信息。

```
String sql = "select * from user_main;";
Cursor records = db.rawQuery(sql,null);
StringBuilder sb = new StringBuilder();
if(records.moveToFirst()){
do{
sb.append(records.getString(records.getColumnIndex("username")));
        sb.append("\n");
}while(records.moveToNext());
}
txt1.setText(sb.toString());
records.close();
```

21.4.4 查询练习

这一节展示更多的数据查询操作，可以使用showData()方法显示结果。请注意，示例中只给出相应的select语句，只需要在代码中将sql的值修改为相应的内容即可。此外，也可以在DB Browser中查看执行结果。

示例1，演示limit关键字的使用，下面的语句只会显示三条记录。

```
select * from user_main limit 3;
```

查询结果如图21-5所示。

示例2，只列出userid、username和userpwd字段的内容，语句如下。

```
select userid,username,userpwd from user_main;
```

查询结果如图21-6所示。

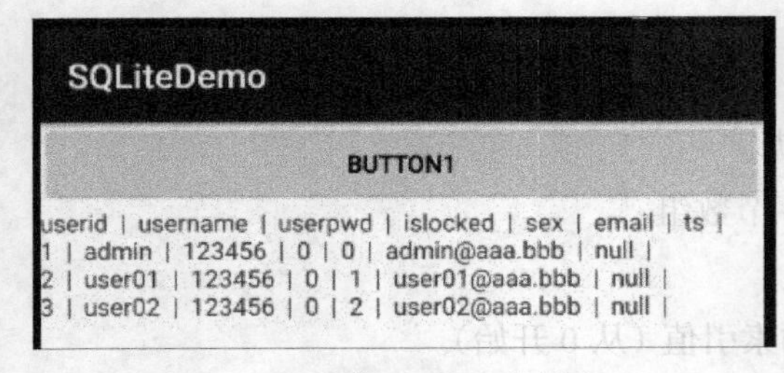

图21-5 使用limit关键字

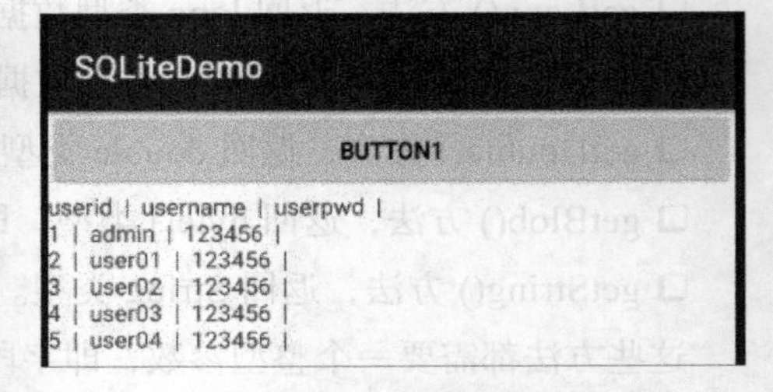

图21-6 指定返回字段

示例3，只返回用户名中包含user的记录，语句如下。

```
select * from user_main where username like '%user%';
```

查询结果如图21-7所示。

示例4，返回用户名中包含user并且sex为2的记录，语句如下。

```
select * from user_main where username like '%user%' and sex = 2;
```

查询结果如图21-8所示。

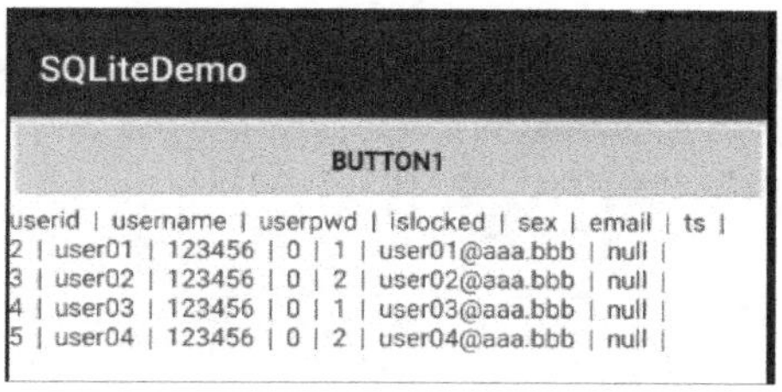

SQLiteDemo

BUTTON1

userid | username | userpwd | islocked | sex | email | ts |
2 | user01 | 123456 | 0 | 1 | user01@aaa.bbb | null |
3 | user02 | 123456 | 0 | 2 | user02@aaa.bbb | null |
4 | user03 | 123456 | 0 | 1 | user03@aaa.bbb | null |
5 | user04 | 123456 | 0 | 2 | user04@aaa.bbb | null |

图 21-7　使用 like 查询条件

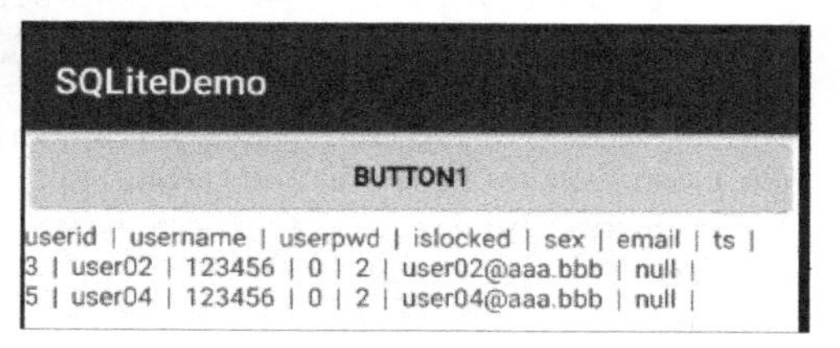

图 21-8　使用多条件查询

21.5　修改记录

本节将讨论如何修改数据表中已存在的数据，同样包括 SQL 语句和 SQLiteDatabase 对象等开发资源的使用。首先，介绍 SQL 语句。

21.5.1　update 语句

在 SQL 语句中，使用 update 语句执行数据更新操作，其应用格式如下。

```
update <表名> set <新数据> where <条件>;
```

下面的代码会修改 user04 用户的 userpwd 和 sex 字段值。

```
update user_main set userpwd='000000', sex = 1 where username = 'user04';
```

在开发应用时，SQLiteDatabase 对象中的 execSQL() 方法没有返回值，所以无法反馈操作结果。此时，可以使用 update() 方法进行数据的更新操作。

21.5.2　SQLiteDatabase.update() 方法

SQLiteDatabase 类中的 update() 方法包括 4 个参数，分别如下。

- 第一个参数，指定更新数据的表名。
- 第二个参数，定义为 ContentValues 对象，定义新的数据。
- 第三个参数，指定更新的条件，即 where 关键字后的内容。
- 第四个参数，如果第三个参数的语句中使用了参数，使用 String 数组代入相应的数据，否则使用 null 即可。

此外，update() 方法会返回更新操作影响的记录数。下面的代码修改 user04 用户的信息。

```
@Override
public void onClick(View v) {
if (v.getId() == R.id.btn1) {
SQLiteDatabase db = null;
try {
// 打开数据库
db = openOrCreateDatabase(dbFile, MODE_PRIVATE, null);
// 更新数据
```

```
ContentValues values = new ContentValues();
values.put("userpwd","000000");
values.put("sex",1);
int result = db.update("user_main",values,"username='user04'",null);
txt1.setText(String.valueOf(result));
} catch (Exception ex) {
txt1.setText(ex.getMessage());
} finally {
// 关闭数据库
if (db != null) db.close();
}
}
}
```

执行此代码，在txt1组件中显示1，即更新了一条数据。本例中，update()方法的第三个参数中没有使用参数，所以第四个参数使用null即可。如果使用参数完成相同的操作，可以使用下面的代码。

```
int result = db.update("user_main",values,"username=?",new String[]{"user04"});
```

关于数据的更新，特别需要注意的是，操作中一定要指定更新数据的条件，否则会修改所有记录的数据。除非你的目的就是这样的，否则后果真的很严重。

21.6 删除记录

本节讨论从数据表中删除记录的操作，同样从SQL语句开始。

21.6.1 delete语句

通过delete语句使用SQL语句删除记录，应用格式如下。

```
delete from <表名> where <条件>;
```

下面的语句将会删除user04用户的信息。

```
delete from user_main where username = 'user04';
```

使用SQLiteDatabase对象中的execSQL()方法时，同样无法反馈删除操作的结果。此时，可以使用delete()方法执行记录的删除操作。

21.6.2 SQLiteDatabase.delete()方法

在SQLiteDatabase类中，delete()方法包括以下三个参数。

- 第一个参数，指定需要删除数据的表名。
- 第二个参数，指定删除条件，即where语句后的内容。
- 第三个参数，如果第二个参数的语句中使用了参数，使用String数组代入相应的数据，否则设置为null值。

下面的代码用于删除 user04 用户的记录。

```
@Override
public void onClick(View v) {
    if (v.getId() == R.id.btn1) {
        SQLiteDatabase db = null;
        try {
            // 打开数据库
            db = openOrCreateDatabase(dbFile, MODE_PRIVATE, null);
            // 删除数据
            int result =db.delete("user_main","username='user04'",null);
            txt1.setText(String.valueOf(result));
        } catch (Exception ex) {
            txt1.setText(ex.getMessage());
        } finally {
            // 关闭数据库
            if (db != null) db.close();
        }
    }
}
```

第一次执行代码，会在 txt1 组件中显示 1，即表示删除了一条记录。再次执行，结果会显示 0，即没有满足条件的记录被删除。原因很简单，删除后就没有了，再次执行，就没有满足条件的记录可以删除了。

下面的代码在 delete 语句中使用了参数，并通过 delete() 方法的第三个参数指定参数数据，执行结果与上述代码相同。

```
int result =db.delete("user_main","username=?",new String[]{"user04"});
```

与 insert 语句相似，使用 delete 语句删除记录时，一定要注意设置删除条件，否则会删除表中的所有数据。

21.7 高级查询

前面已经介绍了 SQLite 数据库的基本应用，接下来讨论数据库中的高级查询功能。

21.7.1 函数

和很多功能强大的关系型数据库一样，SQLite 数据库中同样内置了很多实用的函数。接下来，讨论几个常用的数学函数，如：

- min() 函数，获取字段数据中的最小值。
- max() 函数，获取字段数据中的最大值。
- count() 函数，对字段进行计数，可以用来返回满足条件的记录数。
- avg() 函数，获取字段数据的平均值。
- sum() 函数，获取字段数据的合计数。

下面的代码将显示最小的 userid 字段数据。

```
@Override
public void onClick(View v) {
if (v.getId() == R.id.btn1) {
SQLiteDatabase db = null;
try {
// 打开数据库
            db = openOrCreateDatabase(dbFile, MODE_PRIVATE, null);
            //
            String sql = "select min(userid) from user_main;";
            Cursor records = db.rawQuery(sql,null);
            if(records.moveToFirst()) {
txt1.setText(String.valueOf(records.getString(0)));
} else {
txt1.setText("没有查询结果");
            }
            records.close();
} catch (Exception ex) {
txt1.setText(ex.getMessage());
        } finally {
// 关闭数据库
if (db != null) db.close();
        }
    }
}
```

执行代码，会在 txt1 组件中显示 1。

下面的测试只需要修改 sql 的内容即可。首先，查看最大的 userid 值，如下面的代码所示。

```
select max(userid) from user_main;
```

代码会显示 4（如果已经删除了 user04 用户的记录）。

接下来，相信求和与求平均值的函数并不难理解，分别使用如下语句。

```
select sum(userid) from user_main;
select avg(userid) from user_main;
```

这里需要说明的是，虽然 userid 字段定义为整数，但在求平均值时，其结果如果不能整除，就会返回一个浮点数，这和 Java 中的整数除法运算结果是有区别的。

count() 函数用于返回结果中字段出现的次数，一般就是记录数量，所以下面两条语句的结果是一样的，都会显示 4。

```
select count(userid) from user_main;
select count(*) from user_main;
```

21.7.2 排序

在使用数据时，还可以对查询结果中的记录进行排序。此时，在 select 语句中可以使用 order by 子句指定排序字段和排序方式（升序或降序）。先看下面的代码。

```
@Override
public void onClick(View v) {
if (v.getId() == R.id.btn1) {
SQLiteDatabase db = null;
try {
// 打开数据库
db = openOrCreateDatabase(dbFile, MODE_PRIVATE, null);
//
String sql = "select * from user_main order by userid;";
Cursor records = db.rawQuery(sql,null);
showData(records);
records.close();
 } catch (Exception ex) {
txt1.setText(ex.getMessage());
} finally {
// 关闭数据库
if (db != null) db.close();
}
}
}
```

SQL 语句中，order by 子句的位置应该在条件（如果有）或表名的后面。默认情况下使用升序排列。执行结果如图 21-9 所示。

如果需要降序排列，则需要在排序字段后添加 desc 关键字，如下面的语句所示。

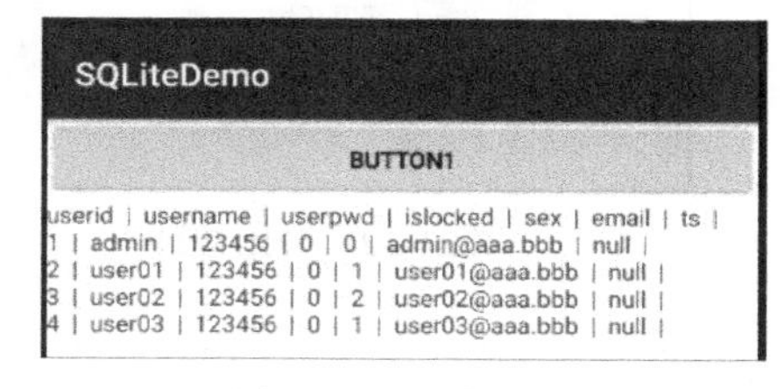

图 21-9 升序排列

```
select * from user_main order by userid desc;
```

执行结果如图 21-10 所示。

实际应用中上，还可以指定多个排序字段，并分别指定它们的排序规则（升序或降序），如下面的语句所示。

```
select * from user_main order by sex asc, userid desc;
```

本例中，设置第一个排序字段为 sex，并按升序（asc）排列。当 sex 数据相同时，会按 userid 字段数据降序（desc）排列。执行结果如图 21-11 所示。

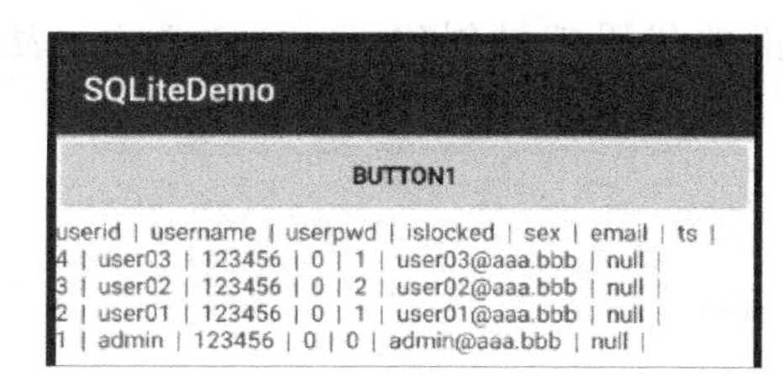

图 21-10 降序排列

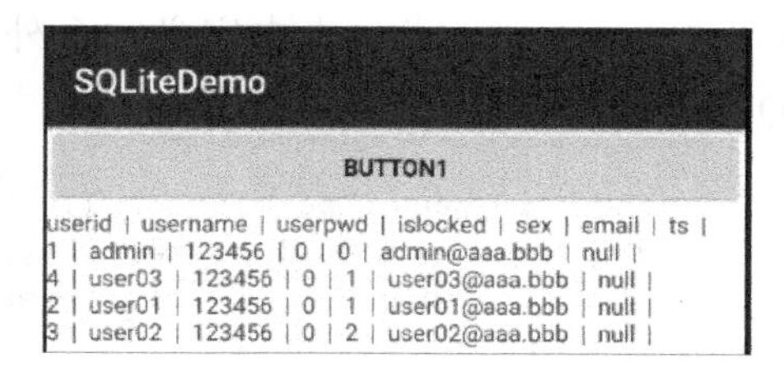

图 21-11 多字段排序

21.7.3 分组

应用开发中，还可以通过分组子句（group by）实现简单的分项统计功能。下面的 SQL

语句可以统计不同的 sex 值各有多少个。

```
select sex,count(sex) from user_main group by sex;
```

代码中，使用 group by 关键字指定分组字段。此时，select 后面的字段应该是此字段或者此字段的相关操作，本例中显示字段数据和计数操作。执行结果如图 21-12 所示。

从图 21-12 中可以看到，第一列显示了 sex 字段的数据列表，第二列显示这些数据共出现了多少次。

此外，在查询数据时，还可以使用 as 关键字指定字段的别名。下面的代码同样统计 sex 数据出现的次数。

```
select sex,count(sex) as sex_count from user_main group by sex;
```

代码中，将 count(sex) 计算列命名为 sex_count，显示的结果如图 21-13 所示。

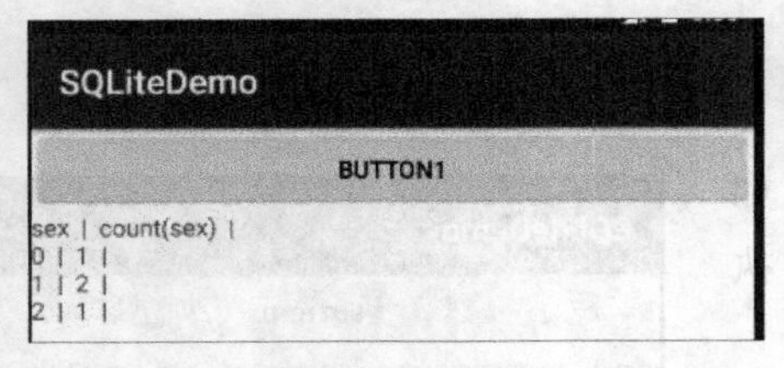

图 21-12　分组统计

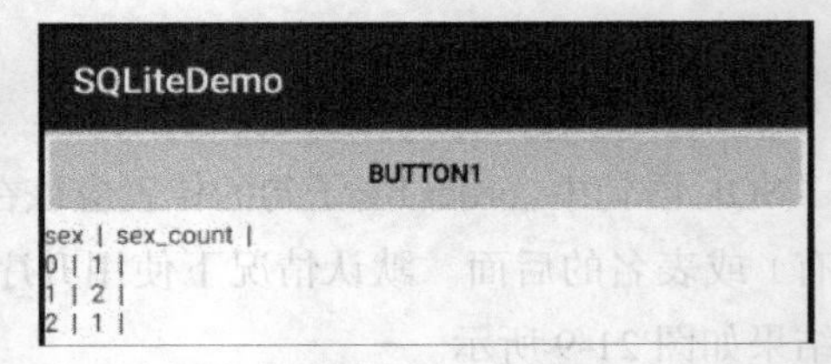

图 21-13　使用字段别名

21.8　主键与外键

主键（Primary Key，PK）与外键（Foreign Key，FK）配合使用，可以将多个二维表进行关联，从而创建更加复杂的数据结构。接下来讨论主键与外键在 SQLite 数据库中的应用。

21.8.1　创建“一对多”数据结构

前面的示例中，user_main 表中的 userid 字段已经定义为主键。接下来创建 user_permission 表，用于存放用户的权限。这里需要将用户所拥有的权限与用户主信息关联起来。此时，可以在 user_permission 表中定义一个外键，下面的代码就是创建 user_permission 表的 SQL 语句。

```
create table user_permission (
upid integer not null primary key,
userid integer not null references user_main(userid),
permission int not null
);
```

代码中，在 user_permission 表中也创建了 userid 字段。不过，它定义为外键，使用 references 关键字指定关联的表及其主键字段。请注意，在一些数据库中，定义外键还必须使用 foreign key 关键字，但在 SQLite 数据库中不需要。

下面在 MainActivity.java 文件的 onClick() 方法中向 sqldemo.db 数据库添加此表，并添加一些用户权限记录。

```
@Override
public void onClick(View v) {
    if (v.getId() == R.id.btn1) {
        SQLiteDatabase db = null;
        try {
            // 打开数据库
            db = openOrCreateDatabase(dbFile, MODE_PRIVATE, null);
            // 创建 user_permission 表
            StringBuilder sb = new StringBuilder();
            sb.append("create table user_permission (\n" +
                    "upid integer not null primary key,\n" +
                    "userid integer not null references user_main(userid),\n" +
                    "permission int not null\n" +
                    ");");
            db.execSQL(sb.toString());
            // 添加记录
    String sql = "insert into user_permission(userid,permission) values(1,1);";
            db.execSQL(sql);
            sql = "insert into user_permission(userid,permission) values(2,1001);";
            db.execSQL(sql);
            sql = "insert into user_permission(userid,permission) values(2,1002);";
            db.execSQL(sql);
            sql = "insert into user_permission(userid,permission) values(3,1001);";
               db.execSQL(sql);
            sql = "insert into user_permission(userid,permission) values(3,1003);";
            db.execSQL(sql);
            sql = "insert into user_permission(userid,permission) values(4,1001);";
            db.execSQL(sql);
            sql = "insert into user_permission(userid,permission) values(4,1002);";
            db.execSQL(sql);
            //
            txt1.setText("OK");
        } catch (Exception ex) {
            txt1.setText(ex.getMessage());
        } finally {
            // 关闭数据库
            if (db != null) db.close();
        }
    }
}
```

代码成功执行后，会在 txt1 组件中显示 OK。下面的代码可以验证 user_permission 表和数据是不是真的添加到 sqlitedemo.db 数据文件中了。

```
@Override
public void onClick(View v) {
if (v.getId() == R.id.btn1) {
SQLiteDatabase db = null;
        try {
// 打开数据库
db = openOrCreateDatabase(dbFile, MODE_PRIVATE, null);
          //
```

```
        String sql = "select * from user_permission;";
        Cursor records = db.rawQuery(sql,null);
                    showData(records);
                    records.close();
        } catch (Exception ex) {
                    txt1.setText(ex.getMessage());
                } finally {
        // 关闭数据库
                    if (db != null) db.close();
                }
            }
        }
```

如果数据已成功添加，可以看到如图 21-14 所示的内容。

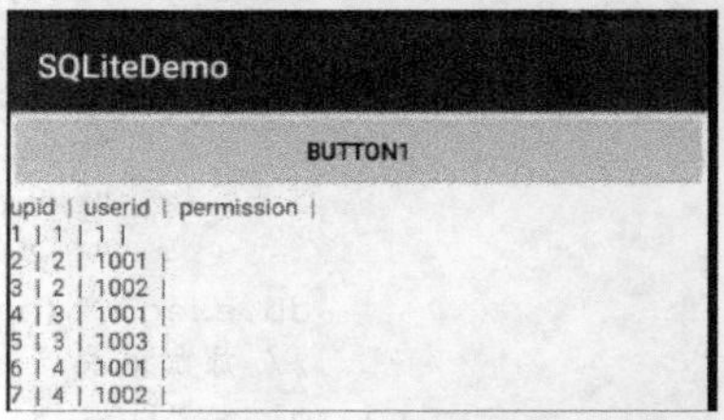

图 21-14 查看用户权限数据

接下来的问题是，实际应用中如何通过 userid 字段将 user_main 和 user_permission 表中的数据关联起来。此时，在 SQL 语句中需要使用 join 关键字。

21.8.2 join 关键字

join 关键字用于 select 语句，其功能是对数据进行联合查询。下面的代码会同时显示 user_main 和 user_permission 表中的数据，并通过主键和外键（userid 字段）进行关联。

```
@Override
public void onClick(View v) {
    if (v.getId() == R.id.btn1) {
        SQLiteDatabase db = null;
        try {
            // 打开数据库
            db = openOrCreateDatabase(dbFile, MODE_PRIVATE, null);
            //
            String sql = "select U.*,P.upid,P.permission from"+
              " user_main as U join user_permission as P on U.userid=P.userid;";
            Cursor records = db.rawQuery(sql,null);
            showData(records);
            records.close();
        } catch (Exception ex) {
            txt1.setText(ex.getMessage());
} finally {
            // 关闭数据库
            if (db != null) db.close();
        }
    }
}
```

执行代码，会看到如图 21-15 所示的内容。

下面将 SQL 语句单独挑出来看一下。

```
select U.*,P.upid,P.permission
fromuser_main as U join user_permission as P
on U.userid=P.userid;
```

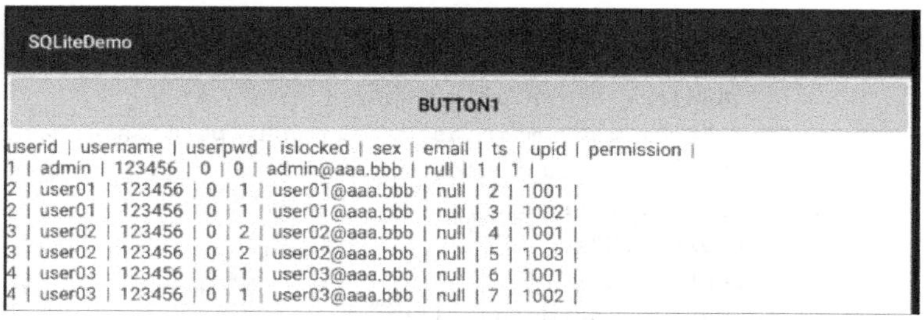

SQLiteDemo

BUTTON1

userid | username | userpwd | islocked | sex | email | ts | upid | permission |
1 | admin | 123456 | 0 | 0 | admin@aaa.bbb | null | 1 | 1 |
2 | user01 | 123456 | 0 | 1 | user01@aaa.bbb | null | 2 | 1001 |
2 | user01 | 123456 | 0 | 1 | user01@aaa.bbb | null | 3 | 1002 |
3 | user02 | 123456 | 0 | 2 | user02@aaa.bbb | null | 4 | 1001 |
3 | user02 | 123456 | 0 | 2 | user02@aaa.bbb | null | 5 | 1003 |
4 | user03 | 123456 | 0 | 1 | user03@aaa.bbb | null | 6 | 1001 |
4 | user03 | 123456 | 0 | 1 | user03@aaa.bbb | null | 7 | 1002 |

图 21-15　使用联合查询

实际上，SQL的执行是从from关键字后面开始的。首先，选择user_main和user_permission表的数据，并将user_main表的别名设置为U，user_permission表的别名设置为P。然后，可以在SQL中使用别名来简化表的引用。

再看T1 join T2语句，其含义是对T1表和T2表进行联合查询。同时，在on关键字后指定关联字段，在这里使用U.userid（主键）和P.userid（外键）字段进行关联。

select关键字后面是查询结果需要显示的字段，使用U.*表示显示user_main表中的所有字段，而user_permission表中只显示upid和permission字段。

本例中，演示了如何使用join关键字进行联合查询。有兴趣的读者可以更深入地学习相关内容。

21.9　视图

前面对user_main和user_permission表进行了联合查询操作。其SQL语句还是比较复杂的，如果每次使用时都这样写SQL，出错的可能性还是比较大的。要是能定义查询模板，就可以降低出错的概率。

下面的SQL语句将此查询定义为视图，命名为v_user。

```
create view v_user
as
select U.*,P.upid,P.permission
fromuser_main as U join user_permission as P
on U.userid=P.userid;
```

下面的代码在MainActivity.java文件的onClick()方法中完成v_user视图的创建。

```
@Override
public void onClick(View v) {
    if (v.getId() == R.id.btn1) {
        SQLiteDatabase db = null;
        try {
            // 打开数据库
            db = openOrCreateDatabase(dbFile, MODE_PRIVATE, null);
            //
            StringBuilder sb = new StringBuilder();
```

```
            sb.append("create view v_user \n" +
                    "as\n" +
                    "select U.*,P.upid,P.permission \n" +
                     "from user_main as U join user_permission as P \n" +
                    "on U.userid=P.userid;\n");
            db.execSQL(sb.toString());
            txt1.setText("OK");
        } catch (Exception ex) {
            txt1.setText(ex.getMessage());
        } finally {
            // 关闭数据库
            if (db != null) db.close();
        }
    }
}
```

代码执行成功后，会在txt1组件中显示OK。接下来，可以通过v_user视图进行查询，就像使用数据表一样。下面的代码从v_user视图中查询userid、username和permission字段的数据。

```
@Override
public void onClick(View v) {
    if (v.getId() == R.id.btn1) {
        SQLiteDatabase db = null;
        try {
            // 打开数据库
            db = openOrCreateDatabase(dbFile, MODE_PRIVATE, null);
            //
            String sql ="select userid,username,permission from v_user;";
            Cursor records = db.rawQuery(sql,null);
            showData(records);
            records.close();
        } catch (Exception ex) {
            txt1.setText(ex.getMessage());
        } finally {
            // 关闭数据库
            if (db != null) db.close();
        }
    }
}
```

代码执行结果如图21-16所示。

使用视图时请注意，视图并不真正地保存数据，它更像是查询模板。所以，使用视图并不会提高物理查询的速度，但可以提高数据查询的便利性。合理使用视图，可以提高应用开发效率，特别是数据查询比较复杂的时候。

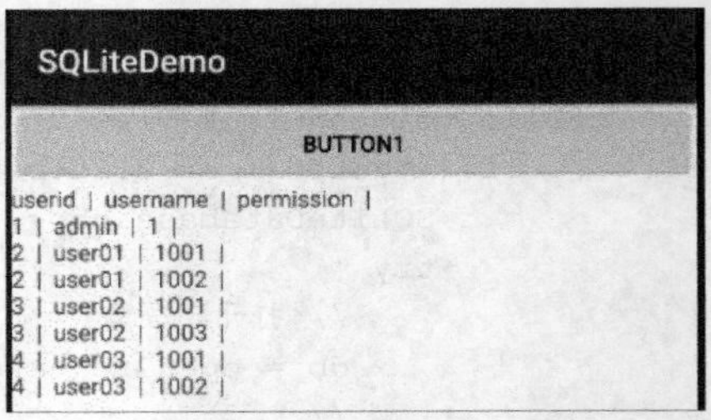

SQLiteDemo
BUTTON1
userid | username | permission |
1 | admin | 1 |
2 | user01 | 1001 |
2 | user01 | 1002 |
3 | user02 | 1001 |
3 | user02 | 1003 |
4 | user03 | 1001 |
4 | user03 | 1002 |

图21-16　使用视图

21.10　使用 DB Browser 练习 SQL 语句

DB Browser for SQLite 是一款开源的 SQLite 数据库操作工具，它支持多种操作系统。通过它，可以熟悉 SQLite 数据库的 SQL 操作，为开发高质量的数据应用打下良好的基础。

可以从 https://github.com/sqlitebrowser/sqlitebrowser/releases 获取 DB Browser 的最新版本，并安装到计算机中。软件启动后，其主界面如图 21-17 所示。

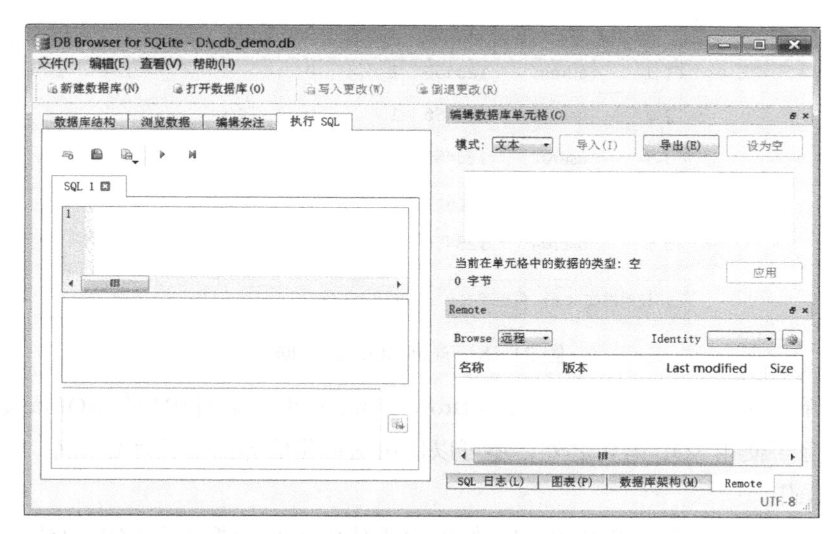

图 21-17　DB Browser for SQLite 的主界面

DB Browser for SQLite 的主界面中，可以通过单击左上角的“新建数据库”图标创建一个 SQLite 数据库文件，可以自己指定数据库文件的物理位置。

然后，打开“执行 SQL”页（Exceute SQL 页）并输入以下内容。

```
create table user_main(
userid integer primary key,
username text not null unique,
userpwd text not null,
islocked integer default 1,
sex integer default 0,
email text);
```

接下来，使用键盘上的 F5 键或单击界面中的“执行”按钮执行语句。SQL 执行成功后，会在 SQLite 数据库中添加一个名为 user_main 的数据表。使用下面的代码，可以在 user_main 表中添加几条数据记录。

```
insert into user_main(username, userpwd)
values('admin','123456');
insert into user_main(username, userpwd)
values('user01','123456');
insert into user_main(username, userpwd)
values('user02','123456');
insert into user_main(username, userpwd)
```

```
values('user03','123456');
insert into user_main(username, userpwd)
values('user04','123456');
```

最后，可以通过以下语句查询 user_main 中的数据。

```
select * from user_main;
```

语句执行结果如图 21-18 所示。

	userid	username	userpwd	islocked	sex	email
1	1	admin	123456	1	0	NULL
2	2	user01	123456	1	0	NULL
3	3	user02	123456	1	0	NULL
4	4	user03	123456	1	0	NULL
5	5	user04	123456	1	0	NULL

5 行数据在 0ms 内返回自：select * from user_main;

图 21-18　查询 SQLite 数据

通过简单的介绍，可以看到，在 DB Browser for SQLite 软件中操作 SQLite 数据库是非常方便的。除了使用 SQL 语句之外，还可以使用图形化的界面来管理数据库，可以根据自己的习惯来操作。

本章已经介绍了大量的 SQL 语句，如果读者对 SQLite 数据库和 SQL 语法不是很熟悉，可以先在 DB Browser for SQLite 软件中进行充分的练习，更加直观地观察和分析 SQL 的执行结果，为在 Android 应用开发中更加有效的应用 SQLite 数据库打下良好的基础。

此外，在第 28 章的项目演示中，还可以看到 SQLite 数据库的具体应用，从而更深入地理解软件开发中的数据库使用技巧。

第 22 章　Android SDK 定位功能

现代生活中，基于位置的服务越来越多，如获取当前位置的天气、路况、餐厅等信息。而这些服务的基础就是获取设备的当前位置。本章将讨论如何使用 Android SDK 中的资源实现设备的定位功能，主要内容包括：

- ❑ 获取权限与位置信息
- ❑ 跟踪位置变化
- ❑ 获取一次最新位置信息

本章的测试工作中，如果需要更真实、更准确的数据，应使用实机测试。

首先，创建名为 LocationDemo 的新项目，并修改 MainActivity 的布局文件 main_layout.xml 的内容，如下所示。

```
<?xml version="1.0" encoding="utf-8"?>
<LinearLayout xmlns:android="http://schemas.android.com/apk/res/android"
    android:orientation="vertical" android:layout_width="match_parent"
    android:layout_height="match_parent">

<Button android:id="@+id/btn1"
        android:layout_width="match_parent"
        android:layout_height="wrap_content"
        android:text="Button1"></Button>

<TextView android:id="@+id/txt1"
        android:layout_width="wrap_content"
        android:layout_height="wrap_content" />

</LinearLayout>
```

布局中包含一个 Button 和一个 TextView 组件，分别用于响应代码和显示信息。

22.1　获取权限与基本位置信息

首先，为了使用设备的定位功能时，需要相应的操作权限，在 AndroidManifest.xml 文件中进行声明，如下面的代码所示。

```
<?xml version="1.0" encoding="utf-8"?>
<manifest xmlns:android="http://schemas.android.com/apk/res/android"
    package="com.example.locationdemo">

<uses-permission android:name="android.permission.ACCESS_COARSE_LOCATION"/>
<uses-permission android:name="android.permission.ACCESS_FINE_LOCATION"/>
<uses-permission android:name="android.permission.READ_EXTERNAL_STORAGE"/>
<uses-permission android:name="android.permission.WRITE_EXTERNAL_STORAGE"/>
```

```
<uses-permission android:name="android.permission.READ_PHONE_STATE"/>
<uses-permission android:name="android.permission.INTERNET"/>
<uses-permission android:name="android.permission.ACCESS_WIFI_STATE"/>

<!-- 其他内容 -->
</manifest>
```

请注意，代码中声明了一些常用的权限，并不只限于定位功能所需要的权限。

下面来到 MainActivity.java 文件，修改其内容，如下所示。

```
package com.example.locationdemo;

import android.Manifest;
import android.content.pm.PackageManager;
import android.location.Criteria;
import android.location.Location;
import android.location.LocationManager;
import android.support.annotation.NonNull;
import android.support.v4.app.ActivityCompat;
import android.support.v4.content.ContextCompat;
import android.support.v7.app.AppCompatActivity;
import android.os.Bundle;
import android.util.Log;
import android.view.View;
import android.widget.Button;
import android.widget.TextView;

import java.util.ArrayList;
import java.util.List;

public class MainActivity extends AppCompatActivity
    implements View.OnClickListener,
        ActivityCompat.OnRequestPermissionsResultCallback
{
    // 定位管理器
    LocationManager locManager = null;

    // 需要的权限
    private String[] usePermissions = {
            Manifest.permission.ACCESS_COARSE_LOCATION,
            Manifest.permission.ACCESS_FINE_LOCATION,
            Manifest.permission.READ_EXTERNAL_STORAGE,
            Manifest.permission.WRITE_EXTERNAL_STORAGE,
            Manifest.permission.READ_PHONE_STATE
    };
private final static int PERMISSION_REQUEST_CODE = 1;

    // UI 组件
    Button btn1 = null;
    TextView txt1 = null;

    //
    @Override
```

```
    protected void onCreate(Bundle savedInstanceState) {
        super.onCreate(savedInstanceState);
        setContentView(R.layout.main_layout);
        //
        locManager = (LocationManager) getSystemService(LOCATION_SERVICE);
        //
        btn1 = (Button) findViewById(R.id.btn1);
        btn1.setOnClickListener(this);
        //
        txt1 = (TextView) findViewById(R.id.txt1);
    }

    @Override
    protected void onResume() {
        super.onResume();
        // 整理需要的权限
        List<String> pArr = new ArrayList<String>();
        for (String p : usePermissions) {
            if (ContextCompat.checkSelfPermission(this, p)
                    != PackageManager.PERMISSION_GRANTED) {
                pArr.add(p);
            }
        }
        //
        if (pArr.size() > 0) {
            ActivityCompat.requestPermissions(this,
                    pArr.toArray(new String[pArr.size()]), PERMISSION_REQUEST_CODE );
        }
    }

    @Override
    public void onClick(View v) {
        if(v.getId() == R.id.btn1) {
            showLocation();
        }
    }

    @Override
    public void onRequestPermissionsResult(int requestCode,
    @NonNull String[] permissions,
            @NonNull int[] grantResults)
    {
        if (requestCode == PERMISSION_REQUEST_CODE ) {
            for (int i = 0; i < permissions.length; i++) {
                if (grantResults[i] != PackageManager.PERMISSION_GRANTED) {
                    // 可以提示用户以后设置
                    return;
                }
            }
        }
    }

    // 显示地理信息
    private void showLocation() {
        try {
```

```
            Location loc = locManager.getLastKnownLocation(
                    locManager.getBestProvider(new Criteria(), true));
showLocationInfo(loc);
        } catch (Exception ex) {
            Toast.makeText(this,"不能获取位置信息", Toast.LENGTH_SHORT)
                .show();
        }
    }

    // 显示位置信息
    private synchronized void showLocationInfo(Location loc){
        StringBuilder sb = new StringBuilder();
        sb.append("经度: " + loc.getLongitude() + "\n");
        sb.append("纬度: " + loc.getLatitude() + "\n");
        sb.append("海拔: " + loc.getAltitude() + "\n");
        sb.append("定位方式: " + loc.getProvider() + "\n");
        sb.append("精度: " + loc.getAccuracy() + "\n");
        sb.append("速度: " + loc.getSpeed() + "\n");
        SimpleDateFormat df =
new SimpleDateFormat("yyyy-MM-dd HH:mm:ss", Locale.CHINA);
        sb.append("定位时间: " + df.format(loc.getTime()) + "\n");
        sb.append("回调时间: " + df.format(System.currentTimeMillis()));
        txt1.setText(sb.toString());
    }
}
```

首先，MainActivity类实现了ActivityCompat.OnRequestPermissionsResultCallback和View.OnClickListener接口。前者用于权限的动态检查，这是Android 6.0之后的新变化，也是对应用权限管理的重大改变。后者用于响应按钮单击。

在MainActivity类中，定义了以下几个字段。

- LocationManager，获取位置信息的主类，代码中定义locManager对象来完成定位操作。
- btn1和txt1组件，分别表示Button和TextView组件。
- usePermissions数组，包含定位操作中需要使用的几个权限。
- PERMISSION_REQUEST_CODE常量，定义权限请求码，会在多个地方使用，定义为常量可以避免可能的代码输入错误。

onCreate()方法中的内容就比较简单了。其中做了一些必要的初始化工作，例如，使用getSystemService(LOCATION_SERVICE)方法获取LocationManager对象。

onResume()方法中，对Activity中需要使用的权限进行检查。其中调用了ContextCompat.checkSelfPermission()方法来检查是否拥有指定的权限，第一个参数指定Context对象，第二个参数指定权限名称。代码中，将还没有授权的权限组成了一个新的ArrayList对象，并通过ActivityCompat.requestPermissions()方法来请求所需要的权限。第一个参数指定Context对象，第二个参数指定权限名称组成的字符串数组，第三个参数指定请求码。

实现ActivityCompat.OnRequestPermissionsResultCallback接口的过程中，需要实现onRequestPermissionsResult()方法。该方法的第三个参数grantResults是一个int数组，它包含了所请求权限的结果。当其值是PackageManager.PERMISSION_GRANTED时，则说明用户已授权。

最后，使用 showLocation() 方法完成地理位置的显示工作，其中使用 LocationManager 对象的一系列方法来获取地理信息，包括：

- ❑ getLongitude() 方法，获取经度，double 类型。
- ❑ getLatitude() 方法，获取纬度，double 类型。
- ❑ getAltitude() 方法，获取海拔高度，double 类型，单位为米。
- ❑ getProvider() 方法，获取定义数据提供者，返回 String 类型，如 gps、network 等。
- ❑ getAccuracy() 方法，获取定义精度，double 类型，单位为米。
- ❑ getSpeed() 方法，获取设备移动速度，double 类型，单位为米 / 秒。

在设备中执行本程序，如果是第一次，需要用户确认权限，如图 22-1(a) 所示。然后，可以单击 Button1 按钮来查看位置信息，如图 22-1(b) 所示。

(a)

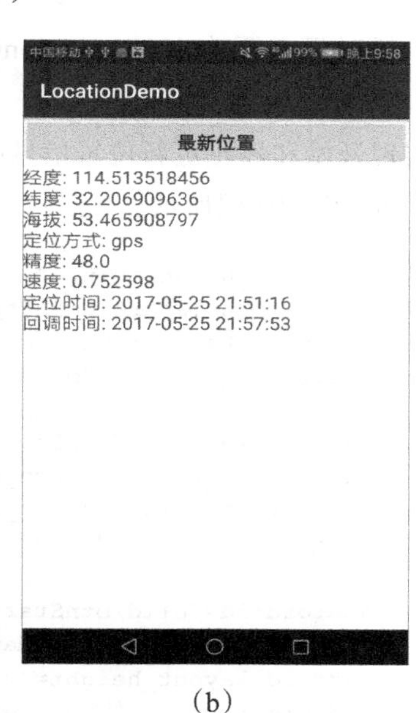

(b)

图 22-1　获取基本位置信息

22.2　跟踪位置变化

很多应用（如导航或健康类应用）中，需要获取实时的位置信息。此时，LocationManager 对象必须能够自动响应位置的变化。实现这一功能，需要在 MainActivity 类中实现 LocationListener 接口，如下面的代码所示。

```
public class MainActivity extends AppCompatActivity
        implements View.OnClickListener,
        ActivityCompat.OnRequestPermissionsResultCallback,
        LocationListener
{
    // 其他代码 ...
}
```

此接口需要实现 4 个方法，如下面的代码（MainActivity.java 文件）所示。

```
@Override
public void onLocationChanged(Location location) {
    showLocationInfo(location);
}

@Override
public void onStatusChanged(String provider, int status, Bundle extras) {}

@Override
public void onProviderEnabled(String provider) {}

@Override
public void onProviderDisabled(String provider) {}
```

这里，暂时只需要响应 onLocationChanged() 方法，它会在位置信息变化时显示新的数据。

现在实现开始和停止更新位置信息的操作。首先，在 main_layout.xml 布局文件中添加两个按钮，如下面的代码所示。

```
<?xml version="1.0" encoding="utf-8"?>
<LinearLayout xmlns:android="http://schemas.android.com/apk/res/android"
    android:orientation="vertical" android:layout_width="match_parent"
    android:layout_height="match_parent">

<Button android:id="@+id/btn1"
    android:layout_width="match_parent"
    android:layout_height="wrap_content"
    android:text=" 最新位置 "></Button>

<Button android:id="@+id/btnStartLocation"
        android:layout_width="match_parent"
        android:layout_height="wrap_content"
        android:text=" 开始定位 "></Button>

<Button android:id="@+id/btnStopLocation"
        android:layout_width="match_parent"
        android:layout_height="wrap_content"
        android:text=" 停止定位 "></Button>

<TextView android:id="@+id/txt1"
        android:layout_width="wrap_content"
        android:layout_height="wrap_content" />

</LinearLayout>
```

在 MainActivity.java 文件中，定义这两个按钮对象，并在 onCreate() 方法中进行初始化，如下面的代码所示。

```
public class MainActivity extends AppCompatActivity
        implements View.OnClickListener,
        ActivityCompat.OnRequestPermissionsResultCallback,
```

```
        LocationListener
    {
        //  其他代码
        //
        Button btnStartLocation = null;
        Button btnStopLocation = null;

        //
        @Override
        protected void onCreate(Bundle savedInstanceState) {
    // 其他代码
            //
            btnStartLocation = (Button) findViewById(R.id.btnStartLocation);
            btnStartLocation.setOnClickListener(this);
            //
            btnStopLocation = (Button) findViewById(R.id.btnStopLocation);
            btnStopLocation.setOnClickListener(this);
        }
        // 其他代码
    }
```

最后，在 MainActivity.java 文件的 onClick() 方法中对这两个按钮的单击操作进行响应，如下面的代码所示。

```
    @Override
    public void onClick(View v) {
    if(v.getId() == R.id.btn1) {
    showLocation();
    }else if(v.getId() == R.id.btnStartLocation){
            // 开始定位
            String provider = locManager.getBestProvider(new Criteria(),true);
            locManager.requestLocationUpdates(provider, 5000,0,this);
        }else if(v.getId() == R.id.btnStopLocation) {
    // 停止定位
    locManager.removeUpdates(this);
        }
    }
```

在这里，使用 LocationManager 对象的 requestLocationUpdates() 方法启动位置信息的自动更新操作，它包括四个参数，分别如下。

- 第一个参数指定定位数据的提供者，如 gps 等。代码中使用 LocationManager 对象中的 getBestProvider() 方法获取效果最佳的定位方法。
- 第二个参数指定更新的最小时间，单位为毫秒。
- 第三个参数指定位置数据更新的最小距离，单位为米。
- 第四个参数指定响应数据更新的对象，该对象应该实现了 LocationListener 接口中的 4 个方法。

当停止自动响应位置信息时，调用 LocationManager 对象中的 removeUpdates() 方法，其参数指定需要停止更新位置信息的侦听对象。

运行此应用，单击“开始定位”按钮后，会根据环境与网络状态进行定位操作。首次定位所需要的时间会根据环境不同而不同。响应开始后，位置数据在达到指定的最小时间间隔或最小移动距离时更新。

22.3 获取一次最新位置信息

有些时候，可能只需要获取一次最新的位置信息。此时，就不需要长时间地打开位置信息更新。下面修改 btn1 按钮的响应代码，用于更新一次位置信息。

```
@Override
public void onClick(View v) {
if(v.getId() == R.id.btn1) {
//showLocation();
        // 获取最新的位置信息
        String provider = locManager.getBestProvider(new Criteria(),true);
        locManager.requestSingleUpdate(provider, new LocationListener() {
@Override
public void onLocationChanged(Location location) {
if(location != null) {
                    showLocationInfo(location);
                    locManager.removeUpdates(this);
                }
}
@Override
public void onStatusChanged(String provider, int status, Bundle extras) {}
            @Override
            public void onProviderEnabled(String provider) {}
            @Override
            public void onProviderDisabled(String provider) {}
        }, null);
    }else if(v.getId() == R.id.btnStartLocation){
        // 开始定位
        String provider = locManager.getBestProvider(new Criteria(),true);
        locManager.requestLocationUpdates(provider, 5000,0,this);
    }else if(v.getId() == R.id.btnStopLocation) {
        // 停止定位
        locManager.removeUpdates(this);
    }
}
```

代码中，调用了 LocationManager 对象的 requestSingleUpdate() 方法。其中的第一个参数为定位数据提供者。第二个参数侦听定位对象，这里，重新定义了一个新的 LocationListener 对象，在其中的 onLocationChanged() 方法中，显示了最新的位置信息。第三个参数为 Looper 对象，这里使用 null 值即可。

执行本操作会看到较新的位置数据。此功能适用于需要不定时读取设备位置的情况。

数据类型的位置信息也许并不直观。接下来的两章将讨论如何在高德地图和百度地图中显示指定的位置。

第 23 章　高德地图 SDK

高德地图和百度地图，相信读者不会陌生。除了提供地图和导航服务之外，在应用开发中，还可以使用两家公司提供的 SDK 进行定位和地图等功能的开发工作。本章将讨论如何使用高德地图 SDK 的开发资源，主要内容包括：

- 准备工作
- 封装 RequestPermissionActivityBase 类
- 定位
- 显示地图

23.1　准备工作

本章的测试工作中，首先创建一个名为 AMap2DDemo 的项目。然后，修改 MainActivity 布局文件 main_layout.xml 的内容，如下所示。

```
<?xml version="1.0" encoding="utf-8"?>
<LinearLayout xmlns:android="http://schemas.android.com/apk/res/android"
    android:orientation="vertical" android:layout_width="match_parent"
    android:layout_height="match_parent">

<Button android:id="@+id/btnLocation"
        android:layout_width="match_parent"
        android:layout_height="wrap_content"
        android:text=" 定位功能 "/>

<Button android:id="@+id/btnMap"
        android:layout_width="match_parent"
        android:layout_height="wrap_content"
        android:text=" 显示地图 "/>

</LinearLayout>
```

接下来，在 MainActivity.java 文件中引用此布局文件，并做好进一步编写代码的准备，如下面的内容所示。

```
package com.example.amap2ddemo;

import android.Manifest;
import android.content.DialogInterface;
import android.content.Intent;
import android.content.pm.PackageManager;
```

```
import android.net.Uri;
import android.provider.Settings;
import android.support.annotation.NonNull;
import android.support.v4.app.ActivityCompat;
import android.support.v4.content.ContextCompat;
import android.support.v7.app.AlertDialog;
import android.support.v7.app.AppCompatActivity;
import android.os.Bundle;
import android.view.View;
import android.widget.Button;
import android.widget.TextView;
import android.widget.Toast;

import com.amap.api.location.AMapLocation;
import com.amap.api.location.AMapLocationClient;
import com.amap.api.location.AMapLocationClientOption;
import com.amap.api.location.AMapLocationListener;

import java.util.ArrayList;
import java.util.List;

public class MainActivity extends RequestPermissionActivityBase
    implements View.OnClickListener {

    // 需要的权限
    @Override
    public String[] getNeedPermissions() {
        return new String[]{
                Manifest.permission.READ_PHONE_STATE,
                Manifest.permission.READ_EXTERNAL_STORAGE,
                Manifest.permission.WRITE_EXTERNAL_STORAGE,
                Manifest.permission.ACCESS_FINE_LOCATION,
                Manifest.permission.ACCESS_COARSE_LOCATION,
                Manifest.permission.INTERNET,
                Manifest.permission.ACCESS_WIFI_STATE
        };
    }

    Button btnLocation;
    Button btnMap;

    @Override
    protected void onCreate(Bundle savedInstanceState) {
        super.onCreate(savedInstanceState);
        setContentView(R.layout.main_layout);
        //
        btnLocation = (Button) findViewById(R.id.btnLocation);
        btnLocation.setOnClickListener(this);
        btnMap = (Button) findViewById(R.id.btnMap);
        btnMap.setOnClickListener(this);
    }
```

```
    @Override
    public void onClick(View v) {
        int vid = v.getId();
        if (vid == R.id.btnLocation) {
            Intent intent = new Intent(this,LocationActivity.class);
            startActivity(intent);
        } else if (vid == R.id.btnMap) {
            Intent intent = new Intent(this,MapActivity.class);
            startActivity(intent);
        }
    }

}
```

代码暂时是不能运行的，因为其中有一些内容还没有定义，如 RequestPermission ActivityBase 类，以及 LocationActivity 和 MapActivity 等类型。现在，先不用着急，还需要将高德地图 SDK 添加到项目中。

在使用高德地图 SDK 开发时，首先需要注册为高德地图开发者，其网站为 http://developer.amap.com/。

注册是比较简单的，完成后，可以通过页面右上角的“控制台”打开控制台页面。然后，通过“应用管理”→“我的应用”→“创建新应用”创建自己的应用，如图 23-1 所示。

图 23-1　创建高德地图应用

在创建应用时，首先需要输入应用名称和类型，如图 23-2 所示。

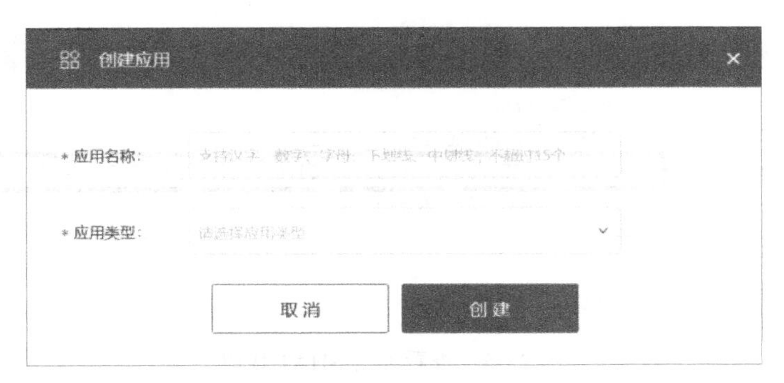

图 23-2　新应用名称与类型

然后，通过“添加新 Key”添加应用中所需要的关键字，如图 23-3 所示。

为XYTT添加Key
* Key名称： 支持汉字、数字、字母、下划线、中划线，不超过15个 命名规范
* 服务平台： Android平台 iOS平台 Web端 Web服务 智能硬件 微信小程序
可使用服务： Android地图SDK Android定位SDK Android导航SDK Android室内地图SDK Android室内定位SDK
* 发布版安全码SHA1： 如何获取 请输入发布版安全码SHA1
调试版安全码SHA1： 请输入调试版安全码SHA1
* PackageName： 如何获取 请输入包名,如:com.test.sdk
我已阅读 高德地图API服务条款
取消 提交

图 23-3　设置应用信息

图 23-3 中选择了 Android 平台，需要注意安全码的填写。用于测试的 Android 项目中，可以在 Android Studio 环境中打开创建的项目，然后，通过右侧的“Gradle”打开“<项目名称>”→“:app”→Tasks→android，双击 signing Report。如果没有内容，可以单击本区域工具栏中的“刷新”图标，如图 23-4 所示。

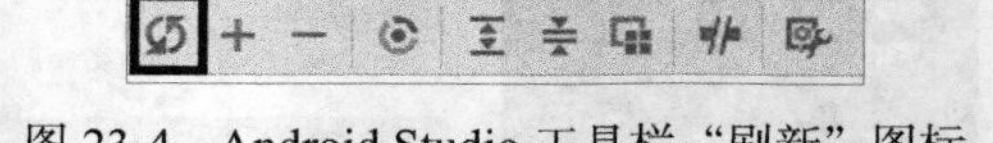

图 23-4　Android Studio 工具栏“刷新”图标

在右下方单击打开 Gradle Console 窗口，图 23-5 中黑框中的内容就是调试用的 SHA1 完全码。测试过程中，图 23-3 中的发布版安全码也可以使用这个。只是需要注意，应用正式发布时要修改为真正的安全码。

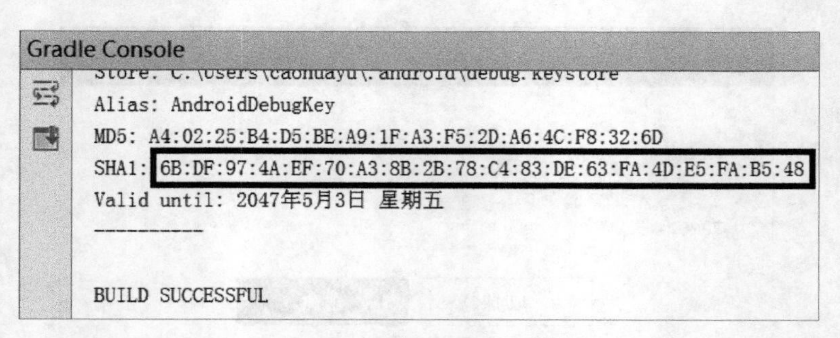

图 23-5　查看项目 SHA1 代码

现在，将图 23-5 中黑框部分的内容复制到页面中两个安全码的位置，并将项目的包名复制到 PackageName 项目中。最后，单击“提交”完成项目 Key 的创建。此时，可以在页

面中看到系统给出的Key，请注意记录（复制），稍后会用到这个Key。

下面回到Android Studio中，在项目的AndroidManifest.xml配置文件，修改内容，如下所示。

```
<?xml version="1.0" encoding="utf-8"?>
<manifest xmlns:android="http://schemas.android.com/apk/res/android"
    package="com.caohuayu.chygdmapdemo">

<uses-permission android:name="android.permission.ACCESS_COARSE_LOCATION"/>
<uses-permission android:name="android.permission.ACCESS_FINE_LOCATION"/>
<uses-permission android:name="android.permission.READ_PHONE_STATE"/>
<uses-permission android:name="android.permission.WRITE_EXTERNAL_STORAGE"/>
<uses-permission android:name="android.permission.INTERNET"/>

<application
        android:allowBackup="true"
        android:icon="@mipmap/ic_launcher"
        android:label="@string/app_name"
        android:roundIcon="@mipmap/ic_launcher_round"
        android:supportsRtl="true"
        android:theme="@style/AppTheme">


<!-- 设置key -->
<meta-data
            android:name="com.amap.api.v2.apikey"
            android:value=" 平台上创建的Key" />

<!-- 定位需要的服务 -->
<service android:name="com.amap.api.location.APSService" >
</service>


<activity android:name=".MainActivity">
<intent-filter>
<action android:name="android.intent.action.MAIN" />
<category android:name="android.intent.category.LAUNCHER" />
</intent-filter>
</activity>
</application>
</manifest>
```

请注意，配置文件中添加了5个权限的声明。接下来是<meta-data>节点，其中，android:name属性是引用高德地图API标准的名称，而android:value属性则是刚刚在平台上创建的Key，粘贴过来即可。

接下来，声明一个服务，这个服务也是调用高德地图API的标准设置，照做即可。

下面需要在项目中添加高德地图的SDK开发资源，下载地址为http://developer.amap.com/api/android-location-sdk/download。本章使用的SDK包括如图23-6所示的内容。

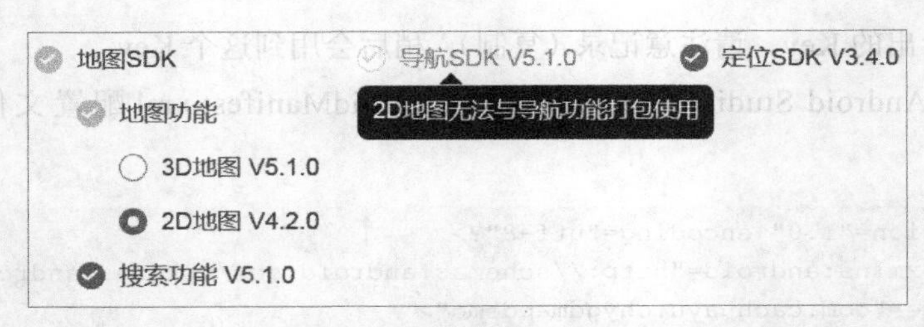

图 23-6　下载高德地图 SDK

请注意，本章只需要使用高德地图 SDK 中的定位和基本的 2D 地图显示功能，并不需要 3D 地图和导航功能。为了顺利地进行测试工作，在这里不要选择错了。

接下来，解压下载的文件，里面只有一个 jar 文件。在 Android Studio 开发环境中，将 Project 栏中的显示模式设置为 Project，并将这个 jar 文件复制到项目中的 app\libs 目录下，如图 23-7 所示。

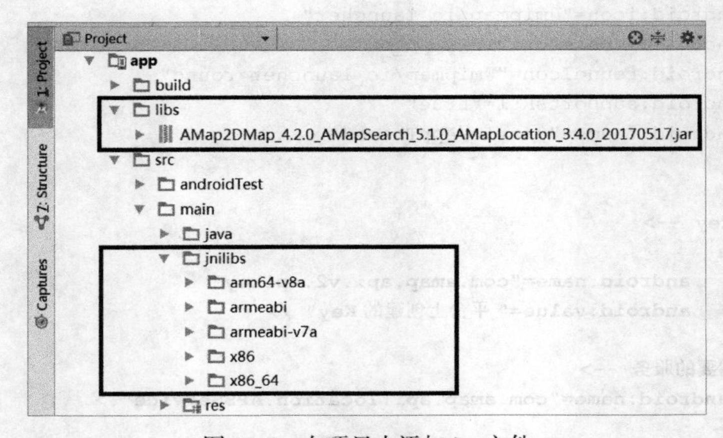

图 23-7　在项目中添加 jar 文件

请注意第二个黑框的位置，如果下载的开发资源中有 so 文件，可以在项目中新建 app\src\main\jnilibs 目录，并将包含 so 文件的文件夹复制到此目录中。

然后，单击 Android Studio 工具栏中的“同步”图标，如图 23-8 所示。

图 23-8　工具栏中的“同步”图标

这样，使用高德地图 SDK 的配置参数和开发资源都已经准备好了。接下来，就开始编码工作。

23.2 封装 RequestPermissionActivityBase 类

前一章中，在使用设备的定位功能时，会要求一定的权限。在 Android 6.0 以后，对应用的权限有了很严格的要求，应用需要的权限不再是给了就算给了，而是用户可以随时关闭和开启，这样就有效地提高了安全性。

应用开发过程中，也许会有很多功能需要用户赋予权限，所以在应用运行时，对权限的请求就会是很常见的操作。本节创建了 RequestPermissionActivityBase 类，其作用就是对权限请求操作进行封装，以便在后面的学习及工作中使用。

实际上，RequestPermissionActivityBase 类的代码并不复杂，如下面的代码所示。

```
package com.example.amap2ddemo;

import android.Manifest;
import android.content.pm.PackageManager;
import android.os.Bundle;
import android.support.annotation.NonNull;
import android.support.annotation.Nullable;
import android.support.v4.app.ActivityCompat;
import android.support.v4.content.ContextCompat;
import android.support.v7.app.AppCompatActivity;
import android.widget.Toast;

import java.util.ArrayList;
import java.util.List;

/**
 * Created by caohuayu on 2017/5/30.
 */

public class RequestPermissionActivityBase extends AppCompatActivity
    implements ActivityCompat.OnRequestPermissionsResultCallback {

    // 需要使用的权限
    public String[] getNeedPermissions() {
        return new String[]{
                Manifest.permission.READ_PHONE_STATE,
                Manifest.permission.READ_EXTERNAL_STORAGE,
                Manifest.permission.WRITE_EXTERNAL_STORAGE,
                Manifest.permission.ACCESS_FINE_LOCATION,
                Manifest.permission.ACCESS_COARSE_LOCATION,
                Manifest.permission.INTERNET,
                Manifest.permission.ACCESS_WIFI_STATE
        };
    }
    // 权限请求码
    public static final int PERMISSION_REQUEST_CODE = 0;

    //  ActivityCompat.shouldShowRequestPermissionRationale(this, p)
    // 启动时申请权限
    @Override
    protected void onCreate(@Nullable Bundle savedInstanceState) {
        super.onCreate(savedInstanceState);
        // 申请权限
        // 整理需要请求的权限
        List<String> lst = new ArrayList<String>();
        String[] permissions = getNeedPermissions();
```

```
        for (String p : permissions)
            if (ContextCompat.checkSelfPermission(this, p)
             != PackageManager.PERMISSION_GRANTED ||
ActivityCompat.shouldShowRequestPermissionRationale(this, p))
{
                //
                lst.add(p);
            }
        //
        int size = lst.size();
        if (size > 0) {
            ActivityCompat.requestPermissions(this,
                    lst.toArray(new String[size]),
                    PERMISSION_REQUEST_CODE);
        }
    }

    // 确认权限
    @Override
    public void onRequestPermissionsResult(
            int requestCode,
            @NonNull String[] permissions,
            @NonNull int[] grantResults)
    {
        if (requestCode == PERMISSION_REQUEST_CODE) {
            for (int result : grantResults) {
                if (result != PackageManager.PERMISSION_GRANTED) {
                    Toast.makeText(this, "应用需要权限才能继续运行",
                        Toast.LENGTH_SHORT).show();
                    return;
                }
            }
        }
    }
}
```

首先，定义了 getNeedPermissions() 方法。它的功能是返回 Activity 中所需要的权限，返回类型定义为 String 数组。在 RequestPermissionActivityBase 类的子类中，可以重写这个方法，以便指定子类中所需要的权限。由于接下来进行定位相关的操作，因此这里需要的权限都是和定位相关的。在其他类型的项目中，也可以将必需的和常用的权限放在基类里，以提高代码的编写效率。

作为一个标识码，常量 PERMISSION_REQUEST_CODE 会在多个地方使用。定义为常量同样是为了避免敲错代码。

在 onCreate() 方法中，首先对当前 Activity 还没有的权限进行整理，形成一个需要请求的权限列表。然后，如果列表不为空，则调用 ActivityCompat.requestPermissions() 方法开始请求权限。此时，ActivityCompat.OnRequestPermissionsResultCallback 接口中的 onRequestPermissionsResult() 方法开始工作。

onRequestPermissionsResult() 方法中的代码，在上一章已经使用过了，这里不再介绍。

现在，准备工作做得差不多了。下面开始使用高德地图的 SDK 进行定位操作。

23.3　定位

本节中测试与定位相关的内容时，创建一个名为 LocationActivity 的 Activity。它继承于刚刚创建的 RequestPermissionActivityBase 类。然后，创建 Activity 的布局文件 location_layout.xml，并修改文件的内容，如下所示。

```
<?xml version="1.0" encoding="utf-8"?>
<LinearLayout xmlns:android="http://schemas.android.com/apk/res/android"
    android:orientation="vertical" android:layout_width="match_parent"
    android:layout_height="match_parent">
<Button android:id="@+id/btnStart"
        android:layout_width="match_parent"
        android:layout_height="wrap_content"
        android:text=" 开始定位 " />

<Button android:id="@+id/btnStop"
        android:layout_width="match_parent"
        android:layout_height="wrap_content"
        android:text=" 停止定位 "/>

<Button android:id="@+id/btnOnce"
        android:layout_width="match_parent"
        android:layout_height="wrap_content"
        android:text=" 一次定位 "/>

<ScrollView
        android:layout_width="match_parent"
        android:layout_height="match_parent">

<TextView android:id="@+id/txtMsg"
            android:layout_width="wrap_content"
            android:layout_height="wrap_content"
            android:text=" 定位测试 "/>

</ScrollView>
</LinearLayout>
```

接下来，修改 LocationActivity.java 文件的内容，如下所示。

```
package com.example.amap2ddemo;

import android.os.Bundle;
import android.support.annotation.Nullable;
import android.view.View;
import android.widget.Button;
import android.widget.TextView;

import com.amap.api.location.AMapLocation;
import com.amap.api.location.AMapLocationClient;
import com.amap.api.location.AMapLocationClientOption;
import com.amap.api.location.AMapLocationListener;
```

```
/**
 * Created by caohuayu on 2017/5/30.
 */

public class LocationActivity extends RequestPermissionActivityBase
    implements View.OnClickListener,AMapLocationListener
{

    Button btnStart;
    Button btnStop;
    Button btnOnce;
    TextView txtMsg;

    public AMapLocationClient locClient;
    public AMapLocationClientOption locOption;

    @Override
    protected void onCreate(@Nullable Bundle savedInstanceState) {
        super.onCreate(savedInstanceState);
        //
        setContentView(R.layout.location_layout);
        //
        btnStart = (Button) findViewById(R.id.btnStart);
        btnStart.setOnClickListener(this);
        btnStop = (Button) findViewById(R.id.btnStop);
        btnStop.setOnClickListener(this);
        btnOnce = (Button) findViewById(R.id.btnOnce);
        btnOnce.setOnClickListener(this);
        txtMsg = (TextView) findViewById(R.id.txtMsg);
        //
        // 定位组件初始化
        locClient = new AMapLocationClient(getApplicationContext());
        locClient.setLocationListener(this);
        // 选项
        locOption = new AMapLocationClientOption();
        locOption.setGpsFirst(true);
        locClient.setLocationOption(locOption);
    }

@Override
    protected void onDestroy() {
        super.onDestroy();
        if(locClient != null){
            locClient.stopLocation();
            locClient.onDestroy();
            locClient = null;
        }
    }

    @Override
    public void onClick(View v) {
        int vid = v.getId();
        if (vid == R.id.btnStart) {
            txtMsg.setText("开始定位");
```

```
                locOption.setOnceLocation(false);
                locClient.setLocationOption(locOption);
                locClient.startLocation();
            } else if (vid == R.id.btnStop) {
                txtMsg.setText("停止定位");
                locClient.stopLocation();
            } else if (vid == R.id.btnOnce) {
                txtMsg.setText("一次定位");
                locOption.setOnceLocation(true);
                locClient.setLocationOption(locOption);
                locClient.startLocation();
            }
        }

        @Override
        public void onLocationChanged(AMapLocation aMapLocation) {
            txtMsg.setText(getLocInfo(aMapLocation));
        }

        // 组合位置信息
        public String getLocInfo(AMapLocation loc) {
            StringBuilder sb = new StringBuilder();
            if (loc.getErrorCode() == 0) {
                sb.append("经度:" + loc.getLongitude() + "\n");
                sb.append("纬度:" + loc.getLatitude() + "\n");
                sb.append("海拔:" + loc.getAltitude() + "米\n");
                //
                SimpleDateFormat df = new SimpleDateFormat("yyyy-MM-dd HH:mm:ss");
                sb.append("定位时间:" + df.format(new Date(loc.getTime())) + "\n");
                sb.append("回调时间:" +
                   df.format(new Date(System.currentTimeMillis())) + "\n");
                //
                sb.append("精度:" + loc.getAccuracy() + "米\n");
                sb.append("定位方式:" + loc.getLocationType() + "\n");
                sb.append("提供者:" + loc.getProvider() + "\n");
                sb.append("速度:" + loc.getSpeed() + "米/秒\n");
                sb.append("角度:" + loc.getBearing() + "\n");
                sb.append("卫星数量:" + loc.getSatellites() + "\n");
                sb.append("国家:" + loc.getCountry() + "\n");
                sb.append("省:" + loc.getProvince() + "\n");
                sb.append("市:" + loc.getCity() + "\n");
                sb.append("县/区:" + loc.getDistrict() + "\n");
                sb.append("电话区号:" + loc.getCityCode() + "\n");
                sb.append("邮政编码:" + loc.getAdCode() + "\n");
                sb.append("地址:" + loc.getAddress() + "\n");
                sb.append("兴趣点:" + loc.getPoiName() + "\n");
            } else {
                sb.append("错误代码:" + loc.getErrorCode() + "\n\n");
                sb.append("错误信息:" + loc.getErrorInfo() + "\n\n");
                sb.append("详情:" + loc.getLocationDetail() + "\n\n");
            }
            return sb.toString();
        }
    }
```

示例中的大部分代码相信并不难理解，这里介绍一些新的东西。

首先，AMapLocationClient 类是高德地图中使用定位功能的主类，其作用相关于 Android SDK 中的 LocationManager 类。

当需要给定位功能设置参数时，可以使用 AMapLocationClientOption 类，常用的参数设置方法包括以下几个。

- setLocationMode() 方法，设置定位模式，有“高精度”“仅设备”“仅网络”三种模式。默认为“高精度”模式，使用 AMapLocationMode.Hight_Accuracy 值表示。
- setGpsFirst() 方法，设置是否 GPS 优先，此选项只在“高精度”模式下有效。默认为 false。
- setHttpTimeOut() 方法，设置网络请求超时时间，参数为毫秒数，默认为 30000，即 30 秒。
- setInterval() 方法，设置定位间隔时间，默认为 2000，即 2 秒。
- setNeedAddress() 方法，设置是否返回地址信息，默认是 true。
- setOnceLocation() 方法，设置是否单次定位，默认是 false。
- setOnceLocationLatest() 方法，设置是否等待 Wi-Fi 刷新，默认为 false。如果设置为 true，则会自动变为单次定位。
- setSensorEnable() 方法，设置是否使用传感器，默认是 false。
- setWifiScan() 方法，设置是否开启 wifi 扫描，默认为 true 值，如果设置为 false，会同时停止主动刷新。此时完全依赖于系统刷新，定位可能存在误差。
- setLocationCacheEnable() 方法，设置是否使用定位缓存，默认为 true。
- setLocationProtocol() 静态方法，设置网络请求的协议，包括 HTTP 或者 HTTPS，分别使用 AMapLocationProtocol 中定义的 HTTP 和 HTTPS 值表示，默认使用 HTTP 协议。

回到 LocationActivity.java 文件中的 onCreate() 方法，可以看到 AMapLocationClient 对象的初始化，如下面的代码所示。

```
// 定位组件初始化
locClient = new AMapLocationClient(getApplicationContext());
locClient.setLocationListener(this);
// 选项
locOption = new AMapLocationClientOption();
locOption.setGpsFirst(true);
locClient.setLocationOption(locOption);
```

这里，在 AMapLocationClient 的构造函数中使用 getApplicationContext() 方法获取应用程序的 Context 对象。然后，设置定位侦听对象为当前 Activity，此 Activity 需要实现 AMapLocationListener 接口，其中需要实现 onLocationChanged() 方法。此方法会有一个参数，即一个 AMapLocation 对象，它包含了最新的位置信息。

onLocationChanged() 方法中，调用了自定义的 getLocInfo() 方法返回需要的位置信息，并显示在 txtMsg 组件中。

在 getLocInfo() 方法中，参数会代入最新的定位数据。该方法中，通过 AMapLocation 对象中的一系列方法获取相应的位置信息，如：

- getLongitude() 方法，获取经度，double 类型。
- getLatitude() 方法，获取纬度，double 类型。
- getAltitude() 方法，获取海拔高度，double 类型，单位为米。
- getProvider() 方法，获取定义数据提供者，返回 String 类型，如 gps 等。
- getAccuracy() 方法，获取定义精度，float 类型，单位为米。
- getSpeed() 方法，获取设备移动速度，单位为米 / 秒。
- getCountry() 方法，返回国家名称。
- getProvince() 方法，返回省份名称。
- getCityCode() 方法，返回城市代码（电话区号）。
- getCity() 方法，返回城市名称。
- getDistrict() 方法，返回区县名称。
- getAdCode() 方法，返回邮政编码。
- getAddress() 方法，返回地址。
- getPoiName() 方法，返回兴趣点名称。
- getBearing() 方法，获取角度。
- getSatellites() 方法，获取当前定位数据使用的卫星数量。
- getTime() 方法，返回定位时间（毫秒数）。

请注意，在 AMapLocation 对象中，只有 getErrorCode() 方法返回 0 时，其位置数据才是有效的，否则会得到经度 0° 、纬度 0° 的位置，但那是在大西洋上。所以，实际使用时，应该通过 getErrorCode() 方法的返回值过滤不正确的位置信息。

在 onClick() 方法中，当单击 btnStart 按钮时，调用 AMapLocationClient 对象中的 startLocation() 方法启动自动定位。当单击 btnStop 按钮时，则使用 stopLocation() 方法停止自动定位。

此外，请注意一次定位操作，使用 AMapLocationClientOption 对象中的 setOnceLocation() 方法设置 AMapLocationClient 对象只进行一次定位。此时，当获取一次有效的位置信息后，AMapLocationClient 就会自动停止更新定位数据。

23.4 显示地图

对于大多数用户来讲，如果只看到数字，经纬度标识的位置并不太直观。如果能在地图上显示出来，就更好了。下面就把位置显示在高德地图上。

首先，创建 MapActivity 类，它同样继承于 RequestPermissionActivityBase 类。其布局文件 map_layout.xml 的内容如下。

```
<?xml version="1.0" encoding="utf-8"?>
<LinearLayout xmlns:android="http://schemas.android.com/apk/res/android"
    android:orientation="vertical" android:layout_width="match_parent"
    android:layout_height="match_parent">

<Button android:id="@+id/btnMyLocation"
        android:layout_width="match_parent"
        android:layout_height="wrap_content"
        android:text=" 我的位置 "/>

<com.amap.api.maps2d.MapView
        android:id="@+id/map"
        android:layout_width="match_parent"
        android:layout_height="match_parent"/>

</LinearLayout>
```

这里，布局中添加了一个按钮和一个用于显示地图的组件，即 com.amap.api.maps2d.MapView，此组件就是显示高德地图的关键。

现在来到 MapActivity.java 文件，并修改内容，如下所示。

```
package com.example.amap2ddemo;

import android.graphics.Bitmap;
import android.graphics.BitmapFactory;

import android.os.Bundle;
import android.util.Log;
import android.view.View;
import android.widget.Button;

import com.amap.api.location.AMapLocation;
import com.amap.api.location.AMapLocationClient;
import com.amap.api.location.AMapLocationClientOption;
import com.amap.api.location.AMapLocationListener;
import com.amap.api.maps2d.AMap;
import com.amap.api.maps2d.CameraUpdate;
import com.amap.api.maps2d.CameraUpdateFactory;
import com.amap.api.maps2d.MapView;
import com.amap.api.maps2d.model.BitmapDescriptor;
import com.amap.api.maps2d.model.BitmapDescriptorFactory;
import com.amap.api.maps2d.model.LatLng;
import com.amap.api.maps2d.model.Marker;
import com.amap.api.maps2d.model.MarkerOptions;

public class MapActivity extends RequestPermissionActivityBase
    implements AMapLocationListener, View.OnClickListener {
    // 地图视图与对象
    public MapView mapView = null;
    public AMap aMap = null;
    // 我的位置标记
    public Marker myLocationMarker;
    public AMapLocation myLocation = null;
    //记录当前位置坐标
```

```
    Button btnMyLocation;
    // 当前位置的标记
    public Marker marker;
    // 定位
    public AMapLocationClient locClient;
    // 定位计数器，只在第一次定位时移动摄像机
    private int locCounter;
    //
    @Override
    protected void onCreate(Bundle savedInstanceState) {
        super.onCreate(savedInstanceState);
        setContentView(R.layout.map_layout);
        //
        btnMyLocation = (Button) findViewById(R.id.btnMyLocation);
        btnMyLocation.setOnClickListener(this);
        // 定位管理
        locClient = new AMapLocationClient(getApplicationContext());
        locClient.setLocationListener(this);
        AMapLocationClientOption locOption =
           new AMapLocationClientOption();
        locOption.setLocationMode(
           AMapLocationClientOption.AMapLocationMode.Hight_Accuracy);
        locOption.setInterval(3000);
        locClient.setLocationOption(locOption);
        //
        locCounter = 0;
        // 地图视图
        mapView = (MapView) findViewById(R.id.map);
        mapView.onCreate(savedInstanceState);
        // 地图对象
        aMap = mapView.getMap();
        //
        locClient.startLocation();
    }

    @Override
    public void onClick(View v) {
        if (v.getId() == R.id.btnMyLocation) {
            showMyLocation();
        }
    }

    @Override
    public void onLocationChanged(AMapLocation loc) {
        if (loc.getErrorCode() == 0) {
            myLocation = loc;
            showMyLocationMarker();
            //模拟目标位置
            showMarker(loc.getLatitude() + 0.001, loc.getLongitude() + 0.001);
            //
            if (locCounter == 0) {
                showMyLocation();
                locCounter = 1;
            }
        } else {
```

```
Log.e("定位失败", loc.getErrorCode() + "," + loc.getErrorInfo());
        }
    }

    // 移动到我的位置
    private void showMyLocation() {
        if(myLocation != null) {
            LatLng ll = new LatLng(myLocation.getLatitude(),
                    myLocation.getLongitude());
            CameraUpdate cu =
                    CameraUpdateFactory.newLatLngZoom(ll, 18);
            aMap.moveCamera(cu);
        }else{
            Toast.makeText(this,"正在获取当前位置坐标",
                             Toast.LENGTH_LONG).show();
        }
    }

    // 显示我的位置图标
    public void showMyLocationMarker() {
        if(myLocation == null) return;
        LatLng ll = new LatLng(myLocation.getLatitude(),
                myLocation.getLongitude());
        if (myLocationMarker == null) {
            // 准备图片
            Bitmap bmp = BitmapFactory.decodeResource(getResources(),
R.drawable.circle);
            BitmapDescriptor desc = BitmapDescriptorFactory.fromBitmap(bmp);
            MarkerOptions opt = new MarkerOptions();
            opt.icon(desc);
            opt.anchor(0.5f, 0.5f);
            opt.position(ll);
            myLocationMarker = aMap.addMarker(opt);
        } else {
            myLocationMarker.setPosition(ll);
        }
    }

    // 显示模拟位置图标
    public void showMarker(double lat, double lng) {
        LatLng ll = new LatLng(lat, lng);
        if (marker == null) {
            // 准备图片
            Bitmap bmp = BitmapFactory.decodeResource(getResources(),
R.drawable.marker);
            BitmapDescriptor desc = BitmapDescriptorFactory.fromBitmap(bmp);
            MarkerOptions opt = new MarkerOptions();
            opt.icon(desc);
            opt.anchor(0.5f, 1.0f);
            opt.position(ll);
            marker = aMap.addMarker(opt);
        } else {
            marker.setPosition(ll);
        }
    }
```

```
    @Override
    protected void onDestroy() {
        super.onDestroy();
        //
        if (mapView != null) {
            mapView.onDestroy();
            mapView = null;
        }
        aMap = null;
        if (locClient != null) {
            locClient.stopLocation();
            locClient.onDestroy();
            locClient = null;
        }
    }

    @Override
    protected void onResume() {
        super.onResume();
        //
        mapView.onResume();
    }

    @Override
    protected void onPause() {
        super.onPause();
        //
        mapView.onPause();
    }

    @Override
    protected void onSaveInstanceState(Bundle outState) {
        super.onSaveInstanceState(outState);
        //
        mapView.onSaveInstanceState(outState);
    }
}
```

代码中使用了几个高德地图应用中的基本组件，分别如下。

- MapView，用于显示地图。
- AMap，用于操作地图，如移动、缩放等。
- Marker，显示在地图上的标记对象，本例中定义了两个标记。其中，myLocationMarker 用于显示当前位置，marker 对象则用于模拟应用中重要的位置在。在显示这两个标记时，需要准备名为 marker.png 和 circle.png 的图片，并放在 app\res\drawable 目录中。

首先，在 onCreate() 方法中看一下 MapView 和 AMap 对象的初始化操作，如下面的代码所示。

```
// 地图视图
mapView = (MapView) findViewById(R.id.map);
```

```
mapView.onCreate(savedInstanceState);
// 地图对象
aMap = mapView.getMap();
```

代码中，使用 findViewById() 方法从布局中获取 MapView 对象，并调用 MapView 对象的 onCreate() 方法对地图视图进行初始化。AMap 对象的获取就比较简单，只需要调用 MapView 对象的 getMap() 方法。

请注意 onDestroy()、onResume()、onPause() 和 onSaveInstanceState() 方法中对 MapView 对象的同步操作，这些操作都是必需的。

再来看一下 showMarker() 方法，其功能是显示一个位置图标。该方法有一个参数，用于代入新的位置信息。方法中，如果 currentMarker 对象已经创建，就只修改它的位置；如果没有创建，则使用资源中的 drawable\marker.png 文件对其进行初始化，并显示到指定的位置。

onLocationChanged() 方法，也就是 AMapLocationClient 对象的侦听方法（AMap LocationListener 接口），相信读者并不陌生。获取有效的位置数据后，会首先记录在 myLocation 对象中，然后调用 showMyLocationMarker() 方法显示当前位置图标。接下来，调用 showMarker() 方法显示模拟位置的图标，这里指定目标位于当前位置经度和纬度都加上 0.001 的位置。最后，根据 locCounter 变量的值进行判断。如果是第一次定位，则调用 showLocation() 方法将地图移动到当前位置区域。请注意，在单击“我的位置”按钮时，也调用 showLocation() 方法来移动地图。

最后，关于“我的位置”功能需要说明一下，在高德地图的 SDK 中，实际上包含了“我的位置”的功能，并可以在地图上显示“我的位置”图标。然而，开发包 5.0 版本以后的实现方法和旧版本中的实现方法是不同的，与其这么麻烦，不如简单点，我们自己来实现“我的位置”功能，就像示例中的处理那样。相信通过自己来完成这个功能，读者也一定是有所收获的，例如，学习了如何在地图中添加自己的图标，如何移动地图到指定的区域，等等。这些功能在地图中标识重要位置时是非常有用的。当然，如果读者需要了解高德地图中是如何实现“我的位置”功能的，可以参考官方文档学习应用。

23.5 小结

不可否认，做一个高质量的地图应用或导航系统是一项非常复杂的工程，所以本章的目的并不是去做这样的系统。

本章学习了高德地图 SDK 的简单应用，如何定位，并将位置显示到高德地图中。对于初学者，这些内容已经足够了。高德地图的功能是非常强大的，如果需要在应用中实现更多的功能，高德开发网站中有非常完整的文档和演示代码，可以参考学习。

说起地图，另一家公司相信大家也不会陌生，那就是百度。百度地图同样提供了一套 SDK，下一章就介绍它的使用。

第 24 章　百度地图 SDK

前一章讨论了高德地图 SDK 的应用。本章将讨论百度地图 SDK 在 Android 应用开发中的使用，主要内容包括：

- ❑ 准备工作
- ❑ 定位
- ❑ 显示地图

24.1　准备工作

当使用百度地图 SDK 时，同样需要一些准备工作。首先，创建一个名为 BaiduLBSDemo 的 Android 应用。然后，看一看如何在项目中加入百度地图 SDK 开发资源。

百度地图 SDK 的官方网站为 http://lbsyun.baidu.com/，使用百度账号登录即可。在主页右上角，打开“ API 控制台”，选择其中的“创建应用”来创建 Android 应用项目，如图 24-1 所示。

图 24-1　创建百度地图应用

创建项目的信息也比较简单，填写的内容主要包括应用名称、应用类型、发布版 SHA1、开发版 SHA1 和包名；开发过程中。可以使用项目的调试用 SHA1，在 Android Studio 右侧的打开“Gradle”，选择“< 项目名称 >”→“:app”→ Tasks → android → signing Report。然后，在 Android Studio 下方，打开 Gradle Console，在显示的信息中，可以看到当前项目所使用的 SHA1 编码，复制到百度应用创建网页中即可。

应用信息填写完成后，单击页面下方的“提交”按钮，就可以保存应用信息。此时，应用会分配一个 KEY，稍后会在应用的配置文件中使用。

接下来，需要下载百度地图的 SDK，网址为 http://lbsyun.baidu.com/sdk/download?selected=location_all。本章的测试工作中，需要使用的资源如图 24-2 所示。

选择需要的项目后，单击页面下方的“开发包”。接下来，会下载一个 ZIP 压缩文件，解压后包括几个文件夹和一个 .jar 文件。

图 24-2　下载百度地图 SDK

下面的工作就是将这些开发资源复制到项目中的指定位置，在 Android Studio 中使用 Preject 方式查看项目结构。然后，将 jar 文件复制到 app\libs 目录中，把 so 文件所在的文件夹复制到 app\src\main\jnilibs 目录中。复制操作完成后，单击工具栏中的“同步”图标。最终，项目结构如图 24-3 所示。

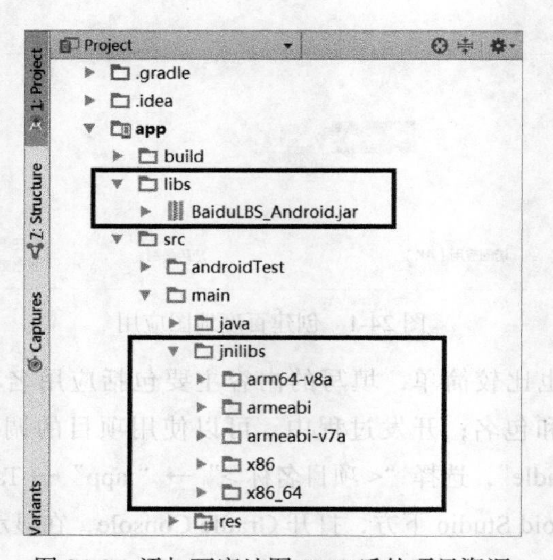

图 24-3　添加百度地图 SDK 后的项目资源

下面修改 AndroidManifest.xml 配置文件的内容，代码如下所示。

```
<?xml version="1.0" encoding="utf-8"?>
<manifest xmlns:android="http://schemas.android.com/apk/res/android"
    package="com.example.baidulbsdemo">

<uses-permission android:name="android.permission.ACCESS_COARSE_LOCATION" />
<uses-permission android:name="android.permission.ACCESS_FINE_LOCATION" />
<uses-permission android:name="android.permission.ACCESS_WIFI_STATE" />
```

```
<uses-permission android:name="android.permission.ACCESS_NETWORK_STATE" />
<uses-permission android:name="android.permission.CHANGE_WIFI_STATE" />
<uses-permission android:name="android.permission.READ_PHONE_STATE" />
<uses-permission android:name="android.permission.WRITE_EXTERNAL_STORAGE" />
<uses-permission android:name="android.permission.READ_EXTERNAL_STORAGE" />
<uses-permission android:name="android.permission.INTERNET" />
<uses-permission android:name="android.permission.MOUNT_UNMOUNT_FILESYSTEMS" />
<uses-permission android:name="com.android.launcher.permission.READ_SETTINGS" />
<uses-permission android:name="android.permission.WAKE_LOCK"/>
<uses-permission android:name="android.permission.WRITE_SETTINGS" />

<application
        android:allowBackup="true"
        android:icon="@mipmap/ic_launcher"
        android:label="@string/app_name"
        android:roundIcon="@mipmap/ic_launcher_round"
        android:supportsRtl="true"
        android:theme="@style/AppTheme">

<!-- 百度地图 KEY -->
<meta-data
            android:name="com.baidu.lbsapi.API_KEY"
            android:value=" 申请的 KEY" />

<!-- 百度地图服务 -->
<service
            android:name="com.baidu.location.f"
            android:enabled="true"
            android:process=":remote"></service>

<activity android:name=".MainActivity">
<intent-filter>
<action android:name="android.intent.action.MAIN" />
<category android:name="android.intent.category.LAUNCHER" />
</intent-filter>
</activity>

<activity android:name=".LocationActivity"></activity>
<activity android:name=".MapActivity"></activity>
</application>

</manifest>
```

单独看一下百度地图需要的元数据和服务配置，如下面的代码所示。

```
<!-- 百度地图 KEY -->
<meta-data
android:name="com.baidu.lbsapi.API_KEY"
    android:value=" 申请的 KEY" />

<!-- 百度地图服务 -->
<serviceandroid:name="com.baidu.location.f"
    android:enabled="true"
    android:process=":remote"></service>
```

这些也都是标配，照做即可。

完成了以上工作，接下来，就可以在应用中使用百度地图了。此外，如果需要更好的测试效果，还是使用真正的 Android 设备比较好。

下面将 MainActivity 作为主界面，并修改 main_layout.xml 布局文件，其中添加了两个按钮，如下面的代码所示。

```
<?xml version="1.0" encoding="utf-8"?>
<LinearLayout xmlns:android="http://schemas.android.com/apk/res/android"
    android:orientation="vertical" android:layout_width="match_parent"
    android:layout_height="match_parent">

<Button android:id="@+id/btnLocation"
        android:layout_width="match_parent"
        android:layout_height="wrap_content"
        android:text=" 定位功能 "/>

<Button android:id="@+id/btnMap"
        android:layout_width="match_parent"
        android:layout_height="wrap_content"
        android:text=" 显示地图 "/>

</LinearLayout>
```

然后，修改 MainActivity.java 文件的内容，如下所示。

```
package com.example.baidulbsdemo;

import android.content.Intent;
import android.os.Bundle;
import android.view.View;
import android.widget.Button;

public class MainActivity extends RequestPermissionActivityBase {
    //
    Button btnLocation;
    Button btnMap;

    @Override
    protected void onCreate(Bundle savedInstanceState) {
        super.onCreate(savedInstanceState);
        setContentView(R.layout.main_layout);
        //
        btnLocation = (Button) findViewById(R.id.btnLocation);
        btnLocation.setOnClickListener(new View.OnClickListener() {
            @Override
            public void onClick(View v) {
                Intent intent1 = new Intent(MainActivity.this, LocationActivity.
                        class);
                startActivity(intent1);
            }
        });
        //
        btnMap = (Button) findViewById(R.id.btnMap);
        btnMap.setOnClickListener(new View.OnClickListener() {
            @Override
```

```
                public void onClick(View v) {
                    Intent intent2 = new Intent(MainActivity.this, MapActivity.class);
                    startActivity(intent2);
                }
            });
            //
        }
    }
```

是不是很简单?

现在，代码中的 LocationActivity 和 MapActivity 类还没有创建，而 RequestPermission ActivityBase 类是上一章封装的类，复制过来就可以了。此外，对于暂时不需要的代码，可以加上注释，这样也就不会影响应用的正常运行了。

24.2 定位

定位功能，在项目中使用 LocationActivity 来进行测试，通过创建 Activity 项创建 LocationActivity 类，并指定其超类为 RequestPermissionActivityBase。然后，修改其布局文件 location_layout.xml 的内容，如下所示。

```
<?xml version="1.0" encoding="utf-8"?>
<LinearLayout xmlns:android="http://schemas.android.com/apk/res/android"
    android:orientation="vertical" android:layout_width="match_parent"
    android:layout_height="match_parent">

<ScrollView
    android:layout_width="match_parent"
    android:layout_height="wrap_content">
<TextView
            android:id="@+id/txtMsg"
            android:layout_width="match_parent"
            android:layout_height="wrap_content"
            />

</ScrollView>

</LinearLayout>
```

可以看到，布局中重要的组件也就是一个 TextView 组件，其功能就是显示定位信息。

下面来到 LocationActivity.java 文件，修改文件的内容，如下所示。

```
package com.example.baidulbsdemo;

import android.os.Bundle;
import android.widget.TextView;

import com.baidu.location.BDLocation;
import com.baidu.location.BDLocationListener;
import com.baidu.location.LocationClient;
import com.baidu.location.LocationClientOption;
```

```
import com.baidu.location.Poi;

import java.util.List;

public class LocationActivity extends RequestPermissionActivityBase
    implements BDLocationListener {

    // 定位
    public LocationClient locClient;
    // 记录我的位置
    public BDLocation myLocation = null;
    // 显示位置信息
    public TextView txtMsg;

    @Override
    protected void onCreate(Bundle savedInstanceState) {
        super.onCreate(savedInstanceState);
        setContentView(R.layout.location_layout);
        //
        txtMsg = (TextView) findViewById(R.id.txtMsg);
        // 定位设置
        locClient = new LocationClient(getApplicationContext());
        locClient.registerLocationListener(this);
        // 设置参数
        initLocation();
        txtMsg.setText("正在定位...");
        // 开始定位
        locClient.start();
    }

    private void initLocation(){
        LocationClientOption locOption = new LocationClientOption();
        // 使用高精度模式，默认就是
        locOption.setLocationMode(
                LocationClientOption.LocationMode.Hight_Accuracy);
        //默认 0，仅定位一次，设置有效值最小 1000，即 1 秒
        locOption.setScanSpan(3000);
        // 默认 gcj02，设置返回的定位结果坐标系
        locOption.setCoorType("bd0911");
        // 使用地址信息
        locOption.setIsNeedAddress(true);
        // 是否使用 GPS
        locOption.setOpenGps(true);
        // 使用位置语义化结果
        locOption.setIsNeedLocationDescribe(true);
        // 使用兴趣点结果
        locOption.setIsNeedLocationPoiList(true);
        //
        locOption.setIgnoreKillProcess(false);
        // 设置参数
        locClient.setLocOption(locOption);
    }

    @Override
    protected void onDestroy() {
```

```
        super.onDestroy();
        if (locClient != null) {
            locClient.stop();
            locClient = null;
        }
    }

    @Override
    public void onReceiveLocation(BDLocation bdLocation) {
        myLocation = bdLocation;
        runOnUiThread(new Runnable() {
            @Override
            public void run() {
                if(myLocation!=null)
                    txtMsg.setText(getLocInfo(myLocation));
            }
        });
    }

    @Override
    public void onConnectHotSpotMessage(String s, int i) {
        // 暂不处理
    }

    public String getLocInfo(BDLocation location){
        //获取定位结果
        StringBuilder sb = new StringBuilder();
        sb.append("定位时间 : "+location.getTime()+"\n");
        sb.append("返回码 : "+location.getLocType()+"\n");
        sb.append("经度 : "+location.getLongitude()+"\n");
        sb.append("纬度 : "+location.getLatitude()+"\n");
        sb.append("精度 : "+location.getRadius()+"\n");
        if (location.getLocType() == BDLocation.TypeGpsLocation){
            // GPS定位结果
            sb.append("GPS定位结果\n");
            sb.append("速度 : "+location.getSpeed()+"\n");
            sb.append("卫星数 : "+location.getSatelliteNumber()+"\n");
            sb.append("海拔 : "+location.getAltitude()+"\n");
            sb.append("方向 : "+location.getDirection()+"\n");
            sb.append("地址 : "+location.getAddrStr()+"\n");
        } else if (location.getLocType() == BDLocation.TypeNetWorkLocation){
            sb.append("网络定位结果\n");
            sb.append("地址: "+location.getAddrStr()+"\n");
            sb.append("运营商: "+location.getOperators()+"\n");
        } else if (location.getLocType() == BDLocation.TypeOffLineLocation) {
            // 离线定位结果
            sb.append("离线定位成功\n");
        } else if (location.getLocType() == BDLocation.TypeServerError) {
            sb.append("服务端网络定位失败\n");
        } else if (location.getLocType() == BDLocation.TypeNetWorkException) {
            sb.append("网络不通导致定位失败\n");
        } else if (location.getLocType() == BDLocation.TypeCriteriaException) {
            sb.append("无法获取有效定位依据导致定位失败\n");
        }
        //位置语义化信息
```

```
        sb.append("描述 : "+location.getLocationDescribe()+"\n");
        //
        List<Poi> list = location.getPoiList();                  // POI 数据
        if (list != null) {
            sb.append("兴趣点 : \n");
            for (Poi p : list) {
                sb.append(p.getId() + " " + p.getName() + " " + p.getRank()+"\n");
            }
        }
        return sb.toString();
    }
}
```

这里，与定位相关的类包括以下几个。

- LocationClient，用于定位的主控制类，它需要实现 BDLocationListener 接口。其中，onReceiveLocation() 方法会在位置信息更新时执行，而 onConnectHotSpotMessage() 方法则暂时不需要处理，空着就行。
- BDLocation，表示位置信息，本例中定义 myLocation 对象用于保存每次更新后的位置信息。

请注意 LocationClient 对象的创建。

```
locClient = new LocationClient(getApplicationContext());
locClient.registerLocationListener(this);
```

这里使用全局 Context 对象初始化 LocationClient 对象。然后，注册其侦听对象为当前 Activity 对象。

LocationClient 对象的参数设置工作放在 initLocation() 方法，可以从中看到常用的参数设置项，也可以在百度地图开发网站中查看完整的 API 参考。

在 onCreate() 方法的最后，调用 LocationClient 对象的 start() 方法，开始定位操作，每次获取的新的位置信息会由 onReceiveLocation() 方法进行处理。

onDestroy() 方法中，请注意对 locClient 对象的操作，首先调用 LocationClient 对象的 stop() 方法停止定位，然后释放对象。

onReceiveLocation() 方法中，如果正确地获取了位置信息，则调用 getLocInfo() 方法组合完整的信息，然后显示到 txtMsg 组件中。请注意，百度地图的定位操作似乎不是在 Activity 的主线程中执行，所以在事件中使用 Activity 中的 txtMsg 组件时，使用 runOnUiThread() 方法进行同步操作。

现在，已经通过百度地图的 SDK 获取了位置信息。下面继续将位置信息显示到百度地图中。

24.3 显示地图

本节创建 MapActivity 来显示地图，它继承于 RequestPermissionActivityBase 类。首先，修改其布局文件 map_layout.xml 的内容，如下所示。

```
<?xml version="1.0" encoding="utf-8"?>
<LinearLayout xmlns:android="http://schemas.android.com/apk/res/android"
    android:orientation="vertical" android:layout_width="match_parent"
    android:layout_height="match_parent">

<Button android:id="@+id/btnMyLocation"
        android:layout_width="match_parent"
        android:layout_height="wrap_content"
        android:text=" 我的位置 "/>

<com.baidu.mapapi.map.MapView
        android:id="@+id/map"
        android:layout_width="match_parent"
        android:layout_height="match_parent"
        android:clickable="true"/>

</LinearLayout>
```

布局中，创建了一个 Button 和一个 com.baidu.mapapi.map.MapView 组件。其中，单击 Button 的功能是将地图移动到当前位置区域，而 MapView 则是显示地图的主视图组件。

回到 MapActivity.java 文件，并修改其内容，如下所示。

```
package com.example.baidulbsdemo;

import android.os.Bundle;
import android.view.View;
import android.widget.Button;
import android.widget.Toast;

import com.baidu.location.BDLocation;
import com.baidu.location.BDLocationListener;
import com.baidu.location.LocationClient;
import com.baidu.location.LocationClientOption;
import com.baidu.mapapi.SDKInitializer;
import com.baidu.mapapi.map.BaiduMap;
import com.baidu.mapapi.map.BitmapDescriptor;
import com.baidu.mapapi.map.BitmapDescriptorFactory;
import com.baidu.mapapi.map.MapStatusUpdate;
import com.baidu.mapapi.map.MapStatusUpdateFactory;
import com.baidu.mapapi.map.MapView;
import com.baidu.mapapi.map.Marker;
import com.baidu.mapapi.map.MarkerOptions;
import com.baidu.mapapi.map.MyLocationData;
import com.baidu.mapapi.map.OverlayOptions;
import com.baidu.mapapi.model.LatLng;


public class MapActivity extends RequestPermissionActivityBase
    implements BDLocationListener, View.OnClickListener {

    // 地图
    public MapView mapView;
    public BaiduMap bdMap;
    public Marker marker;
```

```
    // 定位
    public LocationClient locClient;
    // 定位记数器
    private int locCounter;
    // 记录我的位置
    BDLocation myLocation;
    LatLng myLL;

    @Override
    protected void onCreate(Bundle savedInstanceState) {
        super.onCreate(savedInstanceState);
        SDKInitializer.initialize(getApplicationContext());
        //
        locClient = new LocationClient(getApplicationContext());
        locClient.registerLocationListener(this);
        locCounter = 0;
        //
        setContentView(R.layout.map_layout);
        Button btnMyLocation = (Button) findViewById(R.id.btnMyLocation);
        btnMyLocation.setOnClickListener(this);
        //
        mapView = (MapView) findViewById(R.id.map);
        bdMap = mapView.getMap();
        // 显示我的位置
        bdMap.setMyLocationEnabled(true);
        //
        initLocation();
        locClient.start();
    }

    @Override
    protected void onResume() {
        super.onResume();
        mapView.onResume();
    }

    @Override
    protected void onPause() {
        super.onPause();
        mapView.onPause();
    }

    @Override
    protected void onDestroy() {
        super.onDestroy();
        if (locClient != null) {
            locClient.stop();
            locClient = null;
        }
        mapView.onDestroy();
    }

    @Override
    public void onClick(View v) {
        if (v.getId() == R.id.btnMyLocation) {
```

```
            // 移动地图到我的位置
            showMyLocation();
        }
    }

    // 显示我的位置区域
    private void showMyLocation(){
        if (myLL != null) {
            MapStatusUpdate su = MapStatusUpdateFactory.newLatLngZoom(myLL,18);
            bdMap.animateMapStatus(su);
        } else {
            Toast.makeText(this, "正在获取当前位置坐标",
                    Toast.LENGTH_LONG).show();
        }
    }

    public void showMarker(double lat, double lng) {
        //定义Maker坐标
        LatLng ll = new LatLng(lat, lng);
        if (marker == null) {
            bdMap.clear();
            //构建Marker图标
            BitmapDescriptor bitmap = BitmapDescriptorFactory
                    .fromResource(R.drawable.marker);
            // 构建MarkerOption，用于在地图上添加Marker
            OverlayOptions option = new MarkerOptions()
                    .position(ll)
                    .icon(bitmap)
                    .anchor(0.5f, 1.0f);
            //在地图上添加Marker，并显示
            bdMap.addOverlay(option);
        }else{
            marker.setPosition(ll);
        }
    }

    @Override
    public void onReceiveLocation(BDLocation bdLocation) {
        // 新的位置
        if (bdLocation != null) {
            myLocation = bdLocation;
            runOnUiThread(new Runnable() {
                @Override
                public void run() {
                    // 记录我的坐标
                    myLL = new LatLng(myLocation.getLatitude(),
                            myLocation.getLongitude());
                    if (locCounter == 0) {
                        // 第一次自动移动到当前位置
                        showMyLocation();
                        locCounter = 1;
                    }
                    //
                    showMarker(myLL.latitude + 0.001, myLL.longitude + 0.001);
                    // 移动我的位置标记
```

```
                    MyLocationData.Builder builder =
                        new MyLocationData.Builder();
                    builder.latitude(myLocation.getLatitude());
                    builder.longitude(myLocation.getLongitude());
                    bdMap.setMyLocationData(builder.build());
                }
            });
        }
    }

    @Override
    public void onConnectHotSpotMessage(String s, int i) {
        // 暂不处理
    }

    private void initLocation(){
        LocationClientOption locOption = new LocationClientOption();
        // 使用高精度模式，默认就是
        locOption.setLocationMode(
            LocationClientOption.LocationMode.Hight_Accuracy);
        //默认 0，即仅定位一次，设置最小值为 1000，即 1 秒
        locOption.setScanSpan(3000);
        // 默认 gcj02，设置返回的定位结果坐标系
        locOption.setCoorType("bd09ll");
        // 使用地址信息
        locOption.setIsNeedAddress(true);
        // 是否使用 GPS
        locOption.setOpenGps(true);
        // 使用位置语义化结果
        locOption.setIsNeedLocationDescribe(true);
        // 使用兴趣点结果
        locOption.setIsNeedLocationPoiList(true);
        //
        locOption.setIgnoreKillProcess(false);
        // 设置参数
        locClient.setLocOption(locOption);
    }
}
```

首先，还是关注地图操作的基本组件，包括以下几个。

- MapView，用于显示地图的视图组件，使用 findViewById() 方法从布局文件中获取。
- BaiduMap，用于操作地图的组件。
- Marker，在地图中显示的标记对象。

在 onCreate() 方法中，请注意“SDKInitializer.initialize(getApplicationContext());”语句，它应该放在 setContentView() 方法之前。

BaiduMap 对象使用 MapView 对象的 getMap() 方法获取，而 BaiduMap 对象中的 setMyLocationEnabled() 方法用于设置是否显示当前位置标记，在这里设置为 true，即显示设备所在的位置。初始化工作的最后，调用自定义的 initLocation() 方法配置 LocationClient 对象参数，并调用 start() 方法开始定位操作。

随后，请注意 onResume()、onPause() 和 onDestroy() 方法中对于 MapView 对象的同步

操作。其中，在 onDestroy() 方法中，使用 LocationClient 对象的 stop() 方法停止定位操作，并对对象进行清理。

showMyLocation() 方法的功能是将地图移动到当前位置所在的区域，使用 MapStatusUpdate 对象设置坐标和缩放比例，并通过 BaiduMap 对象中的 animateMapStatus() 方法设置地图显示状态。在 onClick() 方法中，如果单击“我的位置”按钮，会调用 showMyLocation() 方法移动地图到当前位置的区域。

showMarker() 方法用于显示模拟目标的图标，其参数指定标记的坐标。

onReceiveLocation() 方法是 BDLocationListener 接口的成员，会在位置信息变化时自动响应。请注意，这里同样使用 runOnUiThread() 方法将地图视图组件的操作放在界面主线程中执行。最后，调用 BaiduMap 对象中的 setMyLocationData() 方法重新设置“我的位置”图标。

第 25 章 传感器

Android 设备中有很多实用的传感器，可以帮助创建更加人性化和有趣的应用功能。本章将了解如何使用这些传感器，主要内容包括：

- ❑ 传感器对象
- ❑ 加速计（制作水平仪）
- ❑ 陀螺仪
- ❑ 亮度传感器（控制相机闪光灯）

25.1 传感器对象

当使用设备的传感器时，首先需要获取系统的 SensorManager 对象，如下面的代码所示。

```
SensorManager sm = (SensorManager)getSystemService(SENSOR_SERVICE);
```

接下来，可以使用 SensorManager 对象的 getDefaultSensor() 方法获取 Sensor 对象。该方法需要指定一个参数，使用 Sensor 类中的字段指定需要的传感器类型。本章使用的传感器类型包括以下几个。

- ❑ TYPE_ACCELEROMETER，加速计，处理设备方向及方向改变速度的数据，如直立、水平或翻转。
- ❑ TYPE_GYROSCOPE，陀螺仪，处理设备旋转状态的数据。
- ❑ TYPE_LIGHT，处理亮度传感器。

下面的代码可以获取一个加速计的传感器对象。

```
Sensor s = sm.getDefaultSensor(Sensor.TYPE_ACCELEROMETER);
```

在使用传感器时，应注意设备是否支持。如果获取设备中没有的传感器，则返回的 Sensor 对象为 null 值。

获取传感器对象后，可以通过侦听自动检测传感器数据的变化。此时，在 Activity 中需要实现 SensorEventListener 接口，它包括以下两个方法。

- ❑ onSensorChanged(SensorEvent event) 方法，其中，event 参数将提供各种传感器数据。该方法中，可以根据传感器类型处理相应的数据。
- ❑ onAccuracyChanged(Sensor sensor, int accuracy) 方法，在传感器精度变化时响应。一般情况下，可以不处理，空着就可以了。

另一个需要关注的问题是，何时开始或停止侦听传感器的数据变化。在 Activity 中，可以分别在 onResume() 和 onPause() 方法中进行这两项操作，如下面的代码所示。

```
@Override
protected void onResume() {
    super.onResume();
    // 初始化传感器
    sm = (SensorManager)getSystemService(SENSOR_SERVICE);
    Sensor s = sm.getDefaultSensor(Sensor.TYPE_ACCELEROMETER);
    sm.registerListener(this,s,SensorManager.SENSOR_DELAY_NORMAL);
}

@Override
protected void onPause() {
    super.onPause();
    // 注销传感器
    sm.unregisterListener(this);
}
```

在 onResume() 方法中，使用 SensorManager 对象的 registerListener() 方法注册侦听对象。其中，第一个参数指定 Context 对象，第二个参数指定传感器对象，第三个参数指定数据处理延时方式，从最长时间到最短时间分别是：

- SENSOR_DELAY_NORMAL，正常情况，约 0.2 秒处理一次。
- SENSOR_DELAY_UI，适用于普通的用户界面操作，约 0.06 秒处理一次。
- SENSOR_DELAY_GAME，适用于游戏类应用，约 0.02 秒处理一次。
- SENSOR_DELAY_FASTEST，不延时。

在 onPause() 方法中，当 Activity 不在前端工作时，使用 SensorManager 对象中的 unregister Listener() 方法停止传感器的工作。

了解了传感器的基本使用方式后，接下来讨论几种传感器的实际应用。

25.2　加速计（制作水平仪）

本节将使用加速计传感器制作一个简单的水平仪。首先，创建 SensorDemo 项目，并创建 MainActivity 的布局文件 main_layout.xml。然后，修改布局文件的内容，如下所示。

```
<?xml version="1.0" encoding="utf-8"?>
<RelativeLayout xmlns:android="http://schemas.android.com/apk/res/android"
    android:id="@+id/rLayout"
    android:layout_width="match_parent"
    android:layout_height="match_parent">


<TextView android:id="@+id/txt1"
        android:layout_width="wrap_content"
        android:layout_height="wrap_content"
        android:layout_marginTop="0dp"/>

<TextView android:id="@+id/txt2"
        android:layout_width="wrap_content"
```

```
        android:layout_height="wrap_content"
        android:layout_marginTop="25dp"/>

<TextView android:id="@+id/txt3"
        android:layout_width="wrap_content"
        android:layout_height="wrap_content"
        android:layout_marginTop="50dp"/>

<ImageView android:id="@+id/imgBg"
        android:background="@color/colorPrimary"
        android:layout_width="80dp"
        android:layout_height="80dp"
        android:layout_centerInParent="true"/>

<ImageView android:id="@+id/imgBlock"
        android:background="@color/colorAccent"
        android:layout_width="80dp"
        android:layout_height="80dp"
        />

</RelativeLayout>
```

这里使用相对布局（Relative Layout)，并创建了三个 TextView 和两个 ImageView 组件。其中，TextView 用于显示信息，imgBg 组件设置在视图中间位置，imgBlock 组件则会根据设备的状态移动（如果它与 imgBg 完全重合，则说明设备是水平状态）。

下面是 MainActivity.java 文件的代码。

```
package com.example.sensordemo;

import android.hardware.Sensor;
import android.hardware.SensorEvent;
import android.hardware.SensorEventListener;
import android.hardware.SensorManager;
import android.support.v7.app.AppCompatActivity;
import android.os.Bundle;
import android.widget.ImageView;
import android.widget.RelativeLayout;
import android.widget.TextView;

public class MainActivity extends AppCompatActivity
    implements SensorEventListener {

    private TextView txt1;
    private TextView txt2;
    private TextView txt3;
    //
    SensorManager sm;
    //
    ImageView imgBlock;
    //
    RelativeLayout rLayout;
    double x_2 = 0.0;
    double y_2 = 0.0;

    @Override
```

```
    protected void onCreate(Bundle savedInstanceState) {
        super.onCreate(savedInstanceState);
        setContentView(R.layout.main_layout);
        //
        txt1 = (TextView) findViewById(R.id.txt1);
        txt2 = (TextView) findViewById(R.id.txt2);
        txt3 = (TextView) findViewById(R.id.txt3);
        //
        imgBlock = (ImageView) findViewById(R.id.imgBlock);
        //
        rLayout = (RelativeLayout) findViewById(R.id.rLayout);
    }

    @Override
    protected void onResume() {
        super.onResume();
        // 初始化传感器
        sm = (SensorManager) getSystemService(SENSOR_SERVICE);
        Sensor s = sm.getDefaultSensor(Sensor.TYPE_ACCELEROMETER);
        sm.registerListener(this, s, SensorManager.SENSOR_DELAY_NORMAL);
    }

    @Override
    protected void onPause() {
        super.onPause();
        // 注销传感器
        sm.unregisterListener(this);
    }

    // 传感器数据改变
    @Override
    public void onSensorChanged(SensorEvent event) {
        // 显示传感器数据
        txt1.setText("X : " + event.values[0]);
        txt2.setText("Y : " + event.values[1]);
        txt3.setText("Z : " + event.values[2]);
        // (容器尺寸 - 方块尺寸)/2
        if (x_2 == 0) {
            x_2 = (rLayout.getWidth() - imgBlock.getWidth()) / 2;
            y_2 = (rLayout.getHeight() - imgBlock.getHeight()) / 2;
        }
        // 移动 imgBlock
        RelativeLayout.LayoutParams blockParam =
                (RelativeLayout.LayoutParams) imgBlock.getLayoutParams();
        blockParam.leftMargin = (int) (x_2 + event.values[0] * 20);
        blockParam.topMargin = (int) (y_2 + event.values[1] * 20);
        imgBlock.setLayoutParams(blockParam);
    }

    // 传感器精度改变
    @Override
    public void onAccuracyChanged(Sensor sensor, int accuracy) {
        // 暂不处理
    }
}
```

代码中的大多数内容很容易理解，着重看一下onSensorChanged()方法中是如何处理加速计数据的。

首先，event参数包含了传感器的最新数据数组。这里分别是加速计X、Y和Z方向的数据，代码中使用三个TextView组件分别显示了这些数据。

然后，需要计算一次imgBlock及其容器之间的关系，x_2和y_2变量所表示的数据如图25-1所示。

接下来，根据最新的加速计数据重新设置imgBlock组件的位置，因为加速计的数据比较小，所以各乘以20，这样imgBlock的位置就更加明显了。执行应用，可以看到如图25-2所示的界面。

加速计数据中，X、Y方向的数据如图25-3所示。

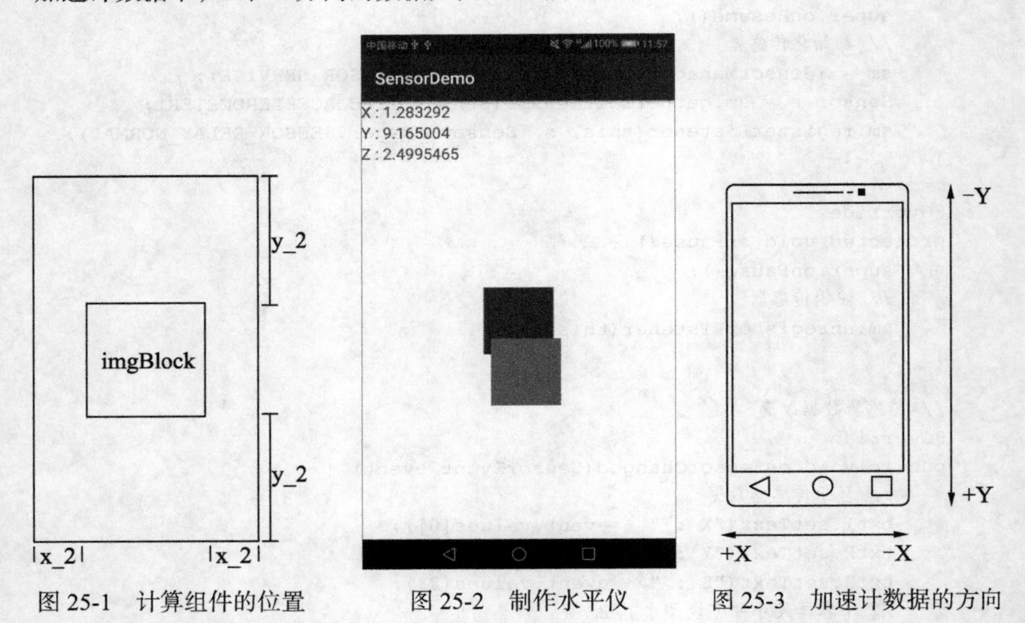

图25-1　计算组件的位置　　图25-2　制作水平仪　　图25-3　加速计数据的方向

当设备屏幕向上水平放置时，X和Y方向的重力加速度值为0m/s²，而Z方向的重力加速度值为9.8m/s²。当设备向不同方向倾斜时，数据就会变化。对于Z方向的数据，当屏幕向上放置时为正，屏幕向下放置时为负。

此外，如果缓慢翻转设备，加速计的数据大概在±9.8左右；如果快速翻转设备，数据的绝对值就会大于10。通过这一数据，可以判断用户是不是在进行“摇一摇”操作，而且，数据越大，摇得就越厉害。

友情提示，摇的时候请握紧设备。

25.3 陀螺仪

使用设备的加速计可以反映设备的方向和沿该方向改变的速度，而陀螺仪则可以反映出设备在三个方向旋转的角度。

下面继续在 SensorDemo 项目中进行相关的测试。在 MainActivity.java 文件中，需要修改的代码包括 onResume() 和 onSensorChanged() 方法。可以把原来的代码注释一下，然后进行新的测试工作。

这里，不再需要使用 ImageView 组件了，可以在 main_layout.xml 文件中给 ImageView 加上 android:visibility=“gone”属性。

下面看一下陀螺仪数据的应用代码。

```
@Override
    protected void onResume() {
        super.onResume();
        // 初始化传感器
        sm = (SensorManager) getSystemService(SENSOR_SERVICE);
        Sensor s = sm.getDefaultSensor(Sensor.TYPE_GYROSCOPE);
        sm.registerListener(this, s, SensorManager.SENSOR_DELAY_NORMAL);
    }

    // 传感器数据改变
    @Override
    public void onSensorChanged(SensorEvent event) {
        // 显示传感器数据
        txt1.setText("X : " + event.values[0]);
        txt2.setText("Y : " + event.values[1]);
        txt3.setText("Z : " + event.values[2]);
    }
```

陀螺仪的数据同样包括 X、Y、Z 三个方向，可以旋转设备以观察数据的变化。

25.4 亮度传感器（控制相机闪光灯）

在使用亮度传感器时，需要设置传感器类型为 TYPE_LIGHT，如下面的代码所示。

```
@Override
protected void onResume() {
    super.onResume();
    // 初始化传感器
    sm = (SensorManager) getSystemService(SENSOR_SERVICE);
    Sensor s = sm.getDefaultSensor(Sensor.TYPE_LIGHT);
    sm.registerListener(this, s, SensorManager.SENSOR_DELAY_NORMAL);
}

// 传感器数据改变
@Override
public void onSensorChanged(SensorEvent event) {
    // 显示传感器数据
    txt1.setText("亮度 : "+String.valueOf(event.values[0]));
}
```

实际应用中，可以根据亮度的变化自动调节屏幕的亮度。同时，也可以实现其他的功能，例如打开或关闭闪光灯，如下面的代码所示。

```
// 传感器数据改变
@Override
public void onSensorChanged(SensorEvent event) {
// 显示传感器数据
txt1.setText(" 亮度 : " + String.valueOf(event.values[0]));
   //
if(event.values[0] <30)
        lightOn();
    else
 lightOff();
}

// 开灯
private void lightOn() {
try{
CameraManager cm =
(CameraManager)getSystemService(CAMERA_SERVICE);
cm.setTorchMode("0",true);
    }
    catch(Exception ex){
ex.printStackTrace();
    }
}

// 关灯
private void lightOff() {
try{
CameraManager cm =
(CameraManager)getSystemService(CAMERA_SERVICE);
cm.setTorchMode("0",false);
}
    catch(Exception ex){
ex.printStackTrace();
    }
}
```

onSensorChanged() 方法中，当亮度小于 30 时打开相机的闪光灯，否则关闭。这两个功能分别由自定义的 lightOn() 和 lightOff() 方法实现。

请注意，在使用相机功能时，需要在 AndroidManifest.xml 文件中声明权限，如下面的代码所示。

```
<?xml version="1.0" encoding="utf-8"?>
<manifest xmlns:android="http://schemas.android.com/apk/res/android"
    package="com.example.sensordemo">

<uses-permission android:name="android.permission.CAMERA"/>

<!-- 其他代码 -->

</manifest>
```

然后，可以复制一个RequestPermissionsActivityBase.java文件到项目中，并修改其中的权限数组，如下面的代码所示。

```
// 需要使用的权限
public String[] getNeedPermissions() {
    return new String[]{
            Manifest.permission.CAMERA
    };
}
```

最后，修改MainActivity.java文件的实现方式，从而使MainActivity类继承于RequestPermissions ActivityBase类。

运行程序，可以挡住设备的传感器观察闪光灯的状态。

第 26 章　应用之间的数据传递

从 Android 7.0 开始，对安全的要求越来越严格，在使用外部资源时，需要使用 Content Resolver 类进行处理。应用中，向外部传递数据时，需要使用 ContentProvider 类来实现。

本章将讨论应用间数据传递的相关内容，同时介绍一些常用资源的调用，主要内容包括：

- ❑ 向其他应用提供数据（ContentProvider）
- ❑ 操作外部数据（ContentResolver）
- ❑ 路径处理
- ❑ 相机和图库
- ❑ 播放音频（极简音乐播放器）
- ❑ 播放视频
- ❑ 读取通讯录（打电话与发短信）

26.1　向其他应用提供数据（ContentProvider）

前面已经讨论过，应用中保存数据的基本方式有两种：一种是使用文件，另一种就是使用数据库。而对于需要大量修改和查询操作的数据来讲，使用数据库会是一个不错的选择。本节就以数据库的操作来演示内容的分享操作。

在应用中，为其他应用提供数据操作功能时，需要定义一个 ContentProvider 类的子类。接下来，创建 ContentProviderDemo 项目，在如图 26-1 中的黑框中右击，选择 New → Other → Content Provider 命令，创建一个 ContentProvider 类的子类。

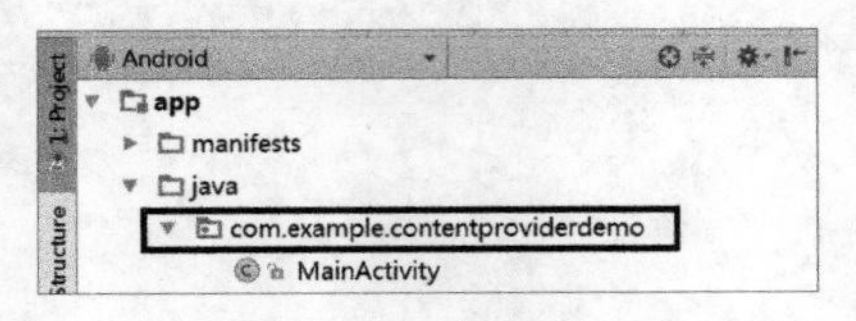

图 26-1　添加 Java 类

这里，使用默认的 MyContentProvider 作为类名，并设置 URI Authorities 为 com.example.contentproviderdemo.provider，如图 26-2 所示。

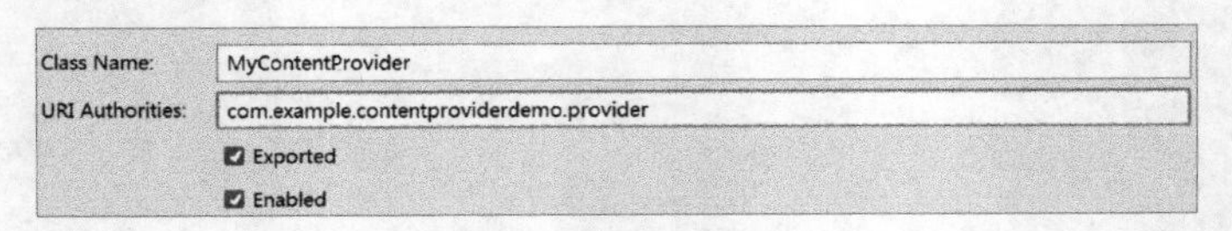

图 26-2　创建 ContentProvider 子类

请注意 URI Authorities 项目的设置。稍后，在其他应用中操作此应用的数据时，会使用这个 URI。

单击 Finish 按钮完成创建工作，在 AndroidManifest.xml 文件中会自动添加内容提供器（Content Provider）的注册，如下面的代码所示。

```
<?xml version="1.0" encoding="utf-8"?>
<manifest xmlns:android="http://schemas.android.com/apk/res/android"
    package="com.example.contentproviderdemo">

<application
        android:allowBackup="true"
        android:icon="@mipmap/ic_launcher"
        android:label="@string/app_name"
        android:roundIcon="@mipmap/ic_launcher_round"
        android:supportsRtl="true"
        android:theme="@style/AppTheme">
<activity android:name=".MainActivity">
<intent-filter>
<action android:name="android.intent.action.MAIN" />

<category android:name="android.intent.category.LAUNCHER" />
</intent-filter>
</activity>

<provider
            android:name=".MyContentProvider"
            android:authorities="com.example.contentproviderdemo.provider"
            android:enabled="true"
            android:exported="true"></provider>
</application>

</manifest>
```

请注意，如果是手动创建的 Java 类，则需要在这里进行相应的注册；否则，内容提供器是不能正常工作的。

此外，本例中使用的是 SQLite 数据库，文件名为 content.db，其中包括一个 t1 数据表。字段包括以下几个。

❑ id，定义为 integer 类型，并设置为主键。

❑ name，定义为 text 类型。

❑ phone，定义为 text 类型。

可以看到，这里模拟了一个简单的电话通讯录数据操作。

26.1.1 访问内容的 Uri

在应用中访问资源时，经常使用 Uri 对象，它可以使用文件路径创建，也可以指定为一个内容提供器。如前面创建的 MyContentProvider 内容提供器，其 Uri 的字符串表示就是 content://com.example.contentproviderdemo.provider。此外，在使用 Uri 访问资源时，还可以设置一些参数指定具体的资源，如指定资源的名称或 ID 等。

内容提供器中，主要使用两类资源：一种表示多个资源，使用 dir 表示；一种表示某一项资源，使用 item 表示。本例中操作 content.db 数据库中的 t1 表的数据，在 MyContentProvider 类中，需要两个标识字段来区分这两种 Uri 资源类型，如下面的代码所示。

```
package com.example.contentproviderdemo;

import android.content.ContentProvider;
import android.content.ContentValues;
import android.content.Context;
import android.content.UriMatcher;
import android.database.Cursor;
import android.database.sqlite.SQLiteDatabase;
import android.net.Uri;

public class MyContentProvider extends ContentProvider {

    // Uri 匹配检查器
    private static UriMatcher matcher = new UriMatcher(UriMatcher.NO_MATCH);
    // 匹配代码
    private static final int T1_DIR = 1;
    private static final int T1_ITEM = 2;
    // 初始化匹配器
    static{
matcher.addURI("com.example.contentproviderdemo.provider","t1",T1_DIR);
matcher.addURI("com.example.contentproviderdemo.provider","t1/#",T1_ITEM);
    }

    // 构造函数
    public MyContentProvider() {
    }
    //  其他代码 ...
}
```

代码中，使用 T1_DIR 表示多记录操作，使用 T1_ITEM 表示单记录操作。请注意，还定义了一个 UriMatcher 对象，它的功能就是对 Uri 的格式进行判断，这里，使用 addURI() 方法添加了两个规则，方法的参数设置如下。

- 第一个参数指定内容提供器的授权（authority）名称，这是在 AndroidManifest.xml 文件中注册过的内容。
- 第二个参数表示调用资源时的参数形式。其中，t1 是约定的名称，表示 t1 数据表，符号 # 则表示一个数字，这里指定记录的 id 数据。另一个可用的通配符是 *，它表示任意长度的字符。实际应用中，可以通过 Uri 对象的 getPathSegments() 方法获取参数数组（使用 / 符号分隔）。然后，通过数组的 get() 方法获取指定的参数内容。
- 第三个参数是匹配的标识符，通过它来判断操作类型。

下面在 MyContentProvider 类中实现一系列的方法，通过这些方法完成内容提供器的初始化和数据操作工作。

26.1.2　数据初始化——onCreate() 方法

相信读者对 onCreate() 方法不会再陌生了，在内容提供器中同样是执行初始化操作的好地方，如下面的代码（MyContentProvider.java 文件）所示。

```
@Override
public boolean onCreate() {
    // 初始化数据库
    String sql = "create table if not exists t1("+
"id integer primary key,name text,phone text);";
    SQLiteDatabase db = getContext().openOrCreateDatabase("content.db",0,null);
    db.execSQL(sql);
    db.close();
    //
    return true;
}
```

代码中，数据初始化操作比较简单，只是在 content.db 数据库中创建 t1 表（当然，只是在它不存在的时候）。需要注意的是，这里的 onCreate() 方法需要返回一个 boolean 类型的值，初始化操作成功时返回 true，否则返回 false。

26.1.3　添加数据——insert() 方法

在 t1 表中添加记录的操作，使用 insert() 方法，如下面的代码（MyContentProvider.java 文件）所示。

```
@Override
public Uri insert(Uri uri, ContentValues values) {
int matchResult = matcher.match(uri);
    if(matchResult == T1_DIR || matchResult == T1_ITEM) {
// 插入数据并返回 Uri
        SQLiteDatabase db =
getContext().openOrCreateDatabase("content.db", 0, null);
        long newId = db.insert("t1", null, values);
        db.close();
        return
Uri.parse("content://com.example.contentproviderdemo.provider/t1/" + newId);
}else{
return null;
    }
}
```

代码中，insert() 方法需要两个参数。其中，第一个参数为使用资源的 Uri 对象；第二个参数代入需要添加的数据，定义为 ContentValues 类型，讨论 SQLite 数据库时已经使用过。

insert() 方法中，首先使用 int matchResult = matcher.match(uri) 语句获取 Uri 的匹配结果。如果是允许的操作类型，就执行添加数据的操作。

当向数据库中添加数据时，只需要使用 SQLiteDatabase 对象中的 insert() 方法执行操作，参数一一对应即可。

如果操作成功，insert() 方法会返回新数据的 Uri 对象；如果操作失败，则返回 null 值。

26.1.4 更新数据——update() 方法

在修改 t1 表数据时，使用 update() 方法，如下面的代码（MyContentProvider.java 文件）所示。

```
@Override
public int update(Uri uri, ContentValues values, String selection,
String[] selectionArgs)
{
    SQLiteDatabase db = getContext().openOrCreateDatabase("content.db",0,null);
    int result = 0;
    int matchResult = matcher.match(uri);
    if(matchResult == T1_DIR){
        result = db.update("t1",values,selection,selectionArgs);
    }else if (matchResult == T1_ITEM) {
        String id = uri.getPathSegments().get(1);
        result = db.update("t1",values,"id="+id,null);
    }
    db.close();
    return result;
}
```

更新数据的操作中分为两种情况。

- 如果 Uri 代入的是多记录操作模式（dir），即使用 /t1 参数时根据带入的条件更新数据。
- 如果 Uri 代入了 id 数据（item），即使用 /t1/# 参数时根据 id 更新记录。

实际的数据更新操作调用了 SQLiteDatabase 对象的 update() 方法。最终，update() 方法返回一个整数，表示更新操作影响的记录数量。

26.1.5 删除数据——delete() 方法

数据删除操作使用 delete() 方法，如下面的代码（MyContentProvider.java 文件）所示。

```
@Override
public int delete(Uri uri, String selection, String[] selectionArgs) {
SQLiteDatabase db = getContext().openOrCreateDatabase("content.db",0,null);
    int result = 0;
int matchResult = matcher.match(uri);
if(matchResult == T1_DIR){
result = db.delete("t1",selection,selectionArgs);
    }else if (matchResult == T1_ITEM){
String id = uri.getPathSegments().get(1);
result = db.delete("t1","id="+id,null);
    }
    db.close();
    return result;
}
```

这里，删除操作同样分为两种情况：使用多记录模式时（dir），根据代入的参数作为删除条件；使用单记录模式时（item），通过 id 值删除数据。

26.1.6　查询数据——query() 方法

在数据库使用过程中，数据查询是一项常见的操作。在 MyContentProvider 类中，查询操作使用 query() 方法实现，如下面的代码所示。

```
@Override
public Cursor query(Uri uri, String[] projection, String selection,
                    String[] selectionArgs, String sortOrder) {
    Cursor result = null;
    SQLiteDatabase db = getContext().openOrCreateDatabase("content.db",0,null);
    int matchResult = matcher.match(uri);
    if(matchResult == T1_DIR) {
        result = db.query("t1",projection,selection,selectionArgs,null,null,sortOrder);
    }else if(matchResult == T1_ITEM) {
        String id = uri.getPathSegments().get(1);
        result = db.query("t1",projection,"id="+id,null,null,null,sortOrder);
    }
    return result;
}
```

查询操作同样分为两情况：当 Uri 参数为多记录模式时，将条件参数传入 SQLite Database 对象的 query() 方法进行查询；当 Uri 参数为单记录模式时，直接使用 id 数据进行查询。

查询结果会保存在 Cursor 对象中 并返回，讨论 SQLite 数据库时，已经讨论了如何从 Cursor 对象中读取数据，稍后还会看到实际的应用。

26.1.7　数据类型（MIME）——getType() 方法

在 MyContentProvider 类中，getType() 方法用于返回内容的数据类型，即 MIME 格式描述，如“image/*”“text/plan”等。

这里自定义的数据类型，需要使用一种标准的格式指定数据类型。首先是主类型，即 / 符号左侧的内容，分为两种情况。

- 多记录数据使用 vnd.android.cursor.dir。
- 单记录数据使用 vnd.android.cursor.item。

接下来是 / 符号右侧的内容，一般使用 vnd.< 授权名称 >.< 路径 >，如本例中 getType() 方法的定义如下所示。

```
@Override
public String getType(Uri uri) {
int matchResult = matcher.match(uri);
    if(matchResult == T1_DIR){
return "vnd.android.cursor.dir/vnd.com.example.contentproviderdemo.provider.t1";
    }else if (matchResult == T1_ITEM){
```

```
return "vnd.android.cursor.item/vnd.com.example.contentproviderdemo.provider.t1";
    }else {
return null;
    }
}
```

可以看到，在 MyContentProvider 类中可以返回的两种 MIME 类型分别如下。

- vnd.android.cursor.dir/vnd.com.example.contentproviderdemo.provider.t1
- vnd.android.cursor.item/vnd.com.example.contentproviderdemo.provider.t1

接下来，创建一个新的应用来操作 ContentProviderDemo 项目中的数据。

26.2 操作外部数据（ContentResolver）

ContentResolver 类的功能就是通过标准接口操作外部数据。实际应用中，可以使用 getContentResolver() 方法获取当前上下文（Context）的 ContentResolver 对象。然后，使用 ContentResolver 对象中的一系列方法来操作资源，如：

- insert() 方法，添加新文件。
- update() 方法，更新文件。
- delete() 方法，删除文件。
- query() 方法，查询数据，返回 Cursor 对象。

很明显，这些方法是操作数据的关键所在，前一节已经在内容提供器（ContentProvider）中实现了相应的方法。这里，只需要使用 ContentResolver 对象调用这些方法就可以完成数据的操作。

请注意，在执行本应用前，需要确认 ContentProviderDemo 应用已安装到设备中，无论是真实的设备还是模拟器中。

现在，创建 ContentResolverDemo 项目，并创建 MainActivity 的布局文件 main_layout.xml，然后修改布局文件的内容，如下所示。

```
<?xml version="1.0" encoding="utf-8"?>
<LinearLayout xmlns:android="http://schemas.android.com/apk/res/android"
    android:orientation="vertical" android:layout_width="match_parent"
    android:layout_height="match_parent">

<Button android:id="@+id/btnInsert"
            android:layout_width="match_parent"
            android:layout_height="wrap_content"
            android:text=" 添加 "/>

<Button android:id="@+id/btnUpdate"
            android:layout_width="match_parent"
            android:layout_height="wrap_content"
            android:text=" 修改 "/>

<Button android:id="@+id/btnDelete"
            android:layout_width="match_parent"
```

```
            android:layout_height="wrap_content"
            android:text=" 删除 "/>

    <Button android:id="@+id/btnQuery"
            android:layout_width="match_parent"
            android:layout_height="wrap_content"
            android:text=" 查询 "/>

    <ListView android:id="@+id/lst1"
            android:layout_width="match_parent"
            android:layout_height="match_parent"/>

</LinearLayout>
```

在 MainActivity.java 文件的 onCreate() 方法中设置布局文件后，可以执行应用，在模拟器中的显示效果如图 26-3 所示。

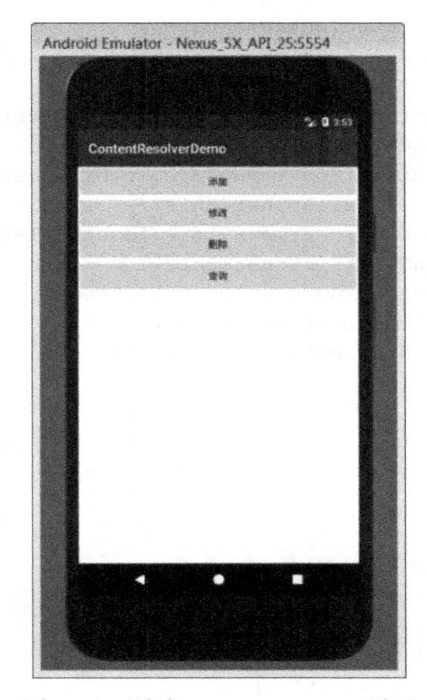

图 26-3　测试 ContentResolver 界面

下面再来看一看 MainActivity 类的基本定义，如下面的代码所示。

```
package com.example.contentresolverdemo;

import android.content.ContentValues;
import android.database.Cursor;
import android.net.Uri;
import android.support.v7.app.AppCompatActivity;
import android.os.Bundle;
import android.view.View;
import android.widget.ArrayAdapter;
import android.widget.Button;
import android.widget.ListView;
```

```
import java.util.ArrayList;
import java.util.List;

public class MainActivity extends AppCompatActivity
    implements View.OnClickListener
{
    private Button btnInsert;
    private Button btnUpdate;
    private Button btnDelete;
    private Button btnQuery;
    private ListView lst1;
    //
    private List<String> data = new ArrayList<String>();

    @Override
    protected void onCreate(Bundle savedInstanceState) {
        super.onCreate(savedInstanceState);
        setContentView(R.layout.main_layout);
        //
        btnInsert =(Button)findViewById(R.id.btnInsert);
        btnInsert.setOnClickListener(this);
        btnUpdate = (Button)findViewById(R.id.btnUpdate);
        btnUpdate.setOnClickListener(this);
        btnDelete = (Button)findViewById(R.id.btnDelete);
        btnDelete.setOnClickListener(this);
        btnQuery = (Button)findViewById(R.id.btnQuery);
        btnQuery.setOnClickListener(this);
        lst1=(ListView)findViewById(R.id.lst1);
        // 显示全部数据
        loadAll();
        updateList();
    }

    @Override
    public void onClick(View v) {
        int vid = v.getId();
        if(vid == R.id.btnInsert){
            doInsert();
        }else if (vid == R.id.btnUpdate){
            doUpdate();
        }else if (vid == R.id.btnDelete){
            doDelete();
        }else if (vid == R.id.btnQuery){
            doQuery();
        }
    }

    // 其他代码 ...
}
```

代码中还有一些方法没有实现，所以先不用着急执行。接下来，需要实现的方法分别如下。

- loadAll() 方法，载入 ContentProviderDemo 项目中的所有数据，并保存到 data 对象中。

- updateList() 方法，根据 data 对象的内容更新 ListView 组件。
- doInsert() 方法，在 ContentProviderDemo 项目中添加数据，然后在列表中显示全部内容。
- doUpdate() 方法，修改 ContentProviderDemo 项目中的数据，然后在列表中显示全部内容。
- doDelete() 方法，删除 ContentProviderDemo 项目中的数据，然后在列表中显示全部内容。
- doQuery() 方法，执行数据查询操作，然后在列表中显示查询结果

首先，看一下 loadAll() 和 updateList() 方法的实现，如下面的代码所示。

```
// 载入全部数据
private void loadAll(){
    data.clear();
    Uri uri = Uri.parse("content://com.example.contentproviderdemo.provider/t1");
    Cursor result = getContentResolver().query(uri,null,null,null,null);
    if(result.moveToFirst()){
        do{
            data.add(result.getString(0)+" , "+result.getString(1) + " , " +
result.getString(2));
        }while(result.moveToNext());
    }
    result.close();
}

// 根据 data 内容更新列表
private void updateList() {
    ArrayAdapter<String> ada = new ArrayAdapter<String>(
            MainActivity.this,
            android.R.layout.simple_list_item_1,
            data);
    lst1.setAdapter(ada);
}
```

代码中，新的东西并不多，注意，操作数据的 Uri 对象中，使用的是“content://com.example.contentproviderdemo.provider/t1”，这是在 CotentProviderDemo 项目中定义的，这也是使用数据的关键所在。由于需要获取全部数据，因此对于 ContentResolver 对象的 query() 方法，只需要在第一个参数中指定资源的 Uri 对象，其他参数设置为 null 即可。

接下来是添加数据的操作，它定义在 doInsert() 方法中，如下面的代码所示。

```
 // 添加并更新列表
private void doInsert(){
    Uri uri = Uri.parse("content://com.example.contentproviderdemo.provider/t1");
    ContentValues values = new ContentValues();
    // 修改并添加更多数据
    values.put("name","Tom");
    values.put("phone","111111");
    //
    Uri result = getContentResolver().insert(uri, values);
```

```
        // 显示全部数据
        loadAll();
        updateList();
    }
```

在这里设置 name 字段数据为 Tom，设置 phone 字段数据为 111111。然后，调用 ContentResolver 对象的 insert() 方法，它会在 ContentProviderDemo 项目中添加一条记录。添加成功后，ListView 组件会显示最新的全部数据。可以修改 name 和 phone 的数据，多添加几条记录看一看。图 26-4 中就是添加了三条记录后的效果。

下面通过 doUpdate() 方法更新 id 为 1 的记录中的 phone 字段的数据，如下面的代码所示。

```
    // 更新并更新列表
    private void doUpdate(){
        Uri uri = Uri.parse("content://com.example.contentproviderdemo.provider/t1/1");
        ContentValues values = new ContentValues();
        values.put("phone","123456");
        getContentResolver().update(uri,values,null,null);
        //
        loadAll();
        updateList();
    }
```

请注意，在更新操作的 Uri 中，指定了操作的 id 数据 1 传递到 ContentProviderDemo 项目中，修改的数据就是 id 为 1 的记录。本例中，将 id 为 1 的记录的 phone 字段数据修改为 123456，执行结果如图 26-5 所示。

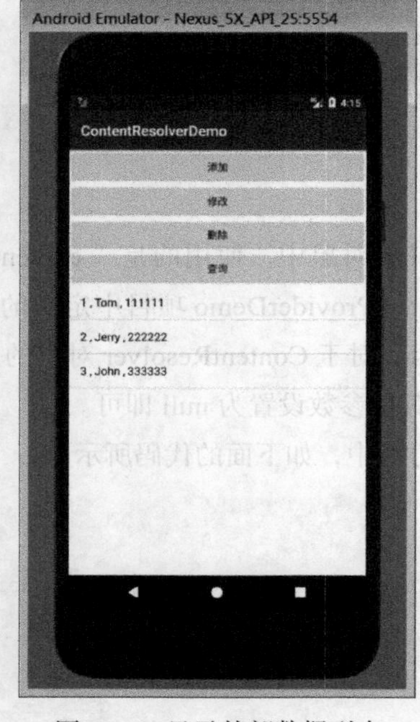

图 26-4　显示外部数据列表

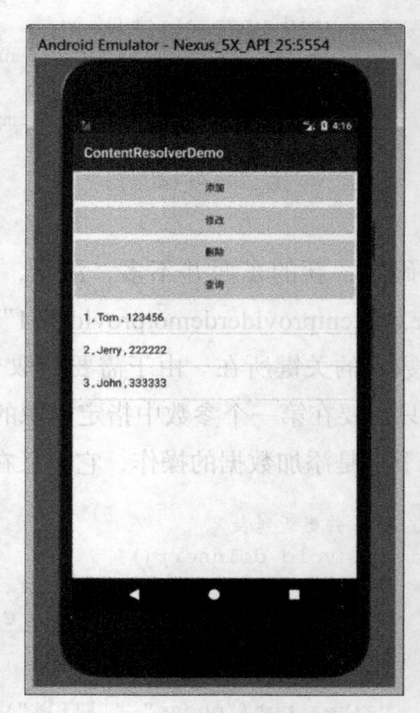

图 26-5　修改数据结果

doDelete() 方法用于删除 ContentProviderDemo 项目中的数据，如下面的代码所示。

```
// 删除并更新列表
private void doDelete(){
    Uri uri = Uri.parse("content://com.example.contentproviderdemo.provider/t1/2");
    getContentResolver().delete(uri,null,null);
    //
    loadAll();
    updateList();
}
```

代码将删除 id 为 2 的记录，执行结果如图 26-6 所示。

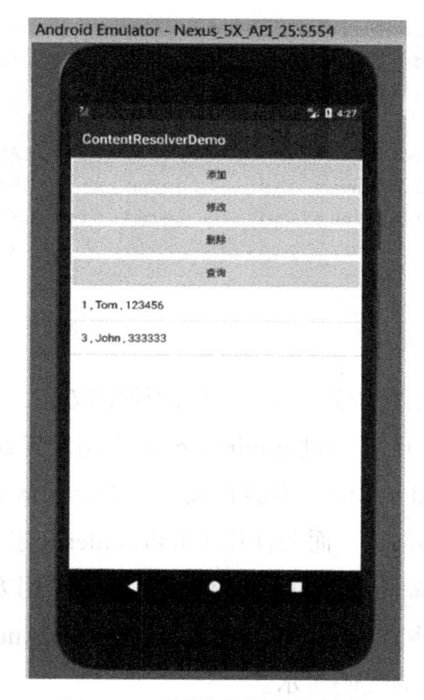

图 26-6　删除数据后的结果

最后，查询操作在 doQuery() 方法中完成，如下面的代码所示。

```
// 查询并更新列表
private void doQuery(){
data.clear();
Uri uri = Uri.parse("content://com.example.contentproviderdemo.provider/t1/1");
Cursor result = getContentResolver().query(uri,null,null,null,null);
    if(result.moveToFirst()){
do{
data.add(result.getString(0)+" , "+
result.getString(1) + " , " +
result.getString(2));
}while(result.moveToNext());
}
    result.close();
    //
    updateList();
}
```

代码中只读取了 id 为 1 的记录，可以修改查询条件测试更多的查询操作。

稍后还可以看到 ContentResolver 对象更多的实际应用，如使用图库图片、音乐文件和通讯录内容等。

26.3 路径处理

应用开发中，如果需要访问设备的外存储器，首先要在 AndroidManifest.xml 文件中添加相关的权限声明，如下面的代码所示。

```
<?xml version="1.0" encoding="utf-8"?>
<manifest xmlns:android="http://schemas.android.com/apk/res/android"
    package="com.example.picturedemo">

<uses-permission android:name="android.permission.CAMERA"/>
<uses-permission android:name="android.permission.WRITE_EXTERNAL_STORAGE"/>
<uses-permission android:name="android.permission.READ_EXTERNAL_STORAGE"/>

<!-- 其他内容 -->

</manifest>
```

代码中，声明了外部存储器的读、写及相机的使用权限。

早期的 Android 版本中，可以通过 Environment 类访问系统中的各种目录，并处理其中文件的 Uri。然而，在 Android 7.0 中，不能直接使用 file://xxx 这样的路径来访问文件了（会产生 FileUriExposeException 异常），而要使用 FileProvider 来获取文件。

在 Activity 的 Context 对象中定义了一些获取目录的专用方法，可以通过它们调用指定位置的文件。不过，使用这些方法获取目录前，还需要在 AndroidManifest.xml 文件中配置相关的 provider 节点，如下面的代码所示。

```
<?xml version="1.0" encoding="utf-8"?>
<manifest xmlns:android="http://schemas.android.com/apk/res/android"
    package="com.example.picturedemo">

<!-- 权限声明 -->

<application
        android:allowBackup="true"
        android:icon="@mipmap/ic_launcher"
        android:label="@string/app_name"
        android:roundIcon="@mipmap/ic_launcher_round"
        android:supportsRtl="true"
        android:theme="@style/AppTheme">

<provider android:name="android.support.v4.content.FileProvider"
            android:authorities="com.example.picturedemo.fileprovider"
            android:exported="false"
            android:grantUriPermissions="true">
```

```
<meta-data android:name="android.support.FILE_PROVIDER_PATHS"
                android:resource="@xml/file_paths" />
</provider>

<!-- 其他内容 -->
</application>

</manifest>
```

请注意，provider 节点定义在 <application> 节点中，其中的属性包括以下几个。

- name 属性，定义为 android.support.v4.content.FileProvider，这是使用 FileProvider 所必需的。
- authorities 属性，自定义的，在代码中会用到。
- exported 属性，必须设置为 false，否则会报错。
- grantUriPermissions 属性，是否允许使用 Uri 路径，设置为 true。

在 provider 节点中，还配置了一个元数据节点 meta-data，其中包括两个属性：

- name 属性，设置为 android.support.FILE_PROVIDER_PATHS。
- resource 属性，内容可以自己设置。在这里使用 @xml/file_paths，其含义是指定资源位于项目的 app\res\xml\file_paths.xml 文件中，如果项目中还没指定的目录或文件，就创建它。然后，修改 file_paths.xml 文件的内容，如下所示。

```
<?xml version="1.0" encoding="utf-8"?>

<paths xmlns:android="http://schemas.android.com/apk/res/android">
<files-path name="files_dir" path="" />
<cache-path name="cache_dir" path="" />
<external-files-path name="external_files_dir" path=""/>
<external-cache-path name="external_cache_dir" path="" />
<external-path name="external_storage_dir" path=""/>
</paths>
```

代码中，在 paths 节点中创建了几个子节点，用于指定访问目录的方式，其含义如表 26-1 所示。

表 26-1 文件路径类型

XML 配置节点	获取路径方法	备　注
files-path	getFilesDir()	使用 Activity 的 Context 对象访问
cache-path	getCacheDir()	
external-files-path	getExternalFilesDir()	
external-cache-path	getExternalCacheDir()	
external-path	getExternalStorageDirectory()	使用 Environment 访问

读写外存储器文件的准备工作已基本完成了。接下来，可以在代码中使用一系列的方法来获取相应的目录，并处理其中的文件。当然，如果代码中只需要使用其中一种方法处理文件，在 file_paths.xml 文件中只配置相应的节点就可以了。

26.4 相机和图库

本节将讨论如何在应用中调用相机功能，包括如何读取图库文件，以及如何将图片保存到系统图库中。

首先，创建 PictureDemo 项目，并在 main_layout.xml 文件中设置 MainActivity 的布局，如下面的代码所示。

```
<?xml version="1.0" encoding="utf-8"?>
<LinearLayout xmlns:android="http://schemas.android.com/apk/res/android"
    android:orientation="vertical" android:layout_width="match_parent"
    android:layout_height="match_parent">

<LinearLayout
        android:layout_width="match_parent"
        android:layout_height="wrap_content"
        android:orientation="horizontal">

<Button android:id="@+id/btnCamera"
            android:layout_width="wrap_content"
            android:layout_height="wrap_content"
            android:layout_weight="1"
            android:text=" 拍照 "/>

<Button android:id="@+id/btnSave"
            android:layout_width="wrap_content"
            android:layout_height="wrap_content"
            android:layout_weight="1"
            android:text=" 保存照片 "/>

<Button android:id="@+id/btnLoad"
            android:layout_width="wrap_content"
            android:layout_height="wrap_content"
            android:layout_weight="1"
            android:text=" 选择照片 "/>

</LinearLayout>

<ImageView android:id="@+id/imgPhoto"
        android:layout_width="match_parent"
        android:layout_height="match_parent" />

</LinearLayout>
```

布局中，包括两个并列的 Button 组件和一个 ImageView 组件。

接下来，在 MainActivity.java 文件中，由于需要申请运行时权限，因此设置 MainActivity 类继承于 RequestPermissionsActivityBase 类，并修改 MainActivity.java 文件的内容，如下所示。

```
package com.example.picturedemo;

import android.app.Activity;
```

```
import android.content.Intent;
import android.graphics.Bitmap;
import android.graphics.BitmapFactory;
import android.net.Uri;
import android.os.Build;
import android.provider.MediaStore;
import android.support.v4.content.FileProvider;
import android.os.Bundle;
import android.view.View;
import android.widget.Button;
import android.widget.ImageView;
import android.widget.Toast;
import java.io.File;
import static java.util.UUID.randomUUID;

public class MainActivity extends RequestPermissionActivityBase
    implements View.OnClickListener
{
    //
    Button btnCarema;
    Button btnSave;
    Button btnLoad;
    ImageView imgPhoto;
    //
    Uri cacheFile = null;

    @Override
    protected void onCreate(Bundle savedInstanceState) {
        super.onCreate(savedInstanceState);
        setContentView(R.layout.main_layout);
        //
        btnCarema = (Button)findViewById(R.id.btnCamera);
        btnCarema.setOnClickListener(this);
        btnSave = (Button)findViewById(R.id.btnSave);
        btnSave.setOnClickListener(this);
        btnLoad = (Button)findViewById(R.id.btnLoad);
        btnLoad.setOnClickListener(this);
        imgPhoto = (ImageView)findViewById(R.id.imgPhoto);
        //
    }

    @Override
    public void onClick(View v) {
        int vid = v.getId();
        if(vid == R.id.btnCamera){
            // 拍摄图片
            Intent intent = new Intent(MediaStore.ACTION_IMAGE_CAPTURE);
            // 显示小图不使用缓存文件
            cacheFile = getCacheFileUri();
            intent.putExtra(MediaStore.EXTRA_OUTPUT,cacheFile);
            //
            startActivityForResult(intent, 1000);
        }else if (vid == R.id.btnSave){
            // 保存照片
        }
    }
```

```
    @Override
    protected void onActivityResult(int requestCode, int resultCode, Intent data) {
        // 处理返回数据
        if (resultCode == Activity.RESULT_OK) {
            //
            if (requestCode == 1000) {
                try {
                    // 获取小图
//Bundle b = data.getExtras();
//Bitmap bmp = (Bitmap) b.get("data");
                    // 获取原图缓存
                    Bitmap bmp = BitmapFactory.decodeStream(
    getContentResolver().openInputStream(cacheFile));
                    //
                    imgPhoto.setImageBitmap(bmp);
                } catch (Exception ex) {
                    ex.printStackTrace();
                }
            }
        } else {
            cacheFile = null;
            imgPhoto.setImageBitmap(null);
            Toast.makeText(this, "没有拍摄到照片",
                             Toast.LENGTH_SHORT).show();
        }
    }

    // 给出图片缓存输出文件路径
    private Uri getCacheFileUri(){
        Uri result = null;
        File f = new File(getExternalCacheDir(), randomUUID().toString() + ".jpg");
        if(Build.VERSION.SDK_INT >= Build.VERSION_CODES.N) {
            // android 7.0
            result = FileProvider.getUriForFile(this,
"com.example.picturedemo.fileprovider",f);
        }else{
            result = Uri.fromFile(f);
        }
        return result;
    }

    //
}
```

代码中，onCreate() 方法包含了一些基本的初始化工作。下面重点看一下相机调用代码。

```
// 拍摄图片
Intent intent = new Intent(MediaStore.ACTION_IMAGE_CAPTURE);
// 显示小图不使用缓存文件
cacheFile = getCacheFileUri();
intent.putExtra(MediaStore.EXTRA_OUTPUT,cacheFile);
//
startActivityForResult(intent, 1000);
```

这里定义了一个 Intent 对象。其中，MediaStore.ACTION_IMAGE_CAPTURE 动作（action）用于调用相机功能，其实际值为 android.media.action.IMAGE_CAPTURE。

接下来的两行代码，使用一个缓存文件保存拍摄的照片，为什么呢？因为默认情况下拍摄后返回的图片只是小图，而不是拍摄的原图，清晰度是非常差的。代码中，getCacheFileUri() 方法是一个自定义方法，稍后讨论。

intent.putExtra() 方法指定将结果数据保存到 cacheFile 指定的文件中。

最后，调用 startActivityForResult() 方法启动 Intent，并等待返回结果。请注意，该方法的第二个参数是一个整数标识，用于标识当前操作。

Activity 中，处理操作结果的工作由 onActivityResult() 方法完成。其中，请注意方法中的三个参数，分别如下。

- requestCode，代入响应的操作标识码，与 startActivityForResult() 方法的第二个参数相对应。
- resultCode，代入操作结果代码，如果操作成功，其值应该是 Activity.RESULT_OK。
- data，代入操作数据。

获取拍摄的照片后，使用 Bitmap 对象载入图片。此时，如果只需要显示小图，可以从 data.getExtra() 方法获取数据的 Bundle 对象。然后使用 get() 方法获取数据，这里的数据就是 data 对象。如果获取照片原图的缓存文件，需要使用 getContentResolver().openInputStream(cacheFile) 方法读取，然后，使用 BitmapFactory.decodeStream() 方法转换为 Bitmap 对象。

最后，讨论 getCacheFileUri() 方法，它的功能就是返回包含缓存文件路径的 Uri 对象，单独看一下实现代码。

```
// 给出图片缓存输出文件路径
private Uri getCacheFileUri(){
    Uri result = null;
    File f = new File(getExternalCacheDir(),
                     randomUUID().toString() + ".jpg");
    if(Build.VERSION.SDK_INT >= Build.VERSION_CODES.N) {
        // android 7.0
        result = FileProvider.getUriForFile(this,"com.example.picturedemo.fileprovider",f);
    }else{
        result = Uri.fromFile(f);
    }
    return result;
}
```

代码中，首先使用 getExternalCacheDir() 方法返回的路径与一个“<UUID>.jpg”文件名，共同组成了一个文件对象，这样命名的文件是不会重名的。

接下来，对 Android 系统的版本进行判断。如果是 Android 7.0，则使用 FileProvider 获取文件的 Uri；否则，直接使用 Uri.fromFile() 方法获取。

FileProvider.getUriForFile() 方法中，第一个参数指定当前的 Context，第二个参数指定一个 FileProvider 标识，还记得在 AndroidManifest.xml 文件中配置的 provider 节点中的标记吗？就是这个。该方法的第三个参数指定需要获取的文件的 File 对象。

执行应用并单击“拍照”按钮，就会调用设备的相机功能。拍照成功后，在 ImageView 组件中显示拍摄照片的原图。

26.4.1 保存照片

现在已经可以通过相机获取新的照片，接下来将通过 MediaStore 类将照片保存到系统图库中。下面的代码在 onClick() 方法中添加 btnSave 按钮的响应代码。

```
@Override
public void onClick(View v) {
    int vid = v.getId();
    if(vid == R.id.btnCamera){
        // 拍摄图片
        // 其他代码 ...
    }else if (vid == R.id.btnSave){
        // 保存照片
        if(cacheFile == null){
            Toast.makeText(this,"没有拍摄照片",Toast.LENGTH_LONG).show();
        }else {
            try {
                Bitmap bmp = BitmapFactory.decodeStream(
                        getContentResolver().openInputStream(cacheFile));
                MediaStore.Images.Media.insertImage(getContentResolver(),
                        bmp, "新照片", "新鲜出炉的照片");
                Toast.makeText(this,"照片已保存",Toast.LENGTH_LONG).show();
            } catch (Exception ex) {
                ex.printStackTrace();
            }
        }
    }
}
```

这里，并没有使用 Uri 对象指定照片保存的路径，而是使用 MediaStore.Images.Media.insertImage() 方法将图片直接保存到系统的图库中。其中的参数包括以下几个。

- 第一个参数，使用 getContentResolver() 方法获取当前应用的 ContentResolver 对象，用于操作外部数据。
- 第二个参数，指定一个 Bitmap 对象，用于保存的图片数据。
- 第三个参数，设置图片名称。
- 第四个参数，设置图片的描述信息。

26.4.2 读取照片

接下来，将从图库中选择图片。下面的代码在 onClick() 方法中添加 btnLoad 按钮的响应代码。

```
@Override
public void onClick(View v) {
    int vid = v.getId();
    if(vid == R.id.btnCamera){
        // 拍摄图片
        // 其他代码 ...
    }else if (vid == R.id.btnSave){
        // 保存照片
        // 其他代码 ...
}else if(vid == R.id.btnLoad){
        // 载入图片
        Intent intent = new Intent("android.intent.action.GET_CONTENT");
        intent.setType("image/*");
        startActivityForResult(intent, 2000);
    }
}
```

这里使用一个 Intent 对象，并指定其动作为 android.intent.action.GET_CONTENT，即获取内容的操作。然后，使用 setType() 方法设置需要的内容类型（MIME），这里指定为图片文件。最后，使用 startActivityForResult() 方法启动 Intent。

下面在 onActivityResult() 中对这个操作进行响应，如下面的代码所示。

```
@Override
protected void onActivityResult(int requestCode, int resultCode, Intent data) {
    // 处理返回数据
    if (resultCode == Activity.RESULT_OK) {
        //
        if (requestCode == 1000) {
            // 其他代码 ...
        } else if (requestCode == 2000) {
            // 载入图片
            try {
                Uri uri = data.getData();
                Bitmap bmp = BitmapFactory.decodeStream(
                        getContentResolver().openInputStream(uri));
                imgPhoto.setImageBitmap(bmp);
                cacheFile = uri;
            } catch (Exception ex) {
                ex.printStackTrace();
}
}
    } else {
        cacheFile = null;
        imgPhoto.setImageBitmap(null);
        Toast.makeText(this, "没有拍摄到照片", Toast.LENGTH_SHORT).show();
    }
}
```

载入图片的操作中，首先使用 Intent 对象的 getData() 方法获取数据的 Uri。然后，转换为 Bitmap 对象。最后，通过 ImageView 组件的 setImageBitmap() 方法显示图片。

请注意，这里将catchFile也设置为获取图片的Uri。当获取图片后再单击保存按钮，并不会修改图库中原有的图片，而是在图片中创建一幅新的图片。

26.5 播放音频（极简音乐播放器）

本节将创建一个音乐播放器，一种操作方式简单到极致的音乐播放器。先看个截图，如图26-7所示。

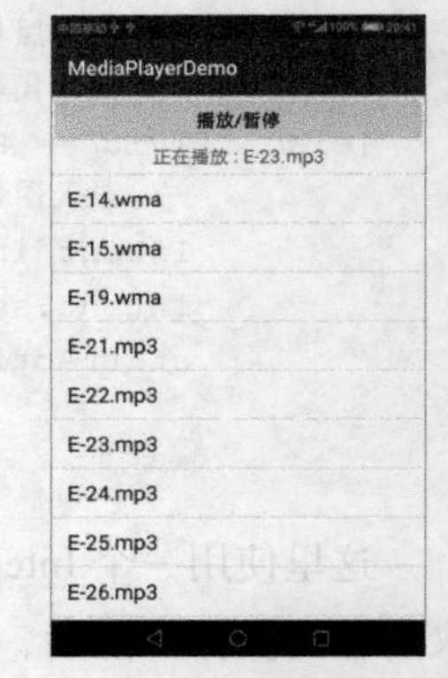

图26-7 极简音乐播放器

可以看到，界面中只包括三个组件，分别如下。

- Button组件，用于控制音乐的播放和暂停。
- TextView组件，用于显示信息。
- ListView组件，用于显示播放列表。

下面创建名为MediaPlayerDemo的项目，修改MainActivity的布局文件（main_layout.xml文件），如下面的内容所示。

```
<?xml version="1.0" encoding="utf-8"?>
<LinearLayout xmlns:android="http://schemas.android.com/apk/res/android"
    android:orientation="vertical" android:layout_width="match_parent"
    android:layout_height="match_parent">

<Button android:id="@+id/btnPlayPause"
        android:layout_width="match_parent"
        android:layout_height="wrap_content"
        android:text="播放/暂停"/>

<TextView android:id="@+id/txtMsg"
        android:layout_width="match_parent"
        android:layout_height="wrap_content"
        android:gravity="center"/>

<ListView android:id="@+id/lstPlayList"
        android:layout_width="match_parent"
        android:layout_height="match_parent"></ListView>

</LinearLayout>
```

项目中，因为还需要读取外存储器中的文件，所以不要忘记在AndroidManifest.xml文件中声明相应的权限，如下面的代码所示。

```
<?xml version="1.0" encoding="utf-8"?>
<manifest xmlns:android="http://schemas.android.com/apk/res/android"
    package="com.example.mediaplayerdemo">

<uses-permission android:name="android.permission.WRITE_EXTERNAL_STORAGE"/>
<uses-permission android:name="android.permission.READ_EXTERNAL_STORAGE"/>

<!-- 其他代码 -->
</manifest>
```

下面来到 MainActivity.java 文件。首先，看一下基本的定义，如下面的代码所示。

```
package com.example.mediaplayerdemo;

import android.media.MediaPlayer;
import android.os.Environment;
import android.os.Bundle;
import android.view.View;
import android.widget.AdapterView;
import android.widget.ArrayAdapter;
import android.widget.Button;
import android.widget.ListView;
import android.widget.TextView;

import java.io.File;
import java.util.ArrayList;

public class MainActivity extends RequestPermissionActivityBase
    implements View.OnClickListener,AdapterView.OnItemClickListener,
        MediaPlayer.OnCompletionListener {

    private MediaPlayer player = new MediaPlayer();
    //
    private Button btnPlayPause;
    private TextView txtMsg;
    //
    private ListView listView;
    private String[] playList = null;
    private String[] showList = null;
    private int currentIndex = 0;

    @Override
    protected void onCreate(Bundle savedInstanceState) {
        super.onCreate(savedInstanceState);
        setContentView(R.layout.main_layout);
        //
        btnPlayPause = (Button) findViewById(R.id.btnPlayPause);
        btnPlayPause.setOnClickListener(this);
        txtMsg = (TextView)findViewById(R.id.txtMsg);
        listView = (ListView) findViewById(R.id.lstPlayList);
        listView.setOnItemClickListener(this);
        //
        player.setOnCompletionListener(this);
        //
        initPlayList();
    }

    @Override
    protected void onDestroy() {
        super.onDestroy();
        player.stop();
        player.release();
        player = null;
```

```
        playList = null;
        showList = null;
    }

    // 其他代码 ...
}
```

代码中，首先定义了一些私有字段，如：

- player 对象，定义为 MediaPlayer 类型，这是播放音乐的主要资源。
- btnPlayPause，操作按钮。
- txtMsg，显示信息的 TextView 组件。
- listView，显示播放列表的 ListView 组件。
- playList，存放播放文件路径的 String 数组。
- showList，存放文件名称的 String 数组。
- currentIndex，正在播放文件的索引值。

在 onCreate() 和 onDestroy() 方法中，大多数代码相信都非常熟悉了，还没有使用过的是调用 player 对象（MediaPlayer 类型）的 setOnCompletionListener() 方法设置文件播放完成的响应对象。稍后使用 onCompletion() 方法来实现。

接下来是 initPlayList() 方法，它用于初始化播放列表，其定义如下。

```
// 载入音乐列表，外存储根目录下的 mymusic 目录
private void initPlayList() {
    File dir = new File(Environment.getExternalStorageDirectory(), "mymusic");
    File[] files = dir.listFiles();
    ArrayList<File> fileList = new ArrayList<File>();
    for (File f : files) {
        if (f.getName().endsWith(".mp3") ||f.getName().endsWith(".wma"))
            fileList.add(f);
}
    // 生成播放列表和显示列表
    int size = fileList.size();
    if (size > 0) {
        playList = new String[size];
        showList = new String[size];
        for (int i = 0; i < size; i++) {
            playList[i] = fileList.get(i).getPath();
            showList[i] = fileList.get(i).getName();
        }
        // 绑定列表
        ArrayAdapter<String> ada = new ArrayAdapter<String>(
            MainActivity.this,android.R.layout.simple_list_item_1,showList);
        //
        listView.setAdapter(ada);
        // 准备播放器
        try {
        // 如果自动播放可调用 play() 方法
            currentIndex = 0;
            player.setDataSource(playList[currentIndex]);
            player.prepare();
```

```
                txtMsg.setText("音乐已经准备好了！");
            } catch (Exception ex) {
                ex.printStackTrace();
            }
        } else {
            txtMsg.setText("没有找到支持的音乐文件");
            playList = null;
            player.release();
        }
    }
```

项目中，约定将喜欢的音乐文件放在设备根目录下的 mymusic 目录中。然后，通过文件扩展名提取 .wma 和 .mp3 文件，并保存到一个 ArrayList 对象中。

然后，将提取的音乐文件完整路径保存在 playList 数组中，将文件名保存在 showList 数组中，并将 showList 数组作为 ListView 组件的显示数据，即只显示音乐文件的名称，而不是完整的路径。

接下来，就是对 player 对象的初始化。其中，使用 setDataSource() 方法设置播放的文件路径，从第一个文件开始播放。prepare() 方法用于装载文件，完成后在 txtMsg 中显示一条信息。然后，就可以使用 btnPlayPause 按钮控制播放，如下面的代码所示。

```
    // 播放与暂停切换
    @Override
    public void onClick(View v) {
        int vid = v.getId();
        if (vid == R.id.btnPlayPause) {
            // 播放，暂停
            if (player.isPlaying()) {
                player.pause();
                txtMsg.setText("暂停");
            }else {
                player.start();
                txtMsg.setText("正在播放 : " + showList[currentIndex]);
            }
        }
    }
```

代码中，使用了 MediaPlayer 对象的三个方法。其中，isPlaying() 方法判断是否正在播放；start() 方法开始播放；pause() 方法暂停播放。

当前文件播放完成后，应该自动播放下一首，在 onCompletion() 方法中实现此功能，如下面的代码所示。

```
    // 播放完成自动跳转
    @Override
    public void onCompletion(MediaPlayer mp) {
        int index = currentIndex+1;
        if (index >= showList.length) index = 0;
        play(index);
    }
```

这里创建了 play() 方法来播放指定索引的文件，如下面的代码所示。

```
// 开始播放指定的音乐
private void play(int index) {
    try {
        currentIndex = index;
        player.reset();
        player.setDataSource(playList[currentIndex]);
        player.prepare();
        player.start();
        txtMsg.setText("正在播放 : " + showList[currentIndex]);
} catch (Exception ex) {
        ex.printStackTrace();
    }
}
```

最后，当单击 ListView 中的项时，就会播放这个音乐。在 OnItemClickListener 事件中完成此项操作，需要实现 onItemClick() 方法，如下面的代码所示。

```
// 响应列表播放
@Override
public void onItemClick(AdapterView<?> parent,
                        View view, int position, long id) {
    if (id >= 0)
        play((int) id);
}
```

现在极简音乐播放器就完成了。接下来，只需要将自己喜欢的音乐放在设备根目录下的 mymusic 目录中，启动应用即可。代码中，暂时只支持 .wma 和 .mp3 格式的文件。可以自己动手修改代码，以支持更多的音乐格式。

下面简单总结一下 MediaPlayer 类的使用，首先是一些常用方法，如：

- setDataSource() 方法，设置需要播放的文件，可以是本地文件，也可以是网络文件。
- start() 方法，开始播放。
- isPlaying() 方法，判断是否正在播放。
- pause() 方法，暂停播放。
- stop() 方法，停止。请注意，调用此方法后，不能使用 start() 方法启动播放。
- reset() 方法，重置 MediaPlayer 对象，如准备重新装载数据时。
- release() 方法，释放与 MediaPlayer 对象相关的资源。
- getDuration() 方法，返回音乐的长度，单位是毫秒。
- getCurrentPosition() 方法，返回播放的当前位置，单位是毫秒。
- seekTo() 方法，设置当前的播放位置，单位是毫秒。
- setLooping() 方法，设置是否循环播放。
- isLooping() 方法，判断是否循环播放。
- prepare() 方法，同步装载媒体文件。
- prepareAsync() 方法，异步媒体文件，当文件较大时，应使用异步装载，避免界面停止响应。异步操作时，应注意使用相应的回调方法进行处理。

- setAudioStreamType()，设置播放文件的类型，使用 AudioManager 中的一个常量设置，如 AudioManager.STREAM_MUSIC 表示音乐流。
- setWakeMode() 方法，设置 CPU 唤醒方式，第一个参数指定 Context 对象，第二个参数指定唤醒方式，如 PowerManager.PARTIAL_WAKE_LOCK 值。

使用 MediaPlayer 时，还可以设置一些事件响应，常用的包括以下几个。

- setOnCompletionListener()，当前音频播放完成时调用。
- setOnErrorListener()，播放中发生错误时调用。
- setOnPreparedListener()，音频数据装载完毕时调用，如果使用 prepareAsync() 方法进行异步装载，可以在此事件中进行相应的处理。
- setOnSeekCompleteListener()，使用 seekTo() 方法调整播放位置时调用。

26.6 播放视频

相对于音频文件，视频的标准可就复杂多了。如果读者是专业做视频软件的，会需要更多的专业知识。这里将简单了解一下 VideoView 组件的使用。

创建项目 VideoViewDemo，并在 AndroidManifest.xml 文件中添加权限的声明，如下面的代码所示。

```
<?xml version="1.0" encoding="utf-8"?>
<manifest xmlns:android="http://schemas.android.com/apk/res/android"
    package="com.example.videoviewdemo">

<uses-permission android:name="android.permission.WRITE_EXTERNAL_STORAGE"/>
<uses-permission android:name="android.permission.READ_EXTERNAL_STORAGE"/>

<!-- 其他代码 -->
</manifest>
```

下面是 MainActivity 布局文件 main_layout.xml 的内容。

```
<?xml version="1.0" encoding="utf-8"?>
<LinearLayout xmlns:android="http://schemas.android.com/apk/res/android"
    android:orientation="vertical" android:layout_width="match_parent"
    android:layout_height="match_parent">

<Button android:id="@+id/btnPlayPause"
        android:layout_width="match_parent"
        android:layout_height="wrap_content"
        android:text=" 播放 / 暂停 "/>

<VideoView android:id="@+id/video"
        android:layout_width="match_parent"
        android:layout_height="wrap_content" />

</LinearLayout>
```

来到 MainActivity.java 文件，修改其内容，如下所示。

```
package com.example.videoviewdemo;

import android.os.Bundle;
import android.os.Environment;
import android.view.View;
import android.widget.Button;
import android.widget.VideoView;

import java.io.File;

public class MainActivity extends RequestPermissionActivityBase
    implements View.OnClickListener
{

    private VideoView video;
    private Button btnPlayPause;

    @Override
    protected void onCreate(Bundle savedInstanceState) {
        super.onCreate(savedInstanceState);
        setContentView(R.layout.main_layout);
        //
        btnPlayPause = (Button)findViewById(R.id.btnPlayPause);
        btnPlayPause.setOnClickListener(this);
        //
        video = (VideoView)findViewById(R.id.video);
        // 设置视频路径
        File dir = new File(Environment.getExternalStorageDirectory(), "mymusic/1.mp4");
        video.setVideoPath(dir.getPath());
    }

    @Override
    public void onClick(View v) {
        int vid = v.getId();
        if(vid == R.id.btnPlayPause) {
            if(video.isPlaying())
                video.pause();
            else
                video.start();
        }
    }

    @Override
    protected void onDestroy() {
        super.onDestroy();
        if(video != null) {
            video.suspend();
            video = null;
        }
    }
}
```

这里只是简单载入了位于外存储器myvideo目录下名为1.mp4的视频文件，可以自己准备一个。

然后，对于 VideoView 组件的操作，与 MediaPlayer 比起来就比较相似了，如 start()、pause() 方法。不过，也有一些不同的地方，例如，使用 resume() 方法会从头开始播放，在 onDestroy() 方法中，调用 suspend() 方法停止 VideoView 组件的工作。

视频编码标准是非常多样化的，所以，如果准备的视频文件不能播放，也并不奇怪。实际应用中，也许 VideoView 组件更适合播放简单的视频，如过场动画。

26.7 读取通讯录（打电话与发短信）

本节实现的功能是读取设备联系人中的手机号码，然后可以拨打电话和发送短信。

创建 ContactsDemo 项目后，需要在 AndroidManifest.xml 文件中声明所需要的权限，如下面的代码所示。

```
<?xml version="1.0" encoding="utf-8"?>
<manifest xmlns:android="http://schemas.android.com/apk/res/android"
    package="com.example.contactsdemo">

<uses-permission android:name="android.permission.READ_CONTACTS"/>
<uses-permission android:name="android.permission.CALL_PHONE"/>
<uses-permission android:name="android.permission.SEND_SMS"/>
<!-- 其他代码 -->
</manifest>
```

然后，复制一个 RequestPermissionsActivityBase.java 文件到项目中，并修改其中的权限列表。

接下来，创建 MainActivity 的布局文件 main_layout.xml，并修改其内容，如下所示。

```
<?xml version="1.0" encoding="utf-8"?>
<LinearLayout xmlns:android="http://schemas.android.com/apk/res/android"
    android:orientation="vertical" android:layout_width="match_parent"
    android:layout_height="match_parent">

<LinearLayout
        android:layout_width="match_parent"
        android:layout_height="wrap_content">

<Button android:id="@+id/btnCall"
            android:layout_width="match_parent"
            android:layout_height="wrap_content"
            android:layout_weight="1"
            android:text=" 打电话 "/>

<Button android:id="@+id/btnSms"
            android:layout_width="match_parent"
            android:layout_height="wrap_content"
            android:layout_weight="1"
            android:text=" 发短信 "/>

</LinearLayout>
```

```
<TextView android:id="@+id/txtMsg"
        android:layout_width="match_parent"
        android:layout_height="wrap_content"/>

<ListView android:id="@+id/lstContacts"
        android:layout_width="match_parent"
        android:layout_height="match_parent"/>

</LinearLayout>
```

回到MainActivity.java文件，修改其内容，如下面的代码所示。

```
package com.example.contactsdemo;

import android.content.Intent;
import android.database.Cursor;
import android.net.Uri;
import android.provider.ContactsContract;
import android.os.Bundle;
import android.view.View;
import android.widget.AdapterView;
import android.widget.Button;
import android.widget.ListView;
import android.widget.SimpleAdapter;
import android.widget.TextView;
import android.widget.Toast;

import java.util.ArrayList;
import java.util.HashMap;
import java.util.List;
import java.util.Map;

public class MainActivity extends RequestPermissionActivityBase
    implements View.OnClickListener,AdapterView.OnItemClickListener
{

    private Button btnCall;
    private Button btnSms;
    private TextView txtMsg;
    private ListView lstContacts;
    //
    private SimpleAdapter adapter;
    private List<Map<String, String>> contacts =
            new ArrayList<Map<String, String>>();
    //
    private int selectedIndex = -1;


    @Override
    protected void onCreate(Bundle savedInstanceState) {
        super.onCreate(savedInstanceState);
        setContentView(R.layout.main_layout);
        //
        btnCall = (Button) findViewById(R.id.btnCall);
```

```
        btnCall.setOnClickListener(this);
        btnSms = (Button) findViewById(R.id.btnSms);
        btnSms.setOnClickListener(this);
        txtMsg = (TextView) findViewById(R.id.txtMsg);
        lstContacts = (ListView) findViewById(R.id.lstContacts);
        lstContacts.setOnItemClickListener(this);
    }

    @Override
    protected void onResume() {
        super.onResume();
        // 载入联系人
        loadContacts();
    }

    // 载入联系人列表
    private void loadContacts() {
        // ...
    }

    @Override
    public void onClick(View v) {
        int vid = v.getId();
        if(selectedIndex < 0 ){
            Toast.makeText(this," 请选择联系人 ",Toast.LENGTH_LONG).show();
            return;
        }
        // 从列表中获取号码
        String num = contacts.get(selectedIndex).get("num");
        //
        if(vid == R.id.btnCall) {
            // 打电话
            Intent intent = new Intent(Intent.ACTION_CALL);
            intent.setData(Uri.parse("tel:"+ num));
            startActivity(intent);
        }else if(vid == R.id.btnSms) {
            // 发信息
            Intent intent = new Intent(Intent.ACTION_SENDTO);
            intent.setData(Uri.parse("sms:"+ num));
            intent.putExtra("sms_body","hello");
            startActivity(intent);
        }
    }

    // 单击一个联系人
    @Override
    public void onItemClick(AdapterView<?> parent,
                            View view, int position, long id)
    {
        // 显示选择的联系人
        if(id < 0) return;
        selectedIndex = (int)id;
        Map<String,String> map = contacts.get(selectedIndex);
```

```
        String msg = map.get("name") + " : " + map.get("num");
        txtMsg.setText(msg);
    }
}
```

可以看到，获取联系人的重点在于 loadContacts() 方法，其实现代码如下。

```
// 载入联系人列表
private void loadContacts() {
    Cursor cursor = null;
    try {
        // 联系人显示名称
        String nameField =
            ContactsContract.CommonDataKinds.Phone.DISPLAY_NAME;
        // 手机号码
        String numField =
                ContactsContract.CommonDataKinds.Phone.NUMBER;
        //
        cursor = getContentResolver().query(
                ContactsContract.CommonDataKinds.Phone.CONTENT_URI,
                null, null, null, null);
        if (cursor.moveToFirst()) {
            do {
                String name = cursor.getString(
                        cursor.getColumnIndex(nameField));
                String num = cursor.getString(
                        cursor.getColumnIndex(numField));
                HashMap<String,String> map =
                    new HashMap<String,String>();
                map.put("name", name);
                map.put("num",num);
                contacts.add(map);
            } while (cursor.moveToNext());
            //
            adapter = new SimpleAdapter(this, contacts,
                    android.R.layout.simple_list_item_2,
                    new String[] {"name", "num"},
                    new int[] {android.R.id.text1,
                            android.R.id.text2,
                    });
            lstContacts.setAdapter(adapter);
        }
    } catch (Exception ex) {
        ex.printStackTrace();
    } finally {
        if (cursor != null) {
            cursor.close();
        }
    }
}
```

首先，使用 getContentResolver() 方法获取当前上下文的 ContentResolver 对象。然后，调用 query() 方法获取内容。

这里，使用 ContactsContract.CommonDataKinds.Phone.CONTENT_URI 常量标识所需要的资源，它表示与电话联系人相关的内容。

获取的数据会返回一个 Cursor 对象。通过一个循环结构，将其中的联系人姓名和手机号码封装为一个 List<Map<String, String>> 类型的对象。其中，获取数据时，ContactsContract.CommonDataKinds.Phone.DISPLAY_NAME 常量表示联系人显示的名称，ContactsContract.CommonDataKinds.Phone.NUMBER 常量表示手机号码。

然后，使用 SimpleAdapter 类的一个构造函数将数据绑定到 lstContacts 组件。请注意，定义列表项时，使用了 android.R.layout.simple_list_item_2 布局。其中包括了两个 TextView 组件，使用 text1 组件显示联系人姓名，使用 text2 组件显示手机号码。

onItemClick() 方法中，当单击一个联系人时，就会在 txtMsg 中显示相应的信息。然后，通过 onClick() 方法响应按钮操作，这里实现了打电话和发短信的功能。请注意，这两个功能都需要用户授权，否则无法操作。

实现打电话功能时，使用如下代码。

```
Intent intent = new Intent(Intent.ACTION_CALL);
intent.setData(Uri.parse("tel:"+ num));
startActivity(intent);
```

这里，使用的 Intent 动作（action）为 Intent.ACTION_CALL，执行代码后，会直接拨打指定的号码。在 setData() 方法中指定数据时，使用 Uri 对象，其文本内容格式为“tel: < 号码 >”。

发送短信的功能如下。

```
Intent intent = new Intent(Intent.ACTION_SENDTO);
intent.setData(Uri.parse("sms:"+ num));
intent.putExtra("sms_body","hello");
startActivity(intent);
```

这里，使用的动作为 Intent.ACTION_SENDTO，设置的数据格式为“sms:< 号码 >”。此外，还可以使用 putExtra() 方法指定默认的短信内容，此时数据名称应该使用 sms_body。执行此代码，会打开短信编辑界面，用户可以选择是否发送。

第 27 章　资源与本地化

前面的示例中创建了很多项目，它们有一些共同的特点，例如，使用了默认的图标、文本内容都使用了直接量，每个 Activity 使用唯一的布局文件等。

实际开发工作中，情况似乎并不是这样，例如，应用需要自己的图标，需要支持不同的语言、设备方向，同时还可能需要不同的布局文件等。

本章就解决这些问题，主要内容包括：

- 资源应用限定符
- 应用图标
- 竖屏与横屏
- 语言
- 颜色

本章将在 ResourceDemo 项目中进行相关的测试工作。此外，对于项目中的资源，使用 Project 模式查看会比较清晰一些，如图 27-1 所示。

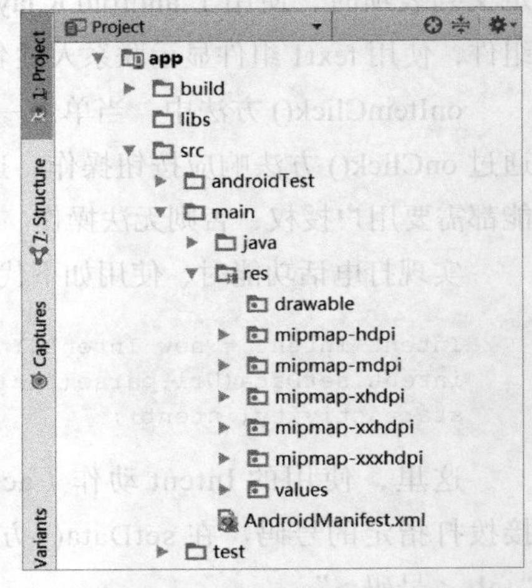

图 27-1　使用 Project 模式查看项目结构

27.1　资源应用限定符

从图 27-1 中可以看到，项目资源位于 \app\src\main\res 目录中，资源名称使用小写字母，单词之间可以使用连字符。在 res 目录中，还有一些基本的目录，如：

- drawable，用于存放图片。
- mipmap，用于存放高质量的图片文件。
- layout，用于存放布局文件
- values，用于存放一些通用的“键 / 值”格式的资源，如命名的文本、颜色等。

判断设备的硬件和系统等参数时，可以在资源目录名称中使用一些限定词，以提供不同类型的资源文件。下面先介绍一些常用的限定词。

首先，可以根据屏幕的 DPI（dots per inch）值确定使用的资源，如：

- ldpi，120dpi 以下。
- mdpi，120 ~ 160dpi。
- hdpi，160 ~ 240dpi。
- xhdpi，240 ~ 320dpi。
- xxhdpi，320 ~ 480dpi。

❑ xxxhdpi，480dpi 以上。

实际上，新创建的项目中，mipmap 目录的资源就使用了这样的限定词，其中定义了默认的应用图标，包括普通的机器人图标和圆形的机器人图标。

第二种限定词是与屏幕的尺寸相关的内容，如：

❑ small

❑ normal

❑ large

❑ xlarge

这些词有些抽象，实际应用中可能并不常见。大多数情况下，只需要针对手机或平板设置进行设计也就可以了。如果应用界面对尺寸有要求，还可以根据屏幕的 dp 尺寸值来创建资源，如：

❑ sw<n>dp，sw（small width）限定词的含义是屏幕尺寸宽度达到 <n>dp 时使用指定的资源。

❑ w<n>dp，屏幕宽度（width）达到 <n>dp 时使用指定的资源。

❑ h<n>dp，屏幕高度（height）达到 <n>dp 时使用指定的资源。

设备使用过程中，可能会处于竖屏状态，也可能会处于横屏状态。此情况下，可以使用屏幕方向相关的限定词，如：

❑ port，竖屏应用。

❑ land，横屏应用。

在判断不同的 Android 版本时，可以使用 API 版本进行限定，如 v23 表示只能在 Android 6.0 以上的系统中使用。

此外，多种限定词还可以组合使用，但前提是要符合逻辑，如 values-zh-land 表示中文系统的横屏模式下使用的资源。在组合使用资源限定词时，应注意不同限定词具有不同的优先级，如语言限定词的优先级大于屏幕方向限定词，所以将 zh 放在 land 的前面。表 27-1 中给出了资源的优先级，可以在定义资源时参考使用。

表 27-1　资源限定词的优先级

优　先　级	限定词类型
1	国家代码
2	语言代码
3	屏幕方向
4	最小宽度
5	可用宽度
6	可用高度
7	屏幕尺寸
8	屏幕纵横比
9	屏幕方位
10	UI 模式

续表

优 先 级	限定词类型
11	夜间模式
12	DPI
13	触摸屏类型
14	键盘可用性
15	首选输入法
16	导航键可用性
17	非文本导航
18	API 版本

27.2 应用图标

项目中，各种图像文件（如图片和图标等），会放在 app\src\main\res 目录下的 drawable 或 mipmap 目录中。这两类图像的区别在于，mipmap 目录的图片会进行特别处理，以提高处理速度和清晰度，但文件占用的空间会更大。

对于要求比较高的图像文件，可能需要针对不同类型的设备分别准备。项目中也看到了多个使用 dpi 限定词的 mipmap 目录，其中存放了应用的图标文件。下面看一看如何在应用中使用自己的图标。

首先，准备一张 192*192 像素的 PNG 图片，命名为 icon.png。然后，将 icon.png 文件复制到 app\src\main\res\mipmap 目录下，如图 27-2 所示。

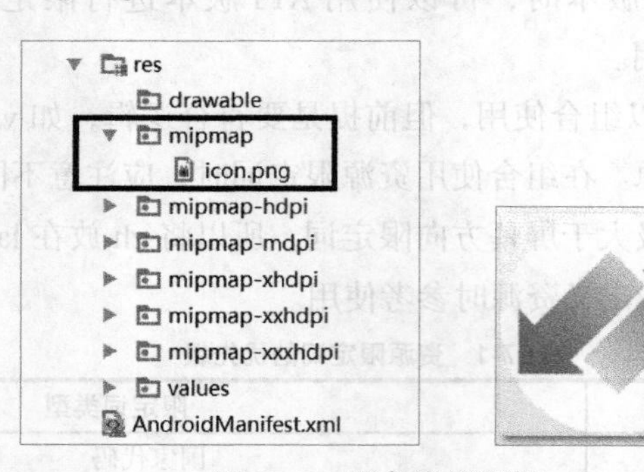

图 27-2 准备应用图标

接下来，需要在 AndroidManifest.xml 文件中设置应用图标，如下面的代码所示。

```
<?xml version="1.0" encoding="utf-8"?>
<manifest xmlns:android="http://schemas.android.com/apk/res/android"
    package="com.example.resourcedemo" >

<application
        android:allowBackup="true"
        android:icon="@mipmap/icon"
        android:roundIcon="@mipmap/icon"
        android:label="@string/app_name"
```

```
        android:supportsRtl="true"
        android:theme="@style/AppTheme" >

    <activity android:name=".MainActivity" >
    <intent-filter>
    <action android:name="android.intent.action.MAIN" />
    <category android:name="android.intent.category.LAUNCHER" />
    </intent-filter>
    </activity>

    </application>
    </manifest>
```

在 <application> 节点中，设置 android:icon 和 android:roundIcon 属性值为 @maipmap/icon，这样，应用就会在 mipmap 相关的目录中查找 icon.png 文件。设置完成后，执行应用，然后单击设备的 Home 键，可以看到应用的图标，图 27-3（a）与（b）所示就是在模拟器和真实设备中的截图。

（a）

（b）

图 27-3　自定义应用图标

这里，只创建了一个应用图标文件（确实有一点点偷懒），并将其放在通用的 mipmap 目录中。对于不需要区分设备类型的资源来说，这么做也就够用了。当然，如果应用有更高的要求，下点工夫来整理资源也是应该的。

27.3　竖屏与横屏

对于简单的界面设计，可以使用单一布局处理横屏和竖屏的问题，但在横屏与竖屏布局设计完全不同的情况下，还是应该分别进行布局的设计工作。下面将介绍如何在项目中处理横屏与竖屏布局文件。

项目中，默认的布局文件存放于app\src\main\res\layout目录（如果没有，就手动创建一个），如一直在使用的MainActivity的布局文件main_layout.xml。现在，修改其内容，如下所示。

```
<?xml version="1.0" encoding="utf-8"?>
<LinearLayout xmlns:android="http://schemas.android.com/apk/res/android"
    android:orientation="vertical" android:layout_width="match_parent"
    android:layout_height="match_parent">

<TextView android:layout_width="match_parent"
        android:layout_height="wrap_content"
        android:text="默认竖屏"/>

</LinearLayout>
```

接下来，创建app\src\main\res\layout-land目录，用于存放横屏布局。在此目录中创建一个名为main_layout.xml的布局文件，并修改其内容，如下所示。

```
<?xml version="1.0" encoding="utf-8"?>
<LinearLayout xmlns:android="http://schemas.android.com/apk/res/android"
    android:orientation="vertical" android:layout_width="match_parent"
    android:layout_height="match_parent">

<TextView android:layout_width="match_parent"
        android:layout_height="wrap_content"
        android:text="横屏"/>

</LinearLayout>
```

接下来，修改MainActivity.java文件的内容，如下所示。

```
package com.example.resourcedemo;

import android.support.v7.app.AppCompatActivity;
import android.os.Bundle;

public class MainActivity extends AppCompatActivity {

    @Override
    protected void onCreate(Bundle savedInstanceState) {
        super.onCreate(savedInstanceState);
        setContentView(R.layout.main_layout);
    }
}
```

这里，指定Activity的布局为main_layout.xml，那么，用的是哪个main_layout.xml文件呢？当设备处于横屏状态时，应用首先会从横屏相关的目录寻找布局文件，本例中就是layout-land目录，在这里正好有一个main_layout.xml文件，所有会显示横屏，如图27-4（a）所示。当设备为竖屏状态时，因为找不到相关的布局目录，所以会载入layout目录中的

main_layout.xml，如图 27-4（b）所示。

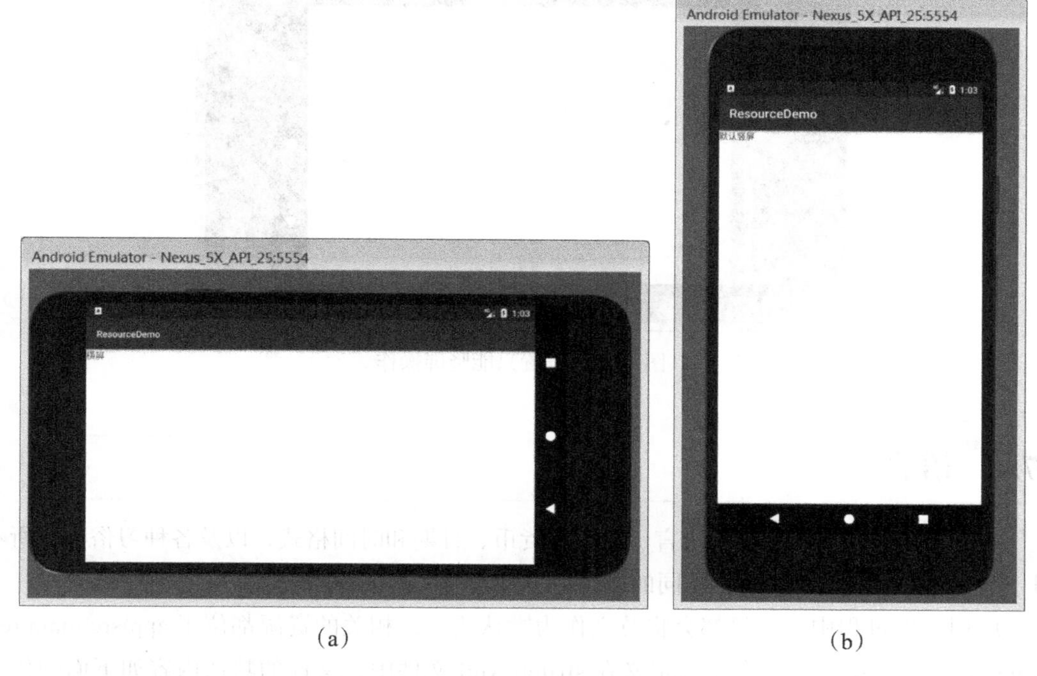

（a）　　（b）

图 27-4　自动载入横屏和竖屏布局

此外，如果 Activity 不允许翻转操作，可以使用 setRequestedOrientation() 方法进行设置。该方法包括一个参数，使用 ActivityInfo 类中定义的值指定与翻转操作相关的参数。主要包括以下几个值。

- SCREEN_ORIENTATION_SENSOR 值，允许翻转操作。
- SCREEN_ORIENTATION_NOSENSOR 值，不允许翻转操作。
- SCREEN_ORIENTATION_PORTRAIT 值，设置为竖屏界面。
- SCREEN_ORIENTATION_LANDSCAPE 值，设置为横屏界面。

实际应用中，可以在 Activity 的 onCreate() 方法中设置与屏幕翻转相关的参数，如下面的代码所示。

```
@Override
protected void onCreate(Bundle savedInstanceState) {
    super.onCreate(savedInstanceState);
    setContentView(R.layout.main_layout);
    //
    setRequestedOrientation(ActivityInfo.SCREEN_ORIENTATION_NOSENSOR);
    setRequestedOrientation(ActivityInfo.SCREEN_ORIENTATION_PORTRAIT);
}
```

这样一来，无论设备处于什么状态，都会使用与竖屏相关的资源。如果没有找到相关的资源，则会使用默认资源，如图 27-5 所示。

图 27-5 设置只能竖屏操作

27.4 语言

对于不同的国家和地区，语言、文字、货币、日期和时间格式，以及各种习俗都有所不同。本节讨论如何让应用支持不同的语言，主要处理文本资源。

应用开发过程中，一般都会将英文作为默认语言，相关的资源都位于 app\src\main\res\values 目录。其中，文本资源就定义在 strings.xml 文件中，文件的默认内容如下面的代码所示。

```
<resources>
<string name="app_name">ResourceDemo</string>
</resources>
```

文件中，使用 <resources> 节点定义资源。然后，使用 <string> 节点定义文本资源项。其中，name 属性指定资源的名称，资源的内容就是 <string> 节点中的文本节点（XML 标准中，文本内容称为文本节点）。

如何创建一个中文的应用名称呢？首先，需要创建 app\src\main\res\values-zh 目录。然后，在这个目录中创建一个 strings.xml 文件。此时，可以看到文件前会显示一个中国国旗的小图标，如图 27-6 所示。

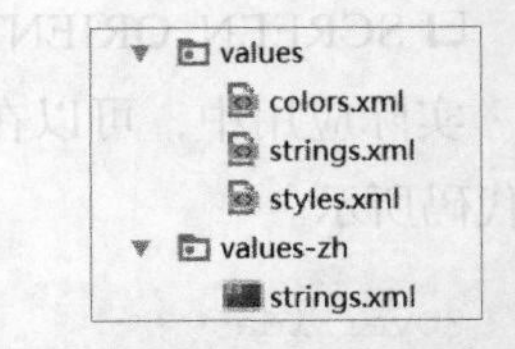

图 27-6 创建中文文本资源

下面修改 values-zh\strings.xml 文件的内容，如下所示。

```
<resources>
<string name="app_name">资源应用演示</string>
</resources>
```

接下来，可以分别在使用英文的设备和使用中文的设备中安装应用。在不同的语言环境下，应用会显示不同语言的名称，如应用图标下的名称和 Activity 中的标题名称。

除了应用名称之外，还可以创建一系列的文本资源，如刚才显示的横屏和竖屏信息，也可以使用两种语言来显示。首先，修改 values 目录下 strings.xml 文件的内容，如下所示。

```
<resources>
<string name="app_name">ResourceDemo</string>
<string name="portrait">Portrait</string>
<string name="landscape">Landscape</string>
</resources>
```

然后，修改 values-zh 目录下 strings.xml 文件的内容，如下所示。

```
<resources>
<string name="app_name">资源应用演示</string>
<string name="portrait">竖屏</string>
<string name="landscape">横屏</string>
</resources>
```

接下来，在资源文件（如布局文件）或代码中，可以修改资源的名称，应用会根据系统中设置的语言自动选择相应的内容。下面修改 layout 目录下的 main_layout.xml 文件，只需要修改 TextView 组件中的 android:text 属性即可，如下面的代码所示。

```
<TextView android:layout_width="match_parent"
    android:layout_height="wrap_content"
android:text="@string/portrait"/>
```

然后，修改 layout_land 目录中的 main_layout.xml 文件，同样只需要修改 TextView 组件的 android:text 属性即可，如下面的代码所示。

```
<TextView android:layout_width="match_parent"
    android:layout_height="wrap_content"
android:text="@string/landscape"/>
```

最后，分别在不同语言设置的设备中启动应用，会看到显示的内容也是不同的，如图 27-7（a）与（b）所示。

（a）　　　　（b）

图 27-7　使用不同语言的文本资源

27.5　颜色

应用中常用的颜色，同样可以使用资源文件进行设置，默认的颜色资源文件同样位于 app\src\main\res\values 目录中，文件名为 colors.xml，其中包括几种默认的颜色。现在在文件中添加一种名为 font_color 的颜色，如下面的代码所示。

```
<resources>
<color name="colorPrimary">#3F51B5</color>
<color name="colorPrimaryDark">#303F9F</color>
```

```
<color name="colorAccent">#FF4081</color>
<color name="font_color">#0000FF</color>
</resources>
```

下面在 values-zh 目录下创建一个 colors.xml 文件，同样添加一个名为 font_color 的颜色值，如下面的代码所示。

```
<resources>
<color name="font_color">#FF0000</color>
</resources>
```

接下来，分别在 layout 目录和 layout-land 目录中的 main_layout.xml 文件中为 TextView 组件添加 textColor 属性，如下面的代码所示。

```
android:textColor="@color/font_color"
```

这样一来，在使用英文的系统中，TextView 组件中的文字会显示为蓝色，而在使用中文的系统中，TextView 组件中的文字会显示为红色。

值得一提的是，在 colors.xml 文件中创建颜色后，在其左侧会显示此颜色的方块，可以直观地看到颜色的具体表现。

第 28 章　项目演示：迷你账本

前面的内容已经介绍了大量的 Android 应用开发技术和方法。本章将创建一个综合演示项目，其功能是账目管理，包括添加、删除、查询、收支统计等功能。

图 28-1（a）~（d）显示了迷你账本英文版的主要截图（模拟器截图）。

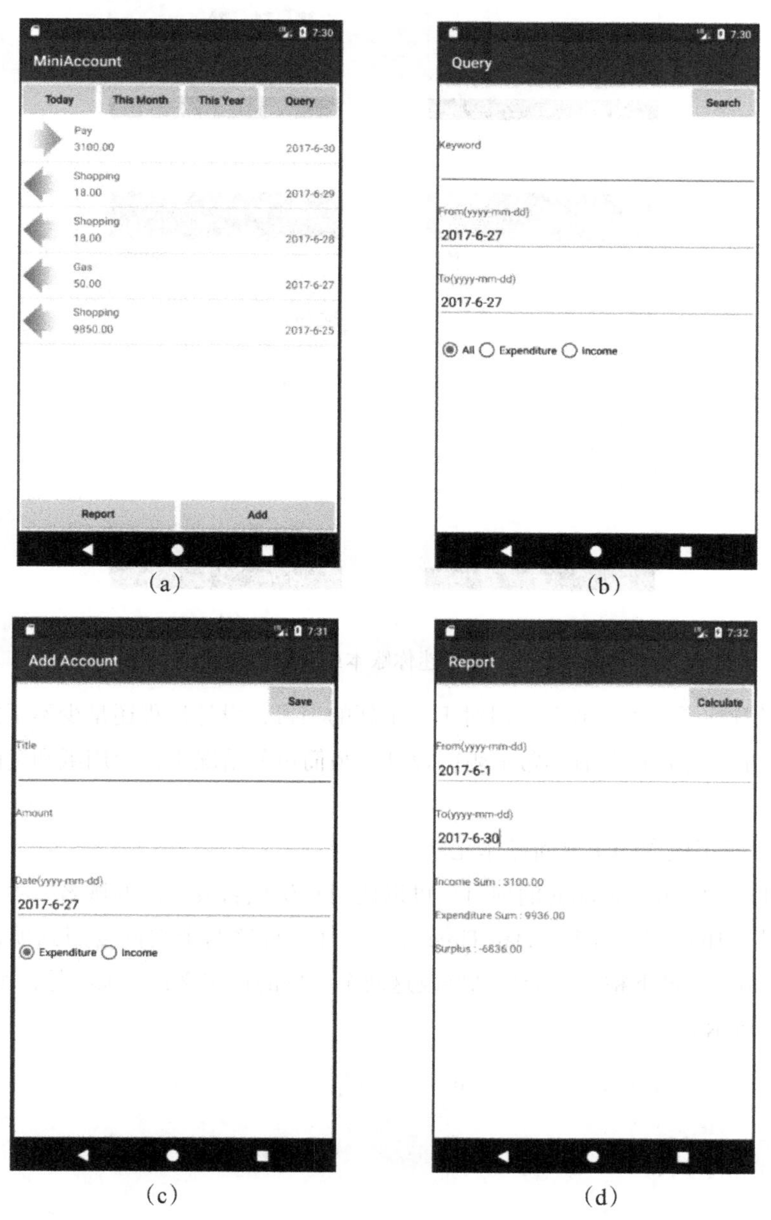

图 28-1　迷你账本英文版的截图

图 28-2（a）~（d）显示了迷你账本中文版的主要截图（实机截图）。

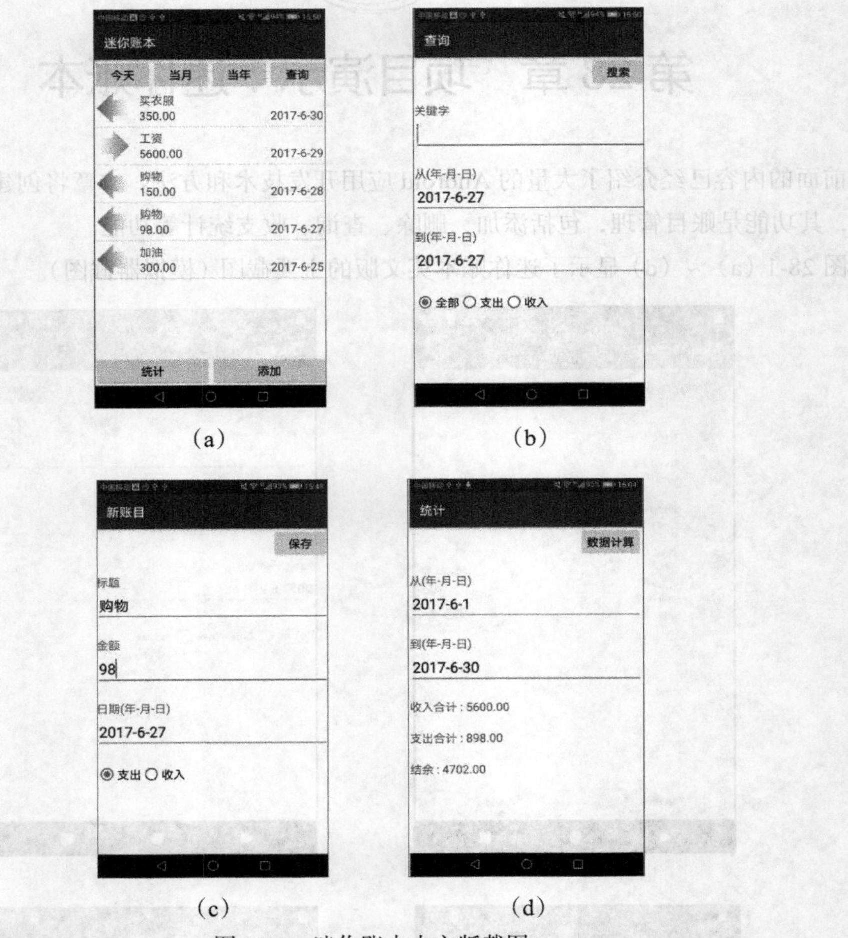

（a）（b）（c）（d）

图 28-2　迷你账本中文版截图

虽然已经看到了应用的截图，但对于一个新的项目，设计过程还是少不了的。首先，需要对项目的功能和操作流程有非常清晰的设计。最简单的情况下，使用纸和笔随手画一画也是不错的设计方法。

图 28-3 显示了应用的主界面操作元素。

这里创建名为 MiniAccount 的项目，可以使用默认域名或自己的域名。项目中需要使用 JavaDemo 项目中的 CC.java 和 CDateTime.java 文件，将这两个文件复制到项目中。如果是在 Android Studio 环境下粘贴，会自动修改这两个文件的包定义；如果不是，可以手动修改，如下面的代码所示。

```
package com.caohuayu.miniaccount;

public class CC {
    // 其他代码 ...
}
```

MiniAccount 项目中，为了更完整地观察项目内容，使用 Project 方式，如图 28-4 所示。

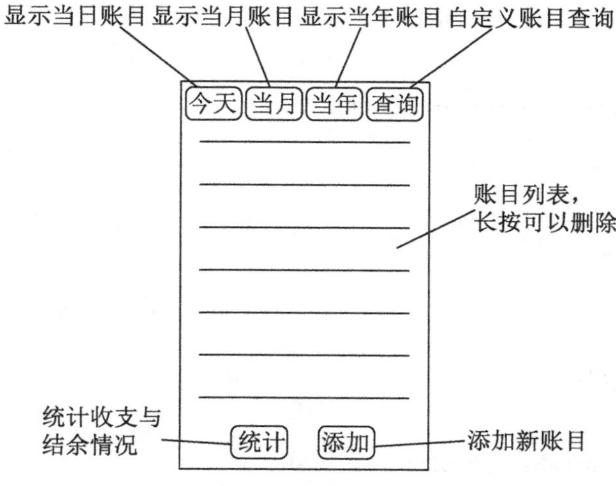

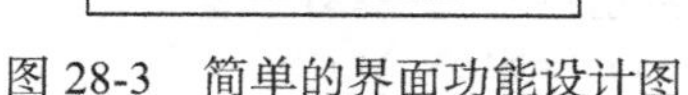

图 28-3　简单的界面功能设计图

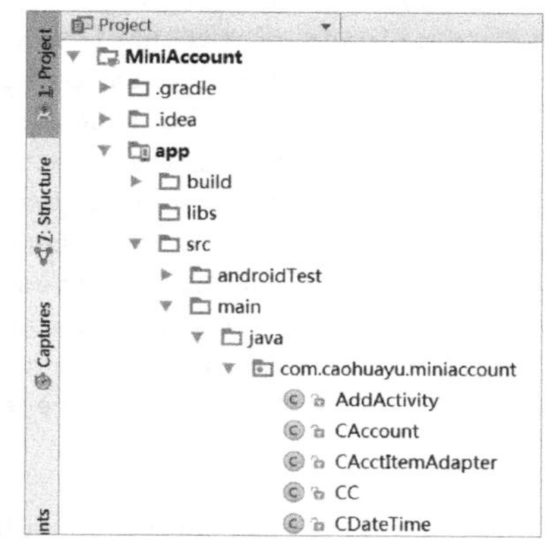

图 28-4　使用 Project 模式查看项目文件

接下来，开始项目代码的编写工作。

28.1　数据库操作（CAccount 类）

对于账目数据的管理，使用数据库是一个不错的选择。本项目将使用 SQLite 数据库，并在代码中创建 CAccount 类操作账目数据。

28.1.1　初始化

下面的代码就是 CAccount 类的基本定义（CAccount.java 文件）。

```
package com.caohuayu.miniaccount;

import android.content.ContentValues;
import android.content.Context;
import android.database.Cursor;
import android.database.sqlite.SQLiteDatabase;
import android.database.sqlite.SQLiteOpenHelper;

import java.util.ArrayList;
import java.util.HashMap;
import java.util.List;
import java.util.Map;

public class CAccount extends SQLiteOpenHelper {
    // 创建数据库操作对象
    public static CAccount getInstance(Context context,int version) {
        return new CAccount(context,"miniaccount.db",null,version);
    }
    // 构造函数
```

```
    private CAccount(Context context, String name,
                     SQLiteDatabase.CursorFactory factory, int version) {
        super(context, name, factory, version);
    }
    // 创建数据库及数据表
    private static final String createAccountTableSql =
            "create table if not exists account(" +
            "acctid integer primary key,"+
            "accttitle text not null,"+
            "acctamount float,"+
            "acctdate integer,"+
            "acctyear integer,"+
            "acctmonth integer,"+
            "acctday integer,"+
            "accttype integer);";
    //
    @Override
    public void onCreate(SQLiteDatabase sqLiteDatabase) {
        sqLiteDatabase.execSQL(createAccountTableSql);
    }
    // 更新数据库
    @Override
    public void onUpgrade(SQLiteDatabase sqLiteDatabase, int i, int i1) {

    }
    // 其他代码
}
```

代码中，CAccount 继承于 SQLiteOpenHelper 类，并重写了以下成员。

- 构造函数，这里，将构造函数定义为私有的，即不能使用 new 关键字创建 CAccount 对象。
- onCreate() 方法，完成数据库的初始化操作，这里会创建 account 数据表（如果不存在）。
- onUpgrade() 方法，用于数据库的更新操作，只在应用升级时使用，这里空着即可。

请注意 getInstance() 静态方法，它用于返回 CAccount 对象。其中，在调用构造函数时，指定了应用的数据库文件。通过此方法返回 CAccount 对象，可以避免可能的代码输入错误。

数据库中，account 表用于保存账目记录，其字段设置包括以下几个。

- acctid，记录 ID，设置为主键（primary key）。
- accttitle，账目标题。
- acctamount，账目金额。
- accttype，账目类型，约定 1 表示支出，2 表示收入。
- acctdate，保存距离 1970 年 1 月 1 日零时的毫秒数。
- acctyear，年份。
- acctmonth，月份。
- acctday，日期。

这里，单独保存年、月、日数据是为了更方便进行一些处理，例如，快速地显示账目信息等操作。

28.1.2　添加记录

在 CAccount 类中，把添加账目记录的操作封装为 insert() 方法，如下面的代码（CAccount.java 文件）所示。

```
// 添加一条记录，包括标题、金额、类型、时间
public long insert(String title, double amount, long type, CDateTime dt) {
    SQLiteDatabase db = this.getWritableDatabase();
    ContentValues data = new ContentValues();
    data.put("accttitle",title);
    data.put("acctamount",amount);
    data.put("accttype", type);
    data.put("acctdate", dt.getTimeInMillis());
    data.put("acctyear",dt.year());
    data.put("acctmonth",dt.month());
    data.put("acctday", dt.day());
    long result = db.insert("account",null,data);
    db.close();
    return result;
}
```

首先，使用 getWritableDatabase() 方法返回一个可读写的数据库对象（SQLiteDatabase 类型）。然后，使用 ContentValues 对象组织需要保存的数据，并调用 SQLiteDatabase 对象的 insert() 方法将数据保存到数据库中。操作成功后，会返回新记录的 ID 值。最后，不要忘了关闭 SQLiteDatabase 对象。

28.1.3　删除记录

删除账目记录的操作相对简单，在 CAccount 类中封装为 delete() 方法，如下面的代码（CAccount.java 文件）所示。

```
// 删除指定 ID 的记录
public long delete(long id) {
    SQLiteDatabase db = this.getWritableDatabase();
    long result = db.delete("account","acctid="+id,null);
    db.close();
    return result;
}
```

代码中，同样使用 getWritableDatabase() 方法获取一个可读写的 SQLiteDatabase 对象。然后，使用 SQLiteDatabase 对象的 delete() 方法完成删除操作。这里根据记录的 ID 删除账目数据，也就是说，一次只能删除一条记录。

28.1.4　账目查询

先看下面的代码（CAccount.java 文件）。

```
// 保证字段的顺序
private static final String fields =
    "acctid,accttitle,acctamount,acctdate,accttype,acctyear,acctmonth,acctday";
// 将 Cursor 对象转换为 List<Map<String, Object>> 对象
private static List<Map<String,Object>> toList(Cursor cursor) {
    List<Map<String, Object>> result = new ArrayList<Map<String, Object>>();
    if ((cursor != null) && cursor.moveToFirst()) {
        do {
            Map<String, Object> map = new HashMap<String, Object>();
            map.put("acctId", cursor.getLong(0));
            map.put("acctTitle", cursor.getString(1));
            map.put("acctAmount", cursor.getDouble(2));
            map.put("acctDate", cursor.getLong(3));
            map.put("acctType", cursor.getLong(4));
            map.put("acctYear", cursor.getLong(5));
            map.put("acctMonth", cursor.getLong(6));
            map.put("acctDay", cursor.getLong(7));
            result.add(map);
        } while (cursor.moveToNext());
    }
    return result;
}
```

代码中，首先定义了 fields 字段，用于确定查询 SQL 语句中的返回字段，这样可以保证字段的顺序。在 toList() 方法中，正是通过这个固定的顺序来读取账目记录的数据。

再看 toList() 方法，它的功能是将 Cursor 中的记录赋予一个 List<Map<String, Object>> 对象，也就是一个有序对象。其中，每个条目都是一个由“键 / 值”对应的数据集合（Map 接口类型）。这样做的目的是方便将数据绑定到 ListView 组件中，稍后会看到具体的操作。

接下来是几个基本的查询方法，如下面的代码所示。

```
// 按天查询
public List<Map<String,Object>> queryByDay(long msec) {
SQLiteDatabase db = this.getReadableDatabase();
    String sql =String.format(
            "select %s from account where acctdate %s order by acctdate desc;",
            fields,CDateTime.SqlBuilder.inDay(msec));
    Cursor cursor = db.rawQuery(sql,null);
    List<Map<String,Object>> result =  toList(cursor);
    db.close();
    return result;
}

// 按月查询
public List<Map<String,Object>> queryByMonth(long msec) {
    SQLiteDatabase db = this.getReadableDatabase();
    String sql =
        String.format("select %s from account where acctdate %s order by acctdate desc;",
        fields,CDateTime.SqlBuilder.inMonth(msec));
    Cursor cursor = db.rawQuery(sql,null);
    List<Map<String,Object>> result =  toList(cursor);
```

```
        db.close();
        return result;
    }
    // 按年查询
    public List<Map<String,Object>> queryByYear(long msec) {
        SQLiteDatabase db = this.getReadableDatabase();
        String sql =
            String.format("select %s from account where acctdate %s order by acctdate desc;",
                fields,CDateTime.SqlBuilder.inYear(msec));
        Cursor cursor = db.rawQuery(sql,new String[]{});
        List<Map<String,Object>> result =  toList(cursor);
        db.close();
        return result;
    }
```

这三个方法分别用于按天、按月份，以及按年份查询账目，由于是查询操作，因此只需要使用 getReadableDatabase() 方法返回只读的 SQLiteDatabase 对象就可以了。

接下来，在创建查询 SQL 时，使用了 CDateTime.SqlBuilder 类中的方法来生成日期的查询条件。

最后，调用 toList() 方法将查询结果（Cursor 对象）中的数据赋予 List<Map<String, Object>> 对象。

下面的代码（CAccount.java 文件）是另一个查询方法，通过关键字、日期范围和收支类型进行查询操作。

```
    // 综合查询
    public List<Map<String,Object>> query(
            String keyword,long startTime,long endTime,long type) {
        // 创建 SQL
        StringBuilder sb = new StringBuilder(300);
        // 关键字条件
        sb.append(String.format("select %s from account where accttitle like \'",fields));
        sb.append("%");
        sb.append(keyword);
        sb.append("%\'");
        // 日期范围
        if(!(startTime==0 && endTime==0)) {
            sb.append(String.format(" and (acctdate %s)",
                    CDateTime.SqlBuilder.dateRange(startTime, endTime)));
        }
        // 类型
        if(type == 1 || type == 2) {
            sb.append(String.format(" and (accttype=%d)",type));
        }
        //
        sb.append(" order by acctdate desc;");
        // 执行查询
        SQLiteDatabase db = getReadableDatabase();
        Cursor cursor = db.rawQuery(sb.toString(), new String[]{});
        List<Map<String,Object>> result =  toList(cursor);
        db.close();
        return result;
    }
```

代码的关键依然是 SQL 语句的生成，通过关键字查找时，在 acctitle 字段中使用模糊查询，即使用 acctitle like '%< 查询内容 >%' 格式的查询条件。

此外，在这几个查询方法中，查询结果都按 acctdate 字段的降序排列，也就是将最新的账目放在前面，这样更符合查看数据记录的习惯。

28.1.5 账目统计

对于账目的统计功能，在 CAccount 类中提供了两个方法，分别用于计算指定日期范围的账目总收入和总支出，如下面的代码（CAccount.java 文件）所示。

```
// 计算指定日期范围的总收入
public double incomeSum(long startTime, long endTime) {
    String sql;
    if(startTime == 0 && endTime == 0){
        sql = String.format(
        "select sum(acctamount) from account where accttype=2;");
    }else {
        sql = String.format(
      "select sum(acctamount) from account where accttype=2 and acctdate %s",
            CDateTime.SqlBuilder.dateRange(startTime, endTime));
    }
    SQLiteDatabase db = getReadableDatabase();
    Cursor cursor = db.rawQuery(sql,new String[]{});
    double result = 0d;
    if(cursor.moveToFirst()) result = cursor.getDouble(0);
    db.close();
    return result;
}

// 计算指定日期范围的总支出
public double expenditureSum(long startTime, long endTime) {
    String sql;
    if(startTime==0 && endTime==0){
    sql = String.format("select sum(acctamount) from account where accttype=1;");
    }else {
        sql = String.format(
      "select sum(acctamount) from account where accttype=1 and acctdate %s",
        CDateTime.SqlBuilder.dateRange(startTime, endTime));
    }
    SQLiteDatabase db = getReadableDatabase();
    Cursor cursor = db.rawQuery(sql,new String[]{});
    double result = 0d;
    if(cursor.moveToFirst()) result = cursor.getDouble(0);
    db.close();
    return result;
}
```

在计算总收入和总支出时，分别包括两种情况。如果指定的日期范围无效（当约定开始日期与结束时间都为 0 时），统计全部账目数据；否则，计算指定日期范围内的账目数据。

关于账目数据的基本操作代码已经完成了。接下来，将通过 Activity 创建用户界面，并通过界面来操作账目数据。

28.2　主界面

应用的主界面使用默认的 MainActivity。下面是其布局文件的内容（main_layout.xml 文件）。

```
<?xml version="1.0" encoding="utf-8"?>
<RelativeLayout xmlns:android="http://schemas.android.com/apk/res/android"
    android:orientation="vertical" android:layout_width="match_parent"
    android:layout_height="match_parent">

<LinearLayout android:id="@+id/mainToolBar"
        android:layout_width="match_parent"
        android:layout_height="wrap_content"
        android:orientation="horizontal"
        android:layout_alignParentTop="true"
        android:layout_alignParentLeft="true">

<Button android:id="@+id/btnToday"
            android:text="@string/today"
            android:layout_width="wrap_content"
            android:layout_height="wrap_content"
            android:layout_weight="1"
            android:textAllCaps="false"></Button>

<Button android:id="@+id/btnThisMonth"
            android:text="@string/this_month"
            android:layout_width="wrap_content"
            android:layout_height="wrap_content"
            android:layout_weight="1"
            android:textAllCaps="false"></Button>

<Button android:id="@+id/btnThisYear"
            android:text="@string/this_year"
            android:layout_width="wrap_content"
            android:layout_height="wrap_content"
            android:layout_weight="1"
            android:textAllCaps="false"></Button>

<Button android:id="@+id/btnQuery"
            android:text="@string/query"
            android:layout_width="wrap_content"
            android:layout_height="wrap_content"
            android:layout_weight="1"
            android:textAllCaps="false"></Button>

</LinearLayout>

<LinearLayout android:id="@+id/mainToolBarBottom"
        android:layout_width="match_parent"
        android:layout_height="wrap_content"
```

```
        android:orientation="horizontal"
        android:layout_alignParentBottom="true"
        android:layout_alignParentLeft="true"
        android:gravity="center_horizontal">

<Button android:id="@+id/btnReport"
            android:layout_width="wrap_content"
            android:layout_height="wrap_content"
            android:text="@string/report"
            android:textAllCaps="false"
            android:layout_weight="1"></Button>

<Button android:id="@+id/btnAdd"
            android:layout_width="wrap_content"
            android:layout_height="wrap_content"
            android:text="@string/add"
            android:textAllCaps="false"
            android:layout_weight="1"></Button>

</LinearLayout>


<ListView android:id="@+id/lstAcct"
        android:layout_width="match_parent"
        android:layout_height="match_parent"
        android:layout_below="@id/mainToolBar"
        android:layout_above="@id/mainToolBarBottom"></ListView>

</RelativeLayout>
```

这里使用了相对布局，从本章开始的截图中，可以看到布局的实际显示效果。

下面查看 MainActivity.java 文件，其基本代码如下。

```
package com.caohuayu.miniaccount;

import android.content.DialogInterface;
import android.content.Intent;
import android.support.v7.app.AlertDialog;
import android.support.v7.app.AppCompatActivity;
import android.os.Bundle;
import android.view.View;
import android.widget.AdapterView;
import android.widget.Button;
import android.widget.ListView;

import java.util.List;
import java.util.Map;

public class MainActivity extends AppCompatActivity
    implements View.OnClickListener,ListView.OnItemLongClickListener
{
    private Button btnToday;
    private Button btnThisMonth;
    private Button btnThisYear;
    private Button btnQuery;
    private Button btnAdd;
```

```
    private Button btnReport;
    private ListView lstAcct;
    // 当前显示的账目信息
    public List<Map<String,Object>> myData=null;
    private CAcctItemAdapter adapter;
    //
    @Override
    protected void onCreate(Bundle savedInstanceState) {
        super.onCreate(savedInstanceState);
        setContentView(R.layout.main_layout);
        //
        lstAcct = (ListView)findViewById(R.id.lstAcct);
        lstAcct.setOnItemLongClickListener(this);
        //
        btnToday = (Button)findViewById(R.id.btnToday);
        btnToday.setOnClickListener(this);
        btnThisMonth = (Button)findViewById(R.id.btnThisMonth);
        btnThisMonth.setOnClickListener(this);
        btnThisYear = (Button)findViewById(R.id.btnThisYear);
        btnThisYear.setOnClickListener(this);
        btnQuery = (Button)findViewById(R.id.btnQuery);
        btnQuery.setOnClickListener(this);
        btnAdd = (Button)findViewById(R.id.btnAdd);
        btnAdd.setOnClickListener(this);
        btnReport = (Button)findViewById(R.id.btnReport);
        btnReport.setOnClickListener(this);
        // 默认载入当天的账目
        loadToday();
    }

    @Override
    public void onClick(View view) {
        int vid = view.getId();
        if(vid == R.id.btnToday) {
            // 显示今天的账目
            loadToday();
        }else if(vid == R.id.btnThisMonth) {
            // 显示本月账目
            loadThisMonth();
        }else if(vid == R.id.btnThisYear) {
            // 显示本年度账目
            loadThisYear();
        }else if(vid == R.id.btnQuery) {
            // 显示查询界面
            Intent intent = new Intent(this, QueryActivity.class);
            startActivityForResult(intent,1);
        }else if(vid == R.id.btnAdd) {
            // 显示添加账目界面
            Intent intent = new Intent(this, AddActivity.class);
            startActivity(intent);
        }else if(vid == R.id.btnReport) {
            // 收支报告
            Intent intent = new Intent(this, ReportActivity.class);
            startActivity(intent);
        }
    }
    // 其他代码
}
```

先不用着急执行代码，它们现在还不能正确执行，因为其中有一些组件还没有创建。如果要测试现有代码，可以将没有的组件变成注释，需要的时候再取消注释。下面完成一些组件的创建工作。首先，显示账目的组件。

28.2.1 自定义账目显示组件

主界面中，显示账目使用了ListView组件，其中，列表项是根据需要自定义的组件。首先在acctitem_layout.xml布局文件中定义了账目信息的显示格式，如下面的代码所示。

```
<?xml version="1.0" encoding="utf-8"?>
<LinearLayout xmlns:android="http://schemas.android.com/apk/res/android"
    android:orientation="horizontal" android:layout_width="match_parent"
    android:layout_height="wrap_content"
    android:padding="5dp"
    android:layout_marginTop="15dp">

<ImageView android:id="@+id/imgType"
        android:layout_width="50dp"
        android:layout_height="50dp"></ImageView>

<LinearLayout
        android:layout_width="match_parent"
        android:layout_height="50dp"
        android:layout_marginLeft="15dp"
        android:orientation="vertical">

<TextView android:id="@+id/txtTitle"
            android:layout_width="match_parent"
            android:layout_height="25dp"
            android:gravity="center_vertical"></TextView>

<LinearLayout
            android:layout_width="match_parent"
            android:layout_height="wrap_content"
            android:orientation="horizontal">

<TextView android:id="@+id/txtAmount"
                android:layout_width="match_parent"
                android:layout_height="25dp"
                android:layout_weight="1"></TextView>

<TextView android:id="@+id/txtDate"
                android:layout_width="match_parent"
                android:layout_height="25dp"
                android:layout_weight="1"
                android:gravity="right"></TextView>

</LinearLayout>

</LinearLayout>

</LinearLayout>
```

其显示的格式如图 28-5 所示。

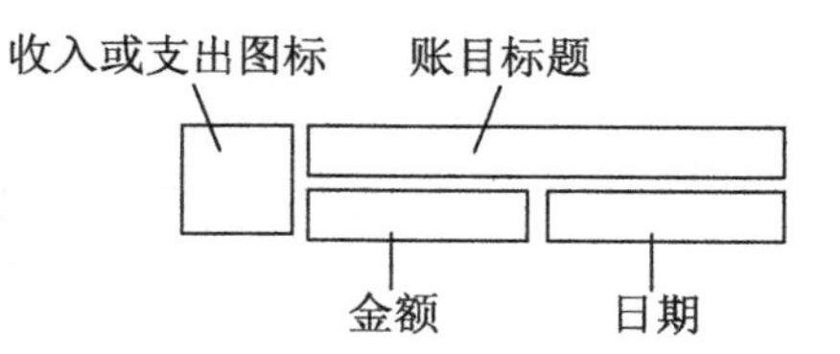

图 28-5　账目信息显示格式

其中，支出图标使用 type_1.png 文件，收入图标使用 type_2.png 文件，将这两个文件存放在 app\ src\main\res\drawable 目录中。

接下来是 CAcctItemAdapter 类的创建，它用于填充 ListView 组件中的账目数据列表，其定义如下（CAcctItemAdapter.java 文件）所示。

```
package com.caohuayu.miniaccount;

import android.content.Context;
import android.database.DataSetObserver;
import android.graphics.Bitmap;
import android.view.LayoutInflater;
import android.view.View;
import android.view.ViewGroup;
import android.widget.AdapterView;
import android.widget.BaseAdapter;
import android.widget.ImageView;
import android.widget.ListAdapter;
import android.widget.TextView;

import java.util.List;
import java.util.Map;

public class CAcctItemAdapter extends BaseAdapter {
    private List<Map<String,Object>> myList;
    private LayoutInflater myInflater;
    // 构造函数
    public CAcctItemAdapter(Context context, List<Map<String,Object>> lst) {
        myList = lst;
        myInflater = LayoutInflater.from(context);
    }

    @Override
    public boolean areAllItemsEnabled() {
        return true;
    }

    @Override
    public boolean isEnabled(int i) {
        return true;
    }

    @Override
    public void registerDataSetObserver(DataSetObserver dataSetObserver) {
    }

    @Override
    public void unregisterDataSetObserver(DataSetObserver dataSetObserver) {
    }

    @Override
    public int getCount() {
```

```
        if( myList == null)
            return 0;
        else
            return myList.size();
    }

    @Override
    public Object getItem(int i) {
        if( myList == null)
            return null;
        else
            return myList.get(i);
    }

    @Override
    public long getItemId(int i) {
        if( myList == null)
            return -1L;
        else
            return (long)(myList.get(i).get("acctId"));
    }

    @Override
    public boolean hasStableIds() {
        return true;
    }

    @Override
    public View getView(int i, View view, ViewGroup viewGroup) {

        if(view == null) {
            view = myInflater.inflate(R.layout.acctitem_layout,null);
        }
        //
        TextView txtTitle = view.findViewById(R.id.txtTitle);
        txtTitle.setText((String)(myList.get(i).get("acctTitle")));
        //
        TextView txtAmount = view.findViewById(R.id.txtAmount);
        txtAmount.setText(String.format("%.2f",myList.get(i).get("acctAmount")));
        TextView txtDate = view.findViewById(R.id.txtDate);
        txtDate.setText(String.format("%d-%d-%d",
                myList.get(i).get("acctYear"),
                myList.get(i).get("acctMonth"),
                myList.get(i).get("acctDay")));
        ImageView imgType = view.findViewById(R.id.imgType);
        long type = (long)(myList.get(i).get("acctType"));
        if(type == 1)
            imgType.setImageResource(R.drawable.type_1);
        else
            imgType.setImageResource(R.drawable.type_2);
        //
        return view;
    }

    @Override
    public int getItemViewType(int i) {
```

```
            return R.layout.acctitem_layout;
        }

        @Override
        public int getViewTypeCount() {
            return 1;
        }

        @Override
        public boolean isEmpty() {
            return false;
        }

        @Override
        public CharSequence[] getAutofillOptions() {
            return new CharSequence[0];
        }

}
```

大部分的代码比较容易理解，下面是几个需要注意的地方。

- CAcctItemAdapter 类继承于 BaseAdapter 类，用于创建数据的适配器类型，其中需要实现一系列的方法。
- 内部字段 myList 对象表示关联数据的集合，还记得在 CAccount 类中将查询结果都转换为 List<Map<String, Object>> 类型吗？这里的 myList 对象同样是这个类型。
- myInflater 对象用于关联适配器工作的上下文对象。
- 构造函数中，代入两个参数，分别指定适配器工作的上下文对象和数据集合。
- areAllItemsEnabled() 和 isEnabled(int i) 方法都设置为返回 true，这样就可以响应列表项的操作，如长按删除账目的操作。
- getItemId() 方法返回账目 ID，可以通过此数据删除账目记录。
- getView() 方法返回显示账目信息的视图对象（View 类型）。其中，如果项目的视图对象为空（null），则通过 myInflater.inflate() 方法创建它，第一个参数指定视图的布局文件（acctitem_layout.xml），第二个参数设置为 null 即可。方法中，根据指定索引的数据来填充账目的信息，如收支图标、账目标题、金额和日期。方法的最后会返回创建的 View 对象。

28.2.2　基本查询

主界面中的基本查询包括按天、按月份和按年份查询，在 onClick() 方法中分别调用了相应的方法，它们的定义如下（MainActivity.java 文件）所示。

```
// 载入今天的账目
private void loadToday() {
    CAccount acct = CAccount.getInstance(this,1);
    myData = acct.queryByDay(System.currentTimeMillis());
    //
```

```
        adapter = new CAcctItemAdapter(this, myData);
        lstAcct.setAdapter(adapter);
    }

    // 载入本月的账目
    private void loadThisMonth() {
        CAccount acct = CAccount.getInstance(this,1);
        myData = acct.queryByMonth(System.currentTimeMillis());
        //
        adapter = new CAcctItemAdapter(this, myData);
        lstAcct.setAdapter(adapter);
    }

    // 载入本年的账目
    private void loadThisYear() {
        CAccount acct = CAccount.getInstance(this,1);
        myData = acct.queryByYear(System.currentTimeMillis());
        //
        adapter = new CAcctItemAdapter(this, myData);
        lstAcct.setAdapter(adapter);
    }
```

由于在 CAccount 类中已经封装了相应的查询代码，因此这里可以很方便地调用。每种查询的最后，总是重新创建 adapter 对象（CAcctItemAdapter 类型），并重新设置 lstAcct 组件（ListView）的数据适配器对象。

28.2.3 账目删除

长按 ListView 中的账目进行删除操作，通过实现 ListView.OnItemLongClickListener 接口来响应操作。其中，onItemLongClick() 方法的实现如下（MainActivity.java 文件）所示。

```
    //  长按账目删除
    @Override
    public boolean onItemLongClick(AdapterView<?> adapterView,
    View view, final int i, long l) {
        final int acctid = (int)l;
        if(acctid > 0) {
            AlertDialog.Builder dlg = new AlertDialog.Builder(MainActivity.this);
            dlg.setTitle(R.string.app_name);
            dlg.setMessage(R.string.msg_delete);
            dlg.setCancelable(false);
            // 肯定操作按钮
            dlg.setPositiveButton(R.string.ok, new DialogInterface.OnClickListener() {
                @Override
                public void onClick(DialogInterface dialog, int which) {
                    CAccount acct = CAccount.getInstance(MainActivity.this,1);
                    acct.delete(acctid);
                    myData.remove(i);
                    lstAcct.setAdapter(adapter);
                }
            });
            // 取消操作按钮
            dlg.setNegativeButton(R.string.cancel,
```

```
                new DialogInterface.OnClickListener() {
            @Override
            public void onClick(DialogInterface dialog, int which) {}
        });
        //
        dlg.show();
    }
    //
    return false;
}
```

代码中，首先，获取按住的账目 ID。然后，通过一个选择对话框来确认删除操作，单击“确定”（OK）按钮时，执行删除操作。此时，调用 CAccount 类中的 delete() 方法删除账目数据，并使用 myData.remove() 方法删除查询结果中的账目记录。最后，重新设置 lstAcct 的数据适配器对象，这样就完成了数据的同步操作。

28.3　添加账目

在添加账目时，需要输入一些数据，创建一个新的 Activity 进行操作。项目中，添加账目的 Activity 命名为 AddActivity。

先来看 AddActivity 的布局文件，如下面的代码（add_layout.xml）所示。

```
<?xml version="1.0" encoding="utf-8"?>
<LinearLayout xmlns:android="http://schemas.android.com/apk/res/android"
    android:layout_width="match_parent" android:layout_height="match_parent"
    android:orientation="vertical">

<LinearLayout
        android:layout_width="match_parent"
        android:layout_height="wrap_content"
        android:orientation="horizontal"
        android:gravity="right">
<Button android:id="@+id/btnAddSave"
            android:layout_width="wrap_content"
            android:layout_height="wrap_content"
            android:text="@string/save"
            android:textAllCaps="false"></Button>
</LinearLayout>

<LinearLayout android:id="@+id/layoutAddForm"
        android:layout_width="match_parent"
        android:layout_height="wrap_content"
        android:orientation="vertical">

<TextView android:layout_width="wrap_content"
            android:layout_height="wrap_content"
            android:text="@string/acct_title"
            android:layout_marginTop="25dp"></TextView>
<EditText android:id="@+id/txtAddAcctTitle"
            android:layout_width="match_parent"
            android:layout_height="wrap_content"/>
```

```
<TextView android:layout_width="wrap_content"
            android:layout_height="wrap_content"
            android:text="@string/acct_amount"
            android:layout_marginTop="25dp"></TextView>
<EditText android:id="@+id/txtAddAcctAmount"
            android:layout_width="match_parent"
            android:layout_height="wrap_content"
            android:inputType="numberDecimal"/>

<TextView android:layout_width="wrap_content"
            android:layout_height="wrap_content"
            android:text="@string/acct_date"
            android:layout_marginTop="25dp"></TextView>
<EditText android:id="@+id/txtAddAcctDate"
            android:inputType="date"
            android:layout_width="match_parent"
            android:layout_height="wrap_content"></EditText>

<RadioGroup android:id="@+id/rgAddAcctType"
            android:layout_width="wrap_content"
            android:layout_height="wrap_content"
            android:orientation="horizontal"
            android:layout_marginTop="25dp">
<RadioButton android:id="@+id/rdoAddAcctExpenditure"
                android:layout_width="wrap_content"
                android:layout_height="wrap_content"
                android:text="@string/acct_expenditure"
                android:checked="true"/>
<RadioButton android:id="@+id/rdoAddAcctIncome"
                android:layout_width="wrap_content"
                android:layout_height="wrap_content"
                android:text="@string/acct_income"/>
</RadioGroup>
</LinearLayout>
</LinearLayout>
```

布局呈现的界面如图 28-6 所示。

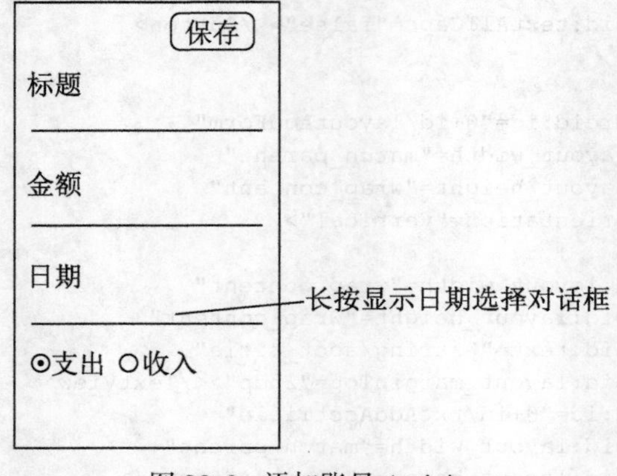

图 28-6　添加账目 Activity

接下来是 AddActivity.java 文件的基本内容，如下面的代码所示。

```
package com.caohuayu.miniaccount;

import android.app.DatePickerDialog;
import android.support.v7.app.AppCompatActivity;
import android.os.Bundle;
import android.util.Log;
import android.view.View;
import android.widget.Button;
import android.widget.DatePicker;
import android.widget.EditText;
import android.widget.RadioButton;
import android.widget.TextView;
import android.widget.Toast;

import java.util.Calendar;

public class AddActivity extends AppCompatActivity
    implements View.OnClickListener,
        View.OnLongClickListener,
        DatePickerDialog.OnDateSetListener
{

    private EditText txtTitle;
    private EditText txtAmount;
    private EditText txtDate;
    private RadioButton rdoExpenditure;
    private RadioButton rdoIncome;
    //
    private Button btnSave;

    @Override
    protected void onCreate(Bundle savedInstanceState) {
        super.onCreate(savedInstanceState);
        setContentView(R.layout.add_layout);
        setTitle(R.string.add_account);
        //
        txtTitle = (EditText)findViewById(R.id.txtAddAcctTitle);
        txtAmount = (EditText)findViewById(R.id.txtAddAcctAmount);
        txtDate = (EditText)findViewById(R.id.txtAddAcctDate);
        txtDate.setOnLongClickListener(this);
        rdoExpenditure =
            (RadioButton)findViewById(R.id.rdoAddAcctExpenditure);
        rdoIncome = (RadioButton)findViewById(R.id.rdoAddAcctIncome);
        //
        CDateTime dt = new CDateTime();
        txtDate.setText(dt.toDateString());
        //
        btnSave = (Button) findViewById(R.id.btnAddSave);
        btnSave.setOnClickListener(this);
    }
    // 其他代码
}
```

操作中，当用户长按日期 EditText 组件时，会显示日期选择对话框。单击对话框中的“确定”（OK）按钮，会将选择的日期显示到 txtDate 组件中，实现代码如下所示。

```
@Override
public boolean onLongClick(View view) {
    if(view.getId() == R.id.txtAddAcctDate) {
        CDateTime dt = new CDateTime();
        DatePickerDialog dlg =
            new DatePickerDialog(this,this,dt.year(),dt.month(),dt.day());
        dlg.show();
    }
    return false;
}

@Override
public void onDateSet(DatePicker view, int year, int month, int dayOfMonth) {
    // 显示选择的日期
    txtDate.setText(String.format("%d-%d-%d",year,month,dayOfMonth));
}
```

这里，显示对话框时会默认显示系统当前日期。选择或输入日期后，显示的格式为“年 - 月 - 日”。

最后，当单击“保存”（Save）按钮时，会执行数据检查及保存操作，如下面的代码所示。

```
@Override
public void onClick(View view) {
    if(view.getId() == R.id.btnAddSave) {
        // 检查数据
        String title = txtTitle.getText().toString().trim();
        if(title.equals("")) {
            Toast.makeText(this,
                    R.string.msg_title_is_empty,
                    Toast.LENGTH_LONG).show();
            return;
        }
        //
        double amount = CC.toDbl(txtAmount.getText().toString());
        if(amount<=0) {
            Toast.makeText(this,
                    R.string.msg_amount_greater_0,
                    Toast.LENGTH_LONG).show();
            return;
        }
        //
        long type = (rdoExpenditure.isChecked() ? 1 : 2);
        //
        if(CDateTime.checkDateString(txtDate.getText().toString(),"-") == false) {
            Toast.makeText(this,
                    R.string.msg_date_format_invalid,
                    Toast.LENGTH_LONG).show();
```

```
            return;
        }
        CDateTime dt = new CDateTime(txtDate.getText().toString(),"-");
        // 保存
        CAccount acct = CAccount.getInstance(this,1);
        long result = acct.insert(title,amount,type,dt);
        if(result > 0) {
            Toast.makeText(this,
                    R.string.msg_account_saved,
                    Toast.LENGTH_LONG).show();
            // 清理
            txtTitle.setText("");
        }else{
            Toast.makeText(this,
                    R.string.msg_unknow_error,
                    Toast.LENGTH_LONG).show();
        }
    }
}
```

代码中，数据检查的主要内容包括：

- 标题不能为空。
- 金额必须是大于 0 的数字。
- 日期必须是“年 - 月 - 日”的格式。

当数据都正确时，使用 CAccount 对象的 insert() 方法将账目数据保存到数据库中。

28.4　查询

这里的查询功能，可以对账目标题、日期范围和收支类型进行综合查询。在 CAccount 类中，已经定义了 query() 方法来完成查询操作，本节将完成用户界面操作功能。

首先，查看布局文件，如下面的代码（query_layout.xml 文件）所示。

```
<?xml version="1.0" encoding="utf-8"?>
<LinearLayout xmlns:android="http://schemas.android.com/apk/res/android"
    android:orientation="vertical" android:layout_width="match_parent"
    android:layout_height="match_parent">

<LinearLayout
        android:layout_width="match_parent"
        android:layout_height="wrap_content"
        android:orientation="horizontal"
        android:gravity="right">

<Button android:id="@+id/btnSearch"
            android:layout_width="wrap_content"
            android:layout_height="wrap_content"
            android:textAllCaps="false"
            android:text="@string/search"/>
```

```
</LinearLayout>

<TextView android:text="@string/keyword"
        android:layout_width="wrap_content"
        android:layout_height="wrap_content"
        android:layout_marginTop="25dp"></TextView>
<EditText android:id="@+id/txtQueryTitle"
        android:layout_width="match_parent"
        android:layout_height="wrap_content" />

<TextView android:text="@string/from"
        android:layout_width="wrap_content"
        android:layout_height="wrap_content"
        android:layout_marginTop="25dp"></TextView>
<EditText android:id="@+id/txtQueryFrom"
        android:layout_width="match_parent"
        android:layout_height="wrap_content"
        android:inputType="date"></EditText>

<TextView android:text="@string/to"
        android:layout_width="wrap_content"
        android:layout_height="wrap_content"
        android:layout_marginTop="25dp"></TextView>
<EditText android:id="@+id/txtQueryTo"
        android:layout_width="match_parent"
        android:layout_height="wrap_content"
        android:inputType="date"></EditText>

<RadioGroup android:orientation="horizontal"
        android:layout_width="match_parent"
        android:layout_height="wrap_content"
        android:layout_marginTop="25dp">
<RadioButton android:id="@+id/rdoQueryAll"
            android:layout_width="wrap_content"
            android:layout_height="wrap_content"
            android:text="@string/all"
            android:checked="true"/>
<RadioButton android:id="@+id/rdoQueryExpenditure"
            android:layout_width="wrap_content"
            android:layout_height="wrap_content"
            android:text="@string/acct_expenditure"/>
<RadioButton android:id="@+id/rdoQueryIncome"
            android:layout_width="wrap_content"
            android:layout_height="wrap_content"
            android:text="@string/acct_income"/>
</RadioGroup>

</LinearLayout>
```

布局文件显示的界面如图 28-7 所示。

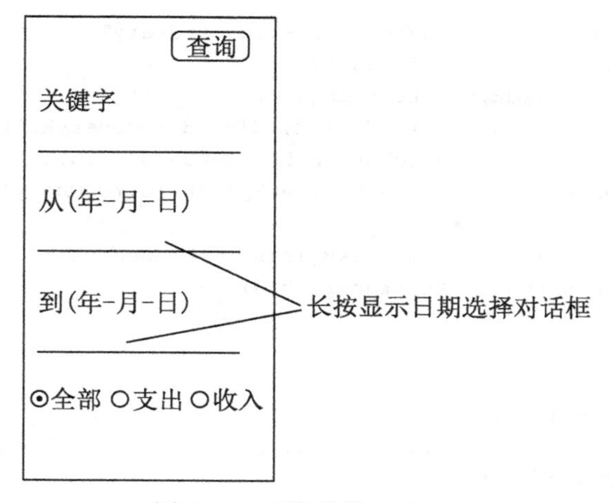

图 28-7　查询功能 Activity

接下来是 QueryActivity.java 文件的实现，如下面的代码所示。

```
package com.caohuayu.miniaccount;

import android.app.DatePickerDialog;
import android.content.Intent;
import android.support.v7.app.AppCompatActivity;
import android.os.Bundle;
import android.view.View;
import android.widget.Button;
import android.widget.DatePicker;
import android.widget.EditText;
import android.widget.RadioButton;

public class QueryActivity extends AppCompatActivity
    implements View.OnClickListener,
        View.OnLongClickListener
{

    private EditText txtTitle;
    private EditText txtFrom;
    private EditText txtTo;
    private RadioButton rdoAll;
    private RadioButton rdoExpenditure;
    private RadioButton rdoIncome;
    private Button btnSearch;

    @Override
    protected void onCreate(Bundle savedInstanceState) {
        super.onCreate(savedInstanceState);
        setContentView(R.layout.query_layout);
        setTitle(R.string.query);
        //
        CDateTime dt = new CDateTime();
        txtTitle = (EditText)findViewById(R.id.txtQueryTitle);
        txtFrom = (EditText)findViewById(R.id.txtQueryFrom);
        txtFrom.setOnLongClickListener(this);
        txtFrom.setText(dt.toDateString());
```

```
        txtTo = (EditText)findViewById(R.id.txtQueryTo);
        txtTo.setOnLongClickListener(this);
        txtTo.setText(dt.toDateString());
        rdoAll = (RadioButton)findViewById(R.id.rdoQueryAll);
        rdoExpenditure = (RadioButton)findViewById(R.id.rdoQueryExpenditure);
        rdoIncome = (RadioButton)findViewById(R.id.rdoQueryIncome);
        //
        btnSearch = (Button)findViewById(R.id.btnSearch);
        btnSearch.setOnClickListener(this);
    }

    @Override
    public void onClick(View view) {
        if(view.getId() == R.id.btnSearch) {
            // 整理查询条件
            String sFrom = txtFrom.getText().toString().trim();
            String sTo = txtTo.getText().toString().trim();
            long ifrom = 0, ito = 0;
            if (CDateTime.checkDateString(sFrom,"-") &&
                    CDateTime.checkDateString(sTo,"-")) {
                ifrom = new CDateTime(sFrom,"-").startOfDay();
                ito = new CDateTime(sTo,"-").endOfDay();
            }
            //
            long itype = 0;
            if(rdoExpenditure.isChecked()) itype = 1;
            else if(rdoIncome.isChecked()) itype = 2;
            // 传递查询参数
            Intent intent = new Intent();
            Bundle b = new Bundle();
            b.putString("keyword",txtTitle.getText().toString());
            b.putLong("datefrom",ifrom);
            b.putLong("dateto",ito);
            b.putLong("type",itype);
            intent.putExtra("query_condition",b);
            setResult(RESULT_OK, intent);
            finish();
        }
    }

    /* 通过返回键返回主界面 */
    @Override
    public void onBackPressed() {
        Intent intent = new Intent();
        setResult(RESULT_CANCELED, intent);
        finish();
    }


    @Override
    public boolean onLongClick(View view) {
        //
        int vid = view.getId();
```

```
        if(vid == R.id.txtQueryFrom) {
            CDateTime dt = new CDateTime();
            DatePickerDialog dlg =
            new DatePickerDialog(this, new DatePickerDialog.OnDateSetListener() {
                @Override
                public void onDateSet(DatePicker datePicker, int i, int i1, int i2) {
                    txtFrom.setText(String.format("%d-%d-%d",i,i1,i2));
                }
            },
            dt.year(),
            dt.month(),
            dt.day());
            dlg.show();
        }else if(vid == R.id.txtQueryTo) {
            CDateTime dt = new CDateTime();
            DatePickerDialog dlg =
                new DatePickerDialog(this, new DatePickerDialog.OnDateSetListener()
            {
                @Override
                public void onDateSet(DatePicker datePicker, int i, int i1, int i2) {
                            txtTo.setText(String.format("%d-%d-%d",i,i1,i2));
                }
            },
            dt.year(),
            dt.month(),
            dt.day());
            dlg.show();
        }
        //
        return false;
    }

}
```

可以看到，在 QueryActivity 中，并没有实际查询账目，而是将查询条件回传给了 MainActivity。在 MainActivity.java 文件中，当单击“查询”（Query）按钮时，会通过如下代码调用 QueryActivity。

```
Intent intent = new Intent(this, QueryActivity.class);
startActivityForResult(intent,1);
```

在接收到 QueryActivity 回传的查询条件后，会使用如下代码执行查询，并通过 lstAcct（ListView 类型）组件显示查询结果。

```
@Override
protected void onActivityResult(int requestCode, int resultCode, Intent data) {
        if (requestCode == 1 && resultCode == RESULT_OK) {
        // 根据指定查询条件显示数据
        Bundle b = data.getBundleExtra("query_condition");
        String keyword = b.getString("keyword");
        long ifrom = b.getLong("datefrom");
        long ito = b.getLong("dateto");
```

```
        long itype = b.getLong("type");
        CAccount acct = CAccount.getInstance(this, 1);
        myData = acct.query(keyword, ifrom, ito, itype);
        //
        adapter = new CAcctItemAdapter(this, myData);
        lstAcct.setAdapter(adapter);
    }
}
```

28.5 统计

账目的统计功能相对就简单地多了，只需要计算指定范围的总收入和总支出，并计算结余金额即可。

下面是统计功能的布局文件 report_layout.xml 的内容。

```
<?xml version="1.0" encoding="utf-8"?>
<LinearLayout xmlns:android="http://schemas.android.com/apk/res/android"
    android:orientation="vertical" android:layout_width="match_parent"
    android:layout_height="match_parent">

<LinearLayout
        android:layout_width="match_parent"
        android:layout_height="wrap_content"
        android:orientation="horizontal"
        android:gravity="right">
<Button android:id="@+id/btnCalculate"
            android:layout_width="wrap_content"
            android:layout_height="wrap_content"
            android:text="@string/calculate"
            android:textAllCaps="false"></Button>
</LinearLayout>

<TextView android:layout_width="match_parent"
        android:layout_height="wrap_content"
        android:text="@string/from"
        android:layout_marginTop="25dp"></TextView>
<EditText android:id="@+id/txtReportFrom"
        android:layout_width="match_parent"
        android:layout_height="wrap_content"
        android:inputType="date"></EditText>

<TextView android:layout_width="match_parent"
        android:layout_height="wrap_content"
        android:text="@string/to"
        android:layout_marginTop="25dp"></TextView>
<EditText android:id="@+id/txtReportTo"
        android:layout_width="match_parent"
        android:layout_height="wrap_content"
        android:inputType="date"></EditText>
```

```
<TextView android:id="@+id/txtReportIncome"
        android:layout_width="match_parent"
        android:layout_height="wrap_content"
        android:layout_marginTop="25dp"></TextView>

<TextView android:id="@+id/txtReportExpenditure"
        android:layout_width="match_parent"
        android:layout_height="wrap_content"
        android:layout_marginTop="25dp"></TextView>

<TextView android:id="@+id/txtReportSurplus"
        android:layout_width="match_parent"
        android:layout_height="wrap_content"
        android:layout_marginTop="25dp"></TextView>

</LinearLayout>
```

其显示界面如图 28-8 所示。

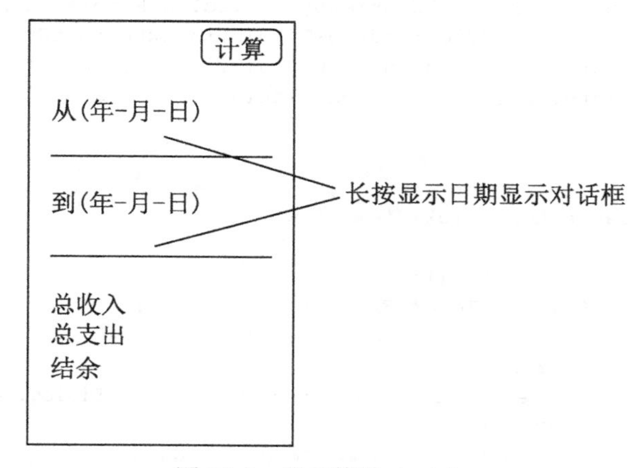

图 28-8　账目统计 Activity

接下来是 ReportActivity.java 文件的实现，如下面的代码所示。

```
package com.caohuayu.miniaccount;

import android.app.DatePickerDialog;
import android.support.v7.app.AppCompatActivity;
import android.os.Bundle;
import android.view.View;
import android.widget.Button;
import android.widget.DatePicker;
import android.widget.EditText;
import android.widget.TextView;

public class ReportActivity extends AppCompatActivity
    implements View.OnClickListener,View.OnLongClickListener
{

    private EditText txtFrom;
    private EditText txtTo;
    private TextView txtExpenditure;
```

```
    private TextView txtIncome;
    private TextView txtSurplus;
    private Button btnCalculate;

    @Override
    protected void onCreate(Bundle savedInstanceState) {
        super.onCreate(savedInstanceState);
        setContentView(R.layout.report_layout);
        setTitle(R.string.report);
        //
        CDateTime dt = new CDateTime();
        txtFrom = (EditText)findViewById(R.id.txtReportFrom);
        txtFrom.setOnLongClickListener(this);
        txtFrom.setText(dt.toDateString());
        txtTo = (EditText)findViewById(R.id.txtReportTo);
        txtTo.setOnLongClickListener(this);
        txtTo.setText(dt.toDateString());
        txtExpenditure = (TextView)findViewById(R.id.txtReportExpenditure);
        txtIncome = (TextView)findViewById(R.id.txtReportIncome);
        txtSurplus = (TextView)findViewById(R.id.txtReportSurplus);
        btnCalculate = (Button)findViewById(R.id.btnCalculate);
        btnCalculate.setOnClickListener(this);
    }

    @Override
    public boolean onLongClick(View view) {
        //
        int vid = view.getId();
        if(vid == R.id.txtReportFrom) {
            CDateTime dt = new CDateTime();
            DatePickerDialog dlg =
                new DatePickerDialog(this, new DatePickerDialog.OnDateSetListener() {
                    @Override
                        public void onDateSet(DatePicker datePicker, int i, int i1, int i2) {
                            txtFrom.setText(String.format("%d-%d-%d",i,i1,i2));
}
            },
            dt.year(),
            dt.month(),
            dt.day());
            dlg.show();
        }else if(vid == R.id.txtReportTo) {
            CDateTime dt = new CDateTime();
            DatePickerDialog dlg =
            new DatePickerDialog(this, new DatePickerDialog.OnDateSetListener() {
                @Override
                public void onDateSet(DatePicker datePicker, int i, int i1, int i2) {
                    txtTo.setText(String.format("%d-%d-%d",i,i1,i2));
                }
            },
            dt.year(),
            dt.month(),
            dt.day());
            dlg.show();
        }
        //
```

```
            return false;
        }

        @Override
        public void onClick(View view) {
            if(view.getId() == R.id.btnCalculate) {
                // 整理日期
                long startTime=0L, endTime=0L;
                String sFrom = txtFrom.getText().toString().trim();
                String sTo = txtTo.getText().toString().trim();
                if(CDateTime.checkDateString(sFrom,"-") &&
                        CDateTime.checkDateString(sTo,"-")) {
                    startTime = new CDateTime(sFrom,"-").startOfDay();
                    endTime = new CDateTime(sTo,"-").endOfDay();
                }
                // 显示计算结果
                CAccount acct = CAccount.getInstance(this,1);
                double incomeSum = acct.incomeSum(startTime, endTime);
                double expenditureSum = acct.expenditureSum(startTime, endTime);
                txtIncome.setText(String.format("%s : %.2f",
                        getString(R.string.income_sum),incomeSum));
                txtExpenditure.setText(String.format("%s : %.2f",
                        getString(R.string.expenditure_sum), expenditureSum));
                txtSurplus.setText(String.format("%s : %.2f",
                        getString(R.string.surplus), incomeSum - expenditureSum));
            }
        }
    }
```

统计功能的实现中，并没有太多的操作，只需要选择统计数据的开始日期和结束日期，然后，单击“计算”按钮即可自动计算总收入、总支出和结余金额。请注意，对于开始日期和结束日期的选择，同样支持长按显示对话框的功能，可以方便用户正确地选择日期。

28.6　其他工作

截至现在，项目的基本功能都已经完成了。不过，如果想发布应用，则还需要做一些工作。

首先，要支持多语言，项目中使用的文本都统一使用了 string 资源，默认的文件是 res\values\strings.xml 文件。如果需要支持中文，可以将 strings.xml 复制一份到 res\values-zh 目录中，并将其中的内容修改为中文。

对于 Android 应用，一个精美的、醒目的图标是必不可少的。可以设计一个图标，然后，放在 drawable 或 mipmap 目录中，并在 AndroidManifest.xml 文件中进行设置。

此外，对于正式发布的应用，还需要完成创建发布 Key 等工作，相关内容可参考第 29 章。

第 29 章　应用发布

Android 应用开发的内容已经介绍得差不多了，相信读者也能够完成一些实际的应用项目。本章将讨论 Android 应用发布的注意事项和操作，主要内容包括：

- 创建 Key 与 APK 文件
- 发布应用的多个版本

请注意，本章内容将继续在 ResourceDemo 项目中进行测试。

29.1　创建 Key 与 APK 文件

在 Android 设备中安装应用，需要使用经过签名的 APK 文件，在 Android Studio 开发环境中，可以很方便完成这些工作。

首先，通过在菜单栏中选择 Build → Generate Singed APK 命令，打开 APK 文件（发布文件）生成器窗口，如图 29-1 所示。

图 29-1 中，第一项就是关于 Key 的，如果还没有创建 Key，可以通过 Create new 按钮进行创建，如图 29-2 所示。

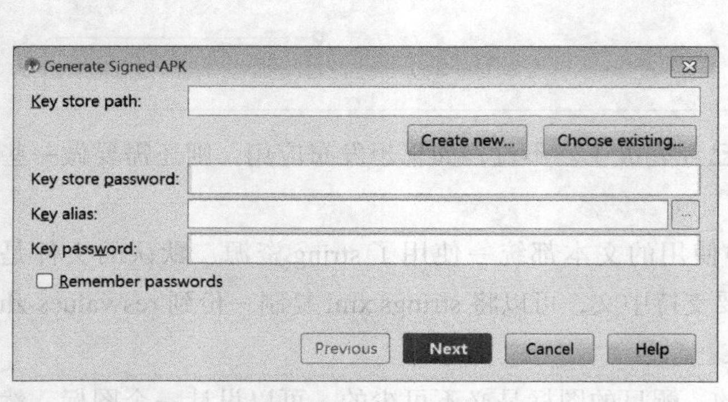

图 29-1　创建 APK 窗口

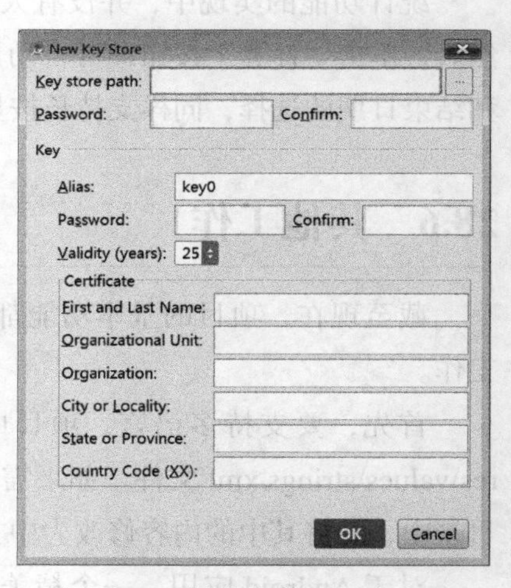

图 29-2　创建发布 Key 窗口

其中，需要填写的内容有以下几项。

- Key store path，指定 Key 文件的路径，这里指定为 D:\key\key0.jks，密码设置为 123456。
- Alias，填写 Key 的别名，这里使用 key0，密码同样设置为 123456。
- Validity(years)，设置 Key 的有效时间，单位是年份。

❑ Certificate 相关的内容，根据实际情况填写即可。

单击 OK 按钮完成 Key 的创建，并返回 APK 构建窗口。可以看到，Key 信息已自动显示在窗口中，如图 29-3 所示。

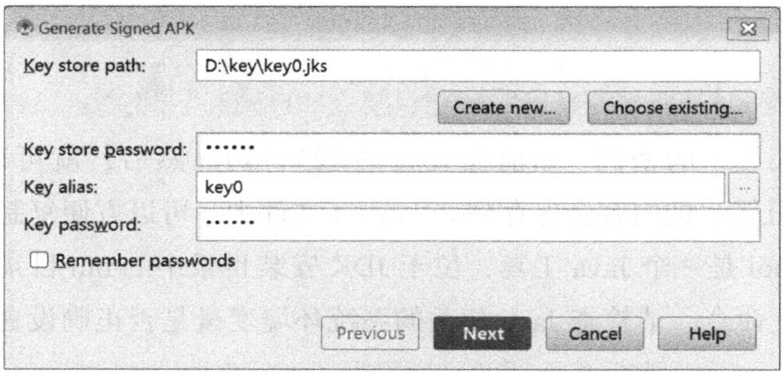

Generate Signed APK
Key store path: D:\key\key0.jks
Create new... Choose existing...
Key store password: ••••••
Key alias: key0
Key password: ••••••
Remember passwords
Previous Next Cancel Help

图 29-3　设备 Key 信息

单击 Next 按钮，继续 APK 文件的创建工作，如图 29-4 所示。

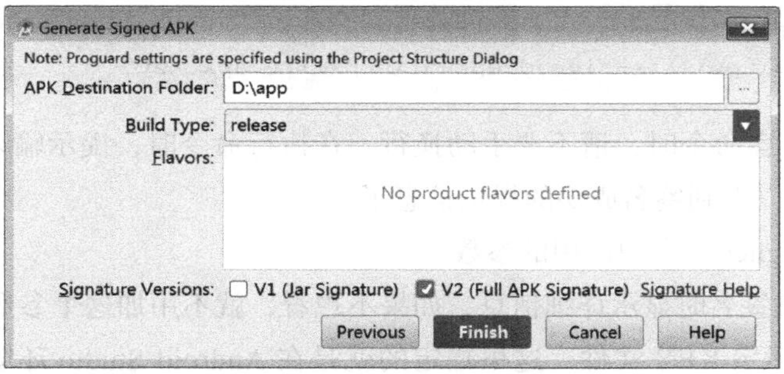

Generate Signed APK
Note: Proguard settings are specified using the Project Structure Dialog
APK Destination Folder: D:\app
Build Type: release
Flavors:
No product flavors defined
Signature Versions: V1 (Jar Signature) V2 (Full APK Signature) Signature Help
Previous Finish Cancel Help

图 29-4　设置 APK 文件存放路径

其中：

❑ APK Destination Folder 选项指定 APK 文件存放位置，这里修改为 d:\app。

❑ Build Type 选择默认的 release（发布）即可。

❑ Flavors 项暂时不需要设置。

最后，单击 Finish 按钮完成 APK 文件的创建，打开 d:\app 目录，可以看到可供安装的 .apk 文件，如图 29-5 所示。

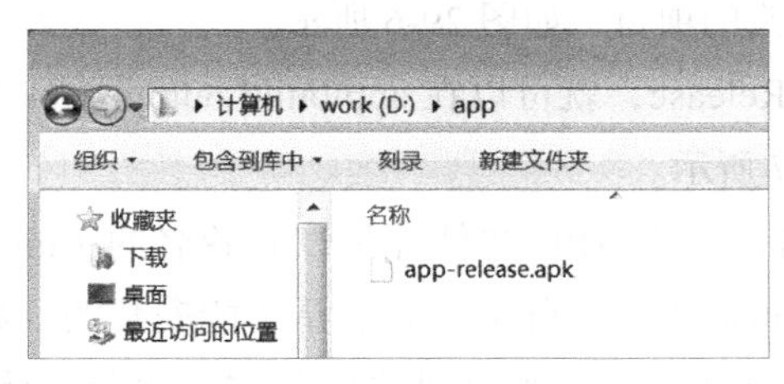

图 29-5　生成的发布用 APK 文件

这里的 .apk 文件可以复制到 Android 设备中进行安装，如果需要，也可以修改文件名。

生成了正式发布的 APK 文件之后，还需要注意一件事。如果使用了第三方的 SDK，如高德地图和百度地图的开发包，还需要在其开发者平台上注册发布用的证书指纹 SHA1。如何获取发布证书的指纹 SHA1 呢？

进入 cmd 命令行窗口，然后使用如下命令。

```
d: <回车>
cd key <回车>
d:\key>keytool -list -keystore key0.jks >key.txt <回车>
```

根据提示输入 Key 的密码（如前面设置的 123456）。然后，就可以看到证书指纹的 SHA1 内容了，并且输出的内容会保存到 d:\key.txt 文件中，可以方便复制。

请注意，keytool 是一个 Java 工具，位于 JDK 安装目录中的 bin 目录中。如果在这里不能正确找到 keytool 命令，请检查 Java 相关的系统环境变量是否正确设置，第 2 章已经讨论过相关内容。

另一个可能会用到的 Java 命令行工具是 jarsigner，它可以将 Key 添加到一个未签名的 APK 文件中，如下面的命令所示。

```
jarsigner -verbose -keystore d:\key\key0.jks
-signedjar d:\app\lite-signed.apk d:\app\lite.apk key0
```

在输入这些内容命令时，请不要手动换行。在执行命令时，提示输入 KEY 的密码，如果一切顺利，就可以看到签名成功的提示信息了。

下面介绍 jarsigner 命令中使用的参数。

- verbose，在签名时显示详细信息，如果不想看，就不用加这个参数。
- keystore，指定 KEY 文件，这里指定的就是在 Android Studio 环境中创建的 key0.jks 文件。
- signedjar，该参数包括三部分。第一部分是签名后文件的保存路径；第二部分是未签名文件的路径；第三部分是 KEY 的别名，这里使用的同样是 Android Studio 中创建 KEY 时设置的 key0。

如果要测试 jarsigner 命令的使用，可以在 Android Studio 环境中创建未签名的 APK 文件。

首先，打开 Android Studio 开发环境右侧的 Gradle 窗口，在 d:app\Tasks\build\ 下，可以看到一系列以 assemble 开头的项目，如图 29-6 所示。

双击其中的 assembleRelease，就可以在 app\build\outputs\apk 目录中生成所有版本的待发布 APK 文件，如图 29-7 所示。

从文件名中可以看出，这些 APK 文件都是没有签名的（unsigned)，可以尝试将它们安装在 Android 设备或模拟器中。实际上，它们是不能安装的。如果要创建可发布的 APK 文件，就必须使用 jarsigner 工具对这些文件进行签名，也就是将发布用的 KEY 加入这些文件中。

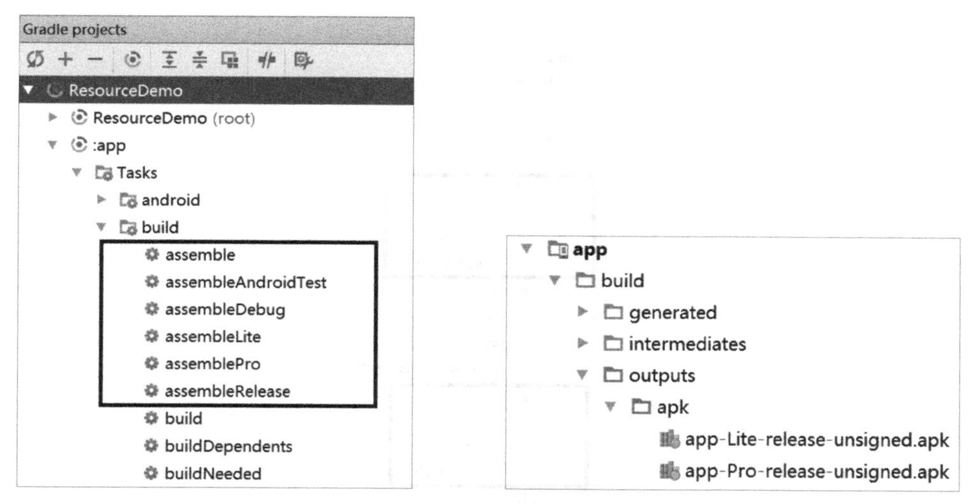

图 29-6　项目生成类型

图 29-7　生成未签名的 APK 文件

29.2　发布应用的多个版本

在开发一个应用时，可能需要不同的版本，例如免费的体验版本和收费的专业版本。本节讨论如何在同一个项目中创建不同的发行版本。

这里是少数几个直接编辑 Gradle 配置文件的地方，打开 app\build.gradle 文件，然后修改其内容，如下所示。

```
apply plugin: 'com.android.application'

android {
    compileSdkVersion 25
    buildToolsVersion "25.0.3"
    productFlavors{
        Lite{
            applicationId "com.example.resourcedemo.lite"
        }
        Pro{
            applicationId "com.example.resourcedemo.pro"
        }
    }
    //  其他代码 ...
}
// 其他代码 ...
```

修改 Gradle 配置文件后，可以单击工具栏中的“同步”图标进行同步操作。

接下来，在 app\src 目录下分别创建 lite 和 pro 目录，它们与 main 目录是平级的。然后，分别在 lite 和 pro 目录下创建 res 目录，并从 app\src\main\res 目录下将 values 和 values-zh 两个目录分别复制到 lite\res 和 pro\res 目录中，完成后的目录层次结构如图 29-8 所示。

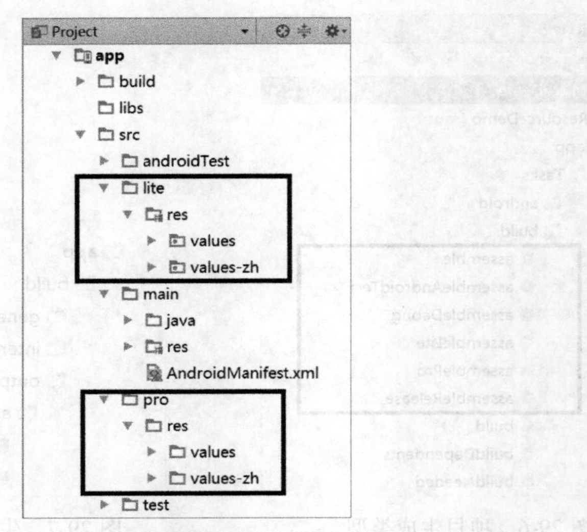

图 29-8 创建不同发布版本的资源

接下来，修改 lite\res\values\strings.xml 文件中的项目名称，如下面的代码所示。

```
<resources>
<string name="app_name">ResourceDemoLite</string>
<string name="portrait">Portrait</string>
<string name="landscape">Landscape</string>
</resources>
```

对应的，lite\res\values-zh\strings.xml 文件中的内容修改如下所示。

```
<resources>
<string name="app_name">资源应用演示体验版</string>
<string name="portrait">竖屏</string>
<string name="landscape">横屏</string>
</resources>
```

在 pro\res\values 目录和 pro\res\values-zh 目录中的 strings.xml 文件中，也需要做相应的修改。首先，修改 app\src\pro\res\values\strings.xml 文件的内容，如下所示。

```
<resources>
<string name="app_name">ResourceDemoPro</string>
<string name="portrait">Portrait</string>
<string name="landscape">Landscape</string>
</resources>
```

然后，修改 app\src\pro\res\values-zh\strings.xml 文件的内容，如下所示。

```
<resources>
<string name="app_name">资源应用演示专业版</string>
<string name="portrait">竖屏</string>
<string name="landscape">横屏</string>
</resources>
```

最后，再次通过在 Android Studio 菜单栏中选择 Build → Generate Signed APK 命令，生成 APK。请注意，这一次在 Flavors 列表中会出现 Lite 和 Pro，如图 29-9 所示。

在图 29-9 所示的窗口中，选中 Lite 和 Pro 项，并单击 Finish 按钮完成 APK 文件的构建工作。然后，在 d:\app 目录中会看到三个 .apk 文件，如图 29-10 所示。

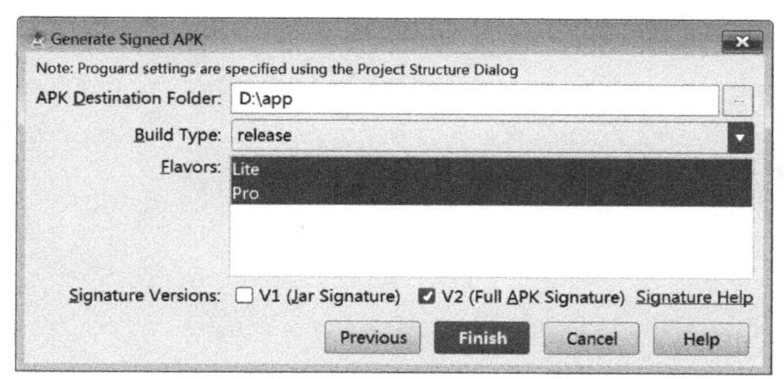

图 29-9 同时生成不同发布版本的 APK 文件

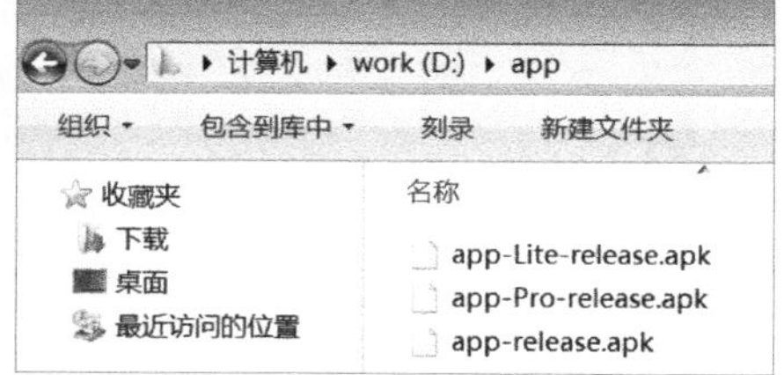

图 29-10 不同版本的 APK 发布文件

怎么测试这些不同版本的应用呢？第一种方法，可以直接将 .apk 文件复制到 Android 设备中安装测试；第二种方法，可以打开 Android Emulator，然后将 .apk 文件拖曳到模拟器中就可以完成安装。

如图 29-11 所示，在模拟器安装了三个版本的 ResourceDemo。

图 29-11 应用的多版本发布